Informatik aktuell

Herausgeber: W. Brauer
im Auftrag der Gesellschaft für Informatik (GI)

Springer
*Berlin
Heidelberg
New York
Barcelona
Budapest
Hongkong
London
Mailand
Paris
Santa Clara
Singapur
Tokio*

Paul Levi   Thomas Bräunl
Norbert Oswald (Hrsg.)

Autonome Mobile Systeme 1997

13. Fachgespräch
Stuttgart, 6.–7. Oktober 1997

Springer

Herausgeber und Tagungsleitung

Paul Levi, Thomas Bräunl, Norbert Oswald
Universität Stuttgart
Institut für Parallele und Verteilte Höchstleistungsrechner (IPVR)
Abteilung Praktische Informatik – Bildverstehen
Breitwiesenstr. 20–22, D-70565 Stuttgart

Fachgesprächsbeirat

PD Dr. rer. nat. habil. Th. Bräunl, Universität Stuttgart
Prof. Dr.-Ing. habil. R. Dillmann, Universität Karlsruhe
Prof. Dr.-Ing. G. Färber, TU München
Prof. Dr. rer. nat. habil. P. Levi, Universität Stuttgart
Prof. Dr.-Ing. U. Rembold, Universität Karlsruhe
Prof. Dr.-Ing. G. Schmidt, TU München

Die Deutsche Bibliothek - CIP-Einheitsaufnahme

Autonome mobile Systeme ... : ... Fachgespräch. - Berlin ; Heidelberg ; New
York ; Barcelona ; Budapest ; Hongkong ; London ; Mailand ; Paris ; Santa
Clara ; Singapur ; Tokio : Springer
  (Informatik aktuell)

13. 1997. Stuttgart, 6.-7. Oktober 1997. - 1997

CR Subject Classification (1997): I.2.9

ISBN-13: 978-3-540-63513-0   e-ISBN: 978-3-642-60904-6
DOI: 10.1007/978-3-642-60904-6

ISBN 978-3-540-63513-0 Springer-Verlag Berlin Heidelberg New York

Satz: Reproduktionsfertige Vorlage vom Autor/Herausgeber

SPIN: 10547509   33/3142-543210 – Gedruckt auf säurefreiem Papier

Vorwort

In Deutschland konzentriert sich die Forschung auf dem Gebiet der autonomen mobilen
Roboter immer noch auf einen relativ kleinen Kreis, der in der Vergangenheit erfolgreich auf
den Gebieten der Sensorik und der Navigation, der Serviceroboter, der Agentenarchitekturen,
der Kooperation und der Koordination gearbeitet hat. Nach den Erfolgen der Vergangenheit -
vor allem Ende der 80er Jahre - geht der Fortschritt nun langsamer voran als erhofft. Das liegt
vor allem daran, daß jetzt eine stärkere Orientierung zu den Grundlagen erforderlich ist. Auch
der Aspekt der Systemintegration spielt in bezug auf die Entwicklung komplexer Systeme eine
immer größere Rolle. Dabei zeigt sich mehr und mehr, daß die Umsetzung des Autonomie-
begriffs nicht nur den Bedarf des Roboters nach Interaktion mit der Umwelt umfaßt, sondern in
zunehmendem Maße auch die Einbeziehung des Menschen in den Prozeßablauf berücksichtigen
muß. So dürften im Hinblick auf die Realisierung komplexer autonomer Roboter wegen des
langwierigen Prozesses der Systemintegration keine schnellen Erfolge zu erwarten sein.

In diesem Jahr finden die Fachgespräche "Autonome mobile Systeme" zum zweiten Mal an
der Universität Stuttgart statt (6. und 7. Oktober 1997). Wie schon die früheren Fachgespräche
bieten sie einerseits einen Überblick über die aktuellen Forschungsaktivitäten auf dem Gebiet
der Robotik in Deutschland, zum anderen bilden sie für Universitäten und Industrie ein Forum
zur Präsentation und Diskussion wissenschaftlicher Ansätze und Entwicklungen. Das Spektrum
der diesjährigen Beiträge reicht von neueren Anwendungen für Serviceroboter über spezielle
Einsatzumgebungen wie die Stewart-Plattform hin zur Analyse von Multirobotersystemen, bei
denen Aspekte der Kooperation und Simulation im Vordergrund stehen. Neben Konzepten und
Realisierungen für Sensorsysteme, Gehmaschinen sowie Bahngenerierung und Kollisionserkennung werden auch Fortschritte der visuellen Sensorik in der Robotik vorgestellt.

Insgesamt gingen in diesem Jahr 33 erweiterte Kurzfassungen zur Begutachtung ein, von
denen der Fachgesprächsbeirat 23 Beiträge ausgewählt hat. Die vergleichsweise niedrige
Anzahl der eingereichten Kurzfassungen spiegelt den oben erwähnten Konsolidierungsprozeß
im Sinne einer Orientierung zu den Grundlagen wider. Daß dennoch auch auf gute Beiträge
verzichtet werden mußte, lag an dem Wunsch der Organisatoren, eine Veranstaltung ohne
Parallelsessions durchzuführen, um dem Plenar-Charakter dieses Forums Rechnung zu tragen.
Für die Unterstützung bei der Auswahl der Beiträge sei an dieser Stelle den Kollegen recht
herzlich gedankt. Der Dank gilt natürlich auch allen Autoren für ihre Beiträge und nicht zuletzt
für die termingerechte Abgabe der druckfertigen Manuskripte.

Die Herausgeber:

P. Levi, Th. Bräunl, N. Oswald   Stuttgart, im Juli 1997

Inhaltsverzeichnis

Sensorsysteme und Gehmaschinen

Bildverarbeitung

Bahngenerierung und Kollisionserkennung

Multirobotersysteme und Agenten

Spezielle Einsatzumgebungen

Serviceroboter

Autorenverzeichnis

Robustheit autonomer mobiler Systeme gegenüber Sensordefekten

Martin Soika
Siemens AG, Zentralabteilung Technik
Information & Kommunikation, ZT IK 6
81730 München, Deutschland
email: martin.soika@mchp.siemens.de

Kurzfassung - *Autonome mobile Systeme agieren in unpräparierten und oft unbekannten Umgebungen. Sie stützen sich dabei auf Sensorinformation. Sensorfehler gefährden die Auftragsausführung sowie die Sicherheit sowohl des mobilen Roboters als auch seines Aktionsraums. Die Steuerung autonomer mobiler Systeme muß deshalb gegenüber Sensordefekten robust sein. Diese Sensordefekte müssen sicher erkannt und diagnostiziert werden, um geeignete Maßnahmen ergreifen zu können.*

Bewährte konventionelle Verfahren zu Fehlererkennung und Diagnose sind meist speziell auf die jeweilige Sensorik zugeschnitten. Die Vielfalt von Sensoren auf einem autonomen mobilen Roboter sowie die Interpretation und Integration der Meßwerte eröffnen weitere Möglichkeiten. Neben den dafür erforderlichen neuen Techniken stellt der vorliegende Beitrag ein Konzept vor, wie diese unter Einsatz probabilistischer Methoden mit bisher verwendeten Einzellösungen kombiniert werden können.

Die Leistungsfähigkeit der entwickelten Methoden konnte anhand von Experimenten mit dem autonomen mobilen Roboter ROAMER nachgewiesen werden. An Sensorik wurde ein Gyroskop und die Odometrie zur Positionsbestimmung des Roboters sowie Ultraschallsensoren und ein IR-Laserscanner zur Umgebungswahrnehmung eingesetzt.

1 Einführung

Autonome mobile Systeme agieren in unpräparierten und zum Teil auch unbekannten Umgebungen. Sie benötigen dazu Umgebungsmodelle, die durch schritthaltende Verarbeitung der Sensormesswerte aufgebaut werden.

Auftretende Sensorfehler führen dazu, daß die Annahmen im Sensormodell und im verwendeten Fusionsmechanismus nicht länger gültig sind. Bleiben diese Fehler unerkannt, sind unvollständige und fehlerhafte Umgebungsmodelle die Folge. Dadurch werden die Fähigkeiten des Roboters beeinträchtigt und Maschine und Umgebung erheblich gefährdet. Autonome mobile Roboter werden deshalb nur dann über längere Zeit zuverlässig und sicher operieren, falls ihre Steuerung robust gegenüber Sensordefekten ist. Robust bedeutet auch, daß erkannte Fehlersituationen gezielt diagnostiziert und situationsgerecht behandelt werden.

Grundprinzip vieler Verfahren zu Fehlererkennung und Diagnose ist die Nutzung von Redundanz. Die in der Literatur behandelten Ansätze unterscheiden sich nur dahingehend, wie redundante Information gewonnen und ausgewertet wird, können aber nur bedingt auf die vorliegende Problematik übertragen werden. Der Einsatz redundanter Sensorhardware verbietet sich wegen Energie- und Kostengründen. Analytische Redundanz [1], [2] beruht auf funktionalen Zusammenhängen, die wegen der Komplexität der Umgebung in der Regel nicht gegeben sind.

Auf autonomen mobilen Robotern wird die Wahrnehmung der Umgebung durch die Bewegung des Fahrzeugs unterstützt. Folglich sagen mehrere Sensoren aus unterschiedlichen Blickwinkeln und zu verschiedenen Zeitpunkten etwas über einzelne Eigenschaften der Umgebung aus. Das aus den Messungen aufgebaute Umgebungsmodell enthält demnach die Aussagen, über die die Sensoren redundante Informationen bereitstellen. Wertet man diese Informationen aus, lassen sich Rückschlüsse auf den Zustand der beteiligten Sensorik ziehen. Die Meßwerte der Sensoren sind zudem mit Unsicherheiten behaftet. Diese wirken sich auch auf die Konsistenzaussagen aus und müssen deshalb modelliert werden.

Wegen der zentralen Bedeutung der Konsistenz von Umgebungsmodellen behandelt Abschnitt 2 zunächst den Aufbau probabilistischer Umgebungsmodelle. Aus diesen werden in Abschnitt 3 quantitative Konsistenzmaße abgeleitet. Abschnitt 4 stellt ein Konzept zur Realisierung von Fehlererkennung, Fehlerdiagnose und Fehlerbehandlung (FEDB-Konzept) vor. Die praktische Anwendung des Konzepts sowie experimentelle Ergebnisse zeigt Abschnitt 5. Eine Zusammenfassung rundet den Beitrag in Abschnitt 6 ab.

2 Probabilistische Sensordatenfusion

Das vorgestellte Verfahren nutzt für den Vergleich der Messungen einer Vielzahl von Sensoren die Redundanz, die in den Aussagen über Eigenschaften der Umgebung enthalten ist.

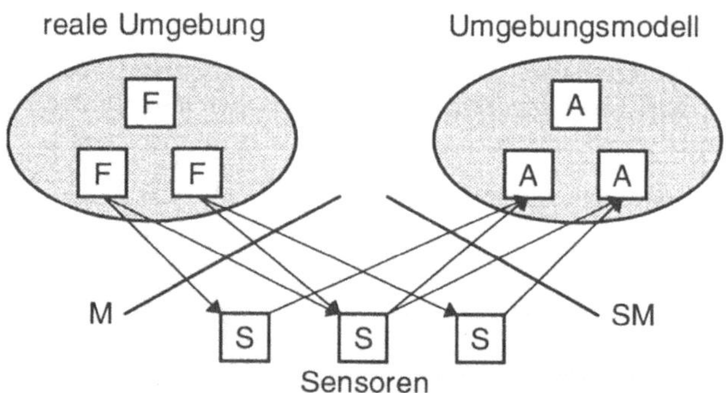

Abbildung 1: Sensordatenfusion

Die wesentlichen Prinzipien eines Systems zur Wahrnehmung der Umgebung für autonome mobile Systeme zeigt Abbildung 1. Die Umgebung kann als Menge von Fakten F aufgefaßt werden. Die Meßwerte M der Sensoren S versorgen den Roboter mit Informationen über diese Fakten. Die Sensormodelle SM beschreiben, wie einzelne Sensormessungen zu interpretieren sind, indem sie jede dieser Messungen auf eine Aussage A des Umgebungsmodells abbilden. Nimmt man funktionierende Sensoren sowie korrekte Sensormodelle an, repräsentiert die Menge aller betrachteten Aussagen A ein korrektes Modell der realen Umgebung.

Probabilisische Sensormodelle [3], [4], [5] weisen in Abhängigkeit des Meßwerts M eines Sensors S_m jedem der K alternativen Zustände a_j^k einer Aussage A_j eine Wahrscheinlichkeit

$$P\left(A_j = a_j^k \mid M(S_m)\right) \hat{=} P\left(a_j^k \mid M_m\right) \tag{1}$$

zu. Besonders vorteilhaft ist der durch diese Sensormodelle gegebene Formalismus deshalb, weil dadurch Meßwerte verschiedener Sensormodalitäten unter Berücksichtigung der Meßunsicherheiten integriert werden können. Die Kombination mehrerer Meßwerte bezüglich einer einzelnen Aussage A_j erfolgt unter Verwendung eines geeigneten Fusionsmechanismus wie dem *independent opinion pool* [6], [7]

$$P\left(A_j = a_j^k \mid \{M\}\right) = \alpha \cdot \prod_n P\left(a_j^k \mid M_n\right) \tag{2}$$

mit dem Normalisierungsfaktor α. Als Ergebnis erhält man eine Wahrscheinlichkeitsdichtefunktion, die den Zustand der Aussage A_j unter Berücksichtigung aller durch die Meßwerte $\{M\}$ gegebenen Informationen beschreibt. Die rekursive Formulierung

$$P\left(a_j^k \mid \{M\} \cdot M_n\right) = \alpha \cdot P\left(a_j^k \mid \{M\}\right) \cdot P\left(a_j^k \mid M_n\right) \tag{3}$$

ermöglicht die iterative Integration von Meßwerten während der Roboter einen Auftrag ausführt und sich dabei im allgemeinen bewegt. Andere Arbeiten verwenden solche probabilistischen Sensormodelle, um Umgebungskarten aufzubauen, die dann zur Hindernisvermeidung [8] oder Bewegungsplanung [9] eingesetzt werden.

Meßwerte, die Aussagen über kontinuierliche Variablen machen, können mit Hilfe von Kalman-Filter Techniken [10] integriert werden. So können beispielsweise Daten der Odometrie mit denen eines Gyroskops oder eines Satelitennavigationssystems (GPS) kombiniert werden, um Position und Orientierung des Roboters zu bestimmen [11], [12].

3 Konsistenzmaße und -modelle

Das im folgenden vorgestellte Verfahren basiert auf einem probabilistischen Ansatz. Dafür wird der Zustand jedes Sensors m durch eine Zufallsvariable

$$S_m = \left\{s_m^1, s_m^2\right\} = \left\{s_m^{OK}, s_m^{KO}\right\} = \{OK, KO\}$$

mit den möglichen Zuständen s_m

s_m^1	*OK*	Sensor S_m ist funktionsfähig
s_m^2	*KO*	Sensor S_m ist defekt

beschrieben.

Um einen Meßwert M eines bestimmten Sensors S_m zu bewerten, muß die Konsistenz zwischen der korrespondierenden Aussage A_j und der bisher im Umgebungsmodell enthaltenen Information quantitativ beschrieben werden. Die Aussage A_j des betrachteten Einzelsensors ist durch dessen Sensormodell

$$P\left(A_j = a_j^k \mid M(S_m)\right) \hat{=} P\left(a_j^k \mid M_m\right) \hat{=} P\left(a_{j,m}^k\right) \tag{4}$$

gegeben. Die im Umgebungsmodell enthaltene Information hinsichtlich dieser Aussage A_j wird durch

4

$$P\left(A_j = a_j^k \mid \{M(S_n)\}\right) \triangleq P\left(a_j^k \mid \{M^*\}\right) \triangleq P\left(a_{j,*}^k\right) \tag{5}$$

beschrieben. Mit den in den Gleichungen (4) und (5) eingeführten Abkürzungen sollen folgende Gleichungen kurz und übersichtlich bleiben.

Die bedingten Wahrscheinlichkeiten

$$P\left(S_m = s_m^l \mid A_j\right) \triangleq P\left(s_m^l \mid A_j\right) \quad l \in \{OK, KO\} \tag{6}$$

werden als *Konsistenzmaß* für einen Sensor S_m in Abhängigkeit von einer Aussage A_j definiert. Dieses Konsistenzmaß drückt je nachdem, ob

$$P\left(s_m^{OK} \mid A_j\right) < 0.5, \quad P\left(s_m^{KO} \mid A_j\right) > 0.5 \tag{7a}$$

oder

$$P\left(s_m^{OK} \mid A_j\right) > 0.5, \quad P\left(s_m^{KO} \mid A_j\right) < 0.5 \tag{7b}$$

erfüllt ist, Bestätigung oder Widerspruch aus. Wegen der probabilistischen Formulierung von Sensor- und Umgebungsmodell können nun quantitative Konsistenzmaße über

$$P\left(s_m^l \mid A_j\right) = \sum_{k_m=1}^{K} \sum_{k^*=1}^{K} P\left(s_m^l \mid a_{j,m}^{k_m} \cdot a_{j,*}^{k^*}\right) \cdot P\left(a_{j,m}^{k_m}\right) \cdot P\left(a_{j,*}^{k^*}\right) \tag{8}$$

berechnet werden [13]. Eine ausführliche Herleitung dieser Gleichung sowie die Rechtfertigung ihrer Anwendung findet sich in [14].

Mit dem Sensormodell und dem Umgebungsmodell sind bereits zwei der drei für die Berechnung der Konsistenzmaße nach Gleichung (8) notwendigen Modelle vorgegeben. Das dritte, durch die bedingten Wahrscheinlichkeiten

$$P\left(s_m^l \mid a_{j,m}^{k_m} \cdot a_{j,*}^{k^*}\right) \tag{9}$$

repräsentierte Modell, definiert ein *Konsistenzmodell*. Dieses Konsistenzmodell beschreibt, wie Unterschiede zwischen den in den Gleichungen (4) und (5) gegebenen Wahrscheinlichkeitsdichteverteilungen hinsichtlich Konsistenz interpretiert werden sollen.

In das vorgestellte Verfahren können ebenso Aussagen über kontinuierliche Variablen integriert werden. Auch hier müssen zwei Wahrscheinlichkeitsdichteverteilungen bezüglich einer Aussage A_j verglichen werden. Für den kontinuierlichen Fall sind diese durch

$$P\left(A_j = a_j \mid M(S_m)\right) \triangleq P\left(a_{j,m}\right) \tag{10}$$

für das entsprechende Sensormodell des betrachteten Sensors S_m bzw. durch

$$P\left(A_j = a_j \mid \{M^*\}\right) \triangleq P\left(a_{j,*}\right) \tag{11}$$

für das Umgebungsmodell gegeben. Das Konsistenzmaß für einen betrachteten Sensor S_m kann dann über

$$P\left(s_m^l \mid A_j\right) = \int_{-\infty}^{+\infty} \int_{-\infty}^{+\infty} P\left(s_m^l \mid a_{j,m} a_{j,*}\right) P\left(a_{j,m}\right) P\left(a_{j,*}\right) \cdot da_{j,m} da_{j,*} \tag{12}$$

berechnet werden. Den Summen in der Gleichung (8) für den diskreten Fall entsprechen hier Integrale.

4 Aufbau und Mechanismen des FEDB-Konzepts

Dieser Abschnitt stellt ein Konzept für FehlerErkennung, FehlerDiagnose und FehlerBehandlung (FEDB-Konzept) vor. Mit Hilfe dieses Konzepts können autonome mobile Systeme robust gegenüber Sensordefekten gesteuert werden.

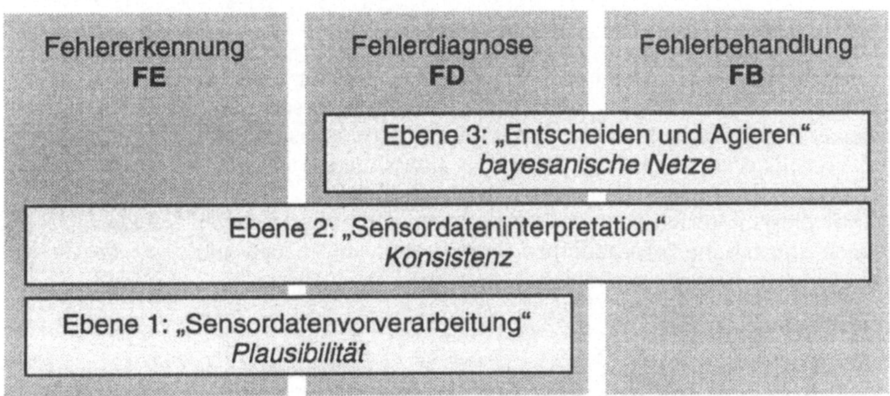

Abbildung 2: Übersicht FEDB-Konzept

Das Konzept setzt auf drei unterschiedlichen Ebenen (Abbildung 2) an, die jeweils unterschiedliche Formalismen zur Erfüllung ihrer Aufgabe verwenden. Da aber die Schnittstelle zwischen den Ebenen jeweils durch bedingte Wahrscheinlichkeiten repräsentiert wird, können die Ergebnisse immer ausgetauscht werden.

Auf der Ebene der Sensordatenvorverarbeitung werden Verfahren zu Fehlererkennung und Fehlerdiagnose vorgestellt. Der in Abschnitt 3 eingeführte Formalismus der Konsistenzmaße basiert auf der Sensordateninterpretation und kann für jede Funktion des FEDB-Konzepts verwendet werden. Entscheidungen hinsichtlich Diagnose und Fehlerbehandlung werden auf einer dritten Ebene durch den Einsatz von bayesianischen Netzen herbeigeführt.

4.1 Ebene 2: Sensordateninterpretation

Auf der Ebene der Sensordateninterpretation findet der in Abschnitt 3 vorgestellte Formalismus Anwendung. Diese Konsistenzmaße dienen sowohl der Fehlererkennung, der Fehlerdiagnose sowie der Sensorkalibrierung als eine Möglichkeit der Fehlerbehandlung, die dem Roboter selbständig die Behebung eines Parameterfehlers ermöglicht.

Fehlererkennung

Funktionierende Sensoren werden sich gegenseitig hinsichtlich ihrer Aussagen über die Umgebung bestätigen. Inkonsistenzen innerhalb dieser Aussagen können die Folge von defekten Sensoren oder aber von Modellierungsfehlern sein. In beiden Fällen wird der verantwortliche Sensor mit einem Konsistenzmaß bestraft, das nach

Gleichung (7b) Widerspruch ausdrückt. Während aber diese Widersprüche bei Modellierungsfehlern über alle Sensoren verstreut sind, häufen sie sich für defekte Sensoren. Ein Sensor gilt damit als defekt, wenn die Integration seiner Meßwerte systematisch zu Inkonsistenzen im Umgebungsmodell führt. Für eine zuverlässige Hypothese über den Zustand eines Sensors S_m müssen deshalb die Konsistenzmaße mehrerer Aussagen A_j unter Verwendung des *independent opinion pool*

$$P\left(s_m^l \mid \{A\}\right) = \alpha \cdot \prod_j P\left(s_m^l \mid A_j\right) . \tag{13}$$

kombiniert werden. Mit der rekursiven Formulierung der Gleichung (13)

$$P\left(s_m^l \mid \{A\}A_j\right) = \alpha \cdot P\left(s_m^l \mid \{A\}\right) \cdot P\left(s_m^l \mid A_j\right) \tag{14}$$

kann schritthaltend Information über den Zustand eines Sensors integriert werden. Über eine Schwellwertentscheidung bezüglich der Wahrscheinlichkeitsdichteverteilung seiner Zufallsvariablen kann dieser Sensor dann klassifiziert werden. Entsprechende Schwellwerte hängen von Sensortyp und Situation ab und werden heuristisch bestimmt.

Mit diesem Verfahren kann ein autonomer mobiler Roboter defekte Sensoren erkennen, die falsche Informationen liefern. Dies sind neben anderen insbesondere Parameterfehler im Sensormodell.

Fehlerdiagnose

Konsistenzmaße eignen sich auch für die Fehlerdiagnose, da probabilistische Fehlermodelle in die Konsistenzmodelle integriert werden können. Dadurch ist der Roboter nicht nur in der Lage, zwischen funktionsfähig (*OK*) und defekt (*KO*) zu unterscheiden, sondern kann einem Sensor auch einen bestimmten Fehlertyp zuweisen. Dafür muß der *KO*-Zustand der Zufallsvariablen durch entsprechend viele Fehlerzustände F_l ersetzt werden. Der Zustand eines Sensors S_m wird dann durch eine Wahrscheinlichkeitsdichteverteilung für die Zufallsvariable

$$S_m = \left\{s_m^1, \, s_m^2, \ldots, s_m^L\right\} = \left\{OK, F_1, \ldots, F_{L-1}\right\}$$

mit den Zuständen

s_m^1	OK	Sensor S_m ist funktionsfähig
s_m^2	F_1	Sensor S_m befindet sich in Fehlerzustand 1
. . .	. . .	. . .
s_m^L	F_{L-1}	Sensor S_m befindet sich in Fehlerzustand $L-1$

beschrieben.

Für jeden neu eingeführten Fehlerzustand muß außerdem das in den Gleichungen (8) und (12) verwendete Konsistenzmodell erweitert werden. Dafür müssen die Fehlermodelle probabilistisch beschrieben werden.

Diese probabilistischen Fehlermodelle sind allerdings in der Praxis äußerst schwierig herzuleiten, insbesondere dann, wenn sie in allen Situationen und für alle Umgebungen gültig sein sollen. Deshalb eignet sich dieser Ansatz kaum für eine Online-Diagnose. Im Falle eines detektierten Fehlers kann dieses Verfahren im Rahmen eines speziellen Diagnoseexperiments aber sehr wohl effizient eingesetzt werden. Dabei kann durch gezielte Bewegung des Roboters die Komplexität der benötigten Fehlermodelle erheblich reduziert werden.

Sensorkalibrierung

Das Sensormodell SM_m beschreibt, wie die Meßwerte eines Sensors S_m interpretiert werden müssen. Es bestimmt, wie Aussagen über die Umgebung A_j durch die Meßwerte dieses Sensors beeinflußt werden. Quantitativ wird dies durch eine Wahrscheinlichkeitsdichteverteilung

$$P\left(a_j^k \mid M_m\right) = SM_m\left(M_m\right) \tag{15}$$

beschrieben, die eine parametrierte Funktion SM_m des Meßwerts M_m ist. Die Struktur des funktionellen Zusammenhangs wird vorwiegend durch die Prinzipien des Meßprozesses und damit vom verwendeten Sensortyp bestimmt. Zusätzlich werden Sensorhardware und Geometrie über einen Parametersatz $\vec{p}_m$ beschrieben.

$$SM_m = SM_m\left(\vec{p}_m\right) \tag{16}$$

Handelt es sich bei einem erkannten Sensordefekt um einen Parameterfehler, so kann der Roboter diesen durch eine Rekalibrierung selbständig beheben. Dazu führt er ein Kalibrierexperiment für den Sensor S_m durch. Die Meßwerte der übrigen Sensoren werden dazu verwendet, ein Umgebungsmodell aufzubauen. Im Gegensatz dazu werden die Meßwerte des zu kalibrierenden Sensors S_m gesondert in dieses Umgebungsmodell integriert. Der Parametersatz des zugehörigen Sensormodells SM_m wird dabei so optimiert, daß die Konsistenz zwischen den Meßwerten und den Aussagen des Umgebungsmodells maximiert wird. Für diesen Prozeß werden Konsistenzmaße als Gütekriterium eingesetzt.

$$\max_{\vec{p}_m} \sum_{A_j} P\left(s_m^{OK} \mid A_j \right) \tag{17}$$

Dieses Verfahren erlaubt eine autonome Rekalibrierung in unpräparierter Umgebung. Vorwissen über die Umgebung ist dazu nicht notwendig, kann aber optional in Form eines zusätzlichen „idealen logischen Sensors" integriert werden.

4.2 Ebene 1: Sensordatenvorverarbeitung

Fehlererkennung

Hier kommen insbesondere Techniken zum Einsatz, die im allgemeinen nicht auf der Nutzung von Redundanz beruhen. Zum einen sind dies einfache Plausibilitätstests oder Meßreihenuntersuchungen, die softwareseitig realisiert sind. Aber auch Fehlermeldungen der Hardware selbst können auf dieser Ebene weiterverarbeitet werden. Auf diese Weise lassen sich sehr einfach Totalausfälle von Sensoren feststellen. Solche Sensoren sind dadurch charakterisiert, daß sie keine Informationen zur Verfügung stellen. Beispiele hierfür sind gebrochene Spannungsversorgungen oder unterbrochene Kommunikationspfade. Damit die Ergebnisse dieser Ebene mit den Ergebnissen der zweiten Ebene kombiniert und damit den Entscheidungsprozeß in der dritten Ebene beeinflussen können, müssen auch diese probabilistisch formuliert werden. Dafür wird ein *Plausibilitätsmaß*

$$P\left(s_m^i \mid M_m\right) \tag{18}$$

verwendet, das die Ausfallwahrscheinlichkeit in Abhängigkeit einer, möglicherweise ausbleibenden, Messung wiedergibt. Diese bedingte Wahrscheinlichkeit kann mit

Hilfe der Gleichungen (13) und (14) in den Fehlererkennungsprozeß integriert werden. Da mit den auf dieser Ebene eingesetzten Techniken zuverlässige Aussagen möglich sind, sind diese Plausibilitätsmaße kaum mit Unsicherheit behaftet.

Fehlerdiagnose

Ein besonderer Vorteil der auf dieser Ebene eingesetzten Methoden besteht darin, daß durch den Prozeß der Fehlererkennung implizit auch gleich der Fehlertyp gegeben ist. Auch hier kann in analoger Weise zu Abschnitt 4.1 die Zufallsvariable für den Zustand des betreffenden Sensors S_m entsprechend erweitert werden.

4.3 Ebene 3: Entscheiden und Agieren

Die dritte Ebene wird durch bayesianische Netze [15] realisiert. Durch diesen Formalismus werden im vorgestellten Konzept Funktionen der Fehlerdiagnose und der Fehlerbehandlung realisiert. Diese Funktionen können direkt in die Robotersteuerung integriert werden, sofern deren höhere Hierarchieebenen ebenfalls als bayesianische Netze realisiert sind. Andernfalls bedienen sie eine geeignete Schnittstelle. Eingangsseitig speisen die Wahrscheinlichkeitsdichteverteilungen für die Zufallsvariablen der Sensorzustände S_m das bayesianische Netz.

Fehlerdiagnose

Die auf der Ebene der Sensordateninterpretation erkannten Fehler betreffen meist logische Sensoren, einer Kombination mehrerer Sensoren wie beispielsweise Odometrie mit Ultraschall zur Positionsbestimmung eines Hindernisses. Für die Bestimmung der eigentlichen Ursache können die Zusammenhänge zwischen den logischen Sensoren und der entsprechenden Sensorhardware genutzt werden. Diese Strukturen können sehr einfach im Formalismus der bayesianischen Netze dargestellt werden.

Fehlerbehandlung

Als Reaktion auf eine erkannte und diagnostizierte Fehlersituation stehen dem Roboter mehrere Möglichkeiten zur Verfügung. Er kann je nach Situation defekte Sensoren deaktivieren d.h. aus dem Fusionsprozeß eliminieren oder eine Rekalibrierung anstoßen. Eine Reaktion des Roboters hängt vom ausgefallenen Sensor, der Fehlerart aber auch vom momentanen Auftrag des Roboters ab. Mit Hilfe eines bayesianischen Netzes lassen sich diese Zusammenhänge einfach und übersichtlich beschreiben.

5 Realisierungsbeispiele und experimentelle Ergebnisse

Unter Verwendung des vorgestellten FEDB-Konzepts wurde die Steuerung des autonomen mobilen Roboters ROAMER (RObust Autonomous Mobile Experimental Robot) [16], [17] erweitert. Zahlreiche Experimente haben in der Praxis gezeigt, daß sich der Roboter dadurch robust gegenüber Sensordefekten verhält.

ROAMER (Abbildung 3) verwendet zur Positions- und Orientierungsbestimmung bezüglich eines ortsfesten Koordinatensystems die Odometrie und ein Gyroskop. Die Wahrnehmung der Umgebung erfolgt über 24 identische Ultraschallsensoren sowie einen IR-Laserscanner.

Für die Umsetzung des Konzepts für die auf ROAMER vorhandene Sensorik wurden eine Vielzahl von Verfahren entwickelt und integriert. Eine Auswahl davon wird im folgenden, gegliedert nach den in Abschnitt 4 eingeführten Ebenen, beschrieben.

5.1 Ebene 1: Sensordatenvorverarbeitung

Bei dem verwendeten Laserscanner handelt es sich um ein kommerzielles Produkt der Fa. SICK. Die Übertragung der Sensordaten erfolgt über eine serielle Verbindung. Zusätzlich zu den Nutzdaten wird ein Prüfsummenbyte und ein Statusbyte übertragen. Mit Hilfe des

Abbildung 3: ROAMER

Prüfsummenbytes können Übertragungsfehler detektiert werden. Über gesetzte Bits im Statusbyte werden interne Fehler des Laserscanners sowie Verschmutzungen der Frontscheibe angezeigt. Für Diagnosezwecke wurde deshalb für den Laserscanner L eine Zufallsvariable S_L mit den Zuständen

$$S_L = \left\{ s_L^1, s_L^2, s_L^3, s_L^4 \right\}$$
$$= \left\{ OK, INTERNAL\_ERROR, DIRTY\_SCREEN, TRANSMISSION\_ERROR \right\}$$

eingeführt.

Einzelne Ultraschallsensoren werden dahingehend überprüft, ob über einen längeren Zeitraum die zu empfangenen Echos ausbleiben. Der Effekt, daß Ultraschallwellen so an Hindernissen reflektiert werden, daß der Strahl keinen Weg mehr zum Empfänger findet, tritt häufig auf. Bleiben aber die Echos für einen einzelnen Sensor über einen längeren Zeitraum gänzlich aus, so ist dies ein Hinweis, daß dieser Sensor nicht mehr sensitiv ist. Für jeden Ultraschallsensor U ist deshalb in der Zufallsvariablen S_U der Zustand NO_ECHOS_ERROR vorgesehen.

$$S_U = \left\{ s_U^1, s_U^2 \right\}$$
$$= \left\{ OK, NO\_ECHOS\_ERROR \right\}$$

Die Erkennung und Behandlung dieses Fehlertyps hat zentrale Bedeutung. Auf diese Weise ausgefallene Sensoren gefährden wegen ausbleibender Meßwerte die sichere Hindernisvermeidung, können aber nicht auf der Ebene der Sensordateninterpretation erkannt werden.

Das Meßsignal des Gyroskops ist eine der Drehgeschwindigkeit des Roboters proportionale Spannung im Bereich von 0.5 V - 4.5 V. Eine gemessene Spannung von 0 V zeigt eine gebrochene Spannungsversorgung des Gyroskops an und wird durch den Zustand NO_POWER_SUPPLY in der Zufallsvariablen S_G

$$S_G = \left\{ s_G^1, s_G^2 \right\}$$
$$= \left\{ OK, NO\_POWER\_SUPPLY \right\}$$

berücksichtigt.

5.2 Ebene 2: Sensordateninterpretation

Zur Überwachung der Sensoren werden deren Meßwerten dazu verwendet, die Umgebung auf eine zweidimensionale Gitterkarte abzubilden. Jedes 10 x 10 cm große Pixel dieser Gitterkarte stellt durch den Belegtzustand eine Aussage zur Verfügung, anhand derer die Meßwerte der 24 Ultraschallsensoren und des Laserscanners verglichen werden können. Dieser Belegtzustand wird durch eine Zufallsvariable

$$ C_j = \left\{ c_j^1,\ c_j^2 \right\} = \left\{ c_j^{OCC},\ c_j^{EMP} \right\} = \{OCC, EMP\} $$

mit den beiden Zuständen

c_j^1 OCC Gitterzelle C_j ist belegt

c_j^2 EMP Gitterzelle C_j ist frei

beschrieben. Für die Berechnung der Konsistenzmaße nach Gleichung (8) wird beispielsweise für den Ultraschall das Konsistenzmodell von Tabelle 1 verwendet.

$P(S_U/C_{j,U}\,C_{j,*})$	$C_{j,U} = OCC$		$C_{j,U} = EMP$	
	$C_{j,*} = OCC$	$C_{j,*} = EMP$	$C_{j,*} = OCC$	$C_{j,*} = EMP$
$S_U = OK$	0.95	0.2	0.3	0.65
$S_U = KO$	0.05	0.8	0.7	0.35

Tabelle 1: Konsistenzmodell $P(S_U/C_{j,U}\,C_{j,*})$ für Ultraschallsensoren U

Mit diesem Verfahren konnten neben Parameterfehlern auch andere Defekte erkannt werden. Die betroffenen Sensoren „sehen" entweder nicht vorhandene Hindernisse und schränken damit die Beweglichkeit des Roboters ein, oder „sehen" vorhandene Hindernisse nicht und gefährden damit die sichere Hindernisvermeidung. Für weitere Einzelheiten insbesondere zur Fehlererkennung und dem Gitterkartenaufbau sei auf [18] verwiesen.

Für die Diagnose eines fehlerhaften Ultraschallsensors kann die den Zustand des Sensors beschreibende Zufallsvariable um die Fehlertypen $GHOST$ und $BLIND$ ergänzt werden. Tabelle 2 zeigt das um die entsprechenden Fehlermodelle erweiterte Konsistenzmodell von Tabelle 1.

$P(S_U/C_{j,U}\,C_{j,*})$	$C_{j,U} = OCC$		$C_{j,U} = EMP$	
	$C_{j,*} = OCC$	$C_{j,*} = EMP$	$C_{j,*} = OCC$	$C_{j,*} = EMP$
$S_U = OK$	0.6	0.1	0.1	0.6
$S_U = GHOST$	0.2	0.8	0.1	0.2
$S_U = BLIND$	0.2	0.1	0.8	0.2

Tabelle 2: probabilistisches Fehlermodell $P(S_U/C_{j,U}\,C_{j,*})$ für Ultraschallsensoren U

Im Hinblick auf die Fehlerbehandlung kann die in der Gitterkarte gespeicherte Information auch zur autonomen Korrektur von detektierten Parameterfehlern verwendet werden. Konkret wurde das Verfahren für die Kalibrierung der Hauptstrahlachsenrichtung eines Ultraschallsensors gegenüber dem Roboterkoordinatensystem realisiert. Details dazu sind in [19] und [20] beschrieben.

5.3 Ebene 3: Entscheiden und Agieren

Für den Aufbau der Gitterkarte wird aus den Entfernungsmeßwerten des Laserscanners und der Ultraschallsensoren eine Hindernisposition relativ zu einem ortsfesten Koordinatensystem berechnet. Dafür benötigt man die Position des Roboters relativ zu diesem Koordinatensystem zum Zeitpunkt der Messung. Die aus der Gitterkarte abgeleiteten Konsistenzmaße beziehen sich somit auf logische „Umgebungssensoren". Diese sind eine Kombination des den Entfernungsmeßwert bereitstellenden Ultraschallsensors oder Laserscanners und eines wiederum logischen „Lokalisierungssensors". Dieser fusioniert Meßwerte der Odometrie und des Gyroskops zur Positions- und Orientierungsschätzung des Roboters.

Fehlerhafte Umgebungssensoren erfordern eine geeignete Reaktion. Dafür muß bekannt sein, durch welche Sensorhardware die Inkonsistenzen verursacht werden. Im vorliegenden Fall kann angenommen werden, daß im Falle einzelner defekter Umgebungssensoren der jeweilige Entfernungssensor defekt ist. Andererseits lassen viele defekte Umgebungssensoren auf ein Problem bei der Bestimmung der Roboterposition und damit auf einen Fehler seitens der Odometrie oder des Gyroskops schließen. Diese Zusammenhänge werden auf ein bayesianisches Netz abgebildet und unterstützen so den Diagnoseprozeß.

Eine zweite wichtige Funktion der bayesianischen Netze ist deren Fähigkeit, Entscheidungen herbeizuführen und dadurch das weitere Verhalten des Roboters zu beeinflussen. Auch hier lassen sich die Abhängigkeiten zwischen Situation und Aktion durch bedingte Wahrscheinlichkeiten modellieren.

Konkret stellt sich für die Robotersteuerung von ROAMER beispielsweise die Frage, wie auf einen detektierten Fehler eines „Umgebungssensors" reagiert werden soll. Dieser könnte eventuell autonom behoben werden, falls es sich um einen Parameterfehler handelt. Zur Klärung dieser Frage muß vorher aber ein Diagnoseexperiment durchgeführt werden, da die erforderlichen probabilistischen Fehlermodelle wie bereits erwähnt nicht allgemein gültig sind. Ob dieses Diagnoseexperiment sofort durchgeführt wird, oder aber dieser Sensor vorübergehend abgeschaltet wird, hängt unter anderem davon ab, welcher Sensor betroffen ist und welchen Auftrag der Roboter gerade auszuführen hat.

6 Zusammenfassung

Mit dem vorgestellten Konzept wird erreicht, daß sich Steuerungen autonomer mobiler Systeme robust gegenüber Sensordefekten verhalten. Das Konzept basiert auf probabilistischen Methoden. Dadurch ist es gelungen, sowohl die meist schon bekannten Verfahren auf der Ebene der Sensordatenvorverarbeitung als auch neue Verfahren zu integrieren. Diese nutzen auf der Ebene der Sensordateninterpretation die Redundanz an Umgebungsinformation, die durch die Vielfalt an Sensorik auf einem autonomen mobilen System gegeben ist.

Durch die Einbindung verschiedenster Sensorik während zahlreicher Experimente mit dem mobilen Roboter ROAMER konnte die universelle Anwendbarkeit des Verfahrens in der Praxis nachgewiesen werden. Die Integration weiterer Sensoren wie GPS oder visueller Sensoren erscheint deshalb unproblematisch.

7 Literatur

[1] Lee S.C., Sensor Value Validation Based on Systematic Exploration of the Sensor Redundancy for Fault Diagnosis KBS, *IEEE Trans. on Systems, Man, and Cybernetics*, 24(4), 1994, 594-605.

[2] Patton R.J., Fault Detection and Diagnosis in Aerospace Systems Using Analytical Redundancy, *IEE Colloquium on 'Condition Monitoring and Fault Tolerance'*, 1990, 1/1-1/20.

[3] Elfes A., Dynamic Control of Robot Perception Using Multi-Property Inference Grids, *Proc. of the IEEE Int. Conf. on Robotics and Automation*, 1992, 2561-2567.

[4] Elfes A., Dynamic Control of Robot Perception Using Stochastic Spatial Models, *Proc. of the Int. Workshop on Information Processing in Autonomous Mobile Robots*, 1991, 77-92.

[5] Matthies L. und Elfes A., Probabilistic Estimation Mechanisms and Tesselated Representations for Sensor Fusion, *Proc. of the SPIE - The Int. Society for Optical Engineering*, 1988, 2-11.

[6] Manyika J. und Durrant-Whyte H., *Data Fusion and Sensor Management - A Decentralized Information-Theoretic Approach* (Ellis Horwood Series in Electrical and Electronic Engineering, Ellis Horwood Ltd., 1994).

[7] Berger J.O., *Statistical Decision Theory and Bayesian Analysis* (Berlin, Germany: Springer-Verlag, 1985).

[8] Schiele B. und Crowley J.L., Certainty Grids: Perception and Localisation for a Mobile Robot, *Proc. of the Int. Workshop on Intelligent Robotic Systems*, 1993.

[9] Moravec H.P., Sensor Fusion in Certainty Grids for Mobile Robots, *AI Magazine*, 9(2), 1988, 61-74.

[10] Bar-Shalom Y. und Fortmann T.E., *Tracking and Data Association, Mathematics in Science and Engineering* (San Diego, CA, USA: Academic Press Inc., 1987).

[11] Brumback B.D. und Srinath M.D., A Fault Tolerant Multisensor Navigation System Design, *IEEE Trans. on Aerospace Electronic Systems*, 23(6), 1987, 738-756.

[12] Svenson A. und Holst J., Integration of Navigation Data, *Journal of Navigation*, 48(1), 1995, 114-135.

[13] Pearl J., *Probabilistic Reasoning in Intelligent Systems: Networks of Plausible Inference* (San Mateo, CA, USA: Morgan Kaufmann Publishers Inc., 1988).

[14] Soika M., Sensor Failure Detection, Diagnosis and Calibration for Autonomous Mobile Robots, *Proc. of the IASTED Int. Conf. on Robotics and Manufacturing*, 1997.

[15] Jensen F.V., *An Introduction to Bayesian Networks* (London, UK: UCL Press Ltd., 1996).

[16] Rencken W.D., Leuthäusser I., Bauer R., Feiten W., Lawitzky G. und Möller M., Low-cost Mobile Robots for Complex Non-Production Environments, *Proc. 1st IAFC Int. Workshop on Intelligent Autonomous Vehicles*, 1992, 31-36.

[17] Rencken W.D., Autonomous Sonar Navigation in Indoor, Unknown and Unstructured Environments, *Proc. of the IEEE/RSJ/GI Int. Conf. on Intelligent Robots and Systems*, 1994, 431-438.

[18] Soika M., A Sensor Failure Detection Framework for Autonomous Mobile Robots, *Proc. of the IEEE/RSJ/GI Int. Conf. on Intelligent Robots and Systems*, 1997.

[19] Soika M., Gitterkartenbasierte Fehlererkennung und Kalibrierung für Ultraschallsensoren für autonome mobile Systeme, *Konferenzband zum 12. Fachgespräch Autonome Mobile Systeme*, 1996, 38-46.

[20] Soika M., Grid Based Fault Detection and Calibration of Sensors on Mobile Robots, *Proc. of the IEEE Int. Conf. on Robotics and Automation*, 1997, 2589-2594.

Regelstruktur einer Laufmaschine für autonomes Laufen in unebenem Gelände

J. Steuer und F. Pfeiffer

Lehrstuhl B für Mechanik
TU München
Boltzmannstr. 15
85748 Garching

1 Einleitung

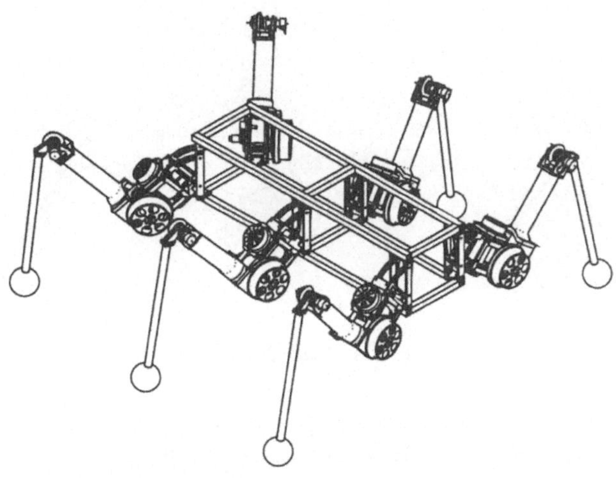

Bild1.: Der TUM-Roboter

Die Laufmaschine des Lehrstuhls B für Mechanik wurde so konstruiert, daß sie sich in unebenem Gelände fortbewegen kann. Sie hat sechs Beine mit je drei Freiheitsgraden. Diese Konfiguration ermöglicht einen stabilen Lauf auch über unebenes Gelände, da sich immer mindestens 3 Beine am Boden befinden. Die verteilte Steuerungselektronik gestattet eine dezentrale Regelung. Jedem Bein ist ein eigener Prozessor zugeordnet. Ein weiterer Prozessor erledigt zentrale Regelaufgaben. Die Grundstruktur hierfür wurde der Biologie entnommen [1, 2]. Sie basiert auf Mechanismen, die bei Stabheuschrecken beobachtet wurden. Ähnliche Ansätze werden auch von anderen Gruppen verfolgt. Ferell [4] vergleicht drei verschiedene solcher Ansätze.

Mit dem ursprünglichen Regler konnte die Maschine in der Ebene geradeaus mit einer festen Geschwindigkeit laufen [10]. Die nun hinzugefügten Erweiterungen der Regelstruktur wurden mit größtenteils technischen Ansätzen realisiert.

Dies bezieht sich auf Laufen in beliebige Richtungen und auf eine Neigungs- und Höhenregelung. Die Maschine ist nun in der Lage, über Unebenheiten zu laufen, die innerhalb der mechanischen und geometrischen Möglichkeiten ihrer Struktur liegen.

2 Mechanik und Sensorik

2.1 Kinematik

Die Geometrie und Kinematik des Roboters wurde nach dem biologischen Vorbild der Stabheuschrecke *Carausius Morosus* entwickelt. In Bild 2 ist ein Bein der Heuschrecke zusammen mit einer schematischen Abbildung des Roboterbeins zu sehen. Die Längenverhältnisse der Segmente wurden näherungsweise übernommen (Bild 1).

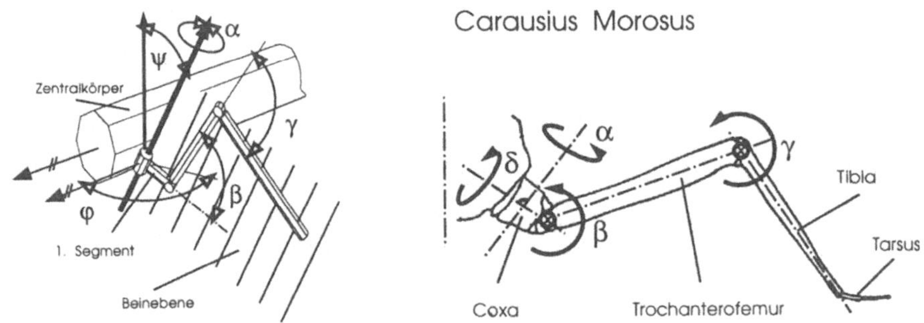

Bild2.: Das Einzelbein

Die sechs Beine besitzen jeweils drei Segmente, die in einer Ebene angeordnet sind. Diese Ebene wird um die erste Gelenkachse, die raumschief zum Hauptkörper sitzt, um den Winkel α gedreht. Sie ist fest zum Hauptkörper eingestellt und wird durch die beiden Winkel φ und ψ bestimmt. Die beiden anderen Drehachsen (Winkel β und γ) sind zueinander parallel und stehen senkrecht zur ersten Achse. Jedes Gelenk wird von einem separaten Gleichstrommotor mit angebautem Getriebe angetrieben. Die drei aktiven Freiheitsgrade erlauben es, in einem begrenzten Bereich im Raum beliebige Punkte durch den Fußendpunkt (Tarsus) zu erreichen. Dies bewirkt, daß die Beine auch in unebenem Gelände einen stabilen Stand der Laufmaschine gewährleisten können.

2.2 Sensorik und Elektronik

Jedes Bein besitzt insgesamt 8 Sensoren.

An jedem der drei Gelenke ist ein Potentiometer zur Winkelmessung angebracht. Außerdem ist in jedem Motor ein Tachometer zur Winkelgeschwindigkeitsmessung integriert. Damit stehen über die Sensoren alle relativen kinematischen Größen in den Gelenken zur Verfügung.

Zum Erkennen von Hindernissen ist am äußeren Segment ein DMS-Streifen angebracht. Hiermit können Momente gemessen werden, die sich aus äußeren Kräften auf den Tarsus ergeben. Am Beinende befindet sich ein Druckschalter, der sich bei Bodenkontakt schließt.

Auf dem Hauptkörper ist ein Neigungssensor angebracht, der die absolute Neigung zur Horizontalen in zwei Richtungen angibt. Dieser ist in der Lage, Neigungen von $\pm 25°$ zu messen und besitzt eine nahezu lineare Kennlinie.

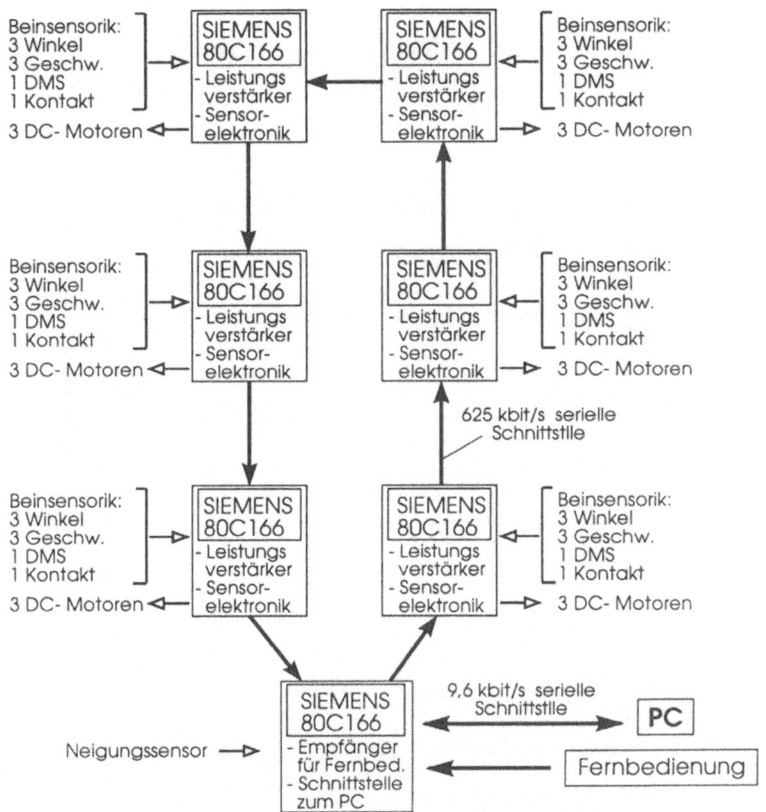

Bild3.: Die Hardwarekonfiguration

Zur Regelung des Roboters sind 7 Siemens 80C166-Prozessoren installiert. Diese sind über eine serielle Leitung und CAN-Bus miteinander verbunden und können so Informationen untereinander austauschen. Jedem Bein ist ein Prozessor zugeteilt. Der siebte Prozessor wird zur Steuerung von zentralen Aufgaben verwendet. Er übernimmt die Neigungs- und Höhenregelung und kommuniziert mit externen Geräten. Diese Kommunikation kann über eine digitalen Fernsteuerung, einen externen PC oder ein Kamerasystem erfolgen.

3 Die Regelung

Die Regelung der Laufmaschine ist in drei Schichten unterteilt. Diese Einteilung war auch schon in der ursprünglichen Regelung vorhanden. Die oberste Schicht ist für die Koordination der Beine und für die Bestimmung der Bewegungsrichtung und der Gangart verantwortlich. Außerdem sorgt sie für die Kommunikation zwischen den Rechnern und externen Geräten.

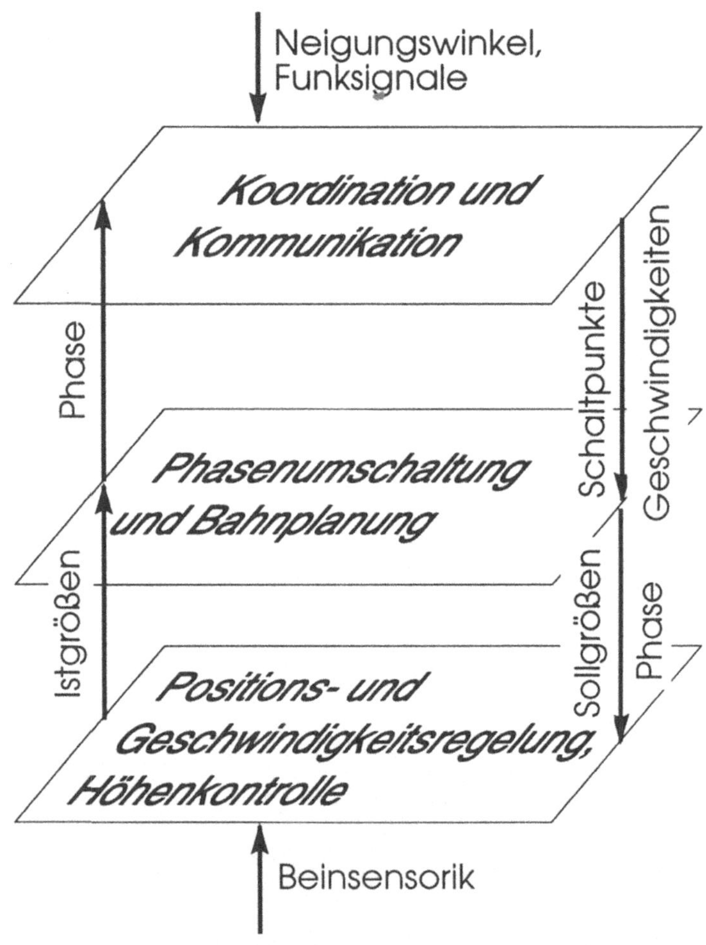

Bild4.: Die Dreischichtenregelung

In der mittleren Schicht wird die Bahnplanung für jedes einzelne Bein berechnet. Hierbei ist jeder Schritt in einzelne Phasen unterteilt. Die zwei Schaltpunkte, die die Phasenumschaltungen auslösen, sind der Aufsetz- und der Abhebepunkt, die von der oberen Regelebene eingestellt werden. Der Beinendpunkt wird während der Bodenphase in x- und y-Richtung geschwindigkeitsgeregelt und in vertikaler Richtung (Höhe) positionsgeregelt. Die Sollwerte für die untere Ebene werden aus der Laufrichtung- und geschwindigkeit, aus der Neigungsregelung und der Höhenkontrolle berechnet.

Die untere Regelebene schließlich besteht aus einem Mehrgrößen-PID-Regler mit Vorsteuerung. Dieser PID-Regler wechselt zwischen zwei Zuständen. Wenn sich ein Bein am Boden befindet, wird im kartesischen Raum geregelt, in der Luftphase im Zustandsraum. Für das Bewältigen von Unebenheiten ist eine Neigungs- und Höhenregelung vorhanden, die die Laufhöhe für jedes Bein separat einstellen kann.

3.1 Koordination und Bestimmung der Bewegungsrichtung

Eine der wichtigsten Aufgaben eines Regelungssystems bei Laufmaschinen ist die Koordination zwischen den einzelnen Beinen. Dies wird zu einem großen Teil von Koordinationsmechanismen übernommen, die bei Stabheuschrecken beobachtet wurden [2]. Diese Mechanismen bestimmen die Aufsetzt- und Abhebepunkte des Beins, die im folgenden *Anterior Extreme Position* (AEP) und *Posterior Extreme Position* (PEP) genannt werden. Das Schema der Koordination ist in Bild 5 dargestellt.

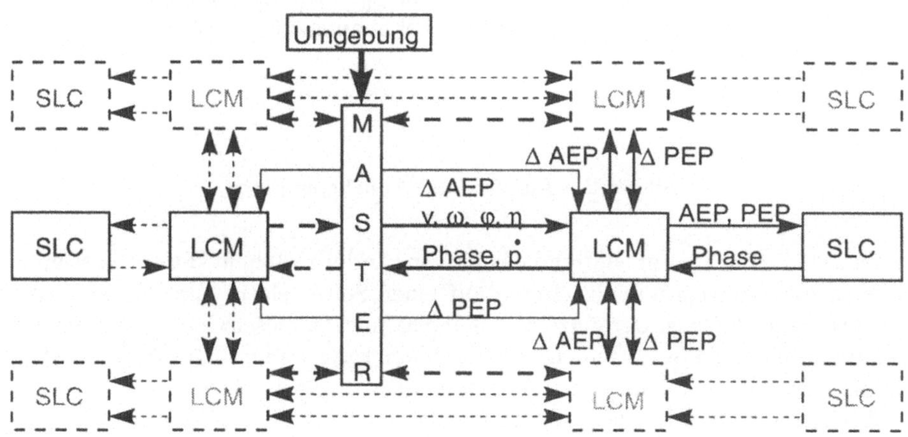

Bild5.: Koordination der Beine

Die bereits vorhandenen Mechanismen waren

- ipsilaterale Hemmung:
  Ein Bein in der Luftphase verschiebt die PEP's der Nachbarbeine auf der gleichen Seite nach hinten.

– contralaterale Hemmung:
Ein Bein in der Luftphase verschiebt den PEP des gegenüberliegenden Beins nach hinten.

Diese beiden Mechanismen reichen für Geradeauslaufen in der Ebene aus. Dabei läßt sich ein stabiler Tripodgang erreichen.

Das Laufen von Kurven mit beliebigem Radius wird dadurch noch nicht abgedeckt. Es wird durch zwei Parameter bestimmt:

– Die Vorwärtsgeschwindigkeit v
– Die Winkelgeschwindigkeit des Hauptkörpers ω

Diese beiden Parameter können in den Bereichen von $-v_0 < v < v_0$ beziehungsweise $-\omega_0 < \omega < \omega_0$ gewählt werden. Damit kann die Regelung reinen Vorwärts- oder Rückwärtslauf, Drehen auf der Stelle und Laufen von Kurven mit beliebigem Radius realisieren. Da nun die Beine ihre Laufrichtung relativ zum Hauptkörper auch umkehren können, muß für jedes Bein ein weiteres Paar von Aufsetz- und Abhebepunkten definiert werden. Da die einzelnen Beine verschiedene Aufgaben während des Laufens ausführen, reicht Umdrehen der Punkte nicht aus (Bild 6). Sie mußten experimentell bestimmt werden.

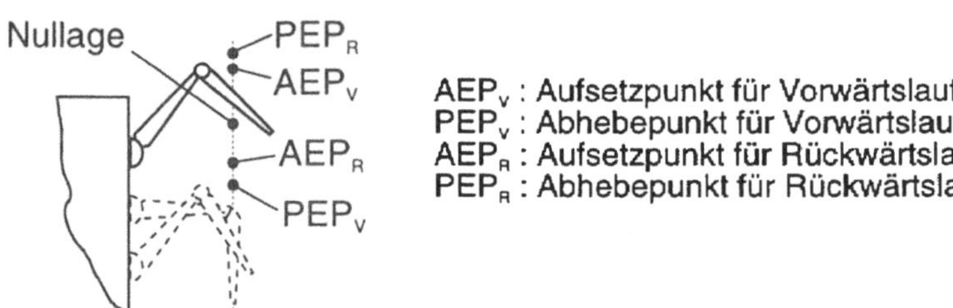

Bild6.: Die Aufsetz- und Abhebepunkte

Da sich die Parameter während des Laufens ändern können, kann es passieren, daß sich die Laufrichtung der Beine auf einer Seite relativ zum Hauptkörper umkehrt. Je nach Phase der einzelnen Beine kann es in diesem Fall zum Abheben aller Beine einer Seite führen. Dieses Problem kann dadurch behoben werden, daß die Beine eines Tripods zum Aufsetzen gezwungen werden.

Weiterhin kann es bei bestimmten Kurvenradien geschehen, daß sich ein Bein relativ zum Hauptkörper gar nicht oder nur ganz wenig bewegt. Es würde seinen Abhebepunkt erst nach längerer Zeit erreichen. Ein solches Bein muß deswegen zum Abheben gezwungen werden.

3.2   Phasenumschaltung

Der Bewegungszyklus eines Beins ist in verschiedene Phasen eingeteilt, die in Bild 7 dargestellt sind.

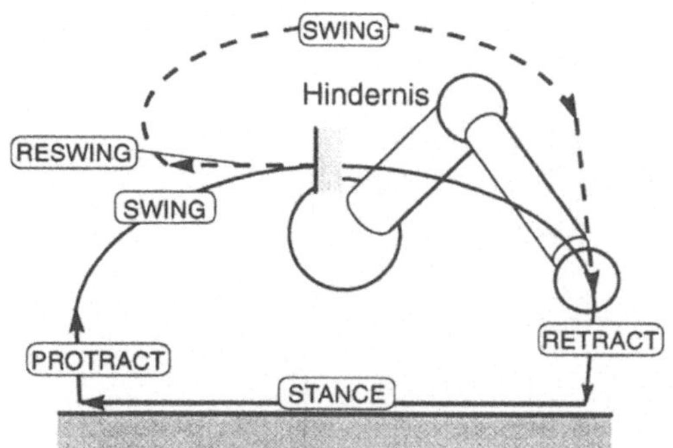

Bild7.: Die Phasen eines Schritts

Sie werden folgendermaßen bezeichnet:

- STANCE: Das Bein befindet sich am Boden und schiebt den Körper in Bewegungsrichtung.
- PROTRACT: Abhebephase mit Beschleunigung zur SWING-Phase.
- SWING: Das Bein bewegt sich entlang einer Spline-Kurve zum Aufsetzpunkt.
- RESWING: Wenn das Bein an ein Hindernis stößt, wird es zurückgezogen und eine neue Spline-Kurve berechnet.
- RETRACT: Aufsetzphase mit Beschleunigung zur STANCE-Phase.

Die meisten Schaltvorgänge zwischen den Phasen werden in Abhängigkeit von AEP und PEP vorgenommen. Falls sowohl die Vorwärtsgeschwindigkeit v als auch die Winkelgeschwindigkeit ω den Wert Null annehmen, geht der Roboter in die Ruhestellung über. Diese Stellung verbraucht relativ wenig Energie und sichert zudem eine definierte Startkonfiguration für einen weiteren Lauf. Der Übergang in die Startstellung geschieht über drei weitere Phasen:

- $HOLD_1$: Das Bein bewegt sich auf den Boden.
- $HOLD_2$: Das Bein bewegt sich zu einem Punkt senkrecht über dem beabsichtigten Aufsetzpunkt
- WAIT: Warten auf den nächsten Laufzyklus

3.3 Bestimmung der Sollgrößen

In der Luftphase (PROTRACT, SWING und RETRACT) geschieht die Regelung im Zustandsraum. Der Winkel α wird geschwindigkeitsgeregelt. Die Sollwerte für die Winkel β und γ werden in Abhängigkeit von α über quadratische Splines berechnet. Die Stützstellen für die Splinefunktionen werden in Abhängigkeit von AEP und PEP berechnet.

In der Bodenphase Bild 8 wird in x- und in y-Richtung geschwindigkeitsgeregelt. Aus der kinematischen Kette

$$v_{0T} = v_{0M} + v_{MT} = 0. \tag{1}$$

ergibt sich die Geschwindigkeit des Tarsuspunktes T relativ zum Körpermittelpunkt M zu

$$v_{MT,rel} = -\begin{pmatrix} v \\ 0 \\ 0 \end{pmatrix} - \begin{pmatrix} 0 \\ 0 \\ \omega \end{pmatrix} \times \begin{pmatrix} r_{MTx} \\ r_{MTy} \\ r_{MTz} \end{pmatrix} \tag{2}$$

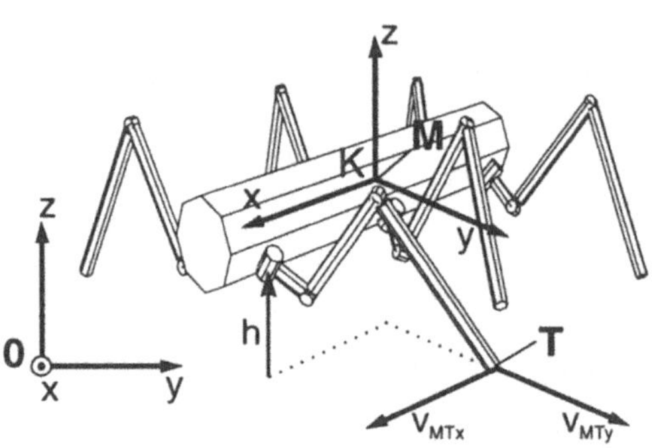

Bild8.: Sollwerte in der STANCE-Phase

Die Geschwindigkeit in z-Richtung ergibt sich nach Formel 2 immer zu Null. Deswegen wird diese Größe auch positionsgeregelt. Der Sollwert ergibt sich aus der Neigungs- und Höhenregelung.

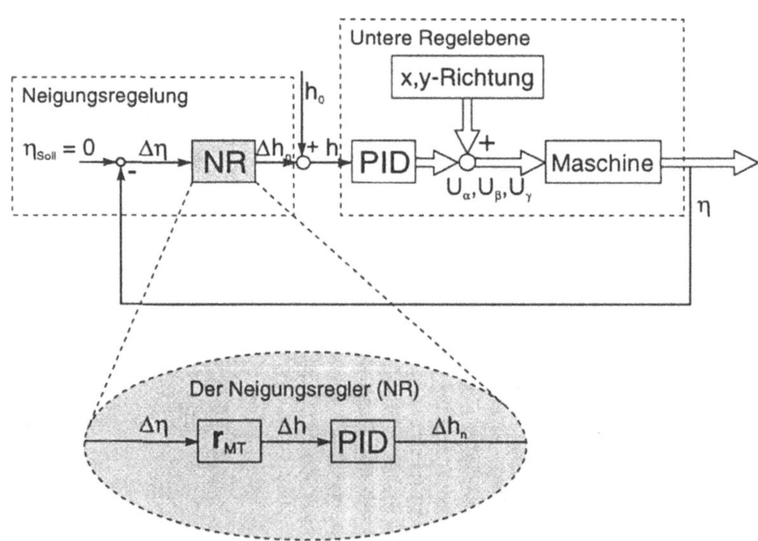

Bild9.: Neigungsregelung für Winkel η

Neigungsregelung Die Neigungsregelung hat zum Ziel, die Neigung des Zentralkörpers gegenüber der Horizontalen auf dem Wert Null zu halten. Die Neigungswinkel werden in x-Richtung mit ζ und in y-Richtung mit η bezeichnet. Die Regelabweichung, die aus einer Neigung um die y-Achse resultiert, ergibt sich zu

$$\Delta h_\eta = r_{MTx} \cdot \eta \tag{3}$$

für kleine Winkel η. Die Regelung für den Winkel ζ läuft analog.

Die Neigungsregelung allein reicht für Laufen auf unebenem Gelände nicht aus. Um die Höhenunterschiede zwischen den einzelnen Schritten oder Rutschen in den Griff zu bekommen, wird eine zusätzliche Regelung benötigt.

Höhenregelung Da die Aufsetzpunkte der Beine in unebenem Gelände meistens nicht den erwarteten Punkten entsprechen, wird die Laufhöhe erst nach dem Aufsetzen festgelegt. Das Bein fährt so lange nach unten, bis Kontakt zum Untergrund auftritt. Dieser Wert ergibt dann den neuen Sollwert. Außerdem wird dieser Wert erhöht, falls in der STANCE-Phase der Bodenkontakt verlorengeht. Dies kann dazu führen, daß sich die Gesamtlaufhöhe der Maschine ständig erhöht bzw. erniedrigt.

Deshalb wird eine nominale Laufhöhe H_0 festgelegt, die dem Durchschnitt der Laufhöhe aller Beine entsprechen soll. Für die Höhenregelung wird nun die Abweichung aller Beine von H_0 berechnet. Der zentrale Rechner regelt nun diese Abweichung über einen PID-Regler auf den Wert Null ein.

Die gesamte Höhenregelung ist in Bild 10 dargestellt.

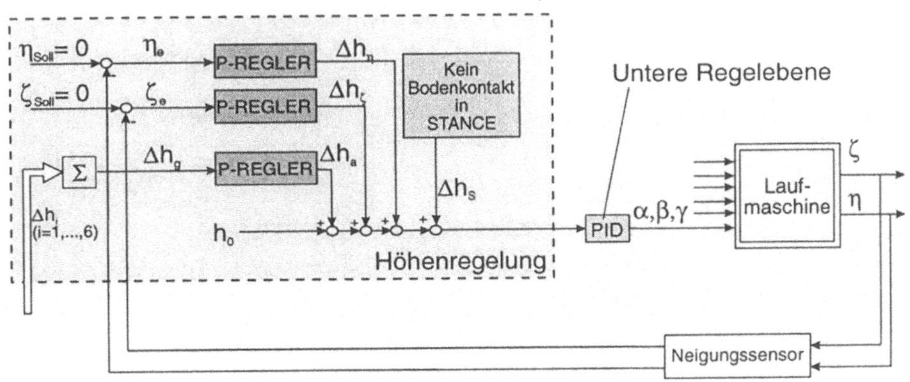

Bild 10.: Die Höhenregelung

In Bild 11 sind Messungen der relativen Ganghöhe dargestellt. Im oberen Teil sind die Ganghöhen der einzelnen Beine des linken Tripods dargestellt. Unten ist der Durchschnitt der drei Höhen zu sehen. Im grau unterlegten Bereich sind nur diese drei Beine am Boden. Hier kann man sehr schön das Einhalten der durchschnittlichen Ganghöhe beobachten.

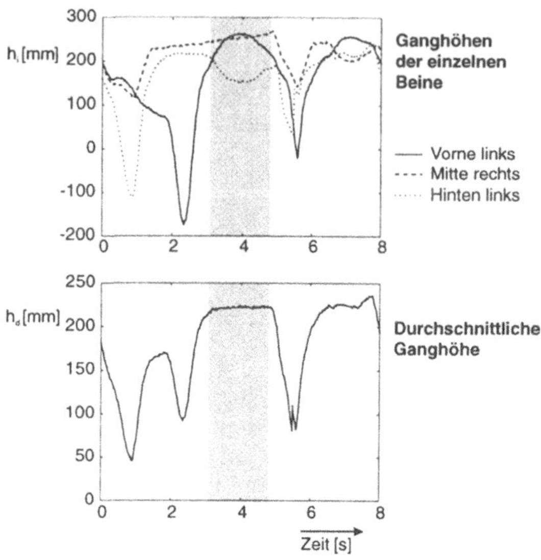

Bild11.: Messungen der Ganghöhe

3.4 Untere Regelebene

Die untere Regelebene enthält zwei PID-Regler mit Vorsteuerung. In der Bodenphase wird im kartesischen Raum geregelt (Bild 12)

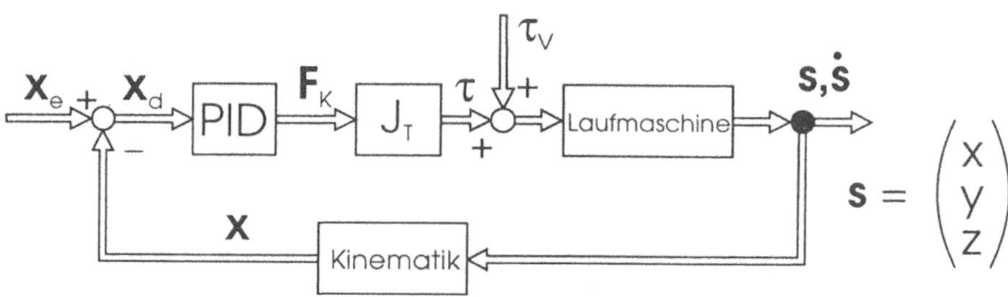

Bild12.: Regelung in der Bodenphase

Der Regler für die Luftphase arbeitet im Zustandsraum.

Die Vorsteuermomente τ_V sind Momente zum statischen Tragen des Zentralkörpers und zur Überwindung der Getriebereibung.

4 Zusammenfassung

Die Laufmaschine ist in der Lage, mit dieser Regelung über unebenes Gelände
zu laufen. Allerdings muß die Laufrichtung und -geschwindigkeit immer noch

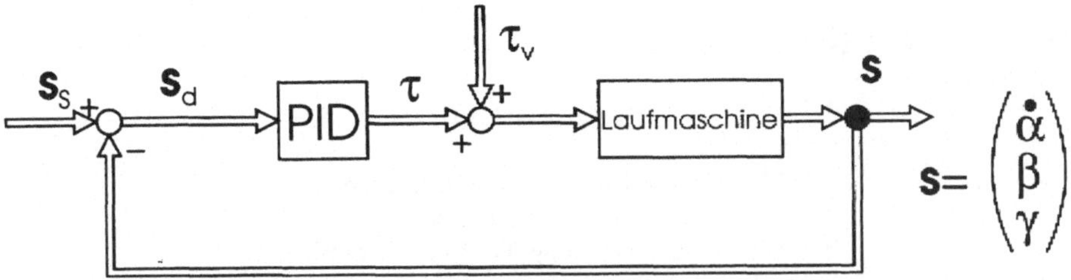

Bild13.: Regelung in der Luftphase

von außen vorgegeben werden. Dies geschieht durch eine Fernbedienung oder einen externen PC. In Zukunft soll dies durch ein Umgebungserkennungssystem erledigt werden. Es wurde nun ein Bildverarbeitungssystem aufgebaut, das Hindernisse über ein Laserschnittverfahren erkennen soll. Ziel ist es, den Roboter autonom über unebenes Gelände laufen zu lassen. Er soll Hindernisse selbständig erkennen und ein visuelles Ziel ansteuern.

References

1. CRUSE, H.: *The Function of the Legs in the Free Walking Stick Insect, Carausius morosus*, Journal of Comparative Physiology, (1976), p. 112.
2. CRUSE, H.: *What mechanisms coordinate leg movement in walking athropods?*, Trends in Neurosciences, (1990), pp. 15–21.
3. ELTZE, J.: *Biologisch orientierte Entwicklung einer sechsbeinigen Laufmaschine*, Fortschrittsberichte VDI, Reihe 17, Nr.110, VDI-Verlag, Düsseldorf, 1994.
4. FERELL, C.: *A Comparison of Three Insect-Inspired Locomotion Controllers*, Robotics and Autonomous Systems, (1995), pp. 135–159.
5. PFEIFFER, F.; CRUSE, H.: *Bionik des Laufens-technische Umsetzung biologischen Wissens*, Konstruktion, (1994), pp. 261–266.
6. PFEIFFER, F.; ELTZE, J.; WEIDEMANN, H. J.: *The TUM-Walking Machine*, Intelligent Automation and Soft Computing, (1995), pp. 307–323.
7. SALMI, S.; HALME, A.: *Implementing and testing a reasoning based free gait algorithm in the six legged walking machine "MECANT"*, 2nd IFAC Conference on Intelligent Autonomous Vehicles, Helsinki, Finland, 1995, pp. 127–132.
8. SONG, K.; WALDRON, K.: *The Adaptive Suspension Vehicle*, MIT Press, Cambridge MA, 1989.
9. STEUER, J.; PFEIFFER, F.: *Three-Layered Control of a Six-Legged Robot*, KI-95 Activities: Workshops, Posters, Demos, Bonn, 1995, Gesellschaft für Informatik e.V., p. 296f.
10. WEIDEMANN, H.: *Dynamik und Regelung von sechsbeinigen Robotern und natürlichen Hexapoden*, Fortschrittsberichte VDI, Reihe 8, Nr. 362, VDI-Verlag, Düsseldorf, 1993.

Entwurf und Konstruktion eines anthropomorphen Roboters

Rainer Bischoff

Universität der Bundeswehr München
Institut für Meßtechnik
Werner-Heisenberg-Weg 39, 85577 Neubiberg
E-Mail: Rainer.Bischoff@unibw-muenchen.de

Kurzfassung

Zur vollautomatischen Verrichtung von Dienstleistungen an verschiedenen Orten einer weitläufigen Einsatzumgebung wird ein Robotersystem benötigt, das sich autonom fortbewegen und am jeweiligen Einsatzort die vom Benutzer gewünschten Handlungen durchführen kann. In diesem Beitrag werden der Entwurf und die Konstruktion eines anthropomorphen Roboters beschrieben, der durch seinen menschenähnlichen Aufbau, seine Sensorik und Aktorik und seine praktische, handlungsbezogene Intelligenz in Zukunft zu Handhabungsaufgaben befähigt werden soll, wie sie für viele Bereiche der Servicerobotik erforderlich sind. Die Gesichtspunkte, die uns bei der Konzeption und Realisierung dieses Roboters geleitet haben, werden im einzelnen vorgestellt.

1 Einleitung

Serviceroboter, die in vielfältigen, nicht näher definierten und vor allem nicht besonders hergerichteten Umgebungen die verschiedensten Dienstleistungen erbringen können, werden in der Zukunft große technische und wirtschaftliche Bedeutung erlangen [Schraft et al. 1994]. Ein wichtiger Gesichtspunkt bei der Entwicklung solcher Roboter ist, daß sie auch in Umgebungen arbeiten müssen, die von Menschen bevölkert sind, und zwar von Menschen, die im Umgang mit Robotern nicht besonders ausgebildet sind und sich nicht notwendigerweise dafür interessieren. Serviceroboter werden daher ein hohes Maß an Robustheit im Umgang mit unerwarteten Situationen, an Anpassungsfähigkeit und an Kommunikationsfähigkeit benötigen, das weit über den gegenwärtigen Stand der Technik hinausgeht.

Zur Erforschung von Möglichkeiten zur Realisierung solcher Roboter bauen wir einen Versuchsroboter auf, der bereits zahlreiche Eigenschaften besitzt, die von zukünftigen Servicerobotern benötigt werden. Im übrigen sollen durch seine Flexibilität, Modularität und Erweiterbarkeit sichergestellt werden, daß vielfältige Ansätze zur Lösung der noch offenen Probleme durch Experimente in der realen Welt entwickelt und bewertet werden können. Im folgenden sollen die Notwendigkeit einer anthropomorphen Konstruktion begründet und daraus abgeleitet unsere Konzepte und die Realisierung des Roboters *HERMES* – **H**umanoid **E**xperimental **R**obot for **M**obile Manipulation and **E**xploration **S**ervices – vorgestellt werden (Abbildung 1).

1.1 Vorteile eines menschenähnlichen Roboterentwurfs

Es gibt mehrere Gründe, einen Serviceroboter in Größe und Form dem Menschen nach-zubilden. Das wohl beste Argument ist, daß ein solcher Roboter in Umgebungen arbeiten soll, in denen sich auch das tägliche Leben von Menschen abspielt, also beispielsweise in Wohnungen, Büros, Laboren, Gaststätten, Krankenhäuser, Straßen oder Verkehrsmitteln. Diese Einsatzumgebungen sind an die speziellen körperlichen Eigenschaften und Er-fordernisse des Menschen angepaßt worden: an seinen Platzbedarf (z.B. Breite von Korridoren und Türen), an seine Arbeitshöhe (z.B. Tische oder Türgriffe), an seine Sehhöhe (z.B. Türschilder) und an die Körperkraft, die er zum Manipulieren von Objekten

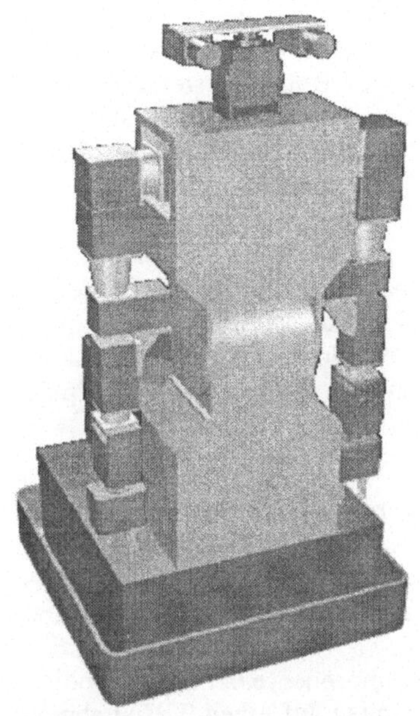

Abbildung 1: Anthropomorpher Roboter *HERMES* mit omnidirektionaler mobiler Basis, zwei Armen, abknickbarem Oberkörper und zwei Kameras auf einer steuerbaren Plattform; Größe 70 cm x 70 cm x 180 cm

aufbringen kann (z.B. zum Öffnen einer Tür). Wenn also ein Roboter in solchen Umgebungen zum Einsatz kommt, sollte er eine dem Menschen ähnliche Gestalt und vergleichbare sensorische und motorische Fähigkeiten besitzen.

Ein weiterer wichtiger Grund ist, daß Serviceroboter mit Menschen auf verschiedenen Ebenen, von Berührungen über Gesten bis hin zur Sprache, interagieren und kommunizieren müssen. Weist der Roboter eine menschenähnliche Form und ein menschenähnliches Verhalten auf, fällt Menschen die Interaktion leichter [Brooks 1996].

Auch kann es für die Repräsentation von Wissen über die Umwelt von Vorteil sein, wenn Roboter eine menschenähnliche Größe und Form besitzen, weil sie dann bei der Exploration der Umgebung eine dem Menschen besonders gut zugängliche Art von Wissen aufbauen können [Johnson 1987].

1.2 Anforderungen an den Roboter *HERMES*

Die Kombination von Mobilität und der Fähigkeit zur Manipulation stellen wesentliche Grundfunktionen für die meisten Serviceroboter dar. *HERMES* soll deshalb in die Lage versetzt werden, unbekannte Umgebungen zu explorieren, um in diesen dann auftragsbezogen zu navigieren und verschiedene Objekte zu manipulieren. Dabei soll er Befehle wie z.B. "Nimm Objekt A in Raum 1 auf, transportiere es in Raum 2 und lege es dort auf dem Tisch ab!" ausführen können, ohne daß die Umgebung speziell hergerichtet werden muß. Hauptsensormodalität soll das Sehen sein, da es für derartige Anwendungen (wie auch bei Lebewesen) besonders leistungsfähig ist. Auf exakte Weltmodelle soll ebenso verzichtet werden wie auf genaue Kenntnis der optischen, kinematischen und dynamischen Kenngrößen. Damit soll ein Grad der Robustheit erreicht werden, der es ermöglicht, Serviceroboter in häuslichen, öffentlichen und industriellen Bereichen zur selbständigen Verrichtung verschiedenster Dienstleistungen einzusetzen.

2 Stand der Technik

An vielen Forschungseinrichtungen wird an der Entwicklung von Komponenten autonomer mobiler Systeme gearbeitet. Meistens handelt es sich dabei um Forschung auf den Gebieten Autonomie *oder* Mobilität *oder* Manipulation. Die Integration zu funktionierenden Gesamtsystemen, autonomen mobilen Manipulatoren und anthropomorphen Robotern, findet dabei erst seit einiger Zeit größere Beachtung. Im folgenden wird eine kurze Übersicht über bereits entwickelte Systeme gegeben. Anschließend werden die projektrelevanten Vorarbeiten des Instituts für Meßtechnik beschrieben.

2.1 Mobile Manipulatoren

Ein mobiles Manipulatorsystem besteht aus einer beweglichen Plattform und einem oder mehreren darauf angebrachten Manipulatoren. Durch die mit einer mobilen Plattform erzielbare Beweglichkeit ergibt sich eine wesentliche Arbeitsraumvergrößerung gegenüber einem ortsfesten Manipulator. Allerdings steigt damit auch die Anzahl der Freiheitsgrade (im folgenden: DOF) des Gesamtsystems, und die Steuerung des Manipulators wird komplexer. Allen vorgeschlagen Lösungen für dieses Problem ist dabei gemein, daß sie mit sorgfältig kalibrierten Sensoren und Aktuatoren, Weltmodellen und inversen Kinematiken arbeiten. Mit diesen Ansätzen konnten beindruckende Robotersysteme realisiert werden, z.B. an der Universität Karlsruhe der Montageroboter KAMRO [Lueth et al. 1995], an der TU München der Serviceroboter ROMAN mit einer großen Anzahl integrierter Schlüsselkomponenten [Daxwanger et al. 1996] und der Rehabilitationsroboter MOVAID [Dario et al. 1995].

Am GRASP Lab der Universität von Pennsylvania [Yamamoto 1994] und an der Stanford Universität [Khatib et al. 1995] beschäftigt man sich mit der Kraftregelung mehrerer kooperierender mobiler Manipulatoren. Am Georgia Institute of Technology [Cameron et al.1993] wurde ein mobiler Manipulator entwickelt, der durch reaktive Steuerungsmethoden bereits während der Andockphase den Arm in eine für die Manipulation günstige Position bringt.

2.2 Anthropomorphe Roboter

Der Übergang von mobilen Manipulatoren zu anthropomorphen Robotern ist in der Literatur nicht eindeutig definiert. Im folgenden wird ein Roboter als anthropomorph bezeichnet, wenn er durch seine Größe, seine Form, die Konfiguration seiner Freiheitsgrade und die Art und Anordnung seiner Hauptsensoren an den Körperbau eines Menschen erinnert.

An der Ruhruniversität Bochum wird ein anthropomorpher Roboter ("Arnold") aufgebaut, bei dem ein 7 DOF Roboterarm der Firma amtec auf einen TRC-Labmate montiert wurde. Der Kamerakopf (3 DOF) trägt vier Kameras mit paarweise unterschiedlichen Brennweiten für Navigations- und Manipulationsaufgaben [Bergener et al. 1997]. Bei der DASA in Bremen beschäftigt man sich ebenfalls seit einigen Jahren mit anthropomorphen Servicerobotern, jedoch sind uns bis dato keine Veröffentlichungen (außer Fotos, z.B. in [amtec 97]) bekannt geworden.

Auch in den USA und Japan gibt es mehrere Projekte, die sich mit menschenähnlichen Robotern befassen; sie alle näher zu beschreiben, muß aus Platzgründen unterbleiben. Die Mehrzahl der aufgebauten Robotersysteme sind jedoch nach unserem Kenntnisstand immobil, verfügen dafür aber über mehrere Freiheitsgrade in den Rümpfen, Manipulatoren und Sensorköpfen (z.B. [Brooks, Stein 1993], [Konno et al. 1997]).

2.3 Vorarbeiten am Institut für Meßtechnik

Wichtig für die Neuentwicklung des anthropomorphen Roboters *HERMES* waren die vorausgegangenen Forschungsarbeiten an unseren mobilen Robotern *ATHENE I* und *II* sowie am Manipulator "Mitsubishi Movemaster".

Mobilität. *ATHENE II* ist ein Dreiradfahrzeug mit einer monochromen Videokamera auf einer einachsigen Kameraplattform, einem PC als Steuerrechner und einer darin befindlichen Transputer-Framegrabberkarte zur Bildverarbeitung. Mit diesem Roboter konnte die Leistungsfähigkeit des situationsabhängigen, verhaltensbasierten Steuerungs- und Navigationskonzeptes in strukturierter Umgebung gezeigt werden [Wershofen 1996].

In einem mehrfach zusammenhängenden Netz von Korridoren und frei befahrbaren Flächen kann *ATHENE II* (Abbildung 2) auftragsbezogen navigieren, d.h. namentlich vorgegebene Zielorte anfahren bzw. direkt spezifizierte Sequenzen von Verhaltens-

Abbildung 2: Mobiler Roboter *ATHENE II*; LBH: 135 cm x 70 cm x 110 cm

mustern abarbeiten. Das dazu notwendige Kartenwissen kann während einer überwachten Erkundungsfahrt selbständig erworben werden. Eine 3D- oder 4D-Weltbeschreibung ist weder für die Situationserkennung noch für die Ausführung von Verhaltensmustern erforderlich [Bischoff et al. 1996].

Manipulation. Normalerweise wird zur sichtbasierten Steuerung von Manipulatoren eine genaue Kalibrierung der optischen Parameter der Kameras und der Kinematik des Arms benötigt. Diese Kalibrierung ist sehr umständlich und muß fortwährend überwacht und, z.B. nach Wartungsarbeiten, erneut

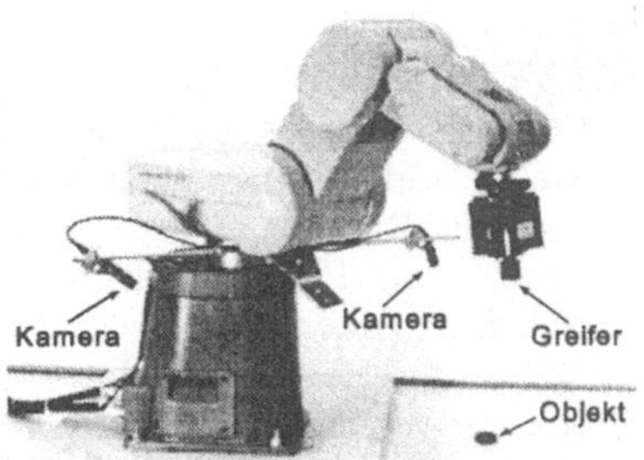

Abbildung 3: Manipulator mit 5 DOF, Zweifingergreifer u. Stereosichtsystem

durchgeführt werden. Um diese Schwierigkeiten zu umgehen, haben wir einen neuen Ansatz entwickelt und damit einen kalibrationsfreien Manipulator realisiert [Graefe, Ta 1995]. Er besteht aus einem Knickarmroboter mit 5 DOF, einem Zweifingergreifer und einem Stereosichtsystem (Abbildung 3). Flache und längliche zylindrische Objekte kann er ohne Kenntnis seiner Kinematik und der Parameter der Kameras lokalisieren und greifen; sogar willkürliche Eingriffe und Änderungen am optischen System während des Betriebs werden toleriert.

Grundlage für diese ungewöhnliche Robustheit sind der Verzicht auf ein Weltkoordinatensystem und ein direkter Übergang von Bildsensordaten zu Motor-Steuerbefehlen, unter Umgehung der sonst üblichen Berechnung der inversen perspektivischen und kinematischen Transformationen. Im Gegensatz zu anderen Ansätzen, die bei vergleichbarer Zielsetzung mit neuronalen Netzen arbeiten, wird bei uns kein Training vor dem Beginn der Manipulation benötigt.

Das Annähern des Greifers an das Objekt erfolgte anfangs in einer Folge von Schritten mit zwischengeschalteten Testbewegungen. Inzwischen konnte durch die Verwendung lernfähiger Steuerungsalgorithmen die für einen Lokalisierungs- und Greifvorgang benötigte Zeit von etwa 50 s auf 10 s reduziert werden [Xie et al. 1997].

3 Ein Neuentwurf – Konzepte, Wünsche und Forderungen

Einige Schwächen und Beschränkungen der am Institut vorhandenen Roboter (unzureichende Manövrierfähigkeit des Fahrzeugs; zu geringe Anzahl an Freiheitsgraden und zu geringe Nutzlast des Arms; schwer erweiterbare, inhomogene Gesamtkonstruktionen) haben uns zu einem vollständigen Neuentwurf veranlaßt. Um dabei ein weites Spektrum an Experimentiermöglichkeiten zu eröffnen, haben wir uns für die Realisierung eines anthropomorphen Gesamtkonzeptes entschieden.

Ein streng modularer Aufbau des Roboters, bei dem alle Module über genormte und einheitliche mechanische und elektrische Schnittstellen verfügen, war uns besonders wichtig. Sind diese Module über leistungsfähige Kommunikationsschnittstellen miteinander verbunden, so lassen sie sich nahezu beliebig konfigurieren und steigenden Anforderungen anpassen. Ein solches Modulkonzept haben wir sowohl bei der Konstruktion des "Roboterkörpers" verfolgt als auch beim Aufbau des Informationsverarbeitungssystems aus mehreren vernetzten Rechnern. Dadurch soll es möglich werden, auf der einen Seite durch Hinzufügen von Standardbausteinen die Anzahl der Freiheitsgrade des Systems zu erhöhen und auf der anderen Seite durch Hinzunahme weiterer Rechenknoten die Rechenleistung entsprechend anzupassen. Durch die Verwendung von in der Industrie bewährten Standardkomponenten entsteht so ein in sich homogenes, flexibles System, das leicht zu warten ist, und insbesondere in allen Freiheitsgraden einheitlich angesteuert werden kann.

3.1 Mobile Plattform

Eine Vielzahl von Servicerobotern soll in Umgebungen arbeiten, in denen sich auch Menschen problemlos fortbewegen können. Vielen dieser Umgebungen ist gemeinsam, daß sie für Radfahrzeuge leicht befahrbar sind. Deshalb haben wir uns entschieden, den Robotern auf Rädern fahren zu lassen.

Unser neuer Roboter soll idealerweise überall dort hingelangen können, wo auch Menschen hingehen können; er soll deshalb möglichst viel nicht breiter sein als ein Mensch. Andererseits wollen wir, daß er unabhängig von externer Energieversorgung und Informationsverarbeitung mehrere Stunden lang autark arbeiten kann. Beide Forderungen lassen sich nur schwer miteinander vereinbaren. Eine vermeintlich ideale Lösung ist ein Roboter mit runder Basisfläche (z.B. von Real World Interfaces RWI) und pyramidenförmiger Anordnung der Aufbauten (vgl. [Bergener et al. 1997]). Dies führt jedoch im Vergleich zu einer quadratischen Grundfläche bei gleicher Breite zu einer deutlichen Verkleinerung der nutzbaren Fläche für Batterien, Rechner und Transportgut und macht Spezialanfertigungen erforderlich. Deshalb sehen wir eine quadratische Grundfläche mit einer Seitenlänge von 60 bis 70 cm als ideal an. Damit ist der Roboter um ca. 10 bis 20 cm breiter als ein normaler Mensch, kann aber trotzdem noch problemlos die meisten Türen und sonstigen Engstellen durchfahren und in den meisten Räumen navigieren.

Wichtigste Forderung an das Fahrwerk ist die Gewährleistung der Omnidirektionalität. Diese Fähigkeit erleichtert sowohl das Manövrieren auf engstem Raum als auch das Einnehmen einer günstigen Position relativ zu Objekten, mit denen gearbeitet werden soll. Ideal wäre ein streng holonomes Fahrzeug, das auf praktisch einfache Weise jedoch nicht zu realisieren ist. Um dem Ideal möglichst nahezukommen, verwenden wir ein Fahrwerk mit mehreren frei beweglichen Rädern, von denen einige aktiv steuerbar sind. Um einen tiefliegenden Schwerpunkt des Gesamtsystems zu erreichen, sollte eine Anordnung der Räder gefunden werden, die eine Unterbringung der Batterien in Bodennähe zuläßt.

3.2 Manipulationssystem

Um Manipulationsaufgaben an Objekten in beliebiger Lage und Orientierung optimal durchführen zu können, muß jeder Arm über mindestens sechs Freiheitsgrade verfügen. Da sich die ideale Anzahl und Konfiguration der Freiheitsgrade sowie die Art der Endeffektoren erst im Laufe der Forschungsarbeiten herausstellen werden, sollten die Manipulatoren aus einzelnen beliebig kombinierbaren Modulen zusammengesetzt sein.

Maßgeblich für die Entscheidung, zwei Arme vorzusehen, ist einerseits das menschliche Vorbild und andererseits die Erwartung, mit zwei Armen anspruchsvollere Aufgaben als mit nur einem einzigen bewältigen zu können, z.B. das Öffnen und Durchfahren von selbstschließenden Türen. Außerdem lassen sich mit zwei Armen vielfältige Aspekte der Kooperation von Mehragentensystem untersuchen, z.B. das Aufheben von Gegenständen, die für einen Arm allein zu schwer sind ([Lueth et al. 1995], [Khatib et al. 1995]).

Neben der Manipulation von Objekten, die sich auf Tischen befinden oder die dem Roboter von einem Menschen gereicht werden, ist auch das Aufheben von Gegenständen vom Boden von Interesse. Prinzipiell hat der Mensch zwei Möglichkeiten, Gegenstände vom Boden aufzuheben: Entweder beugt er den Rumpf oder geht in die Knie. Das In-die-Knie-Gehen läßt sich relativ leicht durch ein Linearmodul nachbilden, aber bei einer solchen Lösung läßt sich der dadurch zusätzlich gewonnene Manipulationsbereich nur schwer vom "Kopf" des Roboters aus, d.h. von oberhalb der Schultern angebrachten Kameras, überwachen. Deshalb haben wir uns für einen abknickbaren Oberkörper entschieden, der gleichzeitig mit den Armen auch den Kamerakopf in eine für Manipulationsaufgaben günstige Position bringen kann (Abbildung 4).

Ein weiterer Vorteil eines abknickbaren Oberkörpers liegt in der Möglichkeit, Objekte von Tischen aufzunehmen, auch wenn diese weit von der Tischkante entfernt in der Tischmitte liegen. Befindet sich das Hüftgelenk oberhalb der Tischhöhe, bei ca. 60 bis 80 cm, ergibt sich je nach Länge und Konfiguration der Arme ein deutlich erweiterter Manipulationsbereich vor der mobilen Plattform.

Während der Mensch nur eingeschränkte Möglichkeiten besitzt, hinter seinem Rücken zu manipulieren, sollen bei unserem Roboter wegen der andersartigen Hüft-, Schulter- und Ellenbogengelenke und der Beweglichkeit des Kameraträgers diese Einschränkung nicht bestehen. So wird der Roboter sichtbasiert auf der hinteren Nutzfläche des Fahrzeugs manipulieren können, um dort z.B. aufgenommene Gegenstände zwischenzulagern.

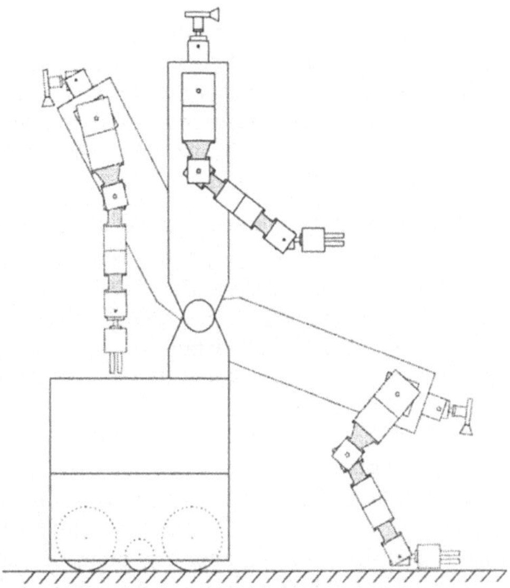

3.3 Sensorik

Sensoren dienen der Erfassung der inneren und äußeren Zustände des Robotersystems und der Überwachung der momentanen Wechselwirkung seiner Aktuatoren mit der Umwelt. Wie beim Menschen kann eine Unterteilung der Sensorik des Roboters in Exterozeptoren und

Abbildung 4: Veranschaulichung des durch den abknickbaren Oberkörper zusätzlich gewonnenen Arbeitsraums in Verbindung mit einem 6 DOF Arm mit Zweifingergreifer; die Kameraplattform (2 DOF) hält den Sensorkopf in einer für die Manipulationsaufgabe günstigen Position.

Propriozeptoren erfolgen. Exterozeptoren nehmen die Reize wahr, die von außerhalb des Organismus kommen (z.B. mittels Augen, Ohren, etc.), während Propriozeptoren Wahrnehmungen aus dem eigenen Körper vermitteln (z.B. aus Sehnen, Muskeln und Gelenken).

Exterozeptoren. Wesentlich für die Erfassung der externen Gegebenheiten der Umgebung ist ein leistungsfähiges Sensorsystem, dessen Aufmerksamkeit aktiv in gewünschte Richtungen gesteuert werden kann. Die Anbringung eines Sensorkopfes ("Roboterkopfes") an einem auf den Schultern sitzenden "Hals" ist die logische Konsequenz eines dem menschlichen Vorbild entsprechenden Entwurfes. Allerdings erscheint uns die Realisierung zweier Freiheitsgrade, Schwenken und Neigen des Kopfes, zunächst ausreichend. Damit tragen wir der Tatsache Rechnung, daß der Mensch den vorhandenen dritten Freiheitsgrad des Halses nur in Sonderfällen benötigt, um z.B. auf der Seite stehende Schrift leichter lesen zu können.

Das Halsgelenk muß so angebracht und konfiguriert sein, daß der Roboter direkt vor sich auf den Boden sehen und somit durch visuelle Rückkopplung, z.B. beim Andocken an Arbeitsstationen, den Abstand und die Orientierung optimieren kann. Die Kameraplattform sollte um mehr als ± 180 ° gedreht werden können, damit der Roboter auch nach hinten sehen kann (z.B. während Rückwärtsfahrten oder Manipulationen auf der Nutzfläche).

Der Tastsinn liefert dem Menschen wichtige Informationen zur Handhabung komplexer Objekte bei fehlender, unvollständiger oder falsch interpretierter Sichtinformation. In einem ersten Schritt möchten wir die mobile Plattform mit einer Art Tastsinn ausstatten, welcher durch in die Stoßfänger integrierte Sensoren die Lokalisierung von Kollisionsstellen erlaubt. Dieser Tastsinn ermöglicht es dem Roboter, aus seinem Fehlverhalten zu lernen. Ein in die Greifer integrierter Tastsinn ist wünschenswert, aber für die erste Ausbaustufe nicht vorgesehen.

Propriozeptoren. Der Roboter benötigt eine Vielzahl innerer Sensoren, die ihm eine Rückkopplung über seine inneren Zustände geben. Am wichtigsten sind dabei die Winkelgeber, die sich an sämtlichen Drehachsen des Systems befinden müssen, damit eine koordinierte Bewegungssteuerung erfolgen kann. Genauso wichtig erscheint die Erfassung der an den Gelenken auftretenden Momente. Zusätzliche Sensoren sollen weitere Zustandsinformationen liefern, so z.B. über eine etwaige Überlastung der Antriebe und den Ladezustand der Batterie.

3.4 Informationsverarbeitung und Robotersteuerung

Die Verarbeitung von Sensorinformationen und die daraus abgeleitete intelligente Steuerung des Roboters sind komplexe Aufgaben, die mit den zur Zeit gegebenen technischen Möglichkeiten nur durch ein Mehrprozessorsystem zu bewältigen sind. Die einzelnen Prozessoren lassen sich dabei entsprechend ihren Aufgaben auf mehrere Hierarchie-Ebenen verteilen und müssen dabei unterschiedliche Anforderungen an die Rechenleistung, die Kommunikationsschnittstellen und die anzuschließende Peripherie erfüllen.

In der obersten Hierarchie-Ebene soll das Gesamtsystem dem Bediener zugänglich gemacht werden, d.h. der Roboter soll im Kontext der zu erledigenden Aufgabe kommunizieren können. Dafür scheint uns ein standardmäßiger PC die beste Wahl zu sein, da hierfür vielerlei E/A- und Kommunikationsgeräte erhältlich sind. Die darunterliegende Ebene setzt die vom Bediener gegebenen Befehle in sensorgestützte Aktionen des Roboters um. Die Beschreibung dieser Aktionen erfolgt in Form von Bewegungskommandos an die Teilsysteme des Roboters, z.B. an die mobile Plattform, das Manipulations- oder das Sichtsystem. Für die dafür erforderliche übergeordnete Sensordatenverarbeitung und Bewegungssteuerung bietet sich ein System aus vernetzten digitalen Signalprozessoren an, dessen Gesamtrechenleistung durch Hinzunahme weiterer Prozessoren nach Bedarf erhöht werden kann. In der untersten Ebene schließlich reichen einfache Mikrocontroller aus, an die über verschiedene Schnittstellen Sensoren und Aktuatoren angeschlossen werden können. Ideal wäre die Vernetzung dieser Einheiten über ein Bussystem, weil dies die Kommunikation mit der übergeordnete Datenverarbeitung enorm vereinfacht.

3.5 Mensch-Maschine-Schnittstelle

Bei der Gestaltung einer Mensch-Maschine-Schnittstelle muß unterschieden werden zwischen der Entwicklerschnittstelle, die für die Erstellung der Roboter-Software benötigt wird, und der Schnittstelle, die einem späteren Bediener zur Verfügung gestellt werden soll. Für den Entwickler müssen in erster Linie vielfältige Anzeige-Optionen zur Überwachung und Analyse des Verhaltens des Roboters vorgesehen werden, während für die Bediener auf das jeweilige Dienstleistungsszenario angepaßte Mensch-Maschine-Schnittstellen entwickelt werden müssen. Eine gute Basis für die Realisierung einer benutzerfreundlichen Bedienerschnittstelle bildet eine verhaltensbasierte Systemarchitektur, da sie eine Kommunikation auf einem dem Menschen angepaßten Abstraktionsniveau ermöglicht [Graefe, Bischoff 1997].

Ein wichtiges Element der Entwicklerschnittstelle und auch des Sicherheitskonzepts während der Entwicklungsphase stellt ein Handbediengerät dar, das es dem Entwickler ermöglicht, aus sicherer Distanz die Steuerung des Roboters zu übernehmen. Mit diesem Handbediengerät müssen sämtliche Freiheitsgrade des Roboters gesteuert werden können, um ihn für Tests in eine günstige Startposition zu bringen oder um ihn im Fehlerfall aus nicht gewünschten oder vom Roboter nicht beherrschbaren Situationen manuell freifahren zu können.

3.6 Sicherheit

Der Roboter ist mit taktilen Sensoren und Notaus-Tastern auszustatten, die im Fehlerfall eine sofortige Trennung sämtlicher Antriebe vom Versorgungsnetz initiieren. Da es aufgrund der großen kinetischen Energie des Roboters bei der an sich zu späten Auslösung dieser Sensoren schon zu einer Gefährdung von Personen und Beschädigung von Einrichtungsgegenständen kommen kann, muß letztlich ein Sicherheitskonzept entwickelt und realisiert werden, das Gefahren frühzeitig erkennt und zuverlässig vermeidet. Denn im Gegensatz zu Industrierobotern ist bei Servicerobotern eine vollständige Trennung der Arbeitsbereiche von Mensch und Maschine nicht gegeben, sondern es ist ganz im Gegenteil bei bestimmten Dienstleistungsszenarien eine Interaktion zwischen Bediener und Serviceroboter geradezu notwendig.

Personen und Gegenstände, die sich im Manipulationsbereich der Arme aufhalten sind einer besonderen Gefährdung ausgesetzt. Hier läßt sich die Sicherheit durch den Einsatz von an der Oberfläche der Arme angebrachten taktilen Sensoren oder durch eine kontinuierliche Prädiktion und Verifikation der Kraft-Momentenverhältnisse in allen Gelenken erhöhen.

3.7 Energieversorgung

Wichtige Gesichtspunkte bei der Energieversorgung sind eine lange autarke Arbeitszeit und die Entkopplung der informationsverarbeitenden Geräte von Spannungsschwankungen, die durch Lastschwankungen der Motoren verursacht werden können. Für eine effiziente Programmentwicklung ist eine unterbrechungsfreie Umschaltung zwischen Netz- und Batteriebetrieb wünschenswert. Damit nach einem Nothalt ein schnelles Wiederanfahren möglich ist, sind für den Versuchsbetrieb getrennte Sicherheitsschalter für die Motoren einerseits und das Rechnersystem andererseits zweckmäßig.

4 Realisierung von *HERMES*

Der entstehende anthropomorphe Roboter *HERMES* kann als ein Mehrrobotersystem mit insgesamt 18 Freiheitsgraden beschrieben werden. Diese Freiheitsgrade verteilen sich auf ein omnidirektional bewegliches Fahrwerk (3 DOF), ein Manipulationssystem bestehend aus zwei seitlich an einem abknickbaren Oberkörper (1 DOF) befestigten Roboterarmen (je 6 DOF) mit Zweifingergreifern und eine Schwenk-Neigeplattform (2 DOF) zur Aufnahme eines Sensorkopfes (Abbildung 1).

Zentrales Grundelement des Roboters sind kompakte Antriebsmodule, die bei minimalem Platzbedarf in Doppelwürfeln leistungsfähige Motor-Getriebe-Kombinationen, die zugehörige Leistungselektronik, verschiedene Sensoren (Winkelencoder, Stromwandler, Temperaturfühler), einen Mikrocontroller zur Bewegungssteuerung und Zustandüberwachung sowie ein intelligentes Businterface (CAN) integrieren [amtec 1997]. Mit diesen Modulen und verschiedenen mechanischen Verbindungs- und Adapterelementen können vielfältige kinematische Strukturen aufgebaut werden. Die elektrische Verbindung für Energieversorgung und Kommunikation der Module erfolgt über einheitliche Kabel mit Steckverbindern entlang der kinematischen Kette der Roboterstruktur. Die Kommunikation mit allen Modulen wird durch den in der Industrie bewährten CAN-Bus realisiert. Zu den Eigenschaften dieses Bussystems gehören eine mit anderen Bussystemen verglichen hohe Übertragungsgeschwindigkeit (bis zu 1 Mbit/s), eine hohe Störunempfindlichkeit, die Erkennung und Behebung auftretender Übertragungsfehler, Multi-Master-Fähigkeit und eine leicht zu verändernde Bustopologie.

4.1 Das omnidirektionale Fahrwerk

HERMES ist auf einer quadratischen Grundfläche von 60 cm x 60 cm aufgebaut, mit zusätzlichen 5 cm breiten Stoßfängern auf jeder Seite. Im Interesse einer guten Standsicherheit ist das Fahrwerk mit vier Rädern versehen. Diese sind jeweils in den Mitten der vier Seiten des Fahrwerks angeordnet (Abbildung 5). Zwei der vier Räder sind angetrieben und aktiv gelenkt (∅ 20 cm), die anderen beiden sind passive Stützräder (∅ 10 cm) (vgl.

auch Seitenansicht in Abbildung 4). Zwei Fahrmotoren mit je 300 W Leistungsaufnahme reichen aus, um mit einer angemessenen Beschleunigung (ca. 1 m/s^2) mehr als Fußgängergeschwindigkeit zu erreichen (ca. 2 m/s). Das Fahrwerk erlaubt es dem Roboter, sich auf der Stelle zu drehen und aus dem Stand in eine beliebige Richtung wegzufahren. Auch lassen sich relativ leicht verschiedene Antriebskonfigurationen testen. In der von uns zunächst bevorzugten Konfiguration (aktive Räder vorn und hinten) besteht zunächst die Möglichkeit, wie bei unserem mobilen Roboter *ATHENE II* nur ein Rad anzutreiben und zu lenken und das zweite aktive Rad lediglich mit gleicher Geschwindigkeit geradeaus mitlaufen lassen. Es lassen sich aber genausogut omnidirektionale oder differentielle Antriebskonzepte realisieren, darunter

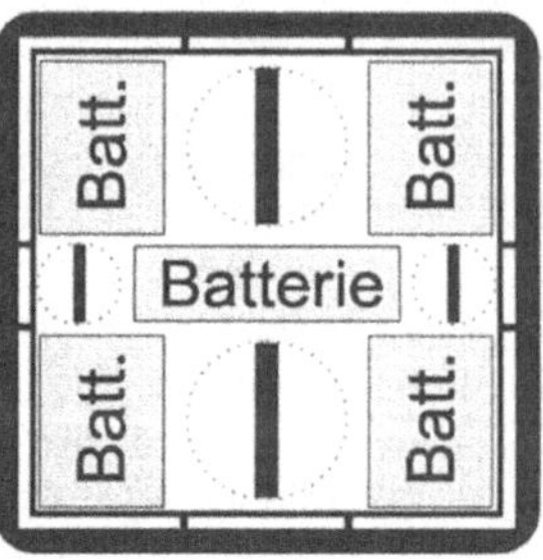

Abbildung 5: Fahrwerk von *HERMES* mit aktiven (groß) und passiven Rädern (klein), Stoßfängern und Batterien

auch solche, bei denen die Aufbauten um 90 ° gedreht auf der Plattform angebracht sind, so daß die Antriebsräder sich rechts und links am Fahrzeug befinden.

4.2 Manipulationssystem

Oberhalb des Fahrwerks befindet sich das Manipulationssystem, das aus zwei an einem abknickbaren Oberkörper befestigten Armen mit je 6 Freiheitsgraden und (vorläufig) einem Zweifingergreifer als Endeffektor besteht. Die Arme bestehen aus einer Struktur von doppelwürfel-förmigen Drehmodulen, die durch konisch bzw. zylindrisch geformte Verbindungselemente miteinander verbunden sind (Abbildung 6). Zwei Drehmodule mit der Kantenlänge 90 mm entsprechen zusammen dem Schultergelenk, dem damit ein Freiheitsgrad gegenüber dem menschlichem Pendant fehlt. Dieser fehlende Freiheitsgrad läßt sich teilweise durch den rotatorischen Freiheitsgrad der Bewegungsplattform kompensieren oder aber aufgrund der Modularität der Anordnung bei Bedarf nachrüsten. Zwei weitere Drehmodule der Kantenlänge 70 mm bilden den Ellenbogen und den Unterarm. Ein Handgelenkmodul mit zwei Freiheitsgraden und ein Greifermodul komplettieren den Arm. Die ersten Schultergelenkmodule beider Arme sind vollständig im Oberkörper versenkt und berühren sich dort in der Mitte. Dadurch wird gewährleistet, daß die Arme in hängender Stellung nicht über die Stoßfänger des Fahrwerks hinausragen.

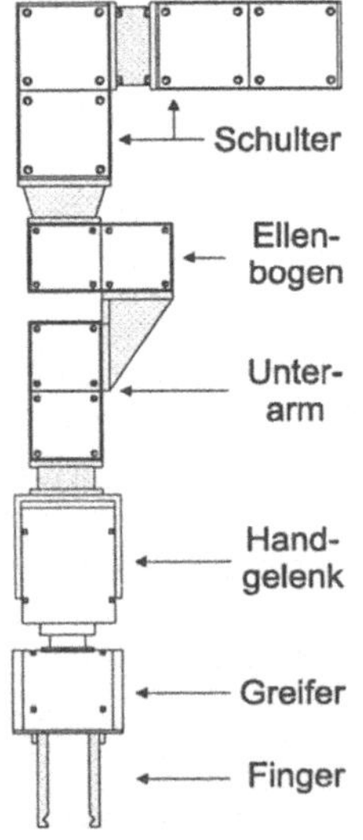

Abbildung 6: Manipulator mit sechs DOF und Zweifingergreifer; Reichweite: 94 cm

Die gewählte Struktur des Arms hat bei einer Eigenmasse von 14,2 kg eine nominelle Nutzlast von 2,0 kg (am ausgestreckten Arm). Durch Hinzuschalten der in den einzelnen Modulen eingebauten Haltebremsen lassen sich bei alleiniger Verwendung der Freiheitsgrade des Fahrwerks jedoch wesentlich höhere Halte- und Druck- bzw. Zugkräfte auf andere Gegenstände (z.B. Türen) ausüben. Begrenzend für die Kraftübertragung wirkt sich dann nur die Leistungsfähigkeit der mobilen Plattform aus und deren Fähigkeit, die Kraft auf den Boden zu übertragen.

Bei den derzeitig gewählten Proportionen von Rumpf, Oberkörper und Armen ergibt sich ein Manipulationsbereich von ca. 120 cm (!) *vor* der mobilen Plattform; die Erreichbarkeit der hinteren Hälfte der Nutzfläche ist ebenfalls gewährleistet. Das Hüftgelenk auf 80 cm Höhe ermöglicht ein Abknicken oberhalb von Tischkanten. Durch die ca. 120 kg schweren und extrem tief in der mobilen Plattform liegenden Batterien ist garantiert, daß der Roboter selbst bei abgeknicktem Oberkörper und ausgestreckten Armen nicht das Gleichgewicht verliert.

4.3 Sensorik

Das für die Kameraplattform verwendete Schwenk-Neigemodul ist das gleiche wie das im Arm verwendete Handgelenkmodul. Entgegen der Abbildung 1, die den rotatorischen Freiheitsgrad räumlich über dem Neigegelenk anordnet, wird die Kameraplattform mit dem Rotationsgelenk nach unten auf den Schultern montiert. Dadurch werden Kopf und Hals des Menschen besser nachgebildet, und die beiden Kameras können bei aufrechtem Oberkörper (z.B. im Fahrbetrieb) unabhängig vom Neigewinkel um eine stets vertikale Achse geschwenkt werden. Die maximalen Geschwindigkeiten der Neigeachse mit 90°/s und der Schwenkachse mit 180°/s sind für die in näherer Zukunft anstehenden Aufgaben ausreichend.

Zur Zeit werden zwei Monochromkameras für die Gewinnung visueller Informationen verwendet. Es ist jedoch geplant, zwei weitere Vergenzfreiheitsgrade und eine aktive Steuerung von Brennweite und Fokus für beide Kameras zu ermöglichen oder Kameras mit verschiedenen Brennweiten einzusetzen, um den unterschiedlichen Anforderungen an das optische System bei Navigations- und Manipulationsaufgaben gerecht zu werden. Farbkameras könnten wichtige Zusatzinformationen zur Segmentierung von Objekten vom Hintergrund liefern.

Die zum Betrieb des Roboters notwendigen Propriozeptoren sind in den Modulen integriert: Drehwinkelgeber, Stromwandler und Temperaturfühler. Weitere externe bzw. interne Sensorik wird entweder direkt über den CAN-Bus oder über in den Modulen vorhandene digitale und analoge Ein-/Ausgänge angeschlossen (z.B. zur Messung der Batteriespannung oder zur Realisierung des Tastsinns).

4.4 Informationsverarbeitung und Robotersteuerung

Abbildung 7 zeigt das hierarchisch aufgebaute Mehrprozessorsystem und die Zuordnung der einzelnen Prozessoren zu den jeweiligen Teilsystemen des Roboters: Die unterste Ebene wird aus den Antriebsmodulen mit den darin integrierten Controllern, Sensoren und Aktuatoren gebildet. Diese sind für die Bewegungssteuerung und Zustandsüberwachung der *einzelnen Module* zuständig. Die Hauptlast der Informationsverarbeitung wird von einem homogenen Mehrprozessorsystem auf Basis des digitalen Signalprozessors TMS 320C40 ("C40") übernommen, das sich in der darüber liegenden Hierarchie-Ebene befindet. In dieser Ebene erfolgen die Situationserkennung und Verhaltensauswahl sowie Sensordatenverarbeitung (einschließlich Bildverarbeitung) und Bewegungssteuerung auf einem höheren Abstraktionsniveau. Hier werden normalerweise nicht die einzelnen Module, sondern *Gruppen von Modulen*, z.B. die mobile Plattform, als funktionale Einheiten angesprochen.

Je nach benötigter Rechenleistung können den einzelnen Funktionen ein oder mehrere C40-Rechenknoten zugeordnet werden, oder es können mehrere Funktionen in einem Rechenknoten zusammengefaßt

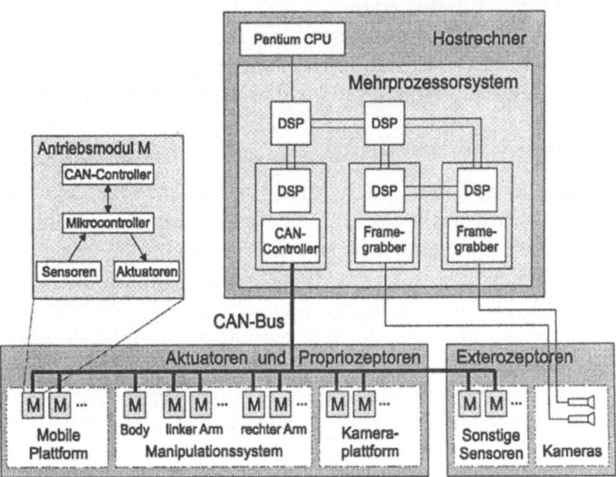

Abbildung 7: Modulare und anpaßbare Hardwarearchitektur zur Informationsverarbeitung und Robotersteuerung

werden. Zur Zeit werden zwei C40-basierte Framegrabber und ein C40-Rechenknoten zur Bildverarbeitung eingesetzt. Ein Rechenknoten übernimmt die Gesamtsteuerung (inkl. Wissensverwaltung) und Kommunikation zum PC, und ein C40- basierter CAN Controller wird zur Aktuatoransteuerung und Abfrage der Propriozeptoren verwendet.

An oberster Stelle befindet sich schließlich ein Industrie-PC mit Pentium CPU, der als Host für das Mehrprozessorsystem dient und die Mensch-Maschine-Schnittstelle realisiert.

4.5 Mensch-Maschine-Schnittstelle

Die Entwickler- und Bedienerschnittstelle werden unter Windows NT 4.0 realisiert. Aufträge können dem Roboter auch über Funk-Ethernet übermittelt werden. Das Handbediengerät kann als Busmaster sämtliche am CAN-Bus angeschlossenen Module bzw. Teilsysteme abfragen und per Joystick steuern.

4.6 Sicherheit

Um die Folgen etwaiger Kollisionen weitgehend zu vermindern, ist das Fahrwerk mit umlaufenden Stoßfängern versehen. Darin befindliche Sensoren ermöglichen die Auswertung der Kollisionsstelle und stellen eine Art "Tastsinn" für die mobile Plattform dar. In Zukunft soll damit das Fehlverhalten des Roboters analysiert und verschiedene Strategien zur Fehlervermeidung erprobt werden.

Falls der Roboter, insbesondere das Manipulationssystem, außer Kontrolle geraten sollte, können Notaus-Taster betätigt werden, die sich mittig am hinteren Ende der mobilen Plattform und am Handbediengerät befinden. Ein 2D-Laserscanner, der zur robusten Hinderniserkennung eingesetzt werden kann, soll noch integriert werden.

4.7 Energieversorgung

Die Energieversorgung des Roboters erfolgt über fünf in die Freiräume der mobilen Bewegungsplattform integrierte Batterien (Abbildung 5). Die vier in den Ecken befindlichen 12 V Batterien sind in Serie geschaltet, so daß sie sowohl 48 V für die Fahrmotoren als auch über einen Abgriff 24 V für alle übrigen Antriebe und das Rechnersystem liefern können. Eine fünfte in die Plattform integrierte Batterie (24 V) puffert das Rechnersystem und schützt es so zum einen vor kurzfristigen Spannungsabfällen der Hauptbatterie und ermöglicht zum anderen in Notaus-Situationen, in denen sämtliche Antriebe sofort von der Energieversorgung getrennt werden, ein geordnetes Wiederanfahren der Antriebe. Hilfsspannungen für die Kameras und die übrige Sensorik (5 V bzw. 12 V) werden über Spannungswandler bereitgestellt. Es besteht die Möglichkeit, unterbrechungsfrei zwischen Netz- und Batteriebetrieb umzuschalten. Die Kapazität der Batterien beträgt 160 Ah, was je nach Auslastung des Systems für einen mehrstündigen autarken Betrieb ausreichend ist.

5 Zusammenfassung

Aufbauend auf den am Institut für Meßtechnik gesammelten Erfahrungen zur sichtbasierten, auftragsbezogenen Navigation mit dem mobilen Roboter *ATHENE II* und zur Manipulation mit einem Knickarmroboter mit fünf Freiheitsgraden und einem unkalibriertem Stereosichtsystem wurde der anthropomorphe Roboter *HERMES* konzipiert und realisiert. Das durchgängige Konzept der Modularität sowohl bei der Informationsverarbeitung als auch bei der Roboterhardware stellt sicher, daß *HERMES* als Forschungsplattform äußerst flexibel einzusetzen und leicht erweiterbar ist. Die durch den beweglichen Oberkörper erreichte Arbeitsraumerweiterung, die einheitliche Ansteuerung *aller* Freiheitsgrade über CAN-Bus und das modulare Antriebskonzept mit dezentral verteilten Recheneinheiten stellen gegenüber bisher bekannten mobilen Manipulatoren und anthropomorphen Robotern eine sinnvolle Neuerung dar. Wir denken, mittels dieses Roboters interessante Problemstellungen bearbeiten und wertvolle Lösungen entwickeln zu können, die für eine Vielzahl künftiger Serviceroboter relevant sind.

Literatur

amtec (1997). Produktlinie MoRSE, Beschreibung und technische Spezifikationen, April 1997.

Bergener, T.; Bruckhoff, C.; Dahm, P.; Janßen, H.; Joublin, F.; Menzner, R. (1997). Arnold: An Anthropomorphic Autonomous Robot for Human Environments. 42. Internationales Wissenschaftliches Kolloquium, Ilmenau, September 1997.

Bischoff, R.; Graefe, V.; Wershofen, K. P. (1996). Combining Object-Oriented Vision and Behavior-Based Robot Control. Proceedings of the Intern. Conference on Robotics, Vision and Parallel Processing for Industrial Automation. Ipoh, Malaysia, pp 222-227.

Brooks, R. A.; Stein, L. A. (1993). Building Brains for Bodies. A.I. Memo No. 1439, Massachusetts Institute of Technology, Boston, August 1993.

Brooks, R. A. (1996). From Earwigs to Humans. To appear: Journal of Robotics and Autonomous Systems.

Cameron, J. M.; MacKenzie, D. C.; Ward, K. R.; Arkin, R. C.; Book, W. J. (1993). Reactive Control for Mobile Manipulation. Proceedings IEEE International Conference on Robotics and Automation. Atlanta, GA, May 1993, Vol. 3, pp 784-791.

Dario, P.; Guglielmelli, E.; Laschi, C.; Guadagnini, C.; Pasquarelli, G.; Morana, G. (1995). MOVAID: a new European joint project in the field of Rehabilitation-Robotics. http://www.alfea. it/movaid/Public_Domain_Area/Papers/Paper1.html, Arts Lab- Scuola Superiore Sant'Anna, Italy.

Daxwanger, W.; Ettelt, E.; Fischer, C.; Freyberger, F.; Hanebeck, U.; Schmidt, G. (1996). ROMAN: Ein mobiler Serviceroboter als persönlicher Assistent in belebten Innenräumen. In: Schmidt, G.; Freyberger, F. (Hrsg.): 12. Fachgespräch Autonome Mobile Systeme 1996, Springer Verlag, Berlin, pp 314-333.

Graefe, V.; Ta, Q. (1995). An Approach to Self-Learning Manipulator Control Based on Vision. IMEKO Intern. Symposium on Measurement and Control in Robotics. Smolenice, pp 409-414.

Graefe, V.; Bischoff, R. (1997). A Human Interface for an Intelligent Mobile Robot. 6th IEEE Intern. Workshop on Robot and Human Communication. Sendai, Japan, Sept. 1997 (in Druck).

Johnson, M. (1987). The Body in the Mind: The Bodily Basis of Meaning, Imagination, and Reason. The University of Chicago Press, Chicago, Illinois.

Khatib, O.; Yokoi, K.; Chang, K.; Ruspini D.; Holmberg, R.; Casal A.; Baader A. (1995). Force Strategies for Cooperative Tasks in Multiple Mobile Manipulation Systems. Intern. Symposium of Robotics Research. Munich, October 1995.

Konno, A.; Nagashima, K.; Furukawa, R.; Nishiwaki, K.; Noda, T.; Inaba, M.; Inoue, H. (1997). Developement of the Humanoid Robot Saika. Proceedings of IEEE/RSJ Intern. Conference on Intelligent Robots and Systems, IROS '97 (in Druck).

Lueth, T. C.; Nassal, U. M., Rembold, U. (1995). Reliability and Integrated Capabilities of Locomotion and Manipulation for Autonomous Robot Assembly. Journal on Robotics and Autonomous Systems, 14 (1995), pp 185-198.

Schraft, R.D.; Engeln, W.; Hägele, M. S.; Kelterer, M.; Nicolaisen, P.; Schäffer, C.; Volz, H.; Wolf, A. (1994). Serviceroboter – ein Beitrag zur Innovation im Dienstleistungswesen. Eine Studie im Auftrag des BMFT durchgeführt von April 1993 bis Juni 1994. Fraunhofer-Institut für Produktionstechnik und Automatisierung (IPA), Nobelstraße 12, 70569 Stuttgart.

Wershofen, K. P. (1996). Zur Navigation sehender mobiler Roboter in Wegenetzen von Gebäuden – Ein objektorientierter verhaltensbasierter Ansatz. Dissertation, Fakultät für Luft- und Raumfahrttechnik der Universität der Bundeswehr München.

Xie, Q.; Graefe, V.; Vollmann, K. (1997). Using a Knowledge Base in Manipulator Control by Calibration-Free Stereo Vision. IEEE Intern. Conference On Intelligent Processing Systems. Beijing, China, Oktober 1997 (in Druck).

Yamamoto, Y. (1994). Control and Coordination of Locomotion and Manipulation of a Wheeled Mobile Manipulator. Dissertation, University of Pennsylvania, August 1994.

Navigation mobiler Roboter mit Laserscans

Jens-Steffen Gutmann und Bernhard Nebel

Universität Freiburg, Institut für Informatik
Am Flughafen 17, D-79110 Freiburg
{gutmann,nebel}@informatik.uni-freiburg.de

Zusammenfassung Es wird ein Verfahren zur Erstellung einer topologischen Karte aus Laserscandaten für die Navigation mobiler Roboter beschrieben. Aus einem Satz sich korrekt überdeckender 360°-Scans wird ein *Sichtbarkeitsgraph* erstellt, wobei Knoten Scanpositionen und Kanten die relative Anzahl gemeinsamer Scanpunkte (genannt *Sichtbarkeit*) repräsentieren. Aus der *Sichtbarkeit* und der Distanz der Scanpositionen wird eine subjektive Wahrscheinlichkeit für die Befahrbarkeit zwischen den Scanpositionen berechnet. Durch Annahme von Unabhängigkeit der berechneten Wahrscheinlichkeiten wird mittels uniformer Kostensuche ein möglichst kurzer und sicher befahrbarer Pfad bestimmt. Das Verfahren wurde auf einem Pioneer-1-Roboter mit SICK-Laserscanner implementiert und erprobt. Für die Navigation zu jedem Zwischenziel entlang des Pfades wurde ein gitterbasierter lokaler Wegeplaner verwendet. Dadurch konnte ein hoher Grad an Robustheit erlangt werden. Das System ist in der Lage unvorhergesehenen Hindernissen auszuweichen, nicht passierbare Wege zu erkennen und alternative Wege zu finden.

1   Einführung

Viele Verfahren zur Navigation mobiler Roboter benutzen ein Belegtheitsgitter für die Wegeplanung und verwenden beispielsweise Breitensuche [KS94] oder dynamisches Programmieren [TBB+97], um kollisionsfreie Wege zu berechnen. Belegtheitsgitter haben u.a. den Vorteil, daß sie einfach zu erstellen und zu verwalten sind und kürzeste Wege über sie bestimmt werden können. In großen Einsatzumgebungen benötigen Belegtheitsgitter jedoch viel Speicherplatz und die Wegeplanung wird wegen des entstehenden großen Suchraumes ineffizient, sofern keine Parallelrechner zur Verfügung stehen. Weiterhin wird zur Korrektur von Positionsungenauigkeiten des Roboters meist noch eine weitere Karte benötigt, wie z.B. ein Satz von Referenzscans [EW95,GS96,Gut96].

Topologische Karten dagegen haben den Vorteil, daß sie planungseffizient sind und wenig Speicherplatz benötigen. Außerdem wurde in [TB96] festgestellt, daß die Wegeplanung auf topologischen Karten nicht unbedingt wesentlich längere Wege bestimmt als die gitterbasierte Wegeplanung. Die Problematik topologischer Karten ist jedoch ihre automatische Erstellung aus Sensorinformation.

Dieser Beitrag beschreibt ein Verfahren zur Erstellung einer topologischen Navigationskarte, die aus einem Satz sich korrekt überdeckender 360°-Scans erstellt wird. Die Laserscans werden gleichzeitig als Referenzscans für die Selbstlokalisierung des Roboters benutzt, so daß keine weitere Karte für die Positionsbestimmung benötigt wird. Für die Navigation zu den berechneten Zwischenzielen wird ein gitterbasierter lokaler Wegeplaner verwendet, welcher in der Lage ist, Hindernissen dynamisch auszuweichen und nicht befahrbare Wege zu erkennen. Hierdurch wird ein hoher Grad an Robustheit erlangt.

Diese Arbeit ist wie folgt aufgebaut. Der nächste Abschnitt beschreibt den *Projektionsfilter*, der zur Bestimmung gemeinsamer Punkte zweier Scans benutzt und im Abschnitt 3 für die Erstellung der topologischen Karte eingesetzt wird. In Abschnitt 4 werden Experimente mit einem Pioneer 1 Roboter mit SICK Laserscanner präsentiert. Abschnitte 5 und 6 diskutieren den gewählten Ansatz und vergleichen ihn mit verwandten Arbeiten. Der letzte Abschnitt faßt die Arbeit zusammen und stellt weitere Arbeitspunkte vor.

2 Projektionsfilter

In [Lu95] wird der Begriff *Projection* eingeführt, welcher die Koordinatentransformation eines Scans auf die Aufnahmeposition eines anderen Scans beschreibt. Durch wechselseitiges Projizieren zweier Scans können wir so die gemeinsamen Punkte beider Scans bestimmen. Dieses Verfahren wird im folgenden *Projektionsfilter* genannt und anhand des Beispiels aus Abbildung 1a beschrieben.

Abbildung 1. Scan A (kleine Kreise) und B (kleine Kreuze) vor (a) und nach Anwendung des Projektionsfilters (b).

Beide Scans werden auf die Aufnahmeposition des jeweiligen anderen Scans projiziert. Dabei werden in 2 Schritten alle Scanpunkte entfernt, die von der anderen Aufnahmeposition aus nicht sichtbar sind.

Im 1. Schritt wird die Tatsache ausgenutzt, daß Scanpunkte immer mit zunehmenden Aufnahmewinkel vorliegen. Daher können die Punkte von Scan A innerhalb der gepunktet gezeichneten Ellipse von Position B aus nicht sichtbar sein, da diese von dort aus gesehen mit abnehmenden Winkel vorliegen. Diese Punkte werden deshalb als nicht sichtbar markiert.

Im 2. Schritt werden alle Punkte als nicht sichtbar markiert, die aus der Perspektive der jeweiligen anderen Aufnahmeposition durch andere Scanpunkte beider Scans verdeckt sind. In Abbildung 1a sind daher die Punkte innerhalb der gepunktet gezeichneten Rechtecke von Position B aus nicht sichtbar.

Werden beide Scans auf die jeweils andere Aufnahmeposition projiziert und alle als nicht sichtbar markierten Scanpunkte entfernt, so bleiben die Punkte von Abbildung 1b übrig. Dies sind alle Punkte, die von beiden Aufnahmepositionen aus gleichzeitig sichtbar sind.

3 Sichtbarkeitsgraph

Im folgenden wird angenommen, daß das Robotersystem in einem initialen Explorationschritt die gesamte Einsatzumgebung befahren und einen Satz von 360°-Laserscans gesammelt hat. Die Aufnahmepositionen der Scans sollen möglichst gleichverteilt über die Umgebung sein. Abbildung 2a zeigt einen solchen Satz von 10 simulierten Scans.

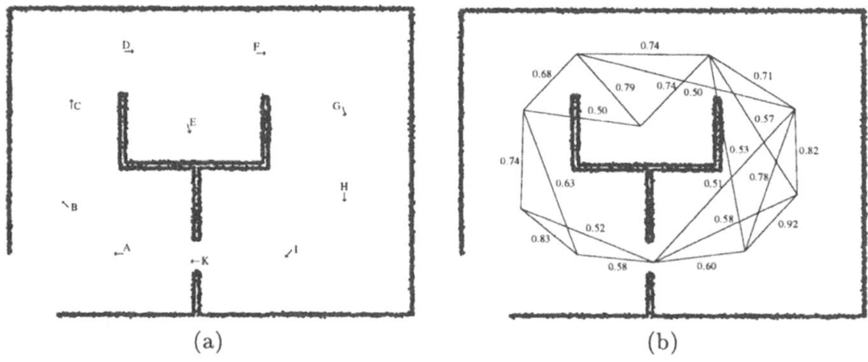

Abbildung2. Simulierte Laserscans (a) und zugehöriger Sichtbarkeitsgraph (b).

Für alle Paare von Scans werden die gemeinsamen Scanpunkte durch Anwendung des Projektionsfilters bestimmt. Das Verhältnis der Anzahl gemeinsamer Punkte zur Gesamtanzahl Punkte zweier Scans wird *Sichtbarkeit* genannt.

Eine hohe Sichtbarkeit zweier Scans bedeutet, daß die Wahrscheinlichkeit, von einer Position zur anderen mittels einem lokalem Manöver fahren zu können, hoch ist. Dies begründet sich durch die folgende Überlegung. Falls zwei Scans einen gemeinsamen Punkt besitzen, so existiert für einen punktförmigen Roboter ein Weg von der einen Aufnahmeposition zur anderen über den gemeinsamen Punkt. Für nicht-punktförmige Roboter wird jedoch ein entsprechend breiter Durchgang zwischen den Aufnahmepositionen benötigt, welcher umso wahrscheinlicher ist, je mehr gemeinsame Scanpunkte vorliegen.

Aus den berechneten Sichtbarkeiten wird ein ungerichteter Graph gebildet, dessen Knoten die Scanpositionen und die Kanten die zugehörigen Sichtbarkeiten sind. Um die Anzahl der Kanten möglichst klein zu halten, werden nur Sichtbarkeiten eingetragen, die größer als ein vorher definierter Mindestwert sind. Abbildung 2b zeigt den für die 10 simulierten Scans so entstandenen Graph mit einer Mindestsichtbarkeit von 50 Prozent.

Für jede Kante i mit Sichtbarkeit v_i wird die Wahrscheinlichkeit p_i, von der einen Scanposition zur anderen mit einem lokalen Manöver fahren zu können, durch $p_i = v_i^{kd_i}$ abgeschätzt, wobei d_i der euklidische Abstand der Scanpositionen und k eine Konstante zur Normalisierung ist.

Bei gegebener Start- und Zielposition sucht der Wegeplaner nun den Pfad mit maximaler Gesamtwahrscheinlichkeit. Nimmt man an, daß alle Einzelwahrscheinlichkeiten voneinander unabhängig sind, so wird der Pfad so gelegt, daß das Produkt

$$\prod_i p_i = \prod_i v_i^{kd_i}$$

über alle beteiligten Kanten maximal wird. Die Bestimmung eines solchen Pfades kann durch Verwendung von uniformer Kostensuche effizient implementiert werden und ist unabhängig von k.

Die verwendete Schätzung der Wahrscheinlichkeiten bewirkt, daß der Planer z.B. für den Weg von Position C zu Position E nicht den direkten Weg sondern den Umweg über Position D wählt. Gleichzeitig werden jedoch auch unnötig lange Pfade vermieden, z.B. legt der Planer bei der Aufgabe von Position A zu Position I zu fahren, den Weg nicht über die Positionen B, C, D, F, G, H, sondern wählt den wesentlich kürzeren Weg über Position K.

Stellt sich während der Planausführung heraus, daß der gewählte Weg nicht befahrbar ist, z.B. wenn der schmale Durchgang an Position K durch ein Hindernis blockiert ist, so wird die nicht befahrbare Kante entfernt und ein neuer Pfad ausgehend von der zuletzt besuchten Position erstellt.

3.1 Entfernung unnötiger Kanten

Durch eine einfache Überlegung kann die Anzahl der Kanten im Sichtbarkeitsgraph verkleinert werden. Für jedes Knotentripel, das räumlich nahe genug beieinander liegt, wird der zugehörige Teilgraph untersucht (siehe Beispiel in Abbildung 3a). Eine Kante wird entfernt, wenn die zugehörige Wahrscheinlichkeit kleiner als das Produkt der Wahrscheinlichkeiten der beiden anderen Kanten ist, da in diesem Fall der Wegeplaner immer den längeren Weg wählt. Die Kante mit geringer Wahrscheinlichkeit käme nur in Betracht, wenn eine der beiden anderen Kanten durch ein Hindernis blockiert ist und eine Neuplanung stattfinden muß. Da nur Knotentripel betrachtet werden, die genügend nahe zusammen liegen, würde der lokale Wegeplaner aber für diese Kante keine neuen Wege finden. Daher kann die Kante $\overline{CE}$ in Abbildung 3a entfernt werden.

Werden alle mit dieser Methode bestimmten unnötigen Kanten entfernt, so ensteht der Graph aus Abbildung 3b, welcher *Wegegraph* genannt wird.

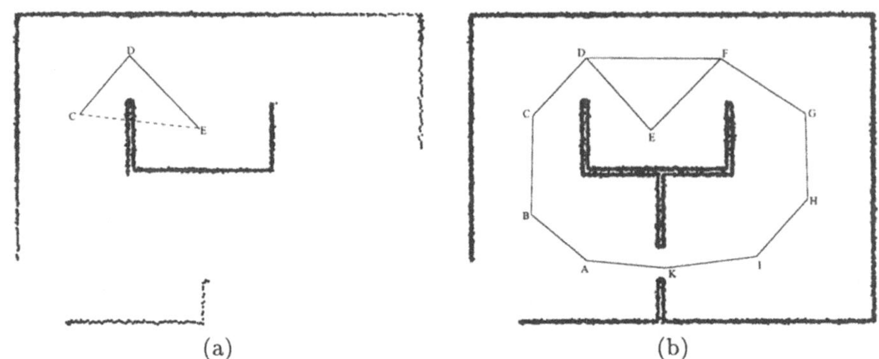

Abbildung 3. Entfernung unnötiger Kanten aus dem Sichtbarkeitsgraph. Betrachtung eines Knotentripels (a) und entstandener Wegegraph (b).

4 Ergebnisse

Das Verfahren wurde auf einem Roboter des Typs Pioneer 1, auf den ein SICK PLS 200 Laserscanner montiert wurde, implementiert und getestet. Das Fahrzeug und ein CAD-Modell der 24 auf 13 Meter großen Einsatzumgebung sind in Abbildung 4 zu sehen.

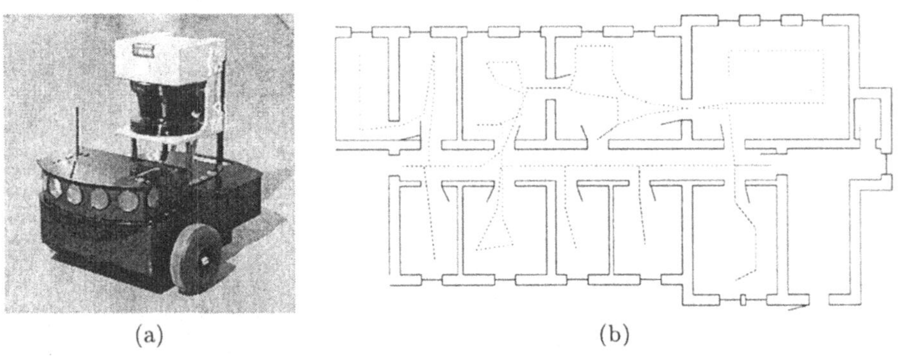

Abbildung 4. Pioneer Roboter mit SICK Laserscanner (a) und CAD Modell der Einsatzumgebung mit Explorationspfad (b).

Roboter und Laserscanner sind über je ein Modem mit einer Sparc Ultra 1 Station verbunden, die das Fahrzeug über die Saphira-Umgebung [KMRS97] steuert.

Das Fahrzeug verfügt über zwei einzeln angetriebene Vorderräder, die mit je einer Odometrie zur inkrementellen Positionsbestimmung bestückt sind. Das Fahrzeug ist in der Lage auf der Stelle zu drehen.

Der Laserscanner hat eine Entfernungsauflösung von $50mm$ und eine Winkelauflösung von $0.5°$. Bei einem Blickfeld von $180°$ werden pro Scan 361 Meßwerte innerhalb $40ms$ bestimmt. Durch die relativ langsame Funkübertragung von 38400 baud können jedoch nur ca. 3 Scans pro Sekunde übertragen werden.

Das Fahrzeug wurde in einer Explorationsfahrt ausgehend vom rechten oberen Raum durch die gesamte Einsatzumgebung bewegt (siehe Abbildung 4b). An mehreren Stellen entlang der Fahrt wurden Scans aufgenommen. Da das Blickfeld des Scanners nur 180° beträgt, wurde der Roboter an den Aufnahmestellen in mehreren Schritten um 360° gedreht, damit die aufgenommenen Scans später zu vollen 360°-Scans zusammengesetzt werden können. Abbildung 5 zeigt alle 912 in der Explorationsfahrt aufgenommenen 180°-Scans.

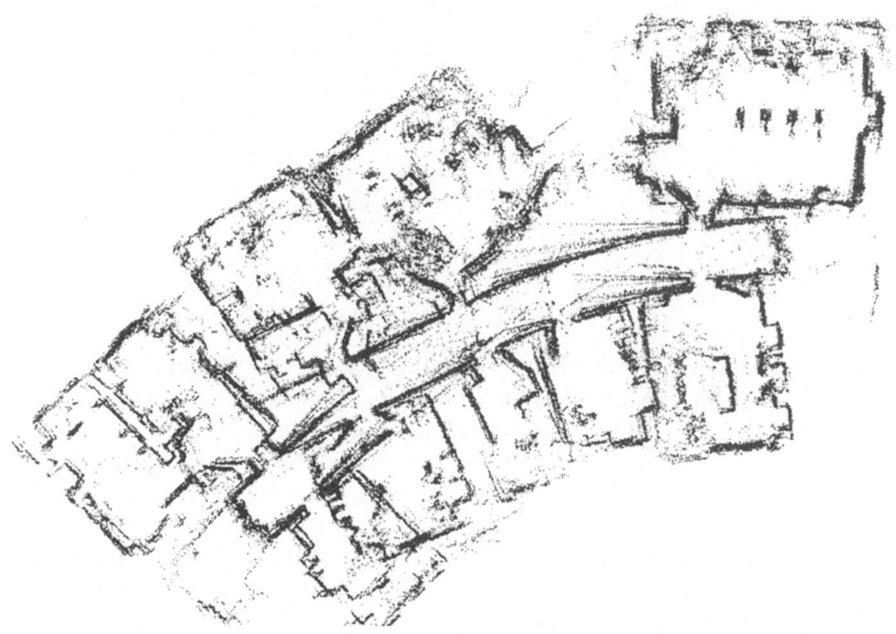

Abbildung5. Während der Explorationsfahrt aufgenommene Scans.

Da für die Positionsbestimmung der Aufnahmepositionen nur Odometriedaten benutzt wurden, enthält die aufgenommene Karte grobe Positionsfehler. Durch eine Erweiterung des Verfahrens aus [Lu95,LM97] können die Aufnahmepositionen der Scans jedoch nachträglich korrigiert werden. Das Originalverfahren wurde hierfür um die Verarbeitung von Nicht-360°-Scans, den Einsatz des kombinierten Scanüberdeckers aus [GS96,Gut96], und einen zusätzlichen Vorverarbeitungsschritt zur Bestimmung verbesserter Ausgangspositionen erweitert.

Nach Korrektur aller Aufnahmepositionen wurden Scans, deren Aufnahmepositionen dicht beieinander lagen, zu einem neuen Scan zusammengefaßt und Scans mit weniger als 360°-Sichtfeld entfernt. Der so entstandene Satz von 85 Scans und der daraus berechnete Wegegraph mit 123 Kanten sind in Abbildung 6 dargestellt.

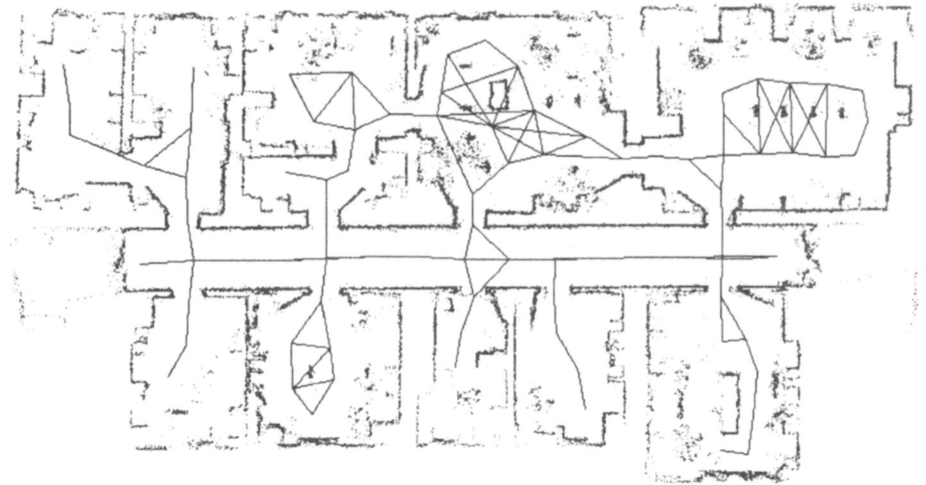

Abbildung6. Korrigierte Karte von Scans mit Wegegraph

4.1 Realisierung

Dem Robotersystem wird die Karte von 360°-Scans, der Wegegraph und die
initiale Fahrzeugposition als Vorabinformation übergeben. Das System führt
einmal pro Sekunde eine Selbstlokalisierung durch Überdecken des aktuellen
Scans mit dem am nächsten zur aktuellen Position liegenden 360°-Scan durch.
Durch Verwendung von 360°-Scans als Referenzscans wird sichergestellt, daß
die zu überdeckenden Scans immer einen genügend großen gemeinsamen Sicht-
bereich haben. Für die Überdeckung der Scans wurde der kombinierte Scanüberdecker aus [GS96,Gut96] verwendet, der sowohl in polygonalen als auch nicht-
polygonalen Umgebungen einsetzbar ist.

Wird dem System eine Zielposition übergeben, so wird von der aktuellen
Position aus ein Pfad im Wegegraph gesucht und die einzelnen Zwischenposi-
tionen einem lokalen Wegeplaner übergeben. Der lokale Wegeplaner benutzt ein
lokales Belegtheitsgitter hoher Auflösung, dessen Größe je nach Entfernung der
anzufahrenden Position dynamisch gewählt wird. Für die Zellgröße wurde eine
relativ kleine Kantenlänge von $50mm$ gewählt. Das Gitter wird durch Eintragen
der letzten 5 aufgenommenen Scans vorbelegt. Für die lokale Wegeplanung kam
der Algorithmus mit Breitensuche aus [KS94] zum Einsatz. Durch die geringe
Größe des Gitters erfolgt die lokale Wegeplanung in Echtzeit. Treten Hindernisse
während der Fahrt auf, so werden diese nach Eintragen in das Belegtheitsgitter
erkannt und eine Neuplanung lenkt den Roboter um das Hindernis herum. Stellt
der lokale Wegeplaner nach Absuchen des gesamten Gitters fest, daß innerhalb
des lokalen Bereichs kein Weg vorhanden ist, so bricht er ab. Der globale Planer
entfernt dann temporär die nicht befahrbare Kante und führt von der zuletzt
besuchten Position aus eine Neuplanung durch.

4.2 Beispielfahrt

Das System wurde im rechten oberen Raum (Praktikumsraum) gestartet und die Aufgabe gegeben, an eine Position im links davon liegenden Büro zu fahren. Zuvor wurde die direkte Verbindungstür geschlossen, die Tür vom Gang zum Büro durch ein Hindernis blockiert und alle anderen Türen geöffnet (siehe Abbildung 7).

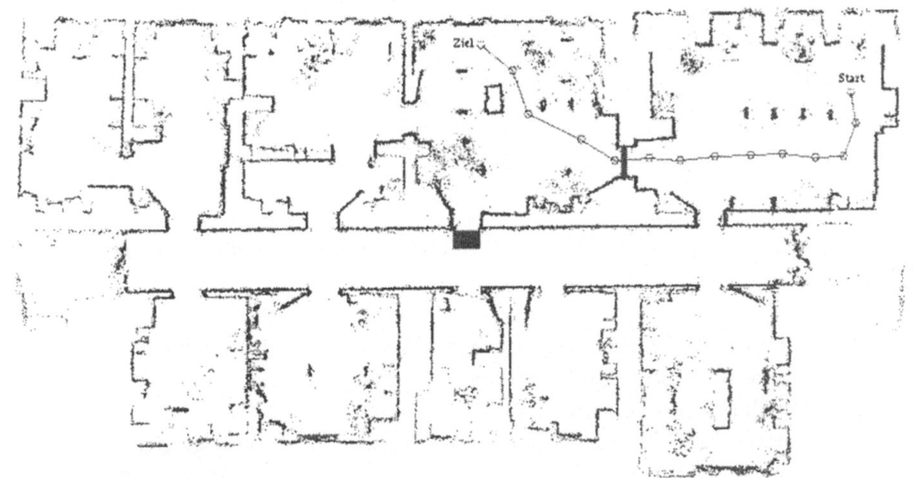

Abbildung 7. Wegeplan vom Praktikumsraum ins Büro

Der Roboter wählte zunächst den direkten Weg durch die Tür zum Büro, stellte fest daß der Weg durch die Tür nicht befahrbar war, und plante einen neuen Weg über die Tür vom Gang zum Büro (Abbildung 8).

Vor der Tür auf dem Gang angekommen versuchte der Roboter die rechte, schräg verlaufende Kante durch das Hindernis abzufahren. Wieder brach der lokale Planer ab und der globale Planer bestimmte einen neuen Weg über die etwas weiter links liegende Kante. Nach Erreichen der Startposition dieser Kante stellte der lokale Planer durch die Vorbelegung des Gitters mit den letzten 5 Scans sofort fest, daß auch dieser Weg nicht befahrbar ist. Eine erneute globale Neuplanung schließlich lenkte den Roboter über das links vom Büro liegenden Sekretariat zur Zielposition (Abbildung 9). Dieser Pfad war durch keine weiteren Hindernisse belegt und der Roboter konnte das Ziel erreichen.

5 Diskussion

Das vorgestellte Robotersystem wurde in weiteren Beispielfahrten erfolgreich erprobt. Durch das Zusammenspiel des lokalen reaktiven Wegeplaners mit dem hier vorgestellten globalen Wegeplaner wird ein hoher Grad an Robustheit erlangt.

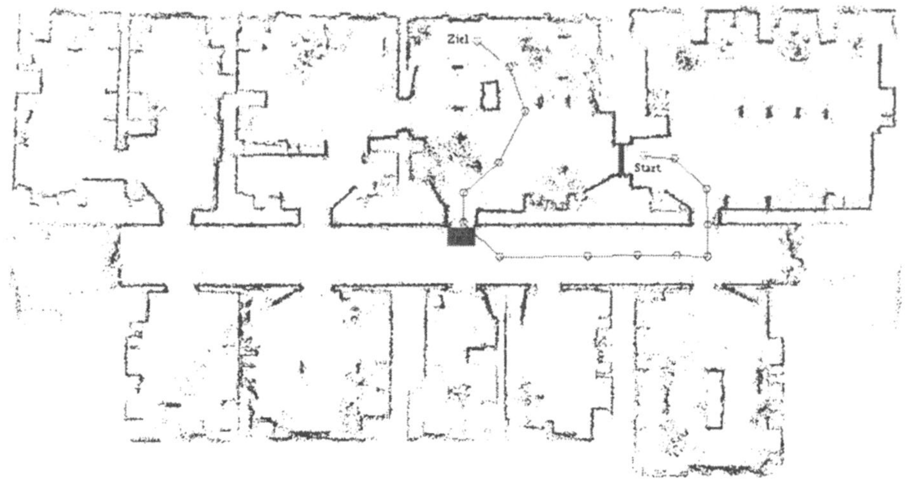

Abbildung 8. Neuer Plan vom Praktikumsraum über den Gang ins Büro

Weiterhin wird durch Verwenden von Scanüberdeckung zur Selbstlokalisierung eine zuverlässige Methode der Positionsbestimmung realisiert, die kleine Änderungen in der Einsatzumgebung erlaubt. [1]

Durch Verwendung eines globalen Planers auf dem Wegegraph werden in der Regel keine kürzesten Wege gefunden, da einerseits eine Diskretisierung auf eine kleine Menge von Positionen stattfindet und andererseits Wege so gewählt werden, daß die Gesamtwahrscheinlichkeit für die Befahrbarkeit des geplanten Weges maximal wird.

In [TB96] wurde festgestellt, daß der dort beschriebene topologische Planer im Mittel nur unwesentlich längere Wege berechnet als ein gitterbasierter Wegeplaner. Dies bestärkt uns in der Annahme, daß auch der hier vorgestellte globale Wegeplaner keine wesentlich längeren Wege erzeugt, was auch in den realen Experimenten Bestätigung fand.

Ein Problem des vorgestellten Verfahrens tritt auf, wenn eine zu besuchende Zwischenposition durch ein Hindernis blockiert ist, der lokale Planer also nicht direkt zu dem Zwischenziel fahren kann. Dieses Problem wird vermieden, indem um das eigentliche Zwischenziel ein relativ großer Kreis gelegt wird und es hinreichend ist, wenn der lokale Wegeplaner einen Weg zu einer Gitterzelle innerhalb des Kreises findet.

Ein vermeintlicher Nachteil des Planens auf dem Wegegraph scheint die Tatsache zu sein, daß nur die im Graph vorhandenen Positionen angefahren werden können. Zum einen kann aber für eine beliebige Zielposition der im Graph am

---

[1] Selbst wenn die Änderungen zu groß werden, muß die Positionsbestimmung nicht unbedingt fehlschlagen, da normalerweise in diesen Fällen der Scanüberdecker eine zu große Diskrepanz vorfindet und die Positionsbestimmung der Odometrie allein überlassen wird.

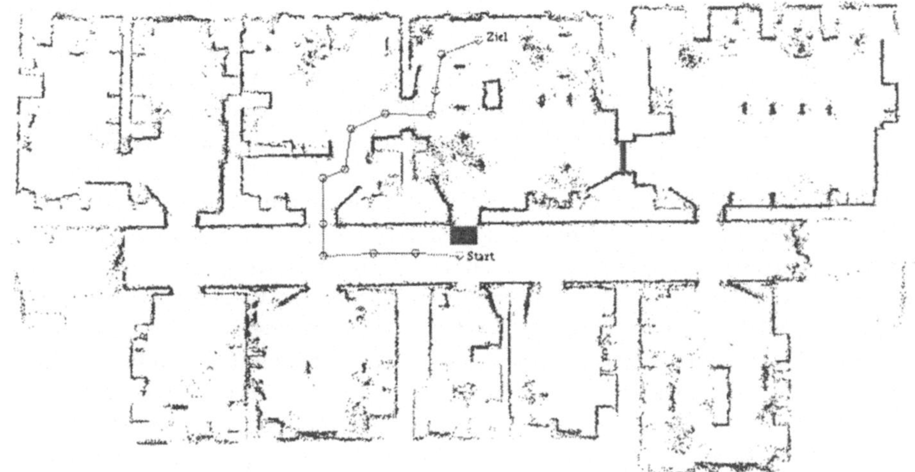

Abbildung9. Neuer Plan vom Gang über das Sekretariat ins Büro

nächsten liegende Knoten angefahren und von dort aus mit dem lokalen Wegeplaner das Ziel erreicht werden, zum anderen kann der Sichtbarkeitsgraph um
einen Knoten an der Zielposition erweitert werden, indem alle Scans im näheren
Umfeld auf diese Position projiziert werden und der Graph um die zugehörigen
Sichtbarkeiten erweitert wird.

6   Verwandte Arbeiten

In [EW95] wird ein ähnlicher Ansatz verfolgt. Das dort vorgestellte Robotersystem exploriert die Einsatzumgebung autonom durch Auswertung von 360°-
Laserscans, die während der Fahrt aufgenommen werden. Zu jedem Scan werden
genügend breite Passagen bestimmt, in welche weitere Zielpositionen für die Exploration gelegt werden. Zwischen den Scanpositionen wird ein Mindestabstand
eingehalten, der eine gleichmäßige Verteilung der Aufnahmepositionen sichert.
Liegt der Aufnahmepunkt eines Scans in einer genügend breiten Passage eines anderen Scans, so wird eine Verbindungskante zwischen den Scans angelegt.
Auf diese Weise entsteht eine topologische Navigationskarte, auf der mittels A*-
Algorithmus Wege geplant werden.

Das Verfahren exploriert die Umgebung inkrementell, daher werden auch
die Positionen der Scans inkrementell bestimmt, was zu Problemen führt, wenn
die zu explorierende Umgebung einen Zyklus enthält. Unser Verfahren dagegen
korrigiert die Aufnahmepositionen aller Scans nach der Explorationsphase und
kann daher mit Zyklen in der Umgebung umgehen (siehe z.B. in den Abbildungen
5 und 6 das Schließen des Zyklus zwischen dem rechten oberen und dem links
davon liegenden Raum). Unsere Exploration ist jedoch bisher nicht autonom.

Die Erstellung der topologischen Karte in [EW95] basiert auf der direkten
Auswertung der beteiligten Scans. Ist während der Aufnahme dieser Scans ein

störendes Hindernis vorhanden, so wird möglicherweise keine genügend breite Passage zu einem benachbarten Scan gefunden und in der topologischen Karte kann zwischen den Scans keine Kante eingefügt werden. Weiterhin kann keine Kante eingetragen werden, wenn sich direkt zwischen den Scans ein kleines stationäres Hindernis befindet. Unser Verfahren benutzt die Sichtbarkeit, um Kanten zwischen zwei Scans zu legen. Dies hat den Vorteil, daß selbst wenn Hindernisse direkt zwischen den Scans liegen, die Sichtbarkeit immer noch groß ist. Die eigentliche Wegeplanung zwischen den Scans geschieht erst zur Laufzeit durch Einsatz des lokalen Wegeplaners, welcher Hindernissen dynamisch ausweicht. Ein Nachteil unseres Verfahrens ist, daß eventuell Kanten im Wegegraph vorhanden sind, die nie befahrbar sind, z.B. Kanten zwischen zwei Positionen, die durch ein Gitter abgetrennt sind, durch das der Laserscanner stellenweise „hindurchsieht".

Der in [EW95] verwendete Scanüberdecker, welcher auf Korrelation von Histogrammen beruht, kann nur in polygonalen Umgebungen eingesetzt werden. Der von uns verwendete kombinierte Scanüberdecker ist dagegen in der Lage, in nicht-polygonalen Umgebungen aufgenommene Scans zu überdecken und liefert zusätzlich ein Gütemaß für die Zuverlässigkeit der berechneten Überdeckung.

Ein weiterer Vorteil unseres Verfahrens ist die Möglichkeit des Neuplanens. Ist eine Kante nicht befahrbar, so wird dies vom lokalen Wegeplaner erkannt und eine globale Neuplanung im Wegegraph eingeleitet.

In [TB96,TBB$^+$97] wird ein weiteres Verfahren zur Erstellung topologischer Karten beschrieben. Dort wird ein globales Belegtheitsgitter über die gesamte Umgebung gelegt und durch Auswerten des zugehörigen Voronoi-Diagrammes die topologische Karte erstellt. Auch hier muß die Umgebung bei der Kartenerstellung statisch sein. Kleine Hindernisse bei der Aufnahme würden sonst zu Veränderungen in der topologischen Karte führen. Der Ansatz hat aber den Vorteil, daß die gesamte Umgebung in Bereiche unterteilt wird und eine eher räumliche Beschreibung entsteht.

In [Röf95] wird in einer Simulation die Erstellung einer topologischen Karte mit eindimensionalen 360°-Farbbildern vorgestellt. Farbbilder sind jedoch stark von der Beleuchtung abhängig und kleine Änderungen in der Umgebung können starke Änderungen in der Korrelation zweier Bilder bewirken. Daher scheint dieser Ansatz nicht praktikabel zu sein.

Ein weiterer Ansatz wird in [Zim96] vorgestellt. Hier wird ein Roboter mit taktilen und lichtempfindlichen Sensoren eingesetzt und mittels einem erweiterten Kohonenmodell eine topologische Karte erstellt. Die entstehende Karte enthält jedoch relativ viele Knoten und scheint daher für größere Umgebungen ungeeignet zu sein.

7   Zusammenfassung und Ausblick

Es wurde ein neues Verfahren zur Erstellung einer topologischen Karte aus Laserscans vorgestellt. Das Verfahren basiert auf der Auswertung der Sichtbarkeit zwischen Scans, um Wege mit maximaler Wahrscheinlichkeit für die Befahrbarkeit zu bestimmen. Zusammen mit einem lokalen gitterbasierten Wegeplaner wird ein hoher Grad an Robustheit erlangt. Unvorhergesehenen Hindernissen wird dynamisch ausgewichen, nicht passierbare Wege werden erkannt und alternative Wege gefunden. Das Verfahren wurde auf einem realen Roboter implementiert und erfolgreich getestet.

Weitere Arbeiten werden sich mit der autonomen Exploration einer unbekannten Umgebung beschäftigen. Insbesondere soll die Aufgabe bewältigt werden, autonom einen Satz von Scans aufzunehmen, deren Aufnahmepositionen möglichst gleichverteilt über den gesamten Einsatzbereich sind, wobei die Umgebung auch Zyklen enthalten darf.

Danksagung

Die Autoren möchten sich bei Thilo Weigel für die Implementierung von Teilen des vorgestellten Systems bedanken.

Literatur

[EW95]   T. Edlinger und G. Weiss. *Exploration, Navigation and Self-Localization in an Autonomous Mobile Robot*. In: *Autonome Mobile Systeme*, Seiten 142–151. Springer Verlag, 1995.

[GS96]   J-S. Gutmann und C. Schlegel. *AMOS: Comparison of Scan Matching Approaches for Self-Localization in Indoor Environments*. In: *Proceedings of the 1st Euromicro Workshop on Advanced Mobile Robots*, Seiten 61–67. IEEE Computer Society Press, 1996.

[Gut96]   J-S. Gutmann. *Vergleich von Algorithmen zur Selbstlokalisierung eines mobilen Roboters*. Diplomarbeit, Universität Ulm, 1996.

[KMRS97] K. Konolige, K. Myers, E. Ruspini und A. Saffiotti. *The Saphira Architecture: A Design for Autonomy*. Journal of Experimental and Theoretical Artificial Intelligence, 9:215–235, 1997.

[KS94]   M. Knick und C. Schlegel. *AMOS: Active Perception of an Autonomous System*. In: *Proc. IEEE/RSJ Conf. on Intelligent Robots and Systems*, Seiten 281–289, September 1994.

[LM97]   F. Lu und E.E. Milios. *Globally Consistent Range Scan Alignment for Environment Mapping*. Autonomous Robots, 4(4), 1997.

[Lu95]   Feng Lu. *Shape Registration using Optimization for Mobile Robot Navigation*. Doktorarbeit, University of Toronto, 1995.

[Röf95]   T. Röfer. *Navigation mit eindimensionalen 360°-Bildern*. In: *Autonome Mobile Systeme*, Seiten 193–202. Springer Verlag, 1995.

[TB96]   S. Thrun und A. Bücken. *Integrating Grid-Based and Topological Maps for Mobile Robot Navigation*. In: *Proceedings 13th National Conference on Artificial Intelligence AAAI*, August 1996.

[TBB+97] S. Thrun, A. Bücken, W. Burgard, D. Fox, T. Fröhlinghaus, D. Henning, T. Hoffmann, M. Krell und T. Schmidt. *Map Learning and High-Speed Navigation in* RHINO. In: *AI-based Mobile Robots: Case studies of successful robot systems*. MIT Press (to appear), 1997.

[Zim96]   U.R. Zimmer. *Robust World-Modelling and Navigation in a Real World*. NeuroComputing, 12, 1996.

Ein Multi-Sensor-System zur automatischen Flußkartengenerierung

T. Gern[1], M. Sielaff, E.D. Gilles[1], P. Levi[2]

[1] Institut für Systemdynamik und Regelungstechnik
Universität Stuttgart, Pfaffenwaldring 9, D - 70550 Stuttgart
Email: gern@isr.uni-stuttgart.de
[2] Institut für Parallele und Verteilte Höchstleistungsrechner
Lehrstuhl Praktische Informatik - Bildverstehen
Universität Stuttgart, Breitwiesenstr. 20-22, D - 70565 Stuttgart

Zusammenfassung. Es werden zwei Verfahren zur automatischen Generierung einer elektronischen Flußkarte vorgestellt. Der erste Abschnitt beschreibt eine rekursive Kartenerstellung aus Radarbildsequenzen. Eine Approximation der im Radar sichtbaren Uferkontur wird mit der bisher erstellten Karte mit Hilfe eines endlichen Automaten zur Deckung gebracht. Dabei werden vorübergehend verschiedene Uferrepräsentationen zugelassen und erst nach Beendigung der Generierung die beste ausgewählt. Das zweite Verfahren basiert auf einem Netzwerk aus logischen Sensoren. Dabei werden die gitterbasierte Repräsentation des Ufers und die Einbeziehung von Ufersteigungen dargelegt.

1 Einführung

Am Institut für Systemdynamik und Regelungstechnik der Universität Stuttgart wird ein integriertes Navigationssystem für Binnenschiffe entwickelt [6], [5]. Ziel des Forschungsvorhabens ist eine autonome und automatische Führung eines Schiffes auf Binnenwasserstraßen.

Das Navigationssystem verfügt über verschiedene Wissensbasen, in denen a priori bekannte Informationen zur Schiffsführung abgelegt sind. Hierbei ist besonders eine elektronische Karte der Wasserstraße zu erwähnen, die einerseits die sichtbaren Konturen der Wasserstraße und andererseits spezifische Informationen zur Schiffsführung, wie z.B. die Fahrrinnenbegrenzungen und Leitlinien für die Berg- und Talfahrt enthält [4]. Die Flußkarte dient unter anderem zur Positionsbestimmung, indem ein Vergleich von Radarbild und Karte vorgenommen wird.

Da Flußkarten bisher selten in digitaler Form vorliegen, müssen sie entweder ausgehend von einer amtlichen Papierkarte digitalisiert oder interaktiv aus dem Radarbild erstellt werden. Diese Vorgehensweise bereitet vor allem dann Probleme, wenn keine amtlichen Karten vorliegen oder bauliche Veränderungen durchgeführt wurden. Aus diesem Grund werden Verfahren entwickelt, Flußkarten automatisch während einer Explorationsfahrt zu erzeugen.

2 Kartengenerierung aus Radarbildsequenzen

Die Generierung der elektronischen Flußkarte basiert auf der Auswertung von Radarbildsequenzen. Voraussetzung für das Verfahren ist die Kenntnis der Schiffsposition und -vorausrichtung, die vorallem von differential GPS gestützt wird.

2.1 Umweltmodellierung

Aufgrund seiner Nähe zur Darstellung der Karte des integrierten Navigationssystems wird ein merkmalbasierter Ansatz verwendet. Modellierte Merkmale sind, wiederum analog zur bereits vorhandenen Karte des Navigationssystems, die Eckpunkte von Polygonzügen.

Grundsätzlich reicht für die Beschreibung der Uferlinie ein einfacher Polygonzug aus. Teilweise ist jedoch die Wiedergabe eines Flußabschnitts im Radar schlecht zu reproduzieren. Dies kann z.B. bei einem flachen Ufer der Fall sein. Zwei Momentaufnahmen sind in Abbildung 1 links dargestellt. Die Umwelt ist natürlich auch nicht statisch, sondern aufgrund des Einflusses von anderen Verkehrsteilnehmern dynamisch.

Bei der ausschließlichen Verwendung von Polygonzügen müßte sofort eine Entscheidung für die "richtige" Umweltrepräsentation getroffen werden. Es ist aber wünschenswert, eine solche Entscheidung noch hinauszuschieben, bis klar geworden ist, welche Alternative dem tatsächlichen Uferverlauf am besten entspricht. Die Idee ist deshalb, alle Alternativen zunächst in die Karte aufzunehmen und zu einem späteren Zeitpunkt die wahrscheinlichste auszuwählen.

Aus diesem Grund werden sogenannte Varianten zugelassen. Dies wird dadurch erreicht, daß jeder Eckpunkt beliebig viele Nachbarn besitzen kann. Die dabei entstehende Umweltrepräsentation ist ein Graph. Die Kombination zweier, sich widersprechender Konturen ist in Abbildung 1 dargestellt.

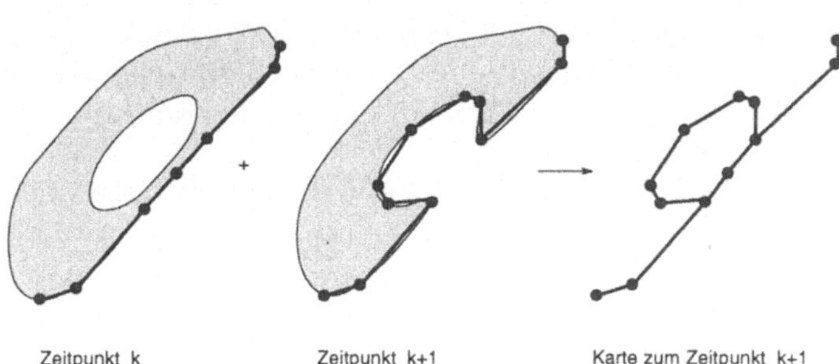

Abb. 1. Einsatz von Varianten

Jeder Eckpunkt wird mit Hilfe eines Kalmanfilters modelliert. Zustände, die mit dem Kalmanfilter geschätzt werden, sind die Position des Punktes in globalen Koordinaten und dessen Geschwindigkeit. Die Geschwindigkeit wurde nur aufgenommen, um eventuelle bewegte Objekte in der Navigationsumgebung zu erkennen und diese aus der endgültigen Umweltrepräsentation entfernen zu können.

2.2 Konturapproximation im Radarbild

Innerhalb des integrierten Navigationssystems wird ein Radarbild in verschiedene zusammenhängende Gebiete, die als Radarobjekte bezeichnet werden, segmentiert.

Für die Kartengenerierung müssen zuerst die Radarobjekte ausgewählt werden, die mit großer Wahrscheinlichkeit von einem Ufer herrühren. Diese Auswahl geschieht mit Hilfe einfacher Schwellwertkriterien. Gefordert werden eine Mindestfläche, ein Mindesterstechoanteil[3] und eine maximale Entfernung.

Von der Kontur der Objekte werden danach die Bereiche ermittelt, die Erstecho sind, die eine maximale Entfernung nicht überschreiten und deren Kanten zusätzlich gut vom Radar einzusehen sind. Dies bedeutet, daß Kanten, die fast genau in "Blickrichtung" des Radarstrahls liegen, vernachlässigt werden. Die dabei entstandenen Bereiche werden durch Polygonzüge approximiert.

2.3 Rekursiver Kartenaufbau

Die Kartenerstellung erfolgt rekursiv, d.h. in jedem Schritt wird eine aktuelle Karte durch Kombination der bisher erstellten Karte mit der aktuellen Radarbildapproximation erzeugt.

Um einen Polygonzug der Radarbildapproximation, im folgenden nur noch *Polygonzug* genannt, der Karte zuzuordnen, genügt es im allgemeinen nicht, nur die Punkte von Polygonzug und Karte zu vergleichen. Es muß vielmehr nach Überlappungen zwischen dem Polygonzug und der Karte gesucht werden. Dabei sind folgende Fälle zu unterscheiden:

1. Der Punkt des Polygonzugs fällt mit einem Kartenpunkt zusammen. Zur Entscheidung, ob ein Punkt einem Kartenpunkt zugeordnet werden soll, wird ein Einzugsbereich eines Kartenpunkts mit 3σ der Kalmanfilter-Positionskovarianz herangezogen.
2. Der Punkt des Polygonzugs liegt auf der Verbindungsstrecke zweier adjazenter Kartenpunkte. Der Einzugsbereich einer Verbindung wird als konstant angesetzt.
3. Der Punkt des Polygonzugs kann nicht mit der Karte in Verbindung gebracht werden.

---

[3] Unter dem Erstecho versteht man die erste Reflexion innerhalb eines Radarstrahls. Der Erstechoanteil gibt an, wieviele Echos eines Objektes Erstecho sind.

Bei der Vereinigung eines Polygonzugs mit der Karte wird der Polygonzug Punkt für Punkt betrachtet. Wird eine Überdeckung nach Fall 1 oder 2 erkannt, so wird solange versucht, den Polygonzug mit der Karte zur Deckung zu bringen, bis ein Punkt des Polygonzugs außerhalb der Karte liegt oder der Polygonzug zu Ende ist. Kann der Punkt des Polygonzugs nicht der Karte zugeordnet werden (Fall 3), so wird er neu in der Karte initialisiert. Zusätzlich muß überprüft werden, ob Kartenpunkte auf der Verbindung zweier Polygonzugpunkte liegen und zusätzliche Verbindungen erzeugt werden müssen.

Der gesamte Ablauf läßt sich mit dem endlichen Automat aus Abbildung 2 beschreiben.

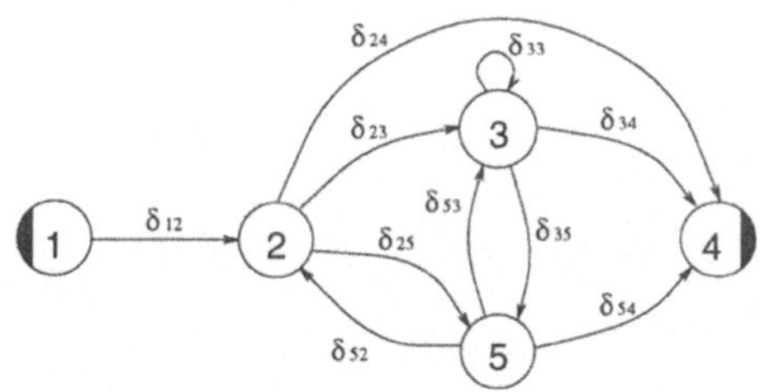

Abb. 2. Endlicher Automat zur Vereinigung von Polygonzug und Karte

Zustand 1 ist der Startzustand des Automaten, Zustand 4 ist der Endzustand. In Zustand 1 werden Initialisierungen vorgenommen. Dazu gehört auch die Auswahl eines ersten Punktes des Polygonzugs. Ein Wechsel aus den Zuständen 2, 3 und 5 in den Zustand 4 erfolgt, wenn alle Punkte des Polygonzugs abgearbeitet sind.

In Zustand 2 wird versucht, einen Polygonzugspunkt P_P einem Kartenpunkt oder der Verbindung zweier Kartenpunkte zuzuweisen. Gelingt dies, so wechselt der Automat in den Zustand 3, ansonsten in den Zustand 5.

In Zustand 3 werden Polygonzugpunkte P' mit einem Kartenpunkt vereinigt oder in eine bestehende Verbindung zweier Kartenpunkte eingefügt. Solange eine weitere Überdeckung von Karte und Polygonzug möglich ist, bleibt der Automat in Zustand 3. Ansonsten erfolgt auch hier ein Wechsel in den Zustand 5.

In Zustand 5 wird überprüft, ob ein Kartenpunkt P_K auf der Verbindung zweier Polygonzugpunkte P und P' liegt, wobei einer der beiden Punkte bisher nicht von der Karte überdeckt wird. Ist dies der Fall, so erfolgt ein Zustandswechsel in Zustand 3, ansonsten in den Zustand 2.

Die Arbeitsweise des Automaten wird mit Hilfe des Beispiels in Abbildung 3 verdeutlicht.

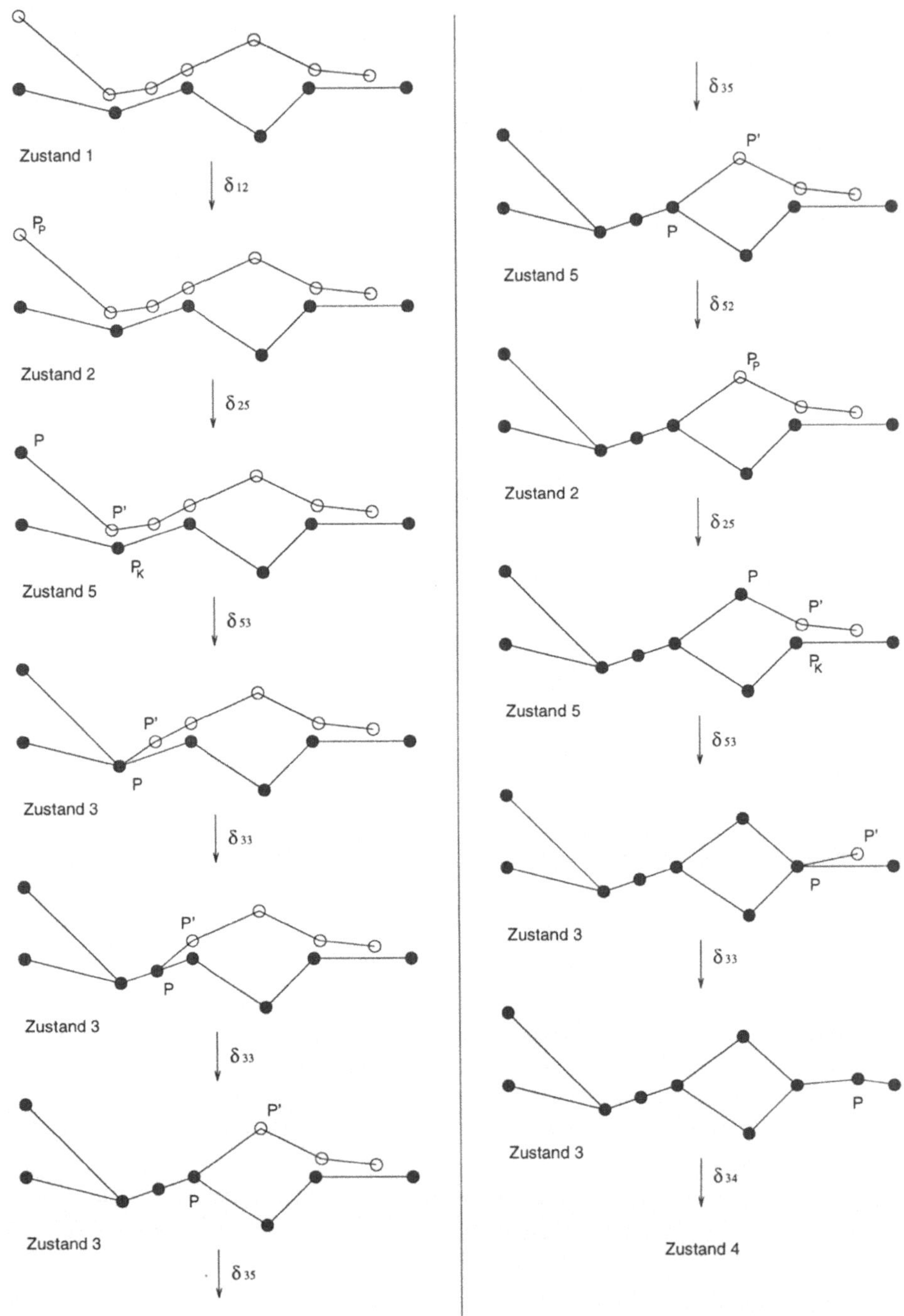

Abb. 3. Beispiel zur Arbeitsweise des endlichen Automaten

2.4 Kartenüberarbeitung

Die erzeugte Karte wird auf zwei verschiedene Arten automatisch überarbeitet.

Mehrdeutigkeiten, die entstehen, wenn Einzugsbereiche eines Kartenpunktes andere Kartenpunkte beinhalten, werden aufgelöst, indem nach jedem Kartenaufbauschritt diese Knoten zu einem vereinigt werden. Der Knoten mit der kleineren Zustandskovarianz wird mit dem anderen Punkt als Meßwert upgedatet. Als Meßkovarianz wird die bisherige Zustandskovarianz des Meßpunktes verwendet.

Eine zusätzliche Überarbeitung nach Ende der Kartenerstellung dient zur Auflösung der Varianten. Ziel ist es, innerhalb von Varianten, die "wahrscheinlichste" Uferlinie zu finden. Dazu müssen zuerst Bereiche ermittelt werden, in denen Variantenverläufe vorhanden sind. Innerhalb dieser Bereiche wird jeweils der "wahrscheinlichste" Weg zwischen den beiden Randknoten mit Hilfe eines "kürzesten Wege Algorithmus" nach Dijkstra [8] gesucht. Die Kantenkosten werden dabei aus den Zustandskovarianzen der beiden verbundenen Knoten abgeleitet.

In Abbildung 4 a) ist eine automatisch erzeugte Karte eines ca. 1.5 km langen Rheinabschnitts zu sehen. Besonders auffällig sind die vielen Varianten auf der linken Uferseite. Diese wurden erzeugt, da an der Stelle zuerst eine Fähre lag, die während der Vorbeifahrt abgelegt hat. Abbildung 4 b) stellt den selben Ausschnitt nach dem Löschen aller Varianten dar. Es ist zu erkennen, daß die Fähre das endgültige Ergebnis nicht verfälscht.

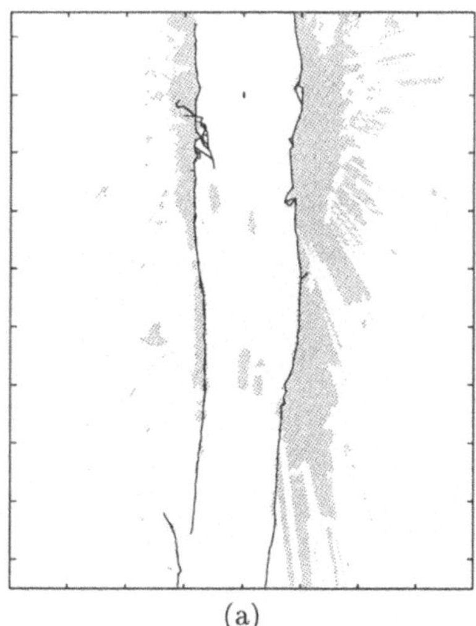

(a)

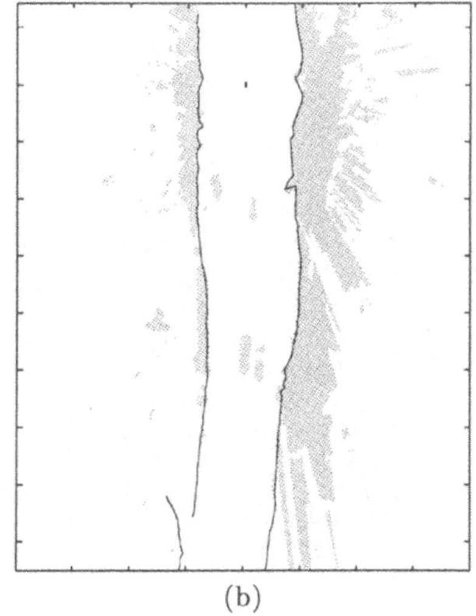

(b)

Abb. 4. Ergebnisse der Kartenerstellung: (a) mit allen Varianten, (b) nach Ermittlung der besten Uferrepräsentation

3   Ein Multi-Sensor-System

Das im vorherigen Abschnitt vorgestellte Verfahren berücksichtigt nur Uferlinien. Ziel ist jedoch auch z.B. Uferversteigungen zu messen oder den Standort von stehenden Objekten wie Verkehrsschildern oder Radartonnen zu ermitteln. Da diese Information jedoch nicht aus Radarbildern gewonnen werden kann, werden 2 Stereokameras, die jeweils auf ein Ufer gerichtet sind und ein Laserscanner eingesetzt.

Zur Integration der verschiedenen Sensoren wird ein Netzwerk von logischen Sensoren [2] eingesetzt. Das Netzwerk ist in Abbildung 5 dargestellt. Die Kantendarstellung repräsentiert die Information, die von einem logischen Sensor erzeugt wird (schwarz durchgezogene Linie $\equiv$ Uferpunkt, gestrichelt $\equiv$ Uferversteigung, gepunktet $\equiv$ stehendes Objekt, grau $\equiv$ Kombination der Informationsarten).

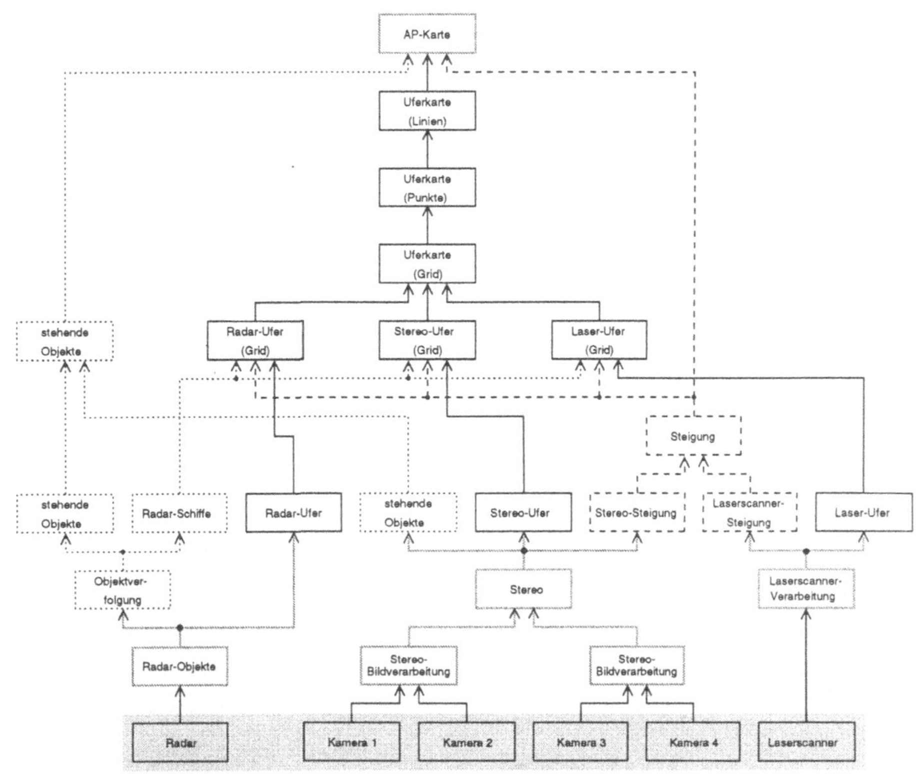

Abb. 5. Das entworfene Netz aus logischen Sensoren

Die unterste Ebene im Netzwerk wird von den physikalischen Sensoren gebildet.

In den darüber liegenden Schichten werden zuerst die Daten, die jeder Sensor liefert, in die verschiedenen Informationsarten *Uferpunkt*, *Ufersteigung* oder *stehendes Objekt* unterteilt. Die Fusion dieser Informationsarten erfolgt dann getrennt in den darüberliegenden Schichten, wobei jedoch teilweise eine Beeinflussung, z.B. von Steigungsinformationen auf Uferpunktmessungen erfolgt. Zum Abschluß werden alle Informationen gemeinsam in die Karte eingetragen.

Eine Besonderheit des eingesetzten Netzwerkes ist, daß in den logischen Sensoren teilweise eine zeitliche Verarbeitung erfolgt. Dies bedeutet, daß die Ausgabe auch sofort wieder als Eingang zurückgeführt wird. Diese rekursive Vorgehensweise wird in den logischen Sensoren *Steigung*, *Uferkarte (Grid)* und *Objektverfolgung* eingesetzt.

3.1 Fusion von Uferpunktmessungen

Aufgrund der Genauigkeitsanforderungen an die zu erzeugende Karte wurde der merkmalsbasierte Ansatz aus Abschnitt 2 verworfen und ein gitterbasierter Ansatz gewählt [1]. In Abbildung 6 ist die Umsetzung der Messungen in ein Gitter dargestellt.

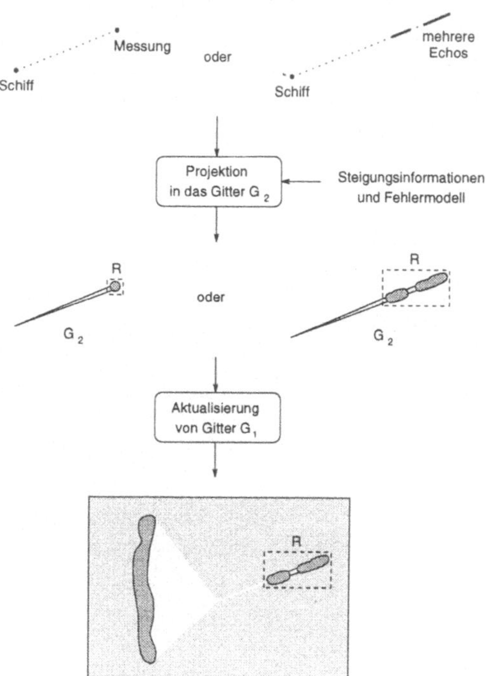

Abb. 6. Vorgehensweise zur Uferrepräsentation

Dabei wird jede Uferpunktmessung aufgrund eines Sensormodells zuerst in ein temporäres Gitter G_2 eingetragen. Danach wird das temporäre Gitter in das Gitter G_1 eingetragen. Die Wahrscheinlichkeit $P[s(C_i) = \text{BES}|r^{(1)},\ldots,r^{(t)}]$, daß die Zelle C_i besetzt ist, wird aus der bisherigen abgeschätzen Wahrscheinlichkeit $P[s(C_i) = \text{BES}|r^{(1)},\ldots,r^{(t-1)}]$ und der aus der Messung abgeleiteten Wahrscheinlichkeit $P[s(C_i) = \text{BES}|r^{(t)}]$ mit

$$P[s(C_i) = \text{BES}|r^{(1)},\ldots,r^{(t)}] = \frac{1}{1 + \frac{1-P[s(C_i)=\text{BES}|r^{(1)},\ldots,r^{(t-1)}]}{P[s(C_i)=\text{BES}|r^{(1)},\ldots,r^{(t-1)}]}\frac{1-P[s(C_i)=\text{BES}|r^{(t)}]}{P[s(C_i)=\text{BES}|r^{(t)}]}} \quad (1)$$

berechnet [7]. Dieselbe Berechnungsvorschrift gilt anschließend auch für die Fusion der Gitter, die aufgrund der Messungen der unterschiedlichen Sensoren erzeugt werden.

Jede Uferpunktmessung enthält eine Abschätzung der Meßgenauigkeit σ_x in Blickrichtung und σ_y quer zur Blickrichtung. Vor der Anwendung des Sensormodells wird die Meßgenauigkeit mit Hilfe der Steigungsmessungen aktualisiert.

Ziel der Kombination von Messungen über Uferpunkte mit Informationen über Ufersteigungen ist es, den Fehler in der Position des Uferpunkts besser einschätzen zu können. Die Radarverarbeitung wird für eine Entfernungsmessung r, unabhängig von der Gestalt des Ufers, immer die gleiche Meßvarianzen ermitteln. Ist das Ufer steil, so ist der zu erwartende Fehler in der Messung jedoch kleiner als im Falle eines flachen Ufers. In Abbildung 7 (a) wird die Vorgehensweise der Meßfehlerkorrektur verdeutlicht. Zu einem Meßpunkt P_M wird die nächstgelegene Ufersteigung P_S gesucht. In Abbildung 7 (b) ist beispielhaft zu erkennen, wie sich die Steigungsinformation auf die Kovarianzellipsen der Messung auswirkt.

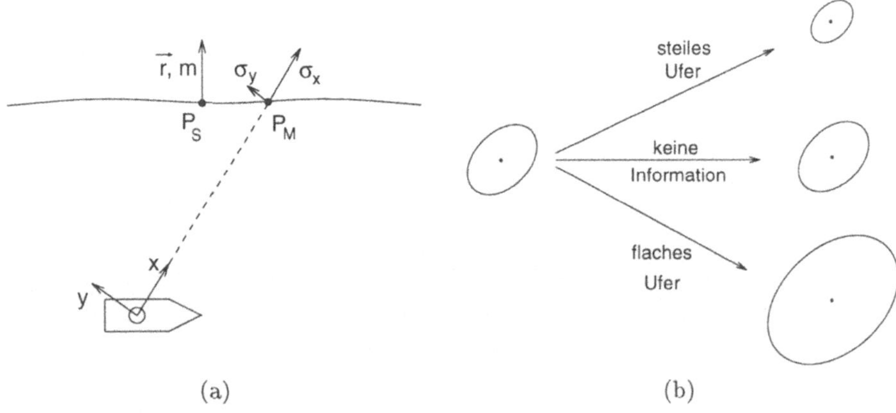

Abb. 7. Fusion von Uferpunktmessung mit einer Steigungsinformation

Innerhalb der Kovarianzellipsen werden die Wahrscheinlichkeiten $P[s(C_i) = \text{BES}|r^{(t)}]$ mit Hilfe eines Sensormodells dargestellt. Ein Sensor, der den eigentlichen Uferpunkt nicht sehr präzise messen kann, wird mit

$$f_1(x,y) = (0.5 - f_{1_{max}}) \left(\frac{x^2}{a^2} + \frac{y^2}{b^2} \right) + f_{1_{max}} \tag{2}$$

modelliert, während mit

$$f_2(x,y) = \frac{1}{\left(\frac{1}{f_{2_{min}} - 0.5} - \frac{1}{f_{2_{max}} - 0.5} \right) \left(\frac{x^2}{a^2} + \frac{y^2}{b^2} \right) + \frac{1}{f_{2_{max}} - 0.5}} + 0.5 \tag{3}$$

der eigentliche Meßpunkt stärker bewertet wird. Dabei werden die Ellipsenhalbachsen a und b aus 3σ der angenommenen Meßgenauigkeit abgeleitet. Beide Funktionsverläufe sind in Abbildung 8 dargestellt.

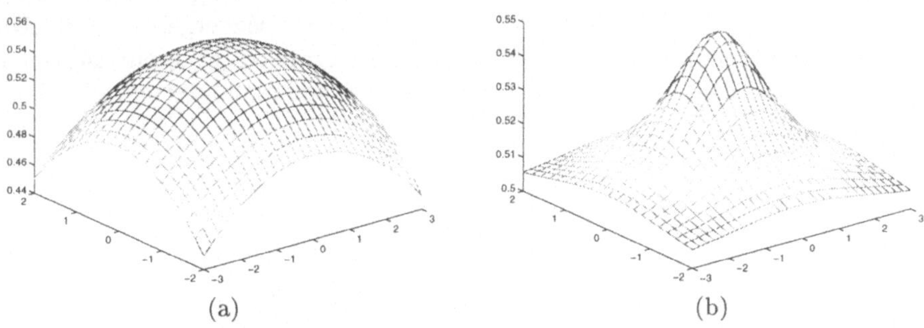

Abb. 8. Sensormodelle: (a) nach Gleichung 2, (b) nach Gleichung 3

3.2 Fusion von Steigungsinformationen

Liegen die Ansatzpunkte zweier Ufersteigungen dicht beieinander, so werden der resultierende Ansatzpunkt P, die Richtung $\mathbf{r}$ senkrecht zum Ufer, die Steigungsinformation m und das Zuverläßigkeitsmaß g durch einen gewichteten Mittelwert der beiden Steigungsmessungen definiert. In Abbildung 9 wird die Vorgehensweise graphisch verdeutlicht.

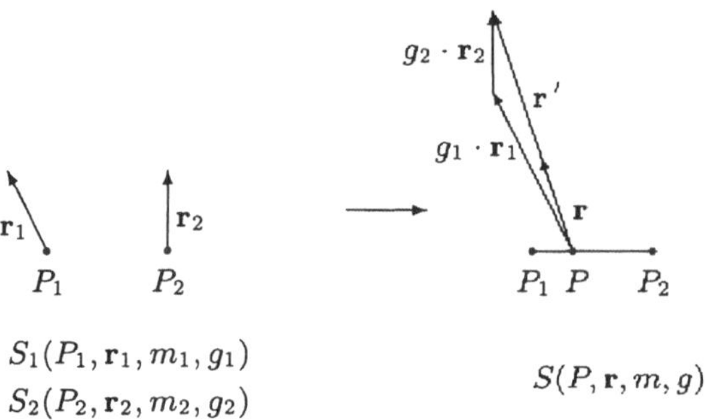

Abb. 9. Fusionierung von Steigungsinformationen

3.3 Resultate

In Abbildung 10 ist das erzeugte Gitter des Rheins unterhalb der Loreley dargestellt. Im unteren Teil der Abbildung ist der Hafenbereich zu erkennen, der obwohl der Hafen nicht befahren wurde, sehr präzise wiedergeben wird. Auch Steiger können deutlich identifiziert werden. Wie erwartet ist damit die Genauigkeit der gitterbasierten Karte höher als die der merkmalbasierten.

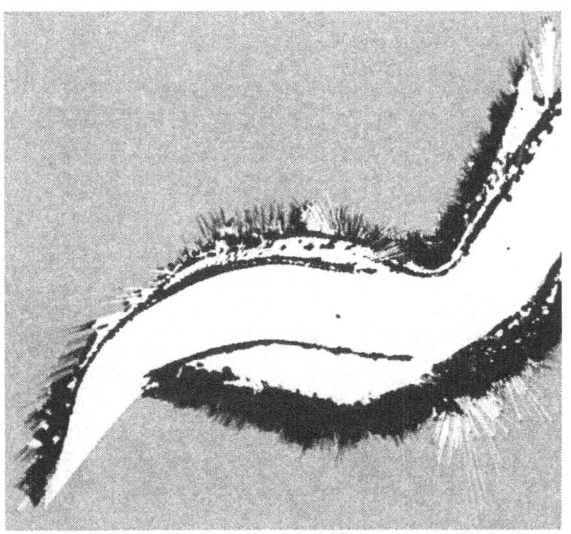

Abb. 10. Gitterbasierte Karte des Rheins unterhalb der Loreley

4 Ausblick

Mit dem vorgestellten Multi-Sensor-System können hochpräzise Flußkarten erstellt werden. Das vorgestellte Konzept ist bislang jedoch noch nicht vollständig implementiert. Ein Teil der Hardware wird auch noch simuliert. Diese Teile müssen in das Netzwerk eingebunden werden. Danach wird ein Leistungsvergleich mit einer rein radarbasierten Anwendung stattfinden.

Eine besondere Bedeutung wird der Objektverfolgung [3] zukommen, da fremde Schiffe identifiziert und aus der Repräsentation ausgenommen werden müssen.

Literatur

1. *Elfes, A.:* Occupancy Grids: A Probabilistic Framework for Robot Perception and Navigation. Diss., Carnegie-Mellon University, 1989.
2. *Henderson, T. und Shilcrat, E.:* Logical sensor systems. Journal of Robotic Systems 1 (1984), S. 169–193.
3. *Kabatek, U., Gern, T., und Gilles, E.:* Automatic guidance of ships in the presence of traffic. Proc. Methods and Models in Automation and Robotics, 1997. to appear.
4. *Neul, R.:* Positionsbestimmung eines navigierenden Schiffes durch kartengestützte Radarbildverarbeitung. Diss., Universität Stuttgart, VDI-Verlag, Düsseldorf, 1993.
5. *Sandler, M., Faul, M., und Gilles, E. D.:* Ein integriertes Navigationssystem zur Ortung und Führung von Flächenpeilschiffen auf Binnenwasserstraßen. Proc. Autonome mobile Systeme 1996 (Hrsg.: Schmidt, G. und Freyberger, F.), Informatik aktuell, Springer-Verlag, Heidelberg 1996, S. 292–301.
6. *Sandler, M., Wahl, A., Zimmermann, R., Faul, M., Kabatek, U., und Gilles, E. D.:* Autonomous guidance of ships on waterways. Robotics and Autonomous Systems 18 (1996), S. 327–335.
7. *Thrun, S., Bücken, A., Burgard, W., Fox, D., Fröhlinghaus, T., Hennig, D., Hofmann, T., Krell, M., und Schmidt, T.:* Map Learning and High-Speed Navigation in RHINO, in AI-based Mobile Robots: Case studies of successful robot systems, Kortenkamp, D., Bonasso, R.P., Murphy, R. (eds). MIT Press. to appear.
8. *Weiss, M.:* Data Structures and Algorithm Analysis. The Benjamin/Cummings Publishing Company, Inc., Redwood City, California, 1992.

Ein MPEG-Prozessor als Bewegungssensor in der Robot Vision

Norbert O. Stöffler

Technische Universität München
Lehrstuhl für Prozeßrechner
Prof. Dr.-Ing. G. Färber
`www.lpr.e-technik.tu-muenchen.de/~stoffler`

Kurzfassung. Detektion und Auswertung von Bewegung in Videobildfolgen ist ein zentrales Problem der Robot Vision. In dieser Arbeit wird ein PC-basiertes Bewegungssensor-System vorgestellt, das zur echtzeitfähigen Bestimmung der Bewegungsvektoren im Bild einen MPEG *Motion Estimation Prozessor* verwendet. Um die bereits in Arbeiten anderer Gruppen als problematisch beschriebene Störanfälligkeit derart erzeugter Vektorfelder zu kompensieren, wird ein weiteres Rechenwerk zur vektorweisen Bestimmung von Konfidenzmaßen eingesetzt. Die daraus resultierende Verwendbarkeit des Systems für Robot Vision Anwendungen und die zu beachtenden Einschränkungen bei der Adaption von Verfahren aus der Literatur des *optischen Flusses* werden anhand exemplarischer Anwendungen und Experimente gezeigt.

1 Einleitung

Ein zentraler Themenkomplex in der Robot Vision umfaßt die Bestimmung und Messung von Bewegung in der beoachteten Szene. Diese Bewegungsinformation kann verwendet werden, um bewegte Objekte zu detektieren und zu verfolgen, um die Eigenbewegung eines mobilen Roboters zu schätzen oder auch um die räumliche Struktur der Szene zu rekonstruieren (Motion Stereo).

Bewegung von starren Objekten oder Bewegung des Beobachters selbst relativ zur Szene können einheitlich mit den 6 Geschwindigkeiten für Translation T_X, T_Y, T_Z und Rotation $\omega_x, \omega_y, \omega_z$ im Beobachtersystem beschrieben werden. Eine Videokamera bildet das dreidimensionale Geschwindigkeitsfeld in der Szene auf ein zweidimensionales Geschwindigkeitsfeld auf der Projektionsebene ab. Durch die zeitliche Abtastung (PAL Norm: $\Delta t = 40ms$) realer Kameras wird aus dem Geschwindigkeitsfeld ein Verschiebungsvektorfeld. Deshalb werden im folgenden zur Vereinfachung der Gleichungen auch die dreidimensionalen Bewegungsparameter als Verschiebungen während des Zeitintervalls Δt interpretiert.

Bezeichnet man Koordinaten in der Projektionsebene mit x, y, Weltkoordinaten mit X, Y, Z und normiert ferner die Brennweite zu $f = 1$, so ergibt sich das Verschiebungsvektorfeld $(\Delta x, \Delta y)$ laut Gl. 1:

$$\begin{pmatrix} \Delta x \\ \Delta y \end{pmatrix} = \frac{1}{Z} \begin{pmatrix} T_x + T_z x \\ T_y + T_z y \end{pmatrix} - \omega_x \begin{pmatrix} xy \\ y^2 + 1 \end{pmatrix} + \omega_y \begin{pmatrix} x^2 + 1 \\ xy \end{pmatrix} + \omega_z \begin{pmatrix} -y \\ x \end{pmatrix} \quad (1)$$

Dieses Vektorfeld wird meist (wenn auch nicht ganz korrekt [8]) als *optischer Fluß* (*OF*) bezeichnet.

Die für Robot Vision Anwendungen relevante Rekonstruktion der Bewegung in der beobachteten Szene teilt sich also in zwei Teilprobleme auf:

- Bestimmung des zweidimensionalen Verschiebungsvektorfeldes (OF)
- Rückrechnung auf das dreidimensionale Bewegungsvektorfeld

Das erste Problem hat starke Ähnlichkeit mit der sogenannten *Motion Compensation*, die im Rahmen der von der *Motion Picture Expert Group (MPEG)* definierten Kompressionsverfahren für Bildfolgen Verwendung findet. Hierbei wird versucht, zeitliche Redundanz in einer Bildfolge auszunutzen, und - wenn möglich - statt konstanter Bildinformation nur Referenzvektoren zu übertragen. Für diese Aufgabe wurden eigene Prozessoren entwickelt, sogenannte *Motion Estimation Prozessoren* (*MEP*s).

Ziel der in diesem Aufsatz beschriebenen Arbeiten ist es deshalb, sich die hohe Rechenleistung dieser Spezialprozessoren für die Bewegungsdetektion in der Robot Vision zunutze zu machen.

Kapitel 2 erläutert die Funktionsweise eines solchen Prozessors, in Kapitel 3 wird dargelegt, welche zusätzlichen Maßnahmen erforderlich sind, damit das von einem MEP erzeugte Vektorfeld im Sinne der Zielsetzung verwendet werden kann. Kapitel 4 beschreibt das Bildverarbeitungssystem, das aufbauend auf diesen Erkenntnissen entwickelt wurde, und Kapitel 5 stellt beispielhafte Applikationen vor.

2 Funktionsweise eines MPEG Motion Estimation Prozessors

MPEG-1 und MPEG-2 unterteilen die einzelnen *Frames* F_i einer Bildfolge zunächst in ein Raster von 16x16 Pixel großen Blöcken. Zur Ausnutzung räumlicher Redundanz innerhalb der Blöcke werden diese analog dem JPEG Standard durch Cosinus-Transformation und anschließende Quantisierung komprimiert. Um auch die zeitliche Redundanz in der Bildfolge nutzen zu können, darf statt eines so komprimierten Blockes auch eine Referenz (in Form eines vektoriellen Offsets) auf einen Bildbereich eines bereits übertragenen Frames $F_j, j \neq i$ übermittelt werden. Beziehen sich die Referenzen auf das zeitlich unmittelbar vorangegangene Bild F_{i-1} (was in einem echten MPEG-Datenstrom aufgrund von Umsortierungen zur weiteren Optimierung nicht unbedingt der Fall sein muß) kann dieser Vektor als Bewegung des Bildbereiches angesehen werden. Obwohl die MPEG-Standards nicht vorschreiben, wie diese Bewegungsvektoren zu ermitteln sind, sind korrelative Verfahren z.Zt. Stand der Technik. Aufgrund der erforderlichen Rechenleistung war eine Verlagerung dieser Korrelationsoperationen (auch als *Blockmatching* bezeichnet) auf spezialisierte Hardwarekomponenten unerläßlich.

Der 16x16 Pixel große Referenzblock (*RB*) des einen Bildes kann trotzdem nur mit einem Ausschnitt des zweiten Bildes (*Suchfenster, Searchwindow, SW*) des zweiten Bildes korreliert werden. Für alle möglichen Verschiebungen ($\Delta x, \Delta y$) des RB gegenüber dem SW wird ein Ähnlichkeitsmaß berechnet, wobei das Produktintegral der klassischen Korrelation typischerweise durch eine Summe absoluter Differenzen (SAD, Gl. 2) ersetzt wird, um den Aufwand weiter zu begrenzen.

$$SAD(\Delta x, \Delta y) = \sum_{y=0}^{15} \sum_{x=0}^{15} |SW(x + \Delta x, y + \Delta y) - RB(x, y)| \qquad (2)$$

Das Ergebnis dieser Operation ist eine Korrelationsmatrix über ($\Delta x, \Delta y$) wobei kleine Matrixelemente für hohe Übereinstimmung stehen. Der gesuchte Verschiebungsvektor ist dann durch

$$SAD(\Delta x, \Delta y) = min \qquad (3)$$

definiert.

Der von uns verwendete MEP LSI 74720 [5] führt obige Korrelation inklusive Minimumsuche für ein 32x32 Pixel großes Suchfenster in 73.8μs durch, was einer Rechenleistung von ca. 1.7 GOPS entspricht. Erreicht wird diese Rechenleistung durch die massiv parallele Struktur des Prozessors (siehe Abb. 1).

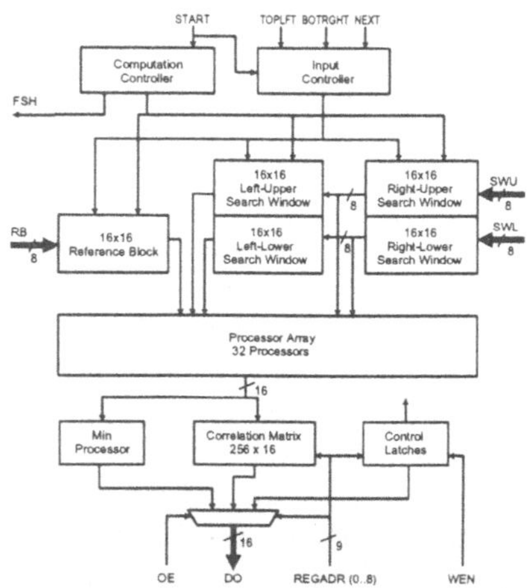

Abb. 1. Struktur des MEP LSI 74720

Für jeden Blockmatch werden Referenzblock und Suchfenster durch die externe Beschaltung zeilenweise in die internen Puffer des MEPs geladen. Da innerhalb des MPEG Blockrasters die Referenzblöcke immer aneinander angrenzen, überlappen sich die Suchfenster jeweils um 16 Pixel. Deshalb sind die SW-Puffer als Pipeline organisiert. Pro Match muß nur die rechte Hälfte des nächsten SWs geladen werden, die alten Pufferinhalte werden in die linke Hälfte verschoben. Lediglich zu Beginn einer neuen Zeile sind 2 SW-Ladeoperationen nötig. 32 Rechenwerke berechnen parallel die 256 SADs, die zwischengespeichert und von einem Minimumrechenwerk ausgewertet werden. Nach jedem Blockmatch werden minimale SAD und zugehörige Verschiebung automatisch ausgegeben, die komplette Korrelationsmatrix kann bei Bedarf wahlfrei addressiert werden. Alle Puffer sind doppelt ausgeführt, so daß das Laden der nächsten Vergleichsdaten und das Lesen der Korrelationmatrix parallel zur Berechnung durchgeführt werden können.

3   Zusätzliches Konfidenzmaß

Die Idee, einen MEP zur Bestimmung des optischen Flusses einzusetzen, ist nicht neu. Inoue et al. beschreiben die Integration des MEPs STI3320 in ihr transputerbasiertes Bildverarbeitungssystem [4] und zahlreiche Applikationen [3,6]. Basierend auf diesen Arbeiten wird von Fujitsu ein kommerzielles System vertrieben, das inzwischen auch von anderen Robotikgruppen eingesetzt wird [2].

Problematisch an dieser Berechnungsweise ist jedoch, daß das von einem MEP erzeugte Vektorfeld vom gesuchten optischen Fluß stark abweichen kann. In Bildbereichen mit mangelnder oder mehrdeutiger Struktur ist es nicht möglich, ein klares Minimum in der Korrelationsmatrix zu bestimmen. Im Sinne der Anforderungen eines MPEG-Encoders spielt diese Einschränkung keine Rolle, da nur eine Referenz auf einen möglichst ähnlichen Bildbereich gesucht wird. Dieser Vektor kann aber nicht mehr als Verschiebungsvektor laut Gl. 1 angesehen werden.

Abb. 2a verdeutlicht das Problem. Das Feld wurde durch lineare Vorwärtsbewegung der Kamera erzeugt. In diesem Fall sollten sich die Verlängerungen aller Vektoren im Durchstoßpunkt der Bewegungsachse durch die Abbildungsebene, dem sogenannten *Focus Of Expansion* (*FOE*) schneiden. Dies trifft offensichtlich nur in den Teilbereichen der Szene mit ausreichender Struktur zu. In typischen Innenraumszenen sind aus diesem Grund ca. 40−80% der Vektoren unbrauchbar.

Zur Lösung dieses Problems schlagen wir die Berechnung eines zusätzlichen Konfidenzmaßes für jeden Vektor vor. Mithilfe eines zuverlässigen Konfidenzmaßes kann das Feld z. B. gesiebt werden, um nur noch Vektoren hoher Konfidenz weiter zu verarbeiten (Abb. 2b).

Prinzipiell können bei einer Korrelation drei Fälle eintreten. Enthält der Referenzblock wenig oder keine Struktur, so liefert Gl. 2 ähnliche Werte für alle Verschiebungen. Ein klares Minimum ist nicht vorhanden (siehe Abb. 3a). Ist der Bildbereich hingegen gut strukturiert, bildet sich ein eindeutiges Minimum (Abb. 3b). Im letzten Fall (Abb. 3c) ist zwar genug Struktur im RB vorhanden,

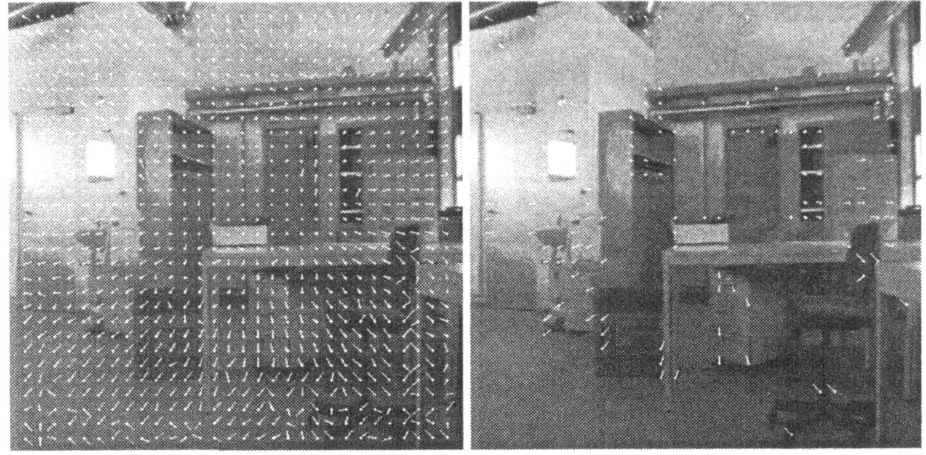

Abb. 2. Per MEP erzeugtes Vektorfeld. a) komplett, b) gesiebt

jedoch ergeben sich aufgrund von Mehrdeutigkeiten im Suchfenster zwei ähnlich tiefe Minima.

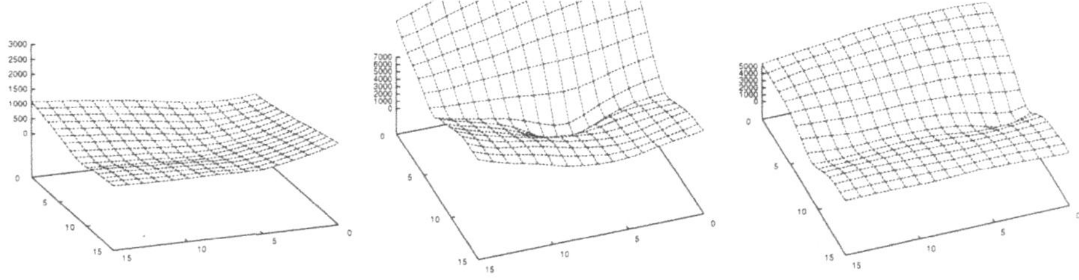

Abb. 3. Mögliche Korrelationsmatrizen: a) indifferent, b) eindeutig, c) mehrdeutig

Ein einfaches Konfidenzmaß, das Fall b) von a) und c) unterscheidet ist die Differenz d zwischen dem Minimum und dem zweitkleinsten Wert der Korrelationsmatrix. In a) und b) ist diese Differenz ein Maß für die Steilheit des Peaks, in c) ein Maß für die Unterscheidbarkeit der beiden Minima. Obwohl eine weitergehende Auswertung der Korrelationsmatrix denkbar wäre (vgl. [6]) hat sich dieser Abstand in der Praxis als ausreichend signifikant erwiesen. Zum Nachweis wurden in realer Umgebung berechnete Vektorfelder statistisch ausgewertet [9].

Dank der Einfachheit dieses Maßes ist die Berechnung mit verhältnismäßig geringem zusätzlichen Hardwareaufwand möglich, so daß ein entsprechendes Rechenwerk in das in Kapitel 4 vorgestellte Bildverarbeitungssystem integriert werden konnte.

4 Systemstruktur

Der Prototyp eines Bildverarbeitungssystems mit den Komponenten laut Kapitel 2 und Kapitel 3 wurde auf PC Basis realisiert (siehe Abb. 4a) und zur Durchführung von Experimenten in die mobile Plattform MARVIN (Abb. 4b) integriert.

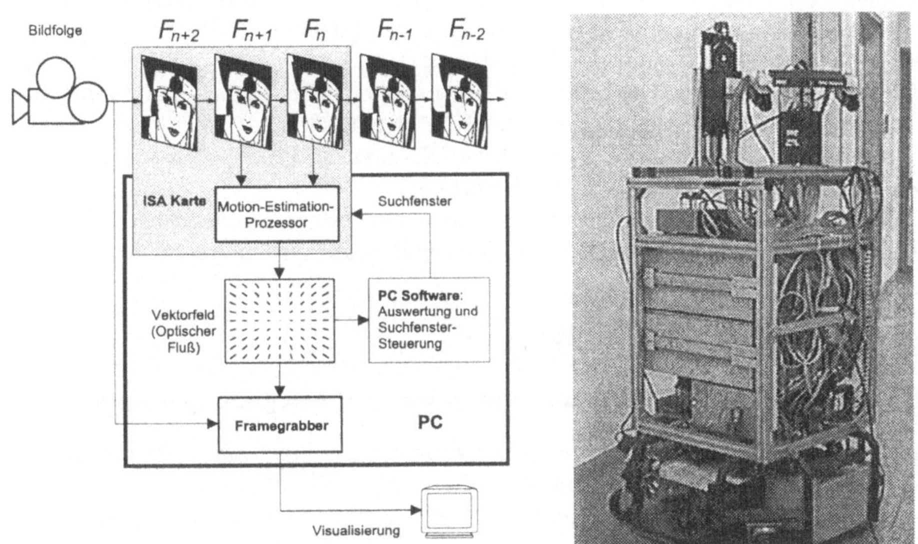

Abb. 4. a) Struktur des Bewegungssensors, b) mobile Plattform MARVIN

Der MEP LSI 74720 befindet sich zusammen mit drei Bildspeichern und der in FPGAs implementierten Kontroll-Logik (*MEP-Controller*) auf einer ISA-Bus Steckkarte. Die beiden Frames F_n und F_{n+1} werden verglichen während gleichzeitig der nächste Frame F_{n+2} eingezogen wird. Im Nominalbetrieb werden die Bildspeicher zyklisch permutiert, so daß sich ein Ringpuffer ergibt. Da die Datenpfade durch die Software aber auch beliebig konfiguriert werden können, sind andere Betriebsmodi möglich. So können z.B. durch Halten von F_n im rechtesten Puffer und zyklisches Vertauschen der beiden anderen Vergleiche mit den Frames $F_{n+1}, F_{n+2} \cdots F_{n+k}$ durchgeführt werden, was z.B. eine Vordergrund-/ Hintergrundtrennung oder eine Regelung der Vergleichsrate $R = k(n)$ zur Behandlung langsamer Bewegungen erlaubt.

Für viele Anwendungen ist ein starres Blockraster mit fester, zentrischer Suchfensterposition inadequat. Die durch die Suchfenstergröße von 32x32 Pixel zunächst begrenzte Vektorlänge von $\Delta y, \Delta y \in [-8, 7]$ kann durch einen Offset zwischen RB und SW erweitert werden, falls schon ein Erwartungswert bekannt ist. Im einfachsten Fall könnten die Vektorlängen aus dem vorangegangenen Vergleich als Offset verwendet werden. Dies transformiert die zunächst vorhande

Einschränkung einer maximalen Bildpunktgeschwindigkeit von $\frac{8\,Pixel}{Frame}$ auf eine maximale Beschleunigung von $\frac{8\,Pixel}{Frame^2}$.

Der MEP-Controller erlaubt deshalb individuelle Positionierung jedes Referenzblocks und des zugehörigen Suchfensters. Die Übertragung entsprechender Positionslisten zum MEP und der Vektoren in den PC-Speicher erfolgt per DMA. Das Ende der Berechnung oder der Beginn des nächsten Frames werden per IRQ signalisiert. Der IRQ-Handler hat dann die DMA Register mit der Startadresse der nächsten Positionsliste zu laden, die Datenpfade zwischen Kamera, MEP und Bildspeichern neu zu konfigurieren und den nächsten Vergleich zu starten. Somit steht fast die gesamte CPU-Leistung zur Auswertung der Vektorfelder zur Verfügung. Ebenfalls auf dem MEP-Controller befindet sich das zweite Minimumrechenwerk zur Bestimmung des Konfidenzmaßes.

Abhängig vom Ausnutzungsgrad der MEP-internen Pipeline können z.Zt. bis zu 525 Vektoren pro Frame ($40\,ms$) berechnet werden.

Die on-line Visualisierung erfolgt mit einem Standard-Framegrabber, der zur Überlagerung von Kamerabild und aktuellen Ergebnissen eingesetzt wird.

5   Anwendungsbeispiele

5.1   Rekonstruktion der dreidimensionalen Bewegungsparameter

Eine mögliche Anwendung des Bewegungssensors ist die Rekonstruktion der dreidimensionalen Bewegungsparameter, i.e. die Auflösung von Gl. 1 nach $(T_x, T_y, T_z, \omega_x, \omega_y, \omega_z)$. Die Komponenten des Translationsvektors $T = (T_x, T_y, T_z)$ treten nur in Zusammenhang mit den Entfernungen Z der Bildpunkte auf, so daß ohne deren Kenntnis prinzipiell keine Aussagen über $\|T\|$ möglich sind.

Die Struktur der per MEP erzeugten Vektorfelder führt zu weiteren Einschränkungen. Die Felder sind aufgrund der blockweisen Berechnung nicht für jedes Pixel definiert und pixelquantisiert. Eine Siebung anhand des Konfidenzmaßes führt zu einer weiteren Ausdünnung, so daß für die Anwendung von Algorithmen zur Bewegungsrekonstruktion letztendlich nur ein sparses, quantisiertes Flußfeld zur Verfügung steht. Alle Verfahren der Literatur, die auf differentialgeometrischer Auswertung der Felder beruhen (z.B. der Ansatz von Verri und Torre, der das Feld durch seine Singularitäten charakterisiert [13]) scheiden von vornherein aus. Experimentell untersucht wurden bis jetzt die Verfahren nach Prazdny [7] und nach Huang, Tsai und Weng [12,14].

Prazdnys Ansatz macht sich die lineare Überlagerung der von Translation und Rotation erzeugten Feldanteile zu Nutze. In einem durch reine Translation erzeugten Feld schneiden sich die Verlängerungen aller Vektoren im FOE. Variiert man die drei Rotationsparameter $\omega_x, \omega_y, \omega_z$ bis diese Bedingung erfüllt ist, kennt man neben der Rotation auch die Translationsrichtung, da diese durch die Gerade Hauptpunkt - FOE bestimmt ist. Als Zielfunktion der durchzuführenden Optimierung verwendet Prazdny die Varianz der Schnittpunkte der verlängerten Vektoren (siehe Abb. 5a).

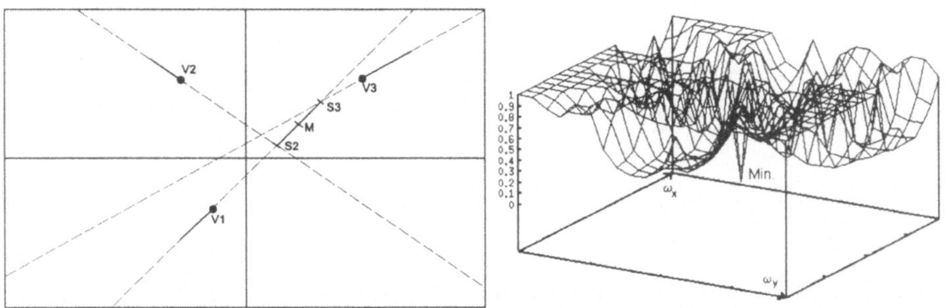

Abb. 5. Varianz nach Prazdny, a) Definition b) Experimentelles Beispiel

Aufgrund der Quantisierung der Flußvektoren weist die Varianzfunktion jedoch zuviele Nebenminima auf, um brauchbare Ergebnisse zu erzielen (siehe Abb. 5b, Rollwinkel $\omega_z \equiv 0$).

Das von Huang, Tsai und Weng vorgeschlagene Verfahren löst das überbestimmte Gleichungssystem analytisch, der Optimierungsschritt wird durch eine *Least-Square* Berechnung ersetzt. Doch auch hier entsprechen die in den Experimenten bestimmten Parameter nicht der tatsächlichen Bewegung.

Der Grund für das Scheitern beider Ansätze ist in der Ähnlichkeit der durch Drehung und Lateralbewegung erzeugten Flußfelder zu suchen. Während eine Lateralbewegung mit $T_x \neq 0$ ein Feld paraller Vektoren laut Abb. 6a) hervorruft, führt eine Drehung $\omega_y \neq 0$ zu einem Hyperbelfeld nach Abb. 6b). Bei realistischen Parametern liegt der Unterschied beider Felder im Bereich $\leq$ 1 *Pixel*, was eine Separation des pixelquantisierten Vektorfeldes ausschließt.

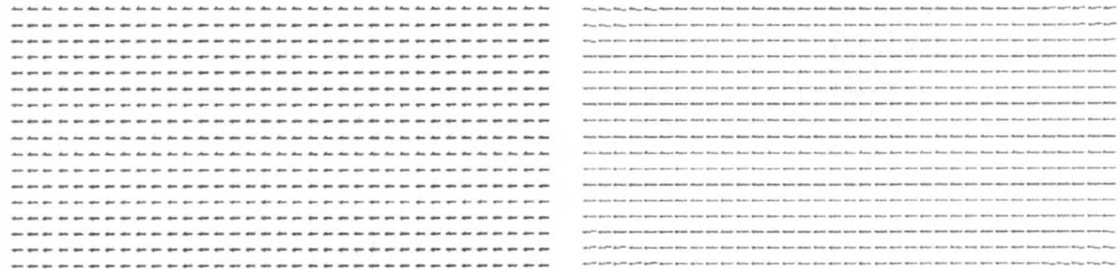

Abb. 6. Exemplarische Vektorfelder: a) $T_x \neq 0$ b) $\omega_y \neq 0$

Im Falle eines mobilen Roboters reduzieren sich jedoch die zu bestimmenden Bewegungsparameter erheblich. Bei üblichen Kinematiken wie Dreirad- oder Panzerkinematik und bei zentral und parallel zur Bewegungsrichtung montierter Kamera, sind nur noch $T_z, \omega_y \neq 0$.

Gl. 1 vereinfacht sich zu

$$\begin{pmatrix} \Delta x \\ \Delta y \end{pmatrix} = \frac{T_z}{Z} \begin{pmatrix} x \\ y \end{pmatrix} + \omega_y \begin{pmatrix} x^2 + 1 \\ xy \end{pmatrix} \tag{4}$$

Auflösung nach ω_y ergibt

$$\omega_y = \frac{\Delta xy - \Delta yx}{y} \tag{5}$$

Optimierungs- oder Ausgleichsrechnungen können damit durch eine einfache Mittelwertbildung über alle ω_y ersetzt werden. Der zweite Parameter $\frac{T_z}{Z}$ ist entfernungsabhängig und für jeden Vektor unterschiedlich. Er wird auch als *Time To Collision* (*TTC*) bezeichnet, da er angibt, nach welcher Zeit (hier nach wieviel Frames) bei konstantem T_z die Entfernung Z des Bildpunktes zu 0 geworden ist.

Abb. 7 zeigt die so ermittelte Rotationsgeschwindigkeit in *Grad/sec* während einer Fahrt auf MARVIN. Nach kurzer Geradeausfahrt schwenkt der Roboter auf einen Kreisbogen ein, was zu einer leichten Vibration des Kameraaufbaus führt. Nach knapp 600 Frames fährt er dann weiter geradeaus. Abb. 7a gibt den aus einem ungesiebten Feld ermittelten Wert wieder, die Auswirkungen des durch fehlerhafte Blockmatches erzeugten Rauschens sind offensichtlich. Abb. 7b zeigt das Ergebnis nach einer Siebung mit dem Konfidenzmaß $d = 100$. Verwendet man statt des arithmetischen Mittelwertes den *Median* ergibt sich der in Abb. 7) dargestellte Kurvenverlauf. Es zeigt sich, daß der Median die nach der Siebung verbleibenden Ausreißer im Vektorfeld noch weiter unterdrückt, andererseits aber, vor allem bei langsamer Fahrt und damit geringem Einfluß des Translationsanteils, zu stärkerer Quantisierung für ω_y führt.

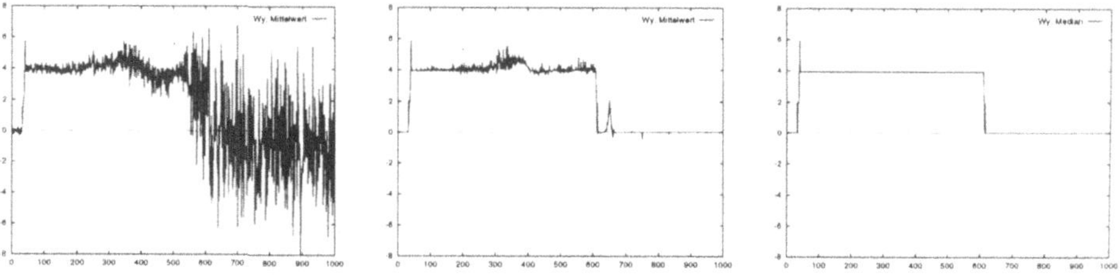

Abb. 7. Verlauf von ω_y a) ungesiebtes Feld, b) gesiebtes Feld, Mittelwert c) Median

Obwohl mit diesem Verfahren letztendlich nur ein einziger Bewegungsparameter eines mobilen Roboters geschätzt wird, liefert dies doch einen interessanten Beitrag zum Positions- und Lagebestimmungsproblem. Die durch Integration der Rotationsgeschwindigkeit ermittelte Orientierung des Roboters Φ_y (*"Optisches Gyro"*) ist deutlich genauer als die odometrisch ermittelte Ausrichtung, da die Differenzbildung der Radumdrehungen eines Roboters numerisch ungünstig

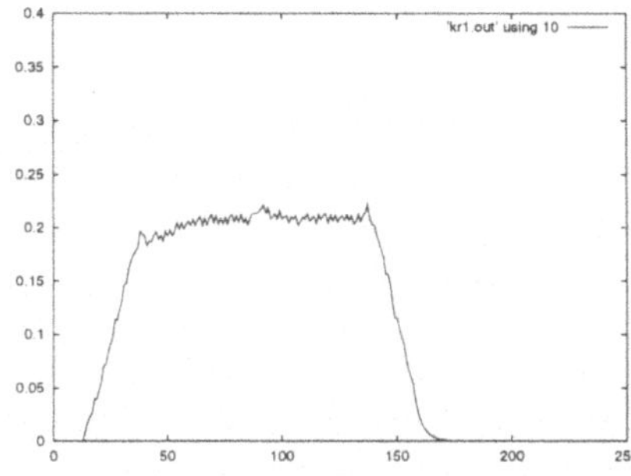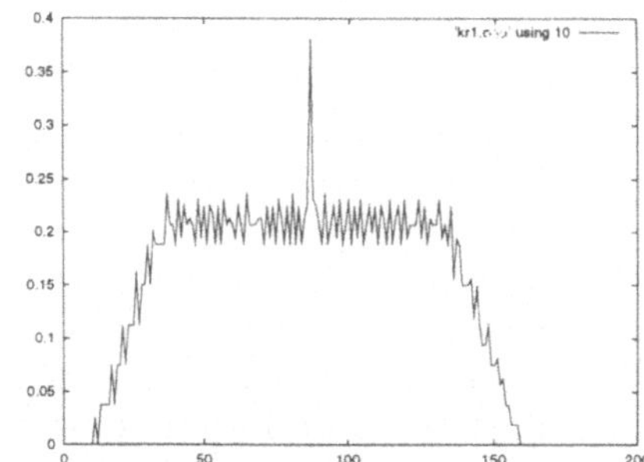

Abb. 8. ω_y, a) optisch, b) odometrisch ermittelt

konditioniert und anfällig gegen Schlupf ist. Abb. 8 zeigt ein Beispiel für einen optisch (a) und einen odometrisch (b) ermittelten Verlauf von ω_y.

Modell- bzw. landmarkenbasierte Verfahren zur videobasierten Lokalisation hängen kritisch von guten Positionshypothesen ab, um dann durch Vergleich von prädizierten und im realen Kamerabild detektierten Landmarken die Positionshypothese zu verbessern (vgl. [10]). Während die Positionsfortschreibung bei Translation unkritisch ist, können schon kleine Verdrehungen zwischen tatsächlicher und geschätzter Position das Wiederfinden der Landmarken unmöglich machen. Auch hier leistet eine schnelle und zuverlässige Fortschreibung der Orientierung zwischen zwei Lokalisationen einen wertvollen Beitrag zum Gesamtsystem.

5.2 Segmentierung von Objekten unterschiedlicher Bewegung

Bewegt sich nicht nur die Kamera, sondern auch Objekte in der Szene, so sind zuerst die zu den Objekten gehörenden Bildbereiche zu identifizieren, bevor dann für jeden dieser Bereiche die Bewegungsparameter separat, wie in Kapitel 5.1 beschrieben, bestimmt werden können.

Das sicherlich eleganteste aber auch mathematisch aufwendigste Verfahren um diese Segmentierung durchzuführen, wurde von Adiv vorgestellt [1]. Nach Anwendung der Hough-Transformation kann die Segmentierung direkt in einem 8-dimensionalen Geschwindigkeits-/Ebenenparameterraum durchgeführt werden. Die numerische Komplexität wird durch geschickte Umformungen reduziert, bleibt aber beträchtlich.

Takeda et al. schlagen vor, bei rein translatorisch bewegter Kamera den FOE blockweise zu bestimmen und den jeweiligen Residualfehler als Indiz für das Vorhandensein eines Objektes mit abweichenden Bewegungsparametern zu sehen [11]. Voraussetzung hierzu ist allerdings ein sehr dichtes Vektorfeld.

Beide Verfahren sind nicht nur zu rechenaufwendig, um im Kontext eines realzeitfähigen Bewegungssensors Verwendung zu finden. Die in Kapitel 5.1 aufgezeigten Schwierigkeiten und Einschränkungen bei der Bestimmung von Bewegungsparametern für das gesamte Feld gelten natürlich genauso für Teilbereiche davon. So sind alle Ansätze zur Segmentierung nach dreidimensionalen

Bewegungsparametern auf die vom MEP gelieferten sparsen, pixelquantisierten Vektorfelder kaum anwendbar.

Erfolgversprechender sind Vorgehensweisen ähnlich zu der von Yamamoto et al., bei denen keine dreidimensionalen Bewegungsparameter, sondern zweidimensionale Feldeigenschaften für die Segmentierung verwendet werden [15]. Der dadurch gemachte Fehler ist am größten bei Translation entlang der Z-Achse und kann zum Zerfall der zu einem Objekt gehörenden Region in mehrere Teilbereiche führen. Derartige Fehler sind aber durch Nachbarschaftsoperationen und räumlich/zeitliche Filterung behebbar. Auch sind die durch Z-Translation generierten Vektorlängen deutlich geringer als die durch Drehung oder Lateralbewegung erzeugten.

Abb. 9 zeigt das Ergebnis eines Experimentes zur Detektion von bewegten Personen bei gleichzeitiger Bewegung der Kamera.

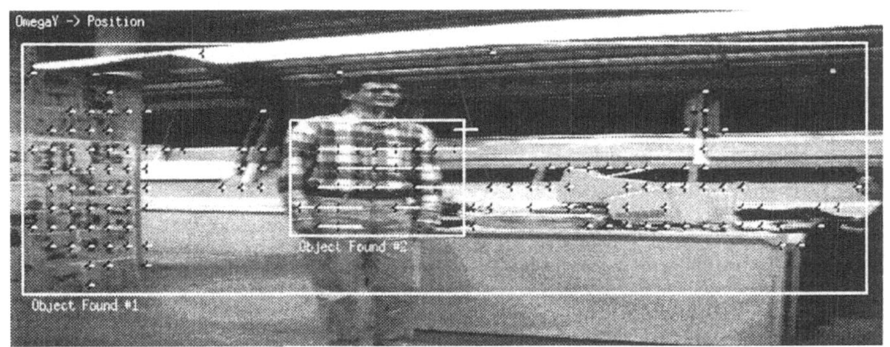

Abb. 9. Segmentierung des Vektorfeldes

6 Zusammenfassung und Ausblick

Präsentiert wurde ein videobasiertes Bewegungssensor-System, dessen Hardwarekomponente unter Zuhilfenahme eines MPEG Motion Estimation Prozessors bis zu 525 Bewegungsvektoren pro Videoframe berechnet und diese mit einem zusätzlichen Konfidenzmaß attribuiert. Damit wird eine Reduktion des bei ähnlichen Arbeiten problematischen Rauschens erreicht und eine Weiterverarbeitung des Vektorfeldes vereinfacht.

Erste Anwendungen wurden bereits implementiert, entsprechende Algorithmen aus der Literatur des optischen Flusses auf die Besonderheiten des generierten Bewegungsvektorfeldes hin adaptiert und bewertet. Weitere Anwendungsmöglichkeiten wie Erstellung von Tiefenkarten, hybride Positionsschätzung und Stereokorrespondenzfindung werden zur Zeit untersucht.

Literatur

1. G. Adiv. Determining Three-Dimensional Motion and Structure from Optical Flow Generated by Several Moving Objects. *IEEE Trans. on Pattern Analysis and Machine Intelligence*, 7(4):319–336, Jul 1985.
2. G. Cheng, A. Zelinsky. Real-Time Visual Behaviours for Navigating a Mobile Robot. In *Proc. IEEE/RSJ Int. Conf. on Intelligent Robots and Systems (IROS'96)*, S. 973–980, Nov 1996.
3. M. Inaba, K. Nagasaka, F. Kanehiro, S. Kagami, H. Inoue. Real-Time Vision-Based Control of Swing Motion by Human-form Robot Using the Remote-Brained Approach. In *Proc. IEEE/RSJ Int. Conf. on Intelligent Robots and Systems (IROS'96)*, S. 15–22, Nov 1996.
4. H. Inoue, T. Tachikawa, M. Inaba. Robot Vision System with a Correlation Chip for Real-Time Tracking, Optical Flow and Depth Map Generation. In *Proc. IEEE Int. Conf. on Robotics and Automation (ICRA'92)*, S. 1621–1626, 1992.
5. LSI Logic. *Image Compression Databook*. LSI Logic Corporation, 1993.
6. T. Mori, M. Inaba, H. Inoue. Visual Tracking Based on Cooperation of Multiple Attention Regions. In *Proc. IEEE Int. Conf. on Robotics and Automation (ICRA'96)*, S. 2921–2928, 1996.
7. K. Prazdny. Determining the Instantaneous Direction of Motion from Optical Flow Generated by Curvilinearly Moving Observer. *Computer Graphics and Image Processing*, 17:238–248, 1981.
8. A. Singh. *Optic Flow Computation: A Unified Perspective*. IEEE Computer Society Press, Los Alamitos, California, 1991.
9. N. O. Stöffler, G. Färber. An Image Processing Board with an MPEG Processor and Additional Confidence Calculation for Fast and Robust Optic Flow Generation in Real Environments. In *Proc. 1997 Int. Conf. on Advanced Robotics (ICAR'97)*, 1997. To appear.
10. N. O. Stöffler, A. Hauck, G. Färber. Ein geometrisch-symbolisches Umgebungsmodell zur Unterstützung verschiedener Perzeptionsaufgaben autonomer, mobiler Systeme. In G. Schmidt, F. Freyberger, Herausgeber, *Autonome Mobile Systeme*, Informatik aktuell, S. 108–117. Springer-Verlag, 1996.
11. N. Takeda, M. Watanaba, K. Onoguchi. Moving Obstacle Detection using Residual Error of FOE Estimation. In *Proc. IEEE/RSJ Int. Conf. on Intelligent Robots and Systems (IROS'96)*, Nov 1996.
12. R. Y. Tsai, T. S. Huang. Uniqueness and Estimation of Three-Dimensional Parameters of Rigid Objects with Curved Surfaces. *IEEE Trans. on Pattern Analysis and Machine Intelligence*, 6(1):13–27, Jan 1984.
13. A. Verri, F. Girosi, V. Torre. Mathematical properties of the two-dimensional motion field: from singular points to motion parameters. *J. Opt. Soc. Am*, 6(5):698–712, May 1989.
14. J. Weng, T. S. Huang, N. Ahudja. Motion and Structure from Two Perspective Views: Algorithms, Error Analysis, and Error Estimation. *IEEE Trans. on Pattern Analysis and Machine Intelligence*, 11(5):451–479, May 1989.
15. S. Yamamoto, Y. Mae, Y. Shiray, J. Miura. Realtime Multiple Object Tracking Based on Optical Flows. In *Proc. IEEE Int. Conf. on Robotics and Automation (ICRA'95)*, volume 3, S. 2328–2333, May 1995.

Videobasierte Objekterkennung mittels muster-baumgestützter Kreuzkorrelation

E. Ettelt und G. Schmidt

Lehrstuhl für Steuerungs- und Regelungstechnik
Technische Universität München, D-80290 München
e-mail:{ettelt,gs}@lsr.e-technik.tu-muenchen.de

Zusammenfassung Dieser Beitrag stellt ein Verfahren zur schnellen Erkennung und Lagebestimmung kleiner, unregelmäßig begrenzter Objekte mittels CCD-Kamera vor. Der Ansatz basiert auf Kreuzkorrelation und kann auf beliebig geformte Objekte angewandt werden. Das Modellieren neuer Objekte gestaltet sich sehr einfach.

1 Einleitung

In diesem Beitrag wird eine videobasierte 3D-Objekterkennung für den mobilen Serviceroboter ROMAN [1] vorgestellt. Im Gegensatz zum industriellen Umfeld ist im Servicebereich vor allem die Handhabung verhältnismäßig unregelmäßig begrenzter Objekte wie Gläser, Becher, Flaschen oder Tür- und Handgriffe notwendig. Diese Art von Aufgaben erfordert eine Objektmodellierung ohne vorab definierte Merkmale wie Kanten oder Ecken, da diese bei den betrachteten Objekten nicht oder nur teilweise ausgeprägt vorkommen. Darüber hinaus geht bei der Extraktion vordefinierter Merkmale wichtige Information über die Helligkeit des Objektes, über Schattierungen und Grauverläufe verloren.

Das Einbeziehen zusätzlicher Information in eine derartige Objekterkennung kann zwar diesen Mangel beheben, führt aber zu einer heterogenen und damit aufwendigen Modellierung der Objekte, die für komplexere Szenen kaum zu handhaben ist [2, S.173]. In der Folge können mit *merkmalsbasierten Ansätzen* nur Objekte erkannt werden, die durch die vom Erkenner verwendeten Merkmale ausreichend beschrieben werden [3]. Ein ähnliches Problem liegt bei kleinen Objekte vor, wenn die Strukturen nur wenige Pixel groß sind und deshalb nicht als „Kante" oder „Ecke" charakterisiert werden können. Daraus ergibt sich die Verwendung ansichtsbasierter Verfahren, wobei die Methode der Neuronalen Netze und die Kreuzkorrelation mit vielen Ansichten des Objekts für Echtzeitanwendungen zu langsam sind.

Für die Verknüpfung eines *ansichtsbasierten Ansatzes* mit Realzeit-Objekterkennung kommen deshalb nur Methoden in Frage, die den Aufwand des pixelbasierten Vergleichens von Objektmustern mit dem Kamerabild stark reduzieren. Der hier betrachtete Ansatz verwendet einen Musterbaum [4], wie dies insbesondere im Bereich der Schrifterkennung (OCR) üblich ist [5]. Neben der bereits beträchtlichen Verminderung des Rechenaufwandes durch die Baumstruktur wird eine zusätzliche Reduktion des Aufwandes durch eine dynamische, datengetriebene Steuerung der Bildauflösung erzielt. Allerdings besteht dabei die Gefahr, daß die Verwechselungswahrscheinlichkeit mit anderen Objekten steigt. Um dies zu beurteilen, muß offline getestet werden, inwieweit sich Verwechslungen mit anderen Objekten ergeben. Bei der offline-Auswahl der Vergleichsmuster und der Festlegung der Musterauflösung, was wir im folgenden als Training bezeichnen, wird also neben der repräsentativen Menge von Objektansichten zur Durchführung dieses Tests auch eine entsprechende Menge von Ansichten der sonstigen Objektumgebung benötigt, die sogenannte Zurückweisungsklasse.

Eine typische Aufgabe für die Objekterkennung wird in Abschnitt 2 beschrieben; Abschnitt 3 rekapituliert die Methode der Musterbäume und die Erstellung der Musterbäume, das Training, wird in Abschnitt 4 vorgestellt. Es folgt in Abschnitt 5 eine Darstellung, wie die Trainingsmuster für das Problem generiert werden, in Abschnitt 6 wird die Anpassung der Bildauflösung vorgestellt und nach kurzer Erläuterung der 3D-Positionsbestimmung aus den 2D-Messungen in Abschnitt 8 werden in Abschnitt 9 experimentelle Ergebnisse diskutiert. Abschnitt 10 gibt einen Ausblick auf mögliche Erweiterungen des Konzepts.

2 Problemstellung

Eine typische Aufgabe für den mobilen Serviceroboter ROMAN ist eine Greifoperation, bei der ein Objekt, wie z.B. eine Flasche, von einem Tisch aufgenommen werden soll.

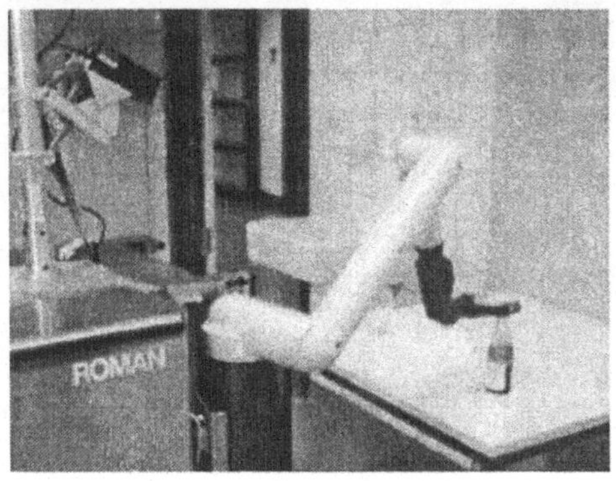

Abb. 1: Greifen des Objekts

Für eine solche Aufgabe muß der Fahrzeugplanung [6] die ungefähre Position des Objekts bekannt sein, um ROMAN mittels kartengestützter Wegeplanung an das Objekt heranzuführen, bis es im Blickfeld der Kamera erscheint. Ab diesem Zeitpunkt wird die Position des Objektes videobasiert bestimmt und das Fahrzeug an das Objekt geführt, wobei die Objekterkennung die Position des Objektes bis zum eigentlichen Greifen präzisiert und verifiziert. Durch diesen Ablauf wird die Situation für die Erkennung eingeschränkt. Als bekannt vorausgesetzt werden die Höhe der Kamera, ihre Neigung und die maximale und minimale Entfernung der Kamera zum Objekt während der Erkennung. Über das Objekt ist seine Höhe durch die wenigstens ungefähr bekannte Tischhöhe bekannt; es werde ferner angenommen, daß sich das Objekt in einer 'normalen' Position auf dem Tisch befindet, daß also beispielsweise das Glas aufrecht auf dem Tisch steht. Zahlenmäßig beträgt der vertikale Abstand zwischen Objekt und Kamera im betreffenden Beispiel 70 bis 120cm und der horizontale Abstand 50 bis 200cm.

Eine ähnliche Einschränkung ergibt sich bei vielen anderen praktisch relevanten Objekten wie Heizungsthermostaten und -ventilen oder Lichtschaltern. Diese Einschränkung muß bei der Aufnahme der Trainingsmuster berücksichtigt werden. Das Fahrzeug ist also bei der Aufnahme der Trainingsstichprobe so zu positionieren, wie es auch bei der Erkennung der Fall ist. Ab einer experimentell zu bestimmenden Anzahl von Trainingsmustern und einem genügend feinen Raster in der Positionierung kann das Verfahren für dazwischenliegende Punkte interpolieren und eine robuste Erkennung sicherstellen. Neben der Rasterung der Aufnahmeposition ist die Beleuchtung zu variieren und gegebenenfalls auch die Objekte der Zurückweisungsklasse, die ebenfalls von der Aufgabe abhängen. Beispielsweise sind die Objekte der Zurückweisungsklasse für eine Erkennung auf einem Tisch andere als bei der Erkennung auf dem Boden oder an der Wand.

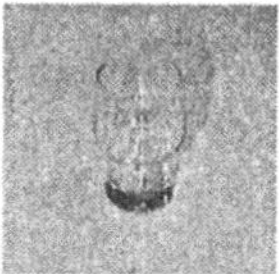

Abb. 2: Objekte eines typischen Serviceszenarios:
Thermostat, Dose, Flasche, Glas

3 Mustervergleich mittels Musterbäumen

Bei der klassischen Kreuzkorrelation wird ein Analysefenster pixelweise über die Bildmatrix $f(x,y)$ geschoben, so daß dabei jede mögliche Position im Bild erreicht wird. An jeder Position (x,y) wird der Wert der Korrelation durch Multiplikation der Pixel der Mustermatrix $w(x-m,y-n)$ mit den korrespondierenden Bildpixeln und anschließendes Aufsummieren berechnet. Das Ergebnis

ᴐrr(m,n) ergibt damit ein Maß, wie gut das Muster w mit dem Bildausschnitt
ᵉreinstimmt:

$$Corr(m,n) = \sum_x \sum_y f(x,y)w(x-m,y-n)$$

ᵉ Korrelation mit einem einzigen Muster w ist für die Erkennung eines Ob-
ᵏtes aus unterschiedlichen Perspektiven ungeeignet. Wird allerdings die
ᴐrrelation mit verschiedenen Mustern der Objekt- und der Zurückweisungs-
ᴀsse berechnet, kann jede beliebige Klassifikation durchgeführt werden
ᴺearest-Neighbour-Rule). Da jedoch bereits die Kreuzkorrelation eines ein-
lnen Bildes mit einem einzelnen Muster (31x31 Pixel) sehr rechenintensiv
, können nicht 100 und mehr Muster des Objekts gleichzeitig auf ein Bild
gewandt werden. Diese Anzahl der online notwendigen Mustervergleiche
rd durch die Einführung des Musterbaumes verringert. Dieser in unserem
ᴵlle binäre Suchbaum enthält ausgehend von einer Wurzel zwei Knoten mit
ᵉm geeigneten[1] Muster der Objektklasse (in Knoten x) und der Zurückwei-
ngsklasse (in Knoten y). Das zu klassifizierende Muster M wird nun zu-
chst mit beiden Mustern verglichen, dazu wird der euklidische Abstand zu
ᵃn in Knoten x und y gespeicherten Mustern M_x und M_y berechnet, die Va-
ᴵblen i und j laufen über die Muster M und M_x bzw. M_y der Größe 31x31:

$$d_x = \sum_{i=1}^{31} \sum_{j=1}^{31} \left(M(i,j) - M_x(i,j)\right)^2$$

$$d_y = \sum_{i=1}^{31} \sum_{j=1}^{31} \left(M(i,j) - M_y(i,j)\right)^2$$

ᴵ Beispiel nach Abbildung 3 ist das Muster M dem Muster M_x in Knoten x
ᵃnlicher, d.h. $d_x < d_y$. Diese Teilklassifikation unterteilt den von einem Mu-
ᵉr aufgespannten 31x31 = 961 dimensionalen Raum in zwei durch eine Ebene
ᵗeilte Halbräume. In der Folge werden für die Klassifikation dieses zunächst
ᵘbekannten Musters nur noch die Nachfolger von Knoten x betrachtet. Ent-
rechend wird das unbekannte Muster in einem zweiten Schritt mit den in den
ᴺoten xx und xy abgespeicherten Mustern verglichen.

ᵃraus wird wieder eine Entscheidung gefällt, die im vorliegenden Beispiel zu
ᴺoten xy führt. Eine Verzweigung zu dem Endknoten xx würde bereits zu
ᵉner Entscheidung führen, im Beispiel zu einer Klassifikation als Objekt.
ᵘrch diese Methode müssen nicht alle im Baum enthaltenen Muster mit dem
ᵘ klassifizierenden Muster verglichen werden, statt dessen steigt der Aufwand
ᴵr logarithmisch mit der Knotenanzahl.

Die Erzeugung der Muster wird in Kapitel 5 erklärt

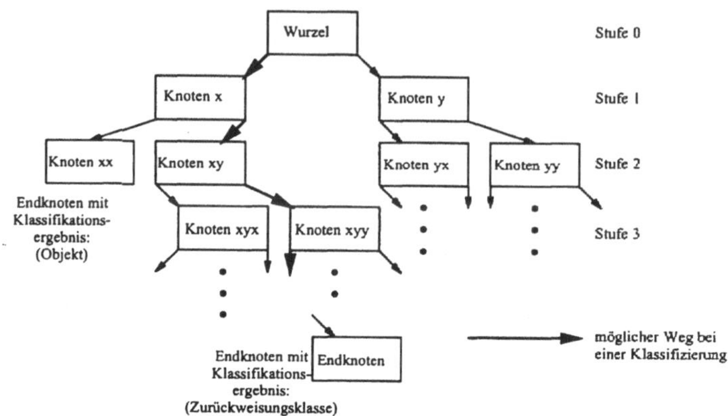

Abb. 3: Musterbaum zur Objektklassifikation

4 Generierung von Musterbäumen

Aus dem Algorithmus der musterbaumgestützten Klassifikation läßt sich direkt
ein Verfahren zur Erzeugung des Baumes angeben. Die N Mustern der Objektklasse M_i^O, i∈ 1,2,...N, werden gemittelt und das Ergebnis der Mittelung

$$\overline{M^O} = \frac{1}{N} \sum_i M_i^O$$

werde in Knoten x als Muster abgespeichert. Entsprechend werden die M Muster M_i^Z, i∈ 1,2,...M der Zurückweisungsklasse gemittelt und das Ergebnis
$\overline{M^Z}$ in Knoten y gespeichert. Bei einer testweisen Klassifikation der gesamten
Trainingsmenge wird festgestellt, daß in Knoten x neben Mustern der Objektklasse auch Muster der Zurückweisungsklasse fallen, entsprechend fallen in
Knoten y ebenfalls Muster beider Klassen. In einem zweiten Schritt werden
nun die Muster in den Knoten xx und xy gebildet; die Mittelwerte berechnen
sich allerdings nicht aus den Mittelwerten der gesamten Objekt- bzw. Zurückweisungsklasse, sondern nur aus denjenigen Mustern, die bei der testweisen
Klassifikation in Knoten x gefallen sind. In Knoten xx wird also der Mittelwert
aller Objektmuster gespeichert, die in Knoten x gefallen sind und in Knoten xy
der Mittelwert aller Zurückweisungsmuster, die in Knoten x gefallen sind. Das
Verfahren wird in allen Knoten rekursiv fortgesetzt, bis bei testweiser Klassifikation in jeden Endknoten nur noch Muster einer Klasse fallen. Dies ist im
Beispiel bei Knoten xx der Fall.

Mit dieser Methode generierte Musterbäume haben einen asymmetrischen
Aufbau. Bei der Erkennung mit asymmetrischen Musterbäumen werden Muster
der Zurückweisungsklasse in vielen Fällen schon nach wenigen Entscheidungen klassifiziert, was die Objekterkennung wesentlich beschleunigt.

5 Erzeugung der Trainingsmenge

Während die Methode der Musterbäume allgemein zur Klassifikation beliebiger Muster verwendbar ist, müssen die Muster selbst aufgabenspezifisch für jedes Objekt festgelegt werden. Die Muster sollen die bei der Erkennung möglichen Situationen mit genügend feiner Rasterung aller Variablen genügend fein abdecken also ohne 'Löcher' und Häufungspunkte; Variable sind vor allem die Beleuchtung, die relativen Freiheitsgrade des Objekts zur Kamera und der Hintergrund. Nach der Aufnahme der Trainingsbilder des Objektes muß in jedem dieser Bilder ein Muster als Objektmuster angegeben werden. Dazu wird mit einem Programm das Szenenbild vergrößert angezeigt und der Mittelpunkt des Musters manuell angegeben. Als Mittelpunkt muß ein beliebiger, aber bestimmter Objektpunkt ausgewählt werden. Im Falle des Glases aus Abbildung 2 ist dies beispielsweise der Übergang des oberen, weiteren Zylinders zum unteren, engeren Fuß des Glases. Dieser Punkt wird bei der Erkennung als 'Glas' erkannt und ist auch für die Objektlokalisierung maßgebend. Dieser Punkt sollte so gewählt werden, daß sich die Muster möglichst ähneln, wodurch die Klassifizierung einfacher wird. Beispielsweise sollte bei einem flachen und im Grundriß quadratischen Objekt der Mittelpunkt des Quadrats angegeben werden und nicht eine bestimmte der vier Ecken, die je nach Orientierung des Objekts am linken oder am rechten Rand des Objektes liegen kann. Da dieser Punkt nur auf ca. 1 Pixel genau festgelegt werden kann, werden neben diesem vom Anwender definierten Muster auch die 8 Muster als Objektmuster verwendet, die bei Verschiebung des Musters in den Orthogonalen und Diagonalen um 1 Pixel entstehen. Der Aufwand für die manuelle Festlegung des Objektes ist relativ gering; er beträgt bei Unterstützung durch ein Hilfsprogramm pro Bild ca. 10 Sekunden, wobei dem Anwender alle Bilder in vergrößerter Darstellung gezeigt werden und er nur mittels Fadenkreuz den gewünschten Objektpunkt markiert. Auf diese Weise können 900 Trainingsbeispiele (bei 100 Trainingsbildern) eines Objekts in wenigen Minuten erzeugt werden.

Neben den Objektmustern müssen auch die Zurückweisungsmuster vom Anwender festgelegt werden. Dazu werden Bilder von typischen Szenarien aufgenommen, allerdings ohne das Objekt bzw. mit abgedecktem Objekt. Jeder mögliche Ausschnitt der Größe 31x31 in diesen Bildern wird als Zurückweisungsmuster verwendet, der Anwender muß also nicht bestimmte Ausschnitte dieser Bilder als Zurückweisungsmuster manuell angeben. Auf diese Weise entstehen mit nur geringem Aufwand viele Zurückweisungsmuster; die Anzahl entspricht der Anzahl der Pixel eines Bildes, also ca. 10^5 pro Bild. Die Generierung von bis zu 10^8 Zurückweisungsmustern ist dadurch möglich, wobei der Speicheraufwand relativ gering ist, da nicht jedes Muster einzeln abgespeichert wird, sondern jedes Bild und die Zurückweisungsmuster sich innerhalb dieser Bilder überdecken.

Selbstverständlich sollte darauf geachtet werden, daß andere in der Szene vorhandene Objekte in den Zurückweisungsbildern enthalten sind; sollten bestimmte Objekte oder Einzelheiten in der Anwendung mit dem gesuchten Objekt verwechselt werden, empfiehlt es sich, mehrere Bilder dieses Objektes in die Zurückweisungsklasse aufzunehmen.

6 Reduktion des Rechenaufwandes

6.1 Reduktion der Auflösung

In der bisherigen Diskussion wurde angenommen, daß bei jedem Mustervergleich ein vollständiges Muster mit im Beispiel 31x31 Pixeln verwendet wird. Dies ist in den ersten Stufen des Baumes sicher nicht sinnvoll, da dort nur eine grobe Klassifikation stattfindet. Die maximal extrahierbare Information ist durch die lineare Trennfunktion beschränkt, die die Grenze zwischen der Objekt- und Zurückweisungsklasse nur unvollständig approximieren kann. Bei Verwendung einer geringeren Pixelanzahl wird die extrahierte Informationsmenge nicht geringer, da zum einen eine hohe Redundanz der Pixel vorhanden ist, zum anderen kann, anschaulich gesprochen, die erste Teilklassifikation nur eine ungefähre Charakterisierung des Musters angeben. Dementsprechend wird bei Reduktion der Musterauflösung Rechenzeit gespart, ohne die Qualität der Klassifikation zu beeinträchtigen. Statt jedes Pixel im Fenster zu verwenden, wird also nur jedes n. Pixel verwendet. In Abb. 4 wird beispielsweise nur jedes 3. Pixel (Auflösung a = 3) für die Klassifikation herangezogen; diese Pixel sind fett gezeichnet. Diese Reduktion der Auflösung wird in Abhängigkeit von der Baumtiefe entsprechend folgender Formel durchgeführt:

$$a = 18 - s \quad s \leq 17$$
$$a = 1 \quad s \geq 18$$

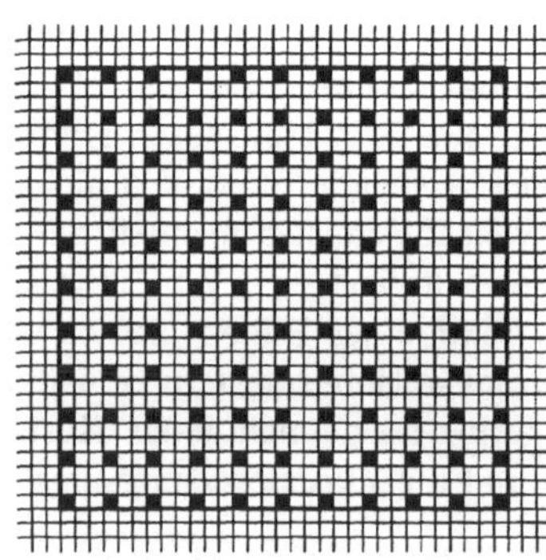

Abb. 4: Reduzierte Auflösung a= 3 im Analysefenster

Der Parameter s bedeutet die Baumstufe, der Parameter 18 wurde heuristisch ermittelt. Bei einer Fenstergröße von 31x31 wird also durch die starke Reduzierung der Auflösung in den ersten Klassifkationsstufen nur ein Muster mit einem Pixel verwendet und ab der Stufe 17 Muster mit einer Auflösung a = 1, entsprechend der Größe 31x31.

Kann also in den ersten Schichten des Baumes mit geringer Auflösung keine Entscheidung getroffen werden, wird diese automatisch solange erhöht, bis im Kontext der bisherigen Entscheidungen das Objekt klassifiziert werden kann.

6.2   Unterabtastung

Eine weitere Reduktion der Verarbeitungszeit ergibt sich, wenn das Analysefenster nach jeder Klassifikation nicht um ein Pixel verschoben wird, sondern um mehrere Pixel. In der vorliegenden Implementierung wird eine gestufte Unterabtastung durchgeführt. In den ersten Stufen (Stufe 0 bis 10) des Baumes wird das Fenster um jeweils drei Pixel weiter geschoben, so daß der Aufwand zunächst auf ein neuntel des ursprünglichen Aufwandes sinkt. Ähnlich wie bei der Reduktion der Musterauflösung wird bei tieferen Stufen auch die Unterabtastung zurückgenommen, an einer bestimmten Stufe werden auch die Nachbarn des betrachteten Pixels als Mittelpunkt eines eigenen Analysefensters verwendet. Damit kann grundsätzlich jedes Pixel im Bildfeld zum Mittelpunkt eines Analysefensters werden.

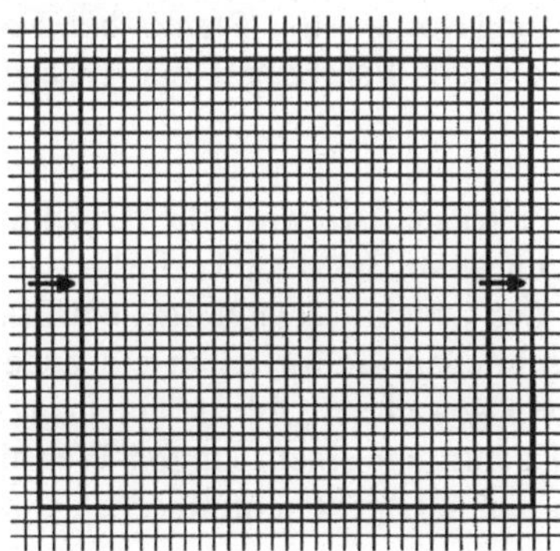

Abb.5: Zwei aufeinanderfolgende Analysefenster (31x31) bei Unterabtastung 3

Beide Methoden erlauben eine sehr dynamische Anpassung der beiden Größen; beispielsweise ist es möglich, daß zwischen zwei eng beieinander liegenden Objekten der gesuchten Klasse die Auflösung für nur wenige Analysefenster stark reduziert wird und bei den Objekten selbst sehr groß gewählt wird. Eine solch präzise Regelung der Auflösung ist bei konventionellen Methoden nicht möglich, die die Bildauflösung beispielsweise abhängig vom Objekttyp festlegen oder nach einer Voranalyse bei grober Auflösung einen i.A. rechteckigen Suchbereich (RoI) um den vermuteten Objektort legen und dort mit erhöhter, aber konstanter Auflösung arbeiten. Darüber hinaus muß eine Klassifikation nicht die volle Bildauflösung erreichen, sondern kann je nach Objekt- und Zurückweisungsklasse bereits bei geringerer Auflösung terminieren. Dadurch wird die nur zufällig durch die Kameratechnik vorgegebene Bildauflösung auf das für die Aufgabe notwendige Maß eingeschränkt.

Während also bei anderen Algorithmen normalerweise zusätzlicher Verwaltungsaufwand für Bilder bzw. RoI's notwendig ist, fügt sich die Steuerung von Auflösung und Unterabtastung problemlos in den Aufbau der Musterbäume ein und untermauert das grundsätzliche Prinzip dieser Strukturen, Information nicht nur zu beschaffen und auszuwerten, sondern die gewonnene Information sofort für die Steuerung der weiteren Informationsextraktion einzusetzen.

7 3D-Positionsbestimmung und Hypothesenfortschreibung

Da als Ergebnis der Objekterkennung zunächst nur die 2D-Position der Objekte im Bild anfällt, für die Greifaufgabe aber die 3D-Position in Fahrzeugkoordinaten notwendig ist, wird diese durch zusätzliches Wissen rekonstruiert. Im vorliegenden Fall sind die Höhe der Objekte im Fahrzeugkoordinatensystem bekannt, im Beispiel der Gläser, Flaschen und Dosen durch die bekannte Tischhöhe. Mittels Triangulation kann aus der Erkennung und dieser Vorinformation die Objektposition direkt in Fahrzeugkoordinaten bestimmt werden. Neben der Triangulationsmethode bei teilweise bekannten Objektkoordinaten kommt auch das Bewegungsverfahren ("Stereo bei Motion") zum Einsatz, basierend auf der Fähigkeit des Fahrzeuges zur genauen Selbstlokalisierung [7].

Um Fehl-Erkennungen festzustellen, wird die Objektposition während der Annäherung des Fahrzeuges an das Objekt fortgeschrieben und erst nach mehrmaliger Erkennung des Objekts akzeptiert; Fehl-Erkennungen lassen sich damit fast gänzlich ausschließen. Selbst wenn ein anderes Objekt oder eine zufällige Schattierung dem gesuchten Objekt ähneln, wird dies nur bei einer bestimmten Ansicht und damit auf einem kurzen Wegstück des Roboters der Fall sein, während das gesuchte Objekt kontinuierlich erkannt wird.

Neben dem Verifizieren einer Objekterkennung dient die Hypothesenfortschreibung auch der Filterung der Objektposition [8], die hier durch ein Extended Kalmanfilter unter Verwendung des bekannten, vom Fahrzeug während der Annäherung zurückgelegten Differenzweges realisiert wird und eine Genauigkeit von ca. ± 10mm bei einem Objektabstand von ca. 1m ermöglicht (Triangulationsmethode, Fahrzeuggeschwindigkeit ca. 10cm/s). Die Genauigkeit der Objekterkennung muß gewährleisten, daß die beiden Finger des Greifers kollisionsfrei am Objekt vorbeibewegt werden, bevor sich der Greifer schließt; andernfalls würde das Objekt von den Fingern weggeschoben. Bei einer Greiföffnung von 90mm und einer Ungenauigkeit der Greiferposition von ca. ± 5mm können also Objekte bis 60mm gegriffen werden.

8 Experimentelle Validierung

Experimente mit dem Fahrzeug ROMAN demonstrieren die einfache Anwendbarkeit des Verfahrens. Zusätzliche Objekte können in kurzer Zeit gelernt werden, wobei ihre Datensätze als Dateien abgespeichert werden. Das Programm zur Erkennung kann mehrere Datensätze handhaben und damit auch unterschiedliche Objekte erkennen. Der Auftrag dazu wird von der übergeordneten Fahrzeugplanung erteilt, die ihrerseits die Aktorik des Fahrzeuges kommandiert. Damit erhält ROMAN die notwendige Flexibilität, um auch komplexere Aufträge wie etwa das Abräumen eines Eßtisches durchführen zu können.

Die Zeit für eine Erkennung beträgt ca. 70ms für ein Bild der Auflösung 384x288 (ca. 70° Blickwinkel) auf einer Sparc 7 (1,96 SpecInt 95). Die Zeit für eine Erkennung hängt jedoch auch von der Art der Umgebung ab, da unterschiedliche Muster von unterschiedlichen Endknoten und damit in verschiedenen Baumschichten klassifiziert werden und dadurch unterschiedlichen Rechenaufwand benötigen.

Die Komplexität der Musterbäume wird schließlich auch vom Objekttyp beeinflußt, wobei kontrastreiche Objekte wie die 'Flasche' sehr viel leichter zu extrahieren sind als beispielsweise das durchsichtige 'Glas'. In folgender Tabelle sind wesentliche Kenngrößen entsprechender Musterbäume zusammengestellt:

	'Glas'	'Flasche'	'Dose'
Anzahl Knoten	2596	746	679
Anzahl Baumschichten	18	14	13
Trainingsmuster	216	110	147
Bilder f. Zurückweisungsklasse	65	65	65
Anzahl Parameter im Datensatz(ca.)	215.212	79.260	112.798
Trainingszeit (h:min)	2:43	0:45	0:55

Tabelle 1: Größe der Musterbäume und Trainingszeiten
für verschiedene Objekte

Nach erfolgreicher Objektsuche wird das Objekt zur Reduzierung des Rechenaufwandes nur in einer RoI verfolgt, wobei ein Suchbereich von +/- 25 Pixel relativ zur Position im vorausgehenden Bild ausreichend ist. Diese Verarbeitung benötigt dann ca. 4ms; entsprechend kann im Bildtakt der Kamera (40ms) gearbeitet werden. Da sich das Fahrzeug in der Annäherungsphase nur langsam bewegt, reicht für die Kommunikation mit der Fahrzeugplanung eine Schnittstellenrate von 5Hz aus.

9 Zusammenfassung

Ein wesentlicher Vorteil des beschriebenen Algorithmus zur Erkennung kleiner Objekte ist die Integration folgender Aspekte:

1. Schnelle und einfache, graphische Angabe der Muster, weitgehend ohne Expertenwissen.
2. Automatische Auswahl bzw. Generierung eines repräsentativen Musters für jeden Knoten.
3. Die Anzahl der Parameter bzw. die Tiefe des Baumes stellt sich von selbst auf die Komplexiät des Problems ein und benötigt nicht eine heuristische Festlegung wie bei Neuronalen Netzen.
4. Schnelle Generierung des Baumes in ca. 1 Stunde bei Trainingsmengen von bis zu 10^7 Mustern.
5. Sofortige Verwendung extrahierter Information, um den weiteren Verlauf der Klassifikation zu beeinflussen; in der Folge wird jeweils nur ein kleiner Teil des gesamten Baumes für eine Klassifikation betrachtet.
6. Quasi-kontinuierliche Anpassung von Auflösung und Unterabtastung an den Verlauf der Klassifikation; beide Größen werden so angepaßt, daß nur die benötigte Information zur Verfügung steht.
7. Aufgabenorientierte Bildauflösung unabhängig von der durch die Kamera vorgegebenen Bildauflösung.
8. Objekterkennung in Videoechtzeit möglich.

Dem steht insbesondere der Nachteil mangelnder Generalisierungsfähigkeit gegenüber, d.h. Objekte werden nur in Situationen erkannt, die auch beim Training vorhanden waren. Dies bezieht sich vor allem auf die relative Lage zwischen Objekt und Kamera, während das Verfahren gegen unterschiedliche Beleuchtungsverhältnisse relativ robust ist.

10 Ausblick

Während bislang ausschließlich das binäre Klassifizierungsergebnis Objektklasse/Zurückweisungsklasse betrachtet wurde, kann zusätzlich auch die Information verwendet werden, von welchem Endknoten ein Objektmuster als solches klassifiziert worden ist. In der Trainingsphase können für jeden Objekt-Endknoten die Umstände bestimmt werden, zu denen das Objekt von diesem Knoten klassifiziert wird. Umgekehrt kann zum Zeitpunkt der Erkennung auf diese Umstände zurückgeschlossen werden; dies sind beispielsweise die Orientierung des Objekts und seine Entfernung zur Kamera. Das ermöglicht die Interpretation der Objektansicht und damit beispielsweise die Bestimmung der Objektorientierung.

Danksagung

Die Durchführung dieser Arbeit wird von der Deutschen Forschungsgemeinschaft im Rahmen des Sonderforschungsbereiches 331 „Informationsverarbeitung in autonomen mobilen Handhabungssystemen" gefördert.

Literatur

1. W. Daxwanger, E. Ettelt, et al., "ROMAN: Ein mobiler Serviceroboter als persönlicher Assistent in belebten Innenräumen", in *Tagungsband zum 12. Fachgespräch Autonome Mobile Systeme* 14-15 Oktober (G. Schmidt und F. Freyberger Hrsg.), München, Germany: Springer-Verlag, 1996
2. A. Pinz, "Bildverstehen", Wien, New York: Springer-Verlag 1994.
3. S. Lanser und C. Zierl, "MORAL: Ein System zur videobasierten Objekterkennung im Kontext autonomer, mobiler Systeme", in *Tagungsband zum 12. Fachgespräch Autonome Mobile Systeme* 14-15 Oktober (G. Schmidt und F. Freyberger Hrsg.), München, Germany: Springer-Verlag, 1996.
4. H.K. Ramapriyan, "A multilevel approach to sequential detection of pictorial features", *IEEE Trans. Comput.*, vol. 25, no. 1, pp. 66-78, Jan.1976.
5. R.L. Brown, "Accelerated Template Matching Using Template Trees Grown by Condensation", in *IEEE Trans. Syst., Man Cyber.*, vol. 25, no. 3, March 1995.
6. C. Fischer, M. Buss und G. Schmidt, "Hierarchical supervisory control of service robot using human-robot-interface", in *Proceedings of the International Conference on Intelligent Robots and Systems (IROS)*, Osaka, Japan, November, 1996.
7. U.D. Hanebeck und G. Schmidt, "Set-theoretic Localization of Fast Mobile Robots Using an Angle Measurement Technique", in *Proceedings of the 1996 IEEE International Conference on Robotics and Automation*, Minneapolis, Minnesota, vol. 2, pp. 1387-1394, 1996.
8. E. Ettelt und G. Schmidt, "Vision Based Guidance and Control of a Mobile Forklift Robot", in *Proceedings of International Conference on Recent Advances in Mechatronics, ICRAM'95*, August 14-16, Istanbul, Turkey, pp. 180-186, 1995.

VISMOB: Aufbau und Nutzung selbstorganisierender, bildbasierter Umweltrepräsentationen für mobile Roboter

G. v. Wichert

Technische Universität Darmstadt, Fachgebiet Regelsystemtheorie & Robotik,
Landgraf-Georg-Str. 4, D-64283 Darmstadt

1   Einleitung

Anwendungsfelder der in den letzten Jahren entwickelten Technologien für den Betrieb mobiler Roboter werden im Dienstleistungsbereich liegen. Gerade diese Anwendungen erfordern im hohen Maße eine weitestgehende Autonomie solcher Systeme insbesondere, wenn sie in hohen Stückzahlen eingesetzt werden sollen. Eine detaillierte Apriori-Modellierung der Einsatzumgebungen kommt dann aus Aufwandsgründen nicht in Frage, da sie mit hohen Kosten verbunden ist. Dies gilt jedoch nicht nur für die Struktur der Umgebung (Karte), sondern auch für die Auswahl geeigneter Umweltmerkmale, welche als „Landmarken" für den Kartenaufbau benötigt werden. Die Eignung bestimmter Muster in den Sensordaten für diesen Zweck hängt in großem Maße von der jeweiligen Umgebung ab. Die in vielen Systemen die Basis der Bildauswertung bildende Kanteninformation kann in wenig strukturierten Umwelten, wie sie gerade Privatwohnungen häufig darstellen, untauglich sein.

Aus den oben genannten Gründen sollten *zukünftige* Serviceroboter Lernfähigkeit nicht nur hinsichtlich der Struktur der Umwelt, sondern auch hinsichtlich der Anpassung ihrer Informationsverarbeitung an die sensorischen Charakteristika der jeweiligen, konkreten Einsatzumgebung aufweisen.

Abb. 1. Der mobile Roboter ALEF als Bestandteil des VISMOB-Systems.

Der Beitrag beschreibt ein mobiles Robotersystem (VISMOB), welches – basierend auf einem selbstorganisierenden Bildanalyseverfahren, das unüberwacht lernend geeignete Szenenmerkmale bestimmt [1] – autonom in einer apriori unbekannten Umwelt navigiert. Dazu wird unter Verwendung der dem System zur Verfügung stehenden Sensordaten eine topologische Karte der Umgebung in der Form eines Graphen aufgebaut (s. Abschnitt 2). Dieser Graph repräsentiert die *interne* Umweltsicht des Roboters.

Wie diese genutzt werden kann, diskutiert Abschnitt 3. Der Abschnitt 3.1 zeigt, daß der Roboter sich anhand der in der Karte gespeicherten Information robust in seiner Umwelt zurechtfindet. Um mit dem System bequem kommunizieren zu können, ist diese Art der Repräsentation jedoch nur begrenzt geeignet, da das System die Begrifflichkeiten des Bedieners nichts kennt und dieser mit den internen Kategorien des Roboters nichts anfangen kann. Abschnitt 3.2 beschreibt unseren Ansatz die internen Begriffe des Systems unter Verwendung lediglich sehr grober Benutzervorgaben automatisiert auf die Sichtweise des Menschen abzubilden.

2 Aufbau selbstorganisierender Umweltrepräsentationen

Im folgenden wird zunächst der selbstorganisierende Prozeß zur Extraktion geeigneter Szenenmerkmale kurz vorgestellt[1]. Er adaptiert die Wahrnehmung des Systems auf einer frühen Stufe an die jeweilige Einsatzumgebung. Danach wird diskutiert, wie die extrahierten Merkmale für eine Ortsrepräsentation genutzt werden können und gezeigt, wie das System damit sukzessive seine Karte aufbaut.

2.1 Selbstorganisierende Bildanalyse

Ziel jeder Bildanalyse ist es, eine Vergleichsmöglichkeit für Bilder zu schaffen, die es ermöglicht die Ähnlichkeit aufgenommener Szenen zu beurteilen. Damit wäre das Navigationsmodul des Systems in der Lage die jeweils gegebene Situation mit in geeigneter Form in der Karte gepeicherter Information zu vergleichen und so den Aufenthaltsort des Roboters zu bestimmen.

Hier soll einem Bild $s(x,y)$ ein Szenenmerkmalsvektor $\mathbf{x}(s(x,y)) \in \mathcal{X}$ zugeordnet werden, sodaß im Bildmerkmalsraum $\mathcal{X}$ berechnete Abstände ein Ähnlichkeitsmaß für betrachtete Szenen definieren. Der Bildmerkmalsvektor $\mathbf{x}$ wird dazu im wesentlichen in drei Schritten ermittelt (siehe Bild 2):

1. In einem ersten Schritt werden im Bild lokale Pixelmerkmale berechnet. Dies können bei Grauwertbildern lokale Texturmerkmale sein, bei Verfügbarkeit von Farbbildern können hier auch aus den Farbwerten abgeleitete Merkmale Verwendung finden.

---

[1] Details finden sich unter anderem in [1].

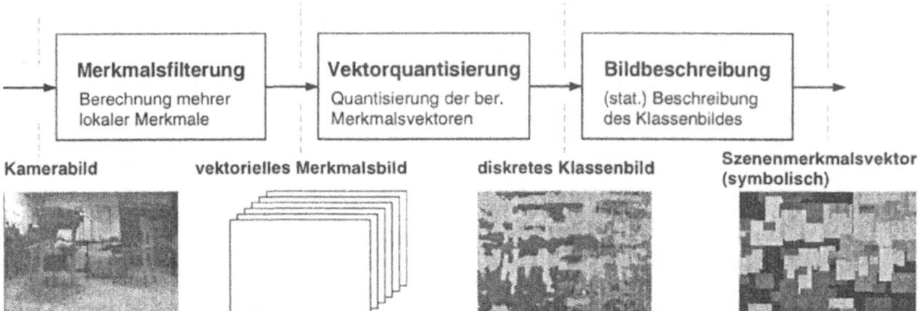

Abb. 2. Struktur der lernenden Szenenmerkmalsextraktion.

2. Basierend auf diesen Merkmalen wird das Bild (durch eine unüberwacht lernende Klassifikation der Pixelmerkmale mit Kohonennetzen [2]) segmentiert. Hierbei werden lokal ähnliche Bereiche zu Segmenten zusammengefaßt.

3. Die entstehende Partitionierung des Bildes ist aufgrund der Lokalität der verwendeten Merkmale robust gegenüber leichten Verschiebungen der Kamera- und damit der Roboterposition. Sie kann als charakteristisch für die vorliegende Szene angesehen werden. Deshalb werden geeignete Merkmale der Verteilung der Segmente[2] als Bildmerkmale interpretiert und im Szenenmerkmalsvektor $\mathbf{x}(s(x, y))$ zusammengefaßt.

Detailierte Angaben zu diesem Problemkreis finden sich in [1, 3]. Hier soll nur festgehalten werden, daß die frühe Bildverarbeitung des Systems in einen unüberwacht lernenden Prozeß selbständig an die Gegebenheiten der Umgebung angepaßt wird. Die Bilder werden dabei nicht im klassischen Sinne interpretiert. Das System selbst wählt die Merkmale aus, sie sind für den Bediener daher nicht transparent. Dennoch können sie vom System zur Charakterisierung der Orte in seiner Umgebung verwandt werden.

2.2 Konstruktion einer Graphenkarte

Die Karte mit deren Hilfe sich der Roboter in der Umgebung orientiert, muß alle für die Navigation benötigten Informationen enthalten. Dies umfaßt sowohl die Repräsentation von Orten und Pfaden als auch eventuell zusätzliche zur Aufgabenbewältigung erforderliche Daten. Die meisten existierenden Systeme verwenden entweder Gitter- ([4, 5]) oder Graphenkarten ([6, 7, 8]). Gitterkarten eignen sich gut, wenn eindimensionale Distanzsensoren (LIDAR, Ultraschallsensorringe) zur Situationserkennung verwendet werden, da die zu speichernde Datenmenge dabei selbst für größere Umgebungen mit heutigen Rechnern handhabbar bleibt. Eine Graphenkarte in der Orte als Knoten und erprobte Pfade zwischen den Orten als Kanten repräsentiert werden, scheint im hier vorliegenden Zusammenhang der Verwendung von Bilddaten jedoch angebrachter.

---

[2] Beispielsweise die geometrischen Flächenmomente aller Segmente einer Klasse.

Wahl der Ortsrepräsentation Um Orte in der Umwelt des Systems zu charakterisieren, wird hier eine *omnidirektionale Ortsrepräsentation* benutzt. Diese wird erzeugt, indem an jedem Knoten n eine feste Anzahl N_k von Bildern $s_n^k(x, y)$ – äquidistant in alle Richtungen – aufgenommen und die zugehörigen Szenenmerkmalsvektoren berechnet und gespeichert werden.

Der wesentliche Vorteil dieser omnidirektionalen Ansichten erwächst daraus, daß trivialerweise bekannt ist, daß alle Bilder vom selben Ort aus aufgenommen wurden, eine Information die das System sich sonst erst anhand eigener Experimente erarbeiten müßte. Dadurch wird der Prozeß des Erlernens der Karte wesentlich vereinfacht und damit beschleunigt.

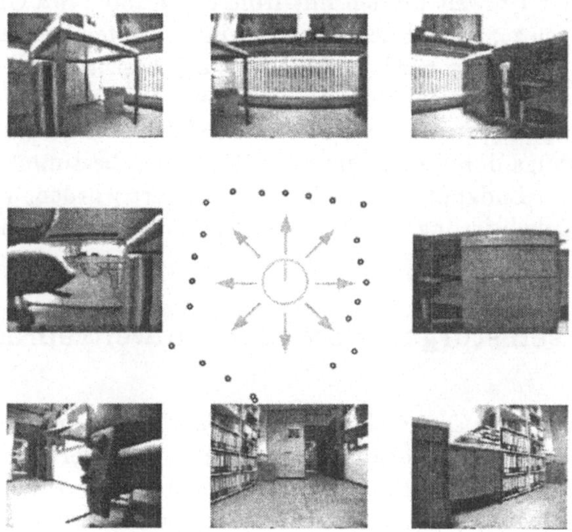

Abb. 3. Sensordaten (Szenenmerkmale, Ultraschall, Koppelposition), die für die Ortsrepräsentation verwendet werden.

Zusammen mit den Szenenmerkmalsvektoren werden zusätzlich Daten aller anderen Sensoren (Ultraschall, Koppelnavigation) in der Karte festgehalten. Bild 3 zeigt dies an einem Beispiel aus einer unpräparierten Büroumgebung. Im Kontext dieses Beitrags sind jedoch nur die an den Knoten $n \in [1, N_n]$ (N_n :Anzahl der Knoten in der Karte) gespeicherten Koppelnavigationsposition $\mathbf{p}_n$ sowie die N_k Szenenmerkmalsvektoren $\mathbf{x}_n^k(s_n^k(x, y))$ von Bedeutung.

Automatischer Kartenaufbau Die Frage, welche Orte im Arbeitsraum als Knoten in der Karte repräsentiert werden sollen, kann auf vielerlei Weise beantwortet werden. Es lassen sich folgende Kriterien dazu angeben:

1. Knoten sollten einigermaßen gleichmäßig im Arbeitsraum verteilt sein. Dies führt letztlich auf ein Abstandskriterium, das eine Maximaldistanz zwischen Knoten festlegt.

2. Knoten sollten dort dichter liegen, wo sich die Sensorinformation (d.h. die Bilder) stark ändert. Ein geeignetes Kriterium läßt sich aus einer lernenden Quantisierung der Szenenmerkmalsvektoren (siehe dazu[3]) gewinnen.

3. Knoten sollten auch dann angelegt werden, wenn das System sich im Laufe seiner Navigation nicht sicher lokalisieren kann, da dann offensichtlich Bereiche des Arbeitsraumes sensorisch nicht ausreichend erfaßt wurden, sich verändert haben oder der Roboter den bisher kartierten Bereich des Arbeitsraumes verlassen hat.

Die möglichen Pfade zwischen den einzelnen Knoten und damit die topologische Struktur der Umwelt werden mit Hilfe der Kanten des Graphen kodiert. Diese werden angelegt, sobald der Roboter einen Knotenübergang (die Selbstlokalisierung des Roboters wird in Abschnitt 3.1 beschrieben) detektiert. Die relative Lageänderung des Roboters zwischen zwei Knoten wird dabei mit Hilfe der Koppelnavigation bestimmt, wobei die ungefähren Ausgangs- und Endpositionen des Übergangs durch Mittelung der Positionen bestimmt werden, die als zu dem Start- bzw. Endknoten zugehörig klassifiziert wurden. Wichtig ist hier, nur bei sicherer Lokalisierung in Start- und Endknoten eine Kante anzulegen.

3 Nutzung selbstorganisierender Umweltrepräsentationen

Nachdem alle benötigten Daten akquiriert sind und eine Karte aufgebaut wurde, kann diese nun für die Selbstlokalisierung des Roboters verwendet werden. Ziel der Selbstlokalisierung ist die Bestimmung der Roboterposition bezüglich der Karte anhand der Daten externer Sensoren. Dies ist erforderlich, da die Messung der Roboterposition auf der Basis der Koppelnavigation (interne Sensorik) stark driftbehaftet ist.

Idealerweise wäre der Roboter in der Lage seine Position anhand der aktuellen Sensordaten und der in der Karte gespeicherten Informationen exakt zu bestimmen. Dies ist in der Realität allerdings extrem schwierig, da es in den Sensordaten immer Mehrdeutigkeiten geben wird. Insbesondere mit den üblicherweise benutzten, eindimensionale Entfernungsprofile liefernden Distanzsensoren (Laserscanner, Ultraschallsensorringe) sehen viele Orte in der Umgebung gleich aus. Für den Kartenaufbau ist es jedoch von großer Bedeutung möglichst viele verschiedene Orte unterscheiden zu können. Daher ist es interessant zu untersuchen, inwieweit die Bildverarbeitung zur Lösung dieses Problems beitragen kann.

Die Abbildung 4 zeigt eine Karte, welche auf unserer Büroetage aufgenommen wurde (links), sowie ein Beispielfahrt [3] (rechts). Für die Auswahl der Knotenpositionen wurde hier ein Abstandskriterium herangezogen,

---

[3] Beide wurden in getrennten Läufen aufgenommen, die Übereinstimmung des Koppelfehlers ist rein zufällig.

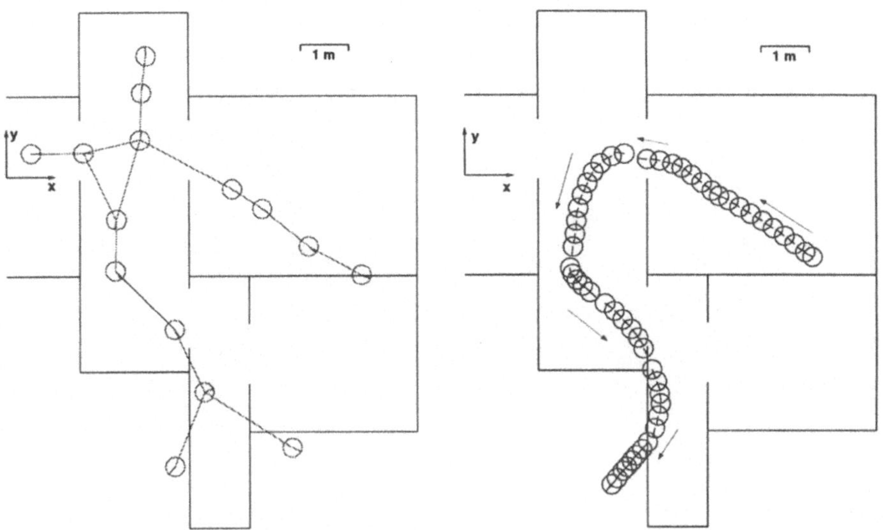

Abb. 4. Daten aus realen Experimenten. Links: Orte, die in der Karte repräsentiert sind. Die Kind an den durch die Koppelnavigation bestimmten Positionen eingezeichnet. Aufgrund von Koppelnavigationsfehlern liegen einige Knoten außerhalb der realen Räume. Rechts: Beispielfahrt durch die Umgebung (Koppelnavigation).

3.1 Selbstlokalisierung

Ideal wäre nun, wenn der Roboter in jedem Zeitschritt in der Lage wäre, lediglich anhand des aktuell aufgenommenen Videobildes, den der wahren Roboterposition nächstgelegenen Knoten der Karte auszuwählen. Diese Lokalisierung „auf den ersten Blick" wäre optimal.

Die linke Seite der Abbildung 5 zeigt das Resultat einer solchen Ein-Schritt-Lokalisierung. Es wurde in jedem Schritt der am besten zum aktuellen Bild passende Szenenmerkmalsvektor aus der Karte ausgewählt und eine graue Linie von der aktuellen Roboterposition zu dem entsprechenden Knoten gezogen. Zusätzlich sind zum Vergleich die jeweiligen Aufnahmerichtungen des besten Bildes aus der Karte ebenfalls in Grau an der jeweils aktuellen Roboterposition eingetragen.

Drei Punkte sind beachtenswert:

1. Unter Berücksichtigung lediglich eines Bildes ist eine brauchbare Lokalisierung bereits in etwa 75% der Fälle möglich.
2. In den Fällen, in welchen das aktuelle Bild korrekt[4] zugeordnet wurde, stimmt vor allem die aus der Karte geschätzte Roboterorientierung. Dies ist wesentlich, da die Koppelnavigation in der Hauptsache durch Orientierungsfehler gestört wird. Wie erwartet, ist die Bildinformation sehr orientierungsselektiv und daher für eine Koppelnavigationskorrektur gut geeignet.

---

[4] Korrekt im Rahmen der räumlichen Auflösung der Karte.

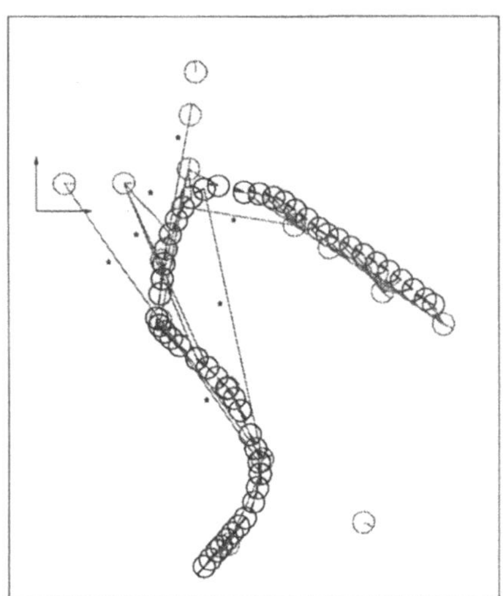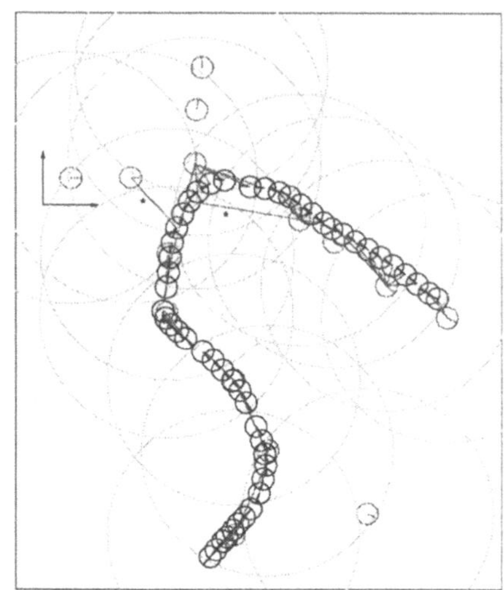

Abb. 5. Lokalisierung auf der ersten Blick. Ein-Schritt-Lokalisierung ohne Nebenbedingungen (links) und mit einer Entfernungsschwelle von $r = 2,5m$ während der Suche (rechts). Fehlerhafte Lokalisierungen sind mit einem '*' markiert.

3. Zu dieser Ein-Schritt-Lokalisierung ohne einschränkende Nebenbedingungen wurde *ausschließlich* Bildinformation herangezogen. Der Roboter führt in jedem Schritt eine komplette Relokalisierung durch. Dies zeigt, daß die Bildinformation auch nach der lernenden Vorverarbeitung – vor allem im Vergleich mit einfachen Entfernungsmessungen – sehr reichhaltig ist.

Die Anzahl der Lokalisierungsfehler läßt sich reduzieren, indem man der Tatsache Rechnung trägt, daß mit der Koppelnavigation zumindest lokal eine Bestimmung der Positionsänderung möglich ist. Daher kann man Knoten, welche weiter als eine festzulegende Schwelle r von der aktuell geschätzten Position entfernt liegen, von der Suche nach dem ähnlichsten Bild ausschließen. Das Ergebnis für eine Schwelle von $r = 2,5m$ gibt die Abbildung 5 (rechts) wieder.

Um auch hier die verbleibenden Fehler zu beseitigen, wird im folgenden ein einfacher, aber effektiver Abstimmungsmechanismus verwendet, welcher zusätzlich zum aktuellen vergangene Bilder für die Entscheidungsfindung heranzieht.

Betrachtet man sich die Abbildung 5 genau, so lassen sich nur wenige und einzelne Fehllokalisierungen identifizieren. Es erscheint daher sinnvoll, auch Bilder aus der Vergangenheit zu betrachten und eine Mehrheitsentscheidung zu treffen. Verwendet man die $N = 6$ letzten Bilder, so stellt sich das in der Abbildung 6 dargestellte Ergebnis ein.

Naturgemäß verzögert sich die Entscheidung von einem Knoten zum nächsten übergegangen zu sein, da diese erst durch mehrere Messungen bestätigt werden muß. Jedoch läßt sich in Kombination mit einer Entfernungsschwelle bei der Suche bereits bei kleinerem $N = 3$ eine korrekte Selbstlokalisierung erreichen.

Während auf diese Weise nur passiv Bilder akquiriert wurden, welche der

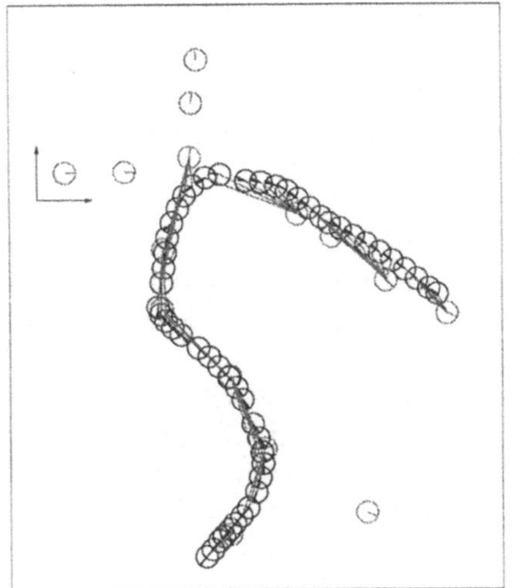 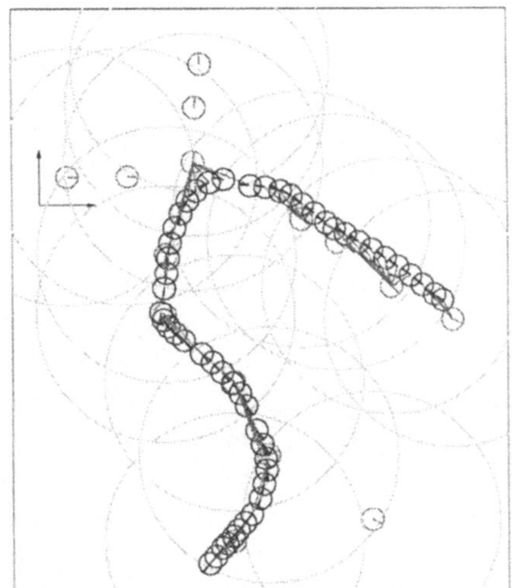

Abb. 6. Lokalisierung durch Mehrheitsentscheid. Sechs-Schritt-Lokalisierung ohne Entfernungsschwelle (links). Drei-Schritt-Lokalisierung mit einer Entfernungsschwelle von $r = 2.5m$ (rechts).

Roboter auf seiner Fahrt durch die Umwelt aufgenommen hat, bietet gerade die hier benutzte omnidirektionale Ortsrepräsentation die Möglichkeit aufgestellte Positionierungshyposthesen aktiv zu überprüfen, da sie verschiedene Aussichten vom selben Ort aus gesehen beinhaltet. Menschen sehen sich um, wenn sie sich verlaufen. Ebenso kann der Roboter wenn er keine sichere Aussage über seine Position in der Karte machen kann aktiv die Bildaufnahme beeinflussen. Der Abstimmungsmechanismus bietet die Möglichkeit die Sicherheit der Entscheidungen anhand der „Mehrheitsverhältnisse" zu quantifizieren. Unterschreitet das Abstimmungsergebnis des Gewinnerknotens eine Schwelle, so wird der Roboter seine Kamera drehen, um zusätzliche Bilder aufzunehmen, welche dann mit in die Abstimmung mit einbezogen werden können. Das grundsätzliche Navigationsverfahren braucht nicht modifiziert zu werden, um aktive Lokalisierungsstrategien zu implementieren.

3.2 Interne und externe Weltsicht

Die mit dem vorgestellten Verfahren gewonnene Graphenrepräsentation der Umwelt formt die *interne Weltsicht des Systems* und ist für die Kommunikation mit dem System nur begrenzt geeignet, da sie für den Bediener nicht transparent ist.

Das unüberwachte Erlernen einer Repräsentation, welche sich mit den Begrifflichkeiten des menschlichen Bedieners deckt, erscheint nicht realistisch. Daher ist es erforderlich dem System diese in einem überwachten Prozeß auf einer oberen Ebene beizubringen. Ein einfaches Zuweisen von Knotenbezeichnungen befriedigt nicht. Das hier verfolgte Konzept sieht dazu die Definition eines applikationsabhängigen Repräsentationsbaukastens vor. Für eine Innenraumanwendung könnte dieser, wie in der Abbildung 7 dargestellt, aussehen. Grob vordefinierte Umweltstrukturen, hier verschiedene Arten von Räumen, enthalten jeweils Teile der von System selbst zu erstellenden Graphenkarte. Hier ergibt sich die Möglichkeit den einzelnen Räumen spezielle Eigenschaften oder Erkennungsprozeduren zuzuordnen.

Vordefinierte Strukturbedingungen – hier: es müssen Knoten in den Türen liegen – stellen eine Korrespondenz zwischen Graphenkarte und der aus den Baukastenelementen bestehenden Karte auf der oberen Ebene sicher. Mit Hilfe eines überwacht zu trainierenden Klassifikators sind diese „Schnittstellensituationen" anhand der Sensordaten zu erkennen.

Auf diese Art und Weise wird zum einen eine automatisierte Übersetzung der internen Repräsentation des Roboters in die Weltsicht des Bedieners erreicht, ohne daß mehr als sehr grobe Vorgaben bezüglich der Umwelt gemacht werden müssen. Zum anderen wird eine Brücke zwischen der subsymbolischen Ebene der kontinuierlichen Bildmerkmale und einer objektbezogenen Darstellung geschlagen, welche eine Kommunikation mit dem System erleichtert.

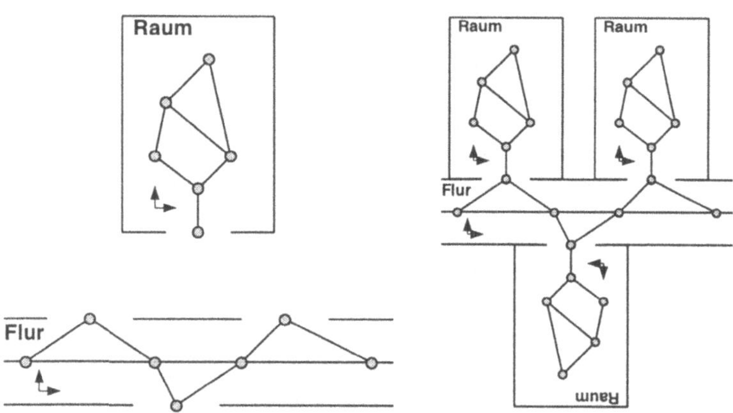

Abb. 7. Der Repräsentationsbaukasten enthält applikationsspezifisch definierte Umweltstrukturschablonen, aus welchen eine transparente Umweltrepräsentation vom System selbstständig aufgebaut wird. Zwangsbedingungen (Knoten in den Türen) garantieren die Korrespondenz zwischen den verschiedenen Repräsentationsebenen.

3.3   Die VISMOB-Architektur

Abschließend stellt sich die Frage nach einer geeigneten Systemarchitektur, die die oben beschriebenen Methoden in geeigneter Weise integriert.

Abbildung 8 zeigt die entwickelte Struktur. Das System stützt sich auf die von der mobilen Roboterbasis ALEF (siehe Abb. 1) angebotenen sensorischen und aktorischen Fähigkeiten. Dabei sind auf dieser untersten Ebene elementare Fähigkeiten, wie die Koppelnavigation und die ultraschallbasierte Kollisionsvermeidung fest implementiert.

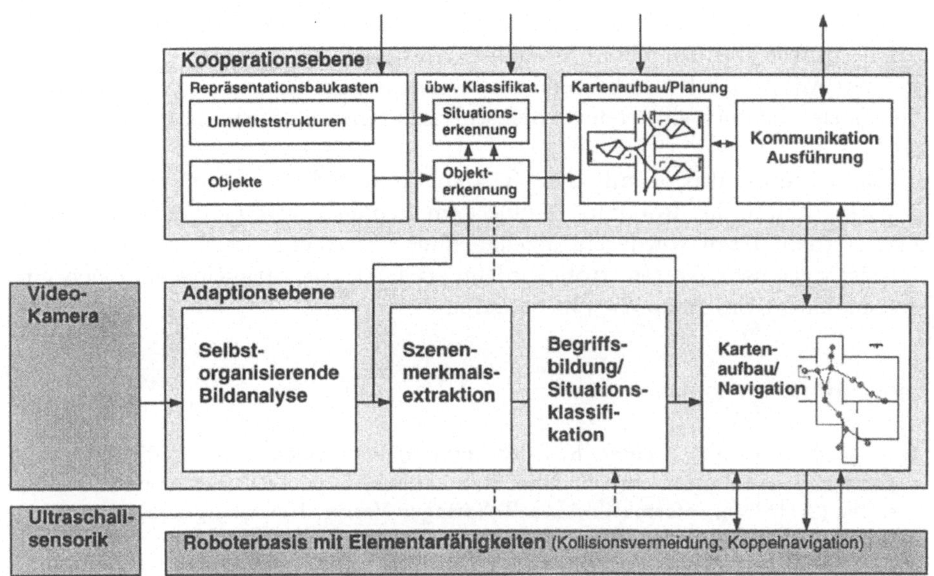

Abb. 8. Die VISMOB-Architektur.

Darauf steht zunächst die Adaptionsebene, welche die im Abschnitt 2 beschriebenen Methoden zur Adaption des Systems an die jeweilige Einsatzumgebung in sich vereint. Hier findet sich sowohl die selbstorganisierende Bildanalyse, die für die Low-Level-Adaption an die sensorischen Charakteristika der Umwelt verantwortlich ist, als auch die Module zum automatischen Kartenaufbau, welche die topologische Struktur der Umwelt erlernen und in Form der Graphenkarte speichern.

Auf dieser Ebene wird etwa der Kompetenzgrad erreicht, welchen die Systeme von Kurz[7] und anderen aufweisen. Um jedoch mit dem Roboter anhand der Begrifflichkeiten des Bedieners kommunizieren zu können, ist zusätzlich die Kooperationsebene vorgesehen, die – mit dem in Abschnitt 3.2 vorgestellten Repräsentationsbaukasten und den nötigen überwachten Klassifikatoren zur Erkennung modellierter Umweltstrukturen und Objekte ausgerüstet – für den Aufbau einer stärker abstrahierenden Repräsentation zuständig ist.

4 Zusammenfassung

Es wurde ein mobiles Robotersystem, welches autonom in einer apriori unbekannten Umwelt navigiert, diskutiert. Es stützt sich dabei auf ein Umweltmodell, das mit Hilfe von Szenenmerkmalen, die durch ein selbstorganisierendes Bildanalyseverfahren aus den Sensordaten extrahiert werden, aufgebaut wird.

Dabei ist der gesamte Prozeß der Sensordatenauswertung vollständig unüberwacht. Es werden keinerlei einschränkende Anforderungen an die Struktur der

Umgebung beziehungsweise die interne Struktur der verwendeten Bilder gestellt. Ebenso wurde die Umgebung in keiner Weise für den Roboter präpariert und (auf der Adaptionsebene) keine Modelle vorgegeben. Es wurde gezeigt, daß auf diese Weise dennoch eine robuste Selbstlokalisierung des Systems erreicht werden kann.

Zur Kommunikation mit dem System müssen die resultierenden *internen Begrifflichkeiten* des Roboters in eine dem Bediener verständliche Form übersetzt werden. Dazu wurde ein Mechanismus vorgestellt, welcher aus in einem Repräsentationsbaukasten grob vordefinierten Umweltstrukturschablonen eine transparente Umweltrepräsentation aufbaut.

Literatur

[1] *v. Wichert, G.* und *Kleiner, K.* Selbstorganisierende Bildanalyse für die Navigation von mobilen Robotern. In Dillmann, R. *und* Lüth, T. (Hrsg.), Autonome Mobile Systeme (AMS'95), Informatik Aktuell. Springer Verlag, Heidelberg, Dezember 1995.

[2] *Kohonen, T.* Self-Organization and Associative Memory. Springer, New York, London, Paris, Tokyo, 1988.

[3] *v. Wichert, G.* Selforganizing Visual Perception for Mobile Robot Navigation. In 1st Euromicro Workshop on Advanced Mobile Robots (EUROBOT'96), Seiten 194–200, Kaiserslautern, Germany, 1996. IEEE Computer Society Press.

[4] *Moravec, H. P.* und *Elfes, A.* High Resolution Maps from Wide Angle Sonar. In International Conference on Robotics and Automation, Seiten 19–24, 1985.

[5] *Burgard, W., Fox, D., Henning, D.* und *Schmidt, T.* Estimating the Absolute Position of a Mobile Robot Using Position Probability Grids. Technischer Bericht, 1996.

[6] *Zimmer, U. R.* Self-Localization in Dynamic Environments. In IEEE/SOFT Workshop BIES'95, Tokyo (Japan), Mai 1995.

[7] *Kurz, A.* ALEF: An autonomous vehicle which learns basic skills and constructs maps for navigation. Autonomous Systems, 14:171–183, 1995.

[8] *Simmons, R.* und *Koenig, S.* Probabilistic Navigation in Partially Observable Environments. In International Joint Conference on Artificial intelligence (IJCAI'95), Seiten 1080–1087, 1995.

Automatische Bahngenerierung für Transportaufträge bei mobilen Robotern

E. Freund, D. Rokossa

Universität Dortmund, Institut für Roboterforschung, Otto-Hahn-Str. 8, 44227 Dortmund

Vorgestellt wird ein Verfahren zur automatischen Trajektoriengenerierung bei der Werkstückhandhabung mit einem mobilen Roboter. Die Bewegungsbahnen werden während des Roboterbetriebs in Abhängigkeit von den lokalen Begebenheiten des Umweltmodells auf Basis eines zuvor berechneten Trajektoriennetzes und einem daraus abgeleiteten Trajektoriengraph ermittelt. Die Auswahl der Bahnen geschieht unter Beachtung der Kollisionsfreiheit, möglichen Konfigurationswechseln und vorgegebenen Orientierungseinschränkungen für den Roboter-TCP.

1 Einleitung

Ziel bei der Entwicklung des mobilen Roboters (Bild 1) am Institut für Roboterforschung (IRF) ist die Realisierung eines flexiblen Materialflußmittels, das autonom im Fertigungsbetrieb eingesetzt werden kann. Das Gesamtsystem wird am IRF zur auftragsgebundenen Kommissionierung von Werkstücken zwischen verschiedenen Lagerorten und Fertigungsstationen eingesetzt. Es setzt sich im Kern aus einem Fahrerlosen Transportsystem (FTS), einem Industrieroboter und einem Staurollen-Kettenförderer zusammen [1]. Die implementierte Bahnplanung benutzt das in [2] vorgestellte Konzept zur Führung von Fahrzeugen auf virtuellen Straßen. Das eingesetzte Navigationsverfahren wird in [3] beschrieben.

Bild 1: Mobiler Kommissionierroboter an einer Palettenübergabestation

Nach Erteilung eines Transportauftrages vom übergeordneten Leitrechner wird das Gesamtsystem zur gewünschten Zielposition bewegt. Dort wird die entsprechende Roboterbewegung gestartet, um ein Werkstück aufzunehmen oder abzulegen. Um die Flexibilität des Gesamtsystems zu gewährleisten ist eine starre Programmierung des Roboters für die unterschiedlichen Einsatzorte mit ihren jeweiligen Start- und Zielpositionen ungeeignet. Es kam daher nur eine automatische Generierung der aktuell erforderlichen Roboterbahn in Frage.

Bekannte Lösungsansätze für dieses Problem nutzen die Möglichkeiten des Konfigurationsraums [4, 5] für den jeweiligen Roboter unter Verwendung effizienter Suchalgorithmen [6]. Dabei wird die Bahngenerierung nicht im kartesischen Raum durchgeführt, sondern Roboter und Hindernisse werden in einen n-dimensionalen Raum transformiert, wobei n die Anzahl der betrachteten Roboterfreiheitsgrade darstellt. Bei dem in [7] vorgestellten Verfahren werden für eine kollisionsfreie Bahnplanung die 3 Hauptachsen eines Roboters in den Konfigurationsraum transformiert. Die Diskretisierung der einzelnen Achsen beträgt dabei 2°. Die Kollisionserkennung erfolgt zwischen der transportierten Last und den Hindernissen im Arbeitsraum. Für eine Ausweichbewegung um ein auf einem Tisch stehendes Hindernis wurden ca. 2 Sekunden benötigt. Das in [8] vorgestellte Verfahren benutzt für die Suche im Konfigurationsraum eine Kombination aus zielgerichteter Suche und zufallsgesteuerter Zwischenzielerzeugung. In [9] wird ein Verfahren vorgestellt, bei dem im Konfigurationsraum Bahnsegmente für den jeweiligen Zustand berechnet werden. Hierdurch wird die Suche nach einer kollisionsfreien Bahn beschleunigt.

Alle Lösungsansätze haben gemeinsam, daß der Konfigurationsraum jeweils für einen stationären Roboter berechnet wird. Dieses hat zur Folge, daß bei jeder Veränderung der im Arbeitsraum liegenden Hindernisse eine Neuberechnung erforderlich wird. Wenn ein mobiler Roboter eine neue Zielposition anfährt oder eine Verlagerung von Werkstücken aus bzw. in den Arbeitsraum des Roboters vorgenommen wird, so ergibt sich zwangsläufig eine Änderung der zu betrachtenden Hindernisse. Ein weiteres Problem stellt die erforderliche Menge an Rechnerspeicher dar: Bei einem 6-achsigen Roboter mit einem mittleren Gelenkwinkelbereich von 180° ergibt sich ein Konfigurationsraum mit $3.4 \cdot 10^{13}$ Zellen.

Die erzielbaren Geschwindigkeiten bei der Berechnung des Konfigurationsraums rechtfertigen seine Anwendung nur bei statischen Arbeitszellen. Für ein dynamisches System, wie einen mobilen Roboter, ist er ungeeignet. Die erforderlichen Neuberechnungen des Konfigurationsraums nach jedem Positionswechsel des FTS machen zum einen die erforderliche Flexibilität und zum anderen die angestrebte einfache Integration des Gesamtsystems in bestehende Fertigungseinrichtungen zunichte.

Am IRF wurde deshalb ein Verfahren entwickelt, das speziell bei variierenden Umgebungsmodellen, aber auch bei stationären Roboterarbeitszellen, eingesetzt werden kann. Das Verfahren gliedert sich hierzu in eine Offline- und eine Online-Phase. Diese Unterscheidung ist sinnvoll, da bei einem mobilen Roboter klar zwischen statischen und dynamischen Elementen der Umwelt unterschieden werden kann. Das Verfahren wurde in das am IRF entwickelte Offline-Programmiersystem COSIMIR integriert.

2   Umweltmodellierung

Beim Betrieb eines mobilen Roboters in einer Fabrikumgebung kann klar zwischen statischen und dynamischen Umweltelementen unterschieden werden. Zu den *statischen* Elementen werden alle Körper gezählt, die ihre Lage relativ zum Bezugskoordinatensystem des Roboters auf dem FTS auch bei Bewegung des Fahrzeugs nicht verändern. Im vorliegenden Fall gehören hierzu alle Fahrzeugaufbauten (Kettenförderer, Ladar, ...) und das FTS selbst. Zu den *dynamischen* Elementen gehören alle nicht-statischen Hindernisse des gesamten Weltmodells.

Das Verfahren nutzt zur effizienten Bereitstellung der Umweltdaten und des aktuellen Zustandes des Roboterarbeitsraums eine Modellierung mit Hilfe von Octrees. Hierbei handelt es sich um eine Datenstruktur mit Baumtopologie vom Grad 8, d.h. jeder Knoten innerhalb des Baums kann maximal 8 Nachfolger haben (Bild 2). Die maximale Höhe eines Baumes vom Grad d mit n Knoten beträgt n; in diesem Fall degeneriert der Baum zu einer Liste. Die minimale Höhe des Baums beträgt $O(\log_d n)$. Datenelemente innerhalb des Octrees werden als Voxel bezeichnet.

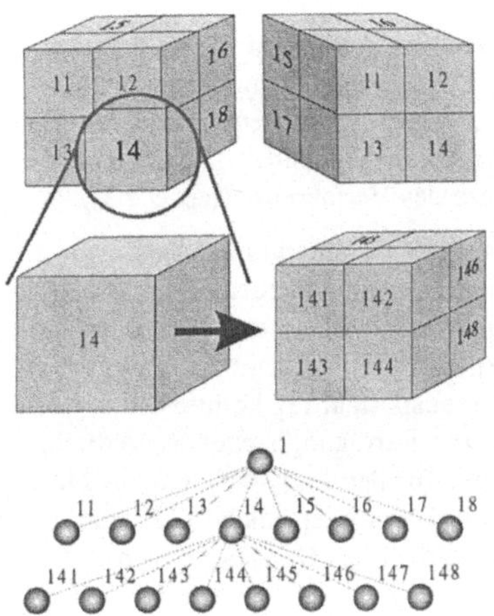

Bild 2: Raumunterteilung und Baumstruktur bei einem Octree

2.1 Das Weltmodel

Bild 3 zeigt einen Ausschnitt des im vorliegenden Fall betrachteten Weltmodells. Um die effiziente Generierung der Bewegungsbahn für einen Transportauftrag zu ermöglichen, wird es bis auf den mobilen Roboter als Octree aufbereitet. Primäre Aufgabe des Octrees ist dabei die schnelle Bereitstellung geometrischer Daten der Hindernisse aus dem Weltmodell im Arbeitsraum des Roboters, die sich durch den aktuellen Standort des FTS ergeben. Alle Elemente der Umwelt liegen dazu in Form von dreieckigen oder konvexen viereckigen Polygonen vor und können mit den unterschiedlichsten Modellierungs- und CAD-Tools erstellt werden. Der Aufbau des Octrees geschieht adaptiv, d.h. es werden immer nur Voxel weiter unterteilt, die noch Umweltelemente enthalten und die vorgegebene Mindestgröße noch nicht unterschritten haben. Jeder Voxel enthält eine Liste der Polygone, die ganz oder zumindest teilweise in dem Voxel liegen. Für das benutzte Weltmodell hat der Voxel an der Wurzel des Octrees eine Kantenlänge von 53 m. Bei einer vorgegebenen minimalen Voxelgröße von 500 mm enthält der Octree 7034 Voxel.

Zur Bestimmung, ob ein Polygon einen Voxel schneidet oder nicht, wird ein Algorithmus, basierend auf dem in [10] beschriebenen Verfahren verwendet. Der ursprünglich ausschließlich für im Ursprung liegende Einheitswürfel vorgesehene Algorithmus wurde dazu auf Quader beliebiger Größe und Lage erweitert. Er kommt in dieser Form auch zur Kollisionsüberprüfung (Kap. 3) und bei der Modellierung des Roboterarbeitsraums zum Einsatz.

Der Octree bietet Methoden an, die ein Import der Polygone des Weltmodells ermöglichen. Danach kann die gesamte Octree-Datenstruktur gesichert werden, so daß kein erneutes Importieren der geometrischen Daten erforderlich ist.

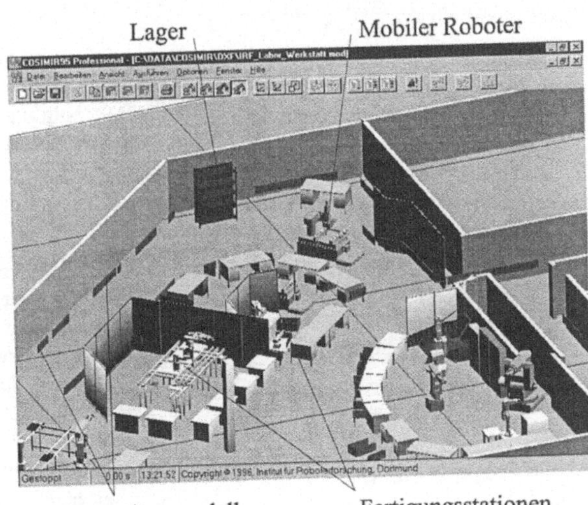

Bild 3: Ausschnitt des Weltmodells für den mobilen Roboter in COSIMIR

2.2 Der Arbeitsraum des Roboters

Für eine Trajektorie müssen eine Reihe von Stützpunkten im Arbeitsraum des Roboters ermittelt werden, wobei für jeden Punkt, und damit auch für die gesamte Trajektorie, die Kollisionsfreiheit und Realisierbarkeit sichergestellt werden müssen. Zu diesem Zweck wurde auch der Arbeitsraum des Roboters auf eine Octree-Datenstruktur abgebildet. Diese dient als Hilfsmittel bei der Kollisionsvermeidung in der Online-Phase des Verfahrens (Kap. 3.2.3).

Der Octree des Arbeitsraums wird in zwei Betriebsarten verwendet. Im *stationären* Zustand, der auch über Standortwechsel des FTS hinaus bestehen bleiben kann und zuerst beim Starten der Online-Phase angenommen wird, wird der Arbeitsraum an den Stellen, an denen statische Hindernisse in den Arbeitsraum hineinragen, feiner unterteilt. Dieses sind zum einen die statischen Aufbauten des Fahrzeugs (Kap. 2), aber auch die lt. Transportauftrag kommissionierten Werkstücke auf der mitgeführten Fahrzeugpalette, die den zur Verfügung stehenden Arbeitsraum einschränken. Die Unterteilung eines Voxels findet nur für den Fall statt, daß ein Hindernis den Voxel schneidet. Voxel, die kein Hindernis beinhalten oder solche, die ganz in einem Hindernis liegen, werden nicht weiter unterteilt. Die Voxel des Octrees können daher wie folgt klassifiziert werden

- Voxel außerhalb des Arbeitsraums

- Voxel, die die Arbeitsraumgrenzen schneiden

- Voxel innerhalb des Arbeitsraums, die keinen Kontakt zu statischen Hindernissen haben

- Voxel innerhalb des Arbeitsraums, die von einem statischen Hindernis geschnitten werden

- Voxel, die von einem statischen Hindernis und von der Arbeitsraumbegrenzung geschnitten werden

- Voxel innerhalb eines Hindernisses

Der *temporär erweiterten* Zustand des Octrees wird zeit- und ortsabhängig durch die Fortsetzung der Unterteilung aus dem stationären Zustand erreicht. Dieses geschieht in der Online-Phase der Trajektoriengenerierung, wenn der mobile Roboter eine Zielposition erreicht hat und einen Handhabungsauftrag ausführen soll. Am Zielort wird mit Hilfe des Weltmodell-Octrees eine Liste von Polygonen erstellt, die an der aktuellen Position des Roboters vollständig oder zumindest teilweise im Arbeitsraum des Roboters liegen. Auf Basis dieser Polygone wird dann der Arbeitsraum weiter unterteilt.

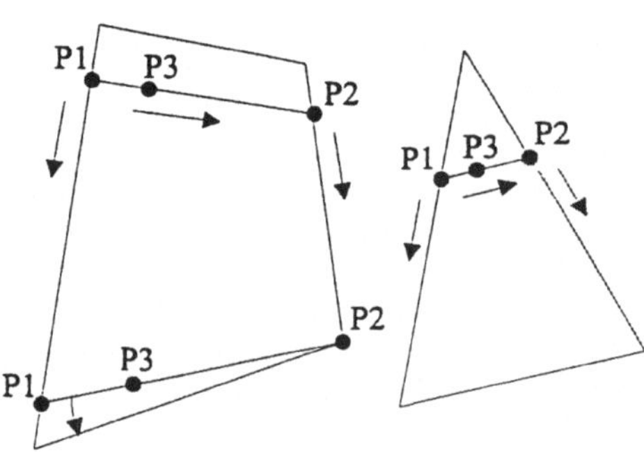

Bild 4: Scanline-Algorithmus

Grundlegend für die Benutzung des Octrees ist eine effiziente Schnittprüfung aller Voxel mit den relevanten Polygonen im stationären und temporär erweiterten Zustand. Der intuitive Ansatz, alle Voxel auf Schnitt mit allen Polygonen zu prüfen, würde sich nur in einem nicht annehmbaren Zeitaufwand durchführen lassen. Für eine effiziente Schnittprüfung zwischen Voxel und Polygon wurde daher eine Variante des aus der geometrischen Datenverarbeitung bekannten Scanline-Algorithmus [11] verwendet (Bild 4). Dabei werden einzelne Punkte innerhalb eines zu prüfenden Polygons bestimmt und diese auf ihre Lage innerhalb der Voxel hin getestet. Hierbei wird zur Laufzeitverbesserung wieder die hierarchische Struktur des Octrees (Bild 2) ausgenutzt. Wird so ein Schnitt gefunden, so wird der relevante Voxel rekursiv weiter unterteilt.

Das Ergebnis der Schnittuntersuchungen ist eine weitere Unterteilung des Octrees, die für die aktuelle Position des mobilen Roboters in der Umwelt gültig ist. Solange seine Position nicht verändert wird, bleibt der Octree in diesem erweiterten Zustand. Er liefert die in der Online-Phase benötigten Informationen zur Kollisionsvermeidung bei der Trajektoriengenerierung. Wird eine neue Position des Fahrzeugs erreicht, muß auf Basis der erneut ermittelten Polygone aus dem Weltmodell-Octree ein neuer erweiterter Zustand ermittelt werden.

3   Trajektoriengenerierung

Eine Trajektorie zwischen zwei Punkten im Arbeitsraum wird festgelegt durch eine Menge von Stützpunkten, die mit Hilfe von Frames charakterisiert werden. In Bezug auf einen potentiellen Handhabungsauftrag für den Roboter werden an die Trajektorie die beiden Hauptanforderungen

- Realisierbarkeit und

- Kollisionsfreiheit

gestellt. Zur Feststellung der Realisierbarkeit einer Trajektorie wird jeder Stützpunkt mittels Rücktransformation vom kartesischen ins Gelenkwinkel-Koordinatensystem des Roboters überführt. Nur solche Stützpunkte, die in mindestens einer Konfiguration des Roboters angefahren werden können, werden weiter betrachtet und mögliche Kollisionen an diesem Stützpunkt untersucht.

Die vorgenommene Modellierung der Umwelt (Kap. 2) für den mobilen Roboter zeigt, daß zwei Arten von möglichen Kollisionshindernissen auftreten. Statische Hindernisse verändern ihre Position relativ zum Standort des Roboters auf dem FTS nicht, dynamische Hindernisse ergeben sich erst während der Bearbeitung eines Transportauftrages. Es liegt daher nahe die Trajektoriengenerierung in zwei Phasen zu unterteilen.

3.1   Die Offline-Phase

Ziel des Verfahrens ist es, Trajektorien laufzeitoptimal während des Roboterbetriebs zu generieren. Dazu werden in der Offline-Phase zuerst mögliche Trajektorienabschnitte vorberechnet. Dabei werden die geometrischen Einschränkungen des Arbeitsraums des Roboters durch die statischen Hindernisse und die Form des Arbeitsraums berücksichtigt. Die Lage dieser, an den Achsen des Basiskoordinatensystems des Roboters ausgerichteten Segmente wird dabei so gewählt, daß zwangsläufig Schnittpunkte zwischen einzelnen Segmenten in den verschiedenen Hauptrichtungen entstehen. Es ergibt sich somit ein dreidimensionales Netz aus Trajektoriensegmenten, das wie ein 'Straßennetz' die Bewegungsmöglichkeiten des Roboter-TCP beschreibt (Bild 5). Durch die Existenz der Schnittpunkte auf dem Trajektoriennetz ist die Abbildung auf einen ungerichteten Graphen möglich. Dieser wird während der Online-Phase zur Ermittlung einer Trajektorie bei gegebenem Handhabungsauftrag benutzt.

Für die optimale Anpassung des Trajektoriennetzes an die Erfordernisse der Transportaufträge können während der Berechnung der Trajektoriennetzsegmente (TN-Segmente) bestimmte Bereiche im Arbeitsraum des Roboters gesperrt werden. In diesen Bereichen werden dann keine Segmente generiert. Andere Bereiche des Arbeitsraums können detaillierter unterteilt werden, um so den Abstand der vorberechneten TN-Segmente zu verkleinern und damit

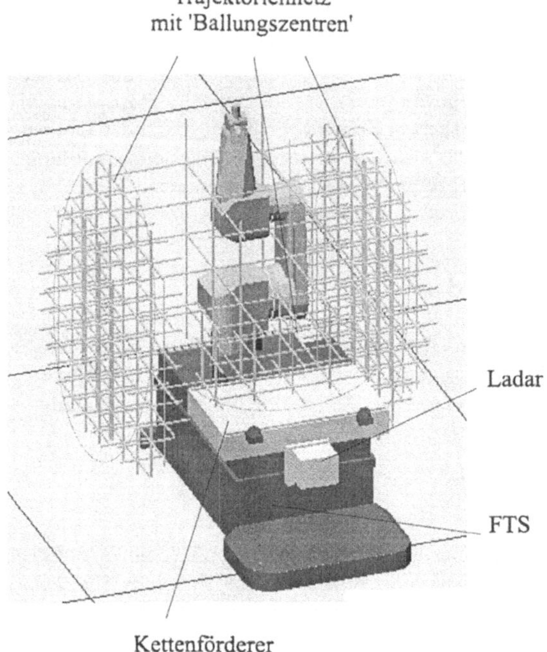

Bild 5: Trajektoriennetz

wiederum den Zeitaufwand bei der Online-Generierung der Trajektorien zu verkürzen. Das Trajektoriennetz besteht somit aus Sperrzonen ohne Segmente, 'Ballungszentren' mit einer Häufung der TN-Segmente und den Bereichen, die die 'Ballungszentren' verbinden (Bild 5). Im vorliegenden Fall wurden 'Ballungszentren' oberhalb der vom FTS mitgeführten Palette und an den Seiten neben dem FTS generiert. Ausgeschlossen vom Trajektoriennetz wurde der Bereich hinter dem FTS, da kein Bedarf besteht, Trajektorien mit Start- bzw. Zielposition in diesem Bereich zu generieren.

Ein TN-Segment wird festgelegt durch die Begrenzungspunkte, die gewählte Orientierung des TCP entlang des Segmentes und den damit verbundenen Konfigurationen, die der Roboter entlang des TN-Segmentes einnehmen kann. Es sind somit für jedes Segment wieder die Realisierbarkeit und Kollisionsfreiheit zu überprüfen. Die Überprüfung möglicher Kollisionen zwischen Roboter und den statischen Hindernissen im Arbeitsraum wird mit Hilfe des oben beschriebenen Verfahrens zum Schnittest zwischen Polygonen und Quadern durchgeführt. Dazu werden von allen Hindernissen und den Robotergelenkkörpern die umschließenden Quader betrachtet. Um den Transport von Werkstücken zu berücksichtigen bietet es sich an für alle möglichen Werkstücke eine gemeinsame einhüllende Box zu definieren, die dann an den Greifer des Roboters befestigt wird. Im vorliegenden Fall werden alle Werkstücke auf einheitlichen Werkstückträgerplatten abgelegt, so daß als einhüllender Quader die Abmessungen der Werkstückträgerplatte benutzt wurden.

Neben der Vorgabe, welche TN-Segmentabstände in 'Ballungszentren' und dazwischen eingehalten werden sollen, muß noch eine Vorgabe für die möglichen Orientierungen, für die die Segmente bestimmt werden, getroffen werden. Dabei können auch Einschränkungen, die sich durch das zu transportierende Produktspektrum ergeben, direkt berücksichtigt werden. Beispielhaft können, wie auch im vorliegenden Fall, beim Transport von Werkstückträgern, auf denen die Werkstücke nur lose aufgelegt sind, nur Orientierungsänderungen entlang der senkrechten Achse zugelassen werden.

3.2 Die Online-Phase

Ergebnis der Offline-Phase sind TN-Segmente, die die Bewegungsmöglichkeiten des Roboter-TCP beschreiben. Diese Daten stehen nun während des Roboterbetriebs zur Verfügung. Ein trivialer Ansatz wäre nun eine lineare Suche auf der Menge der vorberechneten TN-Segmente, um eine geeignete Bahn für den aktuellen Handhabungsauftrag zu finden. Bei der Menge der

Segmente, im vorliegenden Fall wurden für 24 zugelassenen Orientierungen und einer TN-Struktur, wie in Bild 5 dargestellt, 9268 Segmente berechnet, ist eine solche Vorgehensweise jedoch ungeeignet und macht die zeitlichen Vorteile durch die Vorverarbeitung im Offline-Teil wieder zunichte. Außerdem wird es im allgemeinen nicht vorkommen, daß die Begrenzungspunkte einer zu planenden Trajektorie exakt auf einer der zur Verfügung stehenden TN-Segmente liegen. Es bleibt daher im allgemeinen immer noch ein kurzes Trajektorienstück am Anfang und Ende der gewünschten Bahn, das nicht auf den TN-Segmenten liegt.

3.2.1 Der Trajektoriengraph

Um während des Roboterbetriebs Trajektorien effizienter bestimmen zu können, werden die TN-Segmente dazu benutzt, einen ungerichteten Graphen, den Trajektoriengraphen, zu erstellen. Der Trajektoriengraph T ist dabei definiert als $T = (V, E)$, wobei V eine endliche, nichtleere Menge ist, deren Elemente Knoten genannt werden und E die Menge der Kanten in T darstellt mit $E \subseteq V \times V$. Eine Kante im Graphen ist danach ein Paar von Knoten (v, w) mit $v, w \in V$. Dabei werden die Knoten von allen Begrenzungspunkten der Trajektoriennetzsegmente gebildet und enthalten neben der kartesischen Positionsangabe auch Informationen über mögliche TCP-Orientierungen und Roboterkonfigurationen. Ferner wird jeder Schnittpunkt der Segmente als Knoten im Graph abgebildet und hierbei die Schnittmenge der TCP-Orientierungen und Konfigurationen festgehalten. Durch die Kanten werden die Nachbarschaftsbeziehungen der Schnittpunkte der Trajektoriensegmente modelliert. Seien $\{(x_{a1}, y_{a1}, z_{a1}), (x_{e1}, y_{e1}, z_{e1})\}$ und $\{(x_{a2}, y_{a2}, z_{a2}), (x_{e2}, y_{e2}, z_{e2})\}$ zwei TN-Segmente, dargestellt durch ihre Begrenzungspunkte, dann verläuft in T eine Kante von einem Knoten v_1 zu einem Knoten v_2, wenn eine der folgenden Bedingungen erfüllt ist:

$$x_{a1} = x_{a2} \quad \wedge \quad y_{a1} \leq y_{a2} \leq y_{e1} \quad \wedge \quad z_{a2} \leq z_{a1} \leq z_{e2}$$
$$y_{a1} = y_{a2} \quad \wedge \quad x_{a2} \leq x_{a1} \leq x_{e2} \quad \wedge \quad z_{a1} \leq z_{a2} \leq z_{e1}$$
$$z_{a1} = z_{a2} \quad \wedge \quad x_{a1} \leq x_{a2} \leq x_{e1} \quad \wedge \quad y_{a2} \leq y_{a1} \leq y_{e2}$$

Im ersten Fall handelt es sich um den Schnitt eines y-TN-Segmentes mit einem z-TN-Segment, der zweite Fall beschreibt den Schnitt eines TN-Segmentes in x-Richtung mit einem Segment in z-Richtung und der dritte Fall beschreibt den Schnitt zwischen TN-Segmenten in x- und y-Richtung. Jeder Knoten im Trajektoriengraph kann bis zu 6 Nachfolger haben, die sich aus den 3 Koordinatenrichtungen in jeweils positiver und negativer Richtung ergeben. Die beschriebene Vorgehensweise bei der Erstellung der TN-Segmente und dem daraus resultierende Trajektoriengraph garantiert nicht unbedingt, daß sich ein zusammenhängender Graph ergibt. Im vorliegenden Fall konnten aus den vorberechneten TN-Segmenten ein Graph mit 7 Wurzeln und insgesamt 1814 Knoten generiert werden. Bild 6 zeigt einen Aus-

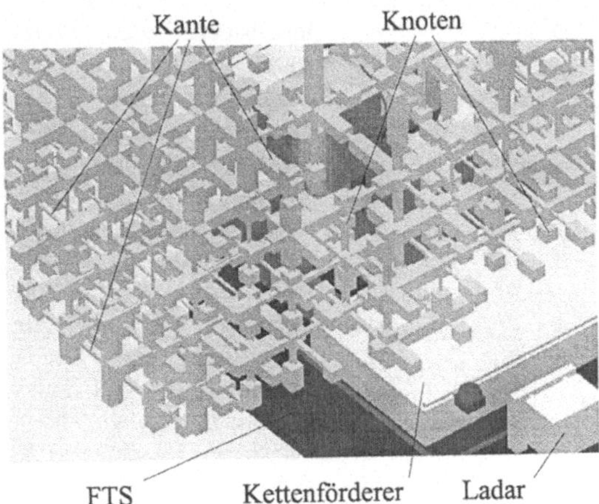

Bild 6: Ausschnitt aus dem Trajektoriengraph

schnitt des Trajektoriengraphen. Die unterschiedlich stark dargestellten Kanten geben die Anzahl der auf diesem Trajektorienstück möglichen Konfigurationen des Roboters wieder. Eine genauere Untersuchung des Graphen ergab, daß sich die Knoten, wie in Tabelle 1 gezeigt, auf die verschiedenen Subgraphen verteilen.

Tabelle 1: 7 Wurzeln im Trajektoriengraph

Subgraph	1	2	3	4	5	6	7
Knotenanzahl	1801	2	2	3	2	2	2

Da über 99 % der Knoten im ersten Subgraphen beinhaltet sind und die übrigen Subgraphen sich aus einer bzw. zwei Kanten zusammensetzen, werden die weiteren Schritte der Online-Phase nur noch mit dem größten Graph ausgeführt.

3.2.2 Erzeugen einer Trajektorie

Mit Hilfe des Trajektoriengraphen wird zur Laufzeit des mobilen Roboters der Weg von einer gewünschten Start- zu einer Zielposition ermittelt. Dazu müssen zuerst die den gewünschten Start- und Zielpositionen am nächsten liegenden Knoten im Graph ausgehend von der Wurzel gefunden werden. Der hierfür implementierte Suchalgorithmus entspricht einer zielgerichteten Suche, bei dem der Knoten im Graph, dessen Abstand zur gewählten Position minimal ist, bestimmt wird. Mit jedem Wechsel vom aktuellen Knoten zu einem Nachbarknoten wird versucht, die Entfernung zu reduzieren. Dabei kann es sein, daß aufgrund fehlender Nachbarknoten in bestimmte Richtungen, z.B. bei 'Sackgassen' im Trajektoriennetz, bei denen der einziger Nachfolgeknoten der Vorgänger der Trajektorie ist, temporär auch eine Vergrößerung des Abstandes akzeptiert wird (Bild 7). Deshalb wird für jeden Suchschritt im Graph festgehalten, von welchem Vorgängerknoten der aktuelle Knoten ausgewählt wurde und welche Nachfolgeknoten schon untersucht wurden. Sind in einem Knoten alle Möglichkeiten erschöpft, so wird der Knoten aus dem aktuellen Weg entfernt und der Vorgängerknoten erneut betrachtet.

Der Suchalgorithmus wird in dieser Form auch eingesetzt, um im Trajektoriengraph den Weg zwischen dem gefundenen Start- und Zielknoten zu ermitteln. Dabei müssen die vorgegebenen Randbedingungen für die einzuhaltenden Orientierungen des TCP beachtet werden.

Wurde ein Weg im Trajektoriengraph gefunden, so müssen nachfolgend noch die Trajektorienstücke vom Startframe zum gefundenen Startknoten und vom gefundenen Zielknoten zum Zielframe, die 'Auf-' und 'Abfahrten' vom Trajektoriennetz, erzeugt werden (Bild 7). Dieses ist mit Hilfe der im Offline-Teil benutzen Verfahren zur Überprüfung der Realisierbarkeit und Kollisionsfreiheit sehr leicht möglich. Eine Trajektorie setzt sich dann zusammen aus dem gefundenen Weg im Trajektoriengraph und den

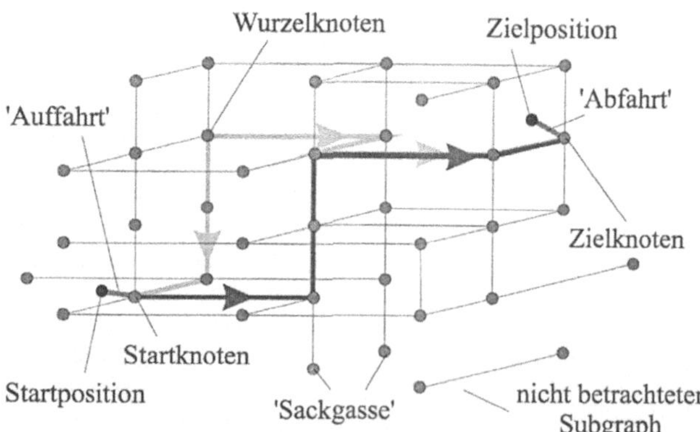

Bild 7: Knotensuche im Trajektoriengraph. Hellgrau: Start- bzw. Zielknotensuche. Dunkelgrau: Wegsuche

damit verbundenen TN-Segmenten sowie dem Anfangs- und Endsegment. Da aber nur noch diese beiden Segmente auf ihre Realisierbarkeit und Kollisionsfreiheit getestet werden müssen, kann die gesamte Trajektorie mit erheblich weniger Aufwand generiert werden. Die maximale Länge der 'Auf-' und 'Abfahrten' ist dabei direkt abhängig vom Abstand der TN-Segmente in den 'Ballungszentren'. Im vorliegenden Fall wurde hierfür 250 mm gewählt was zu einer maximalen Start- bzw. Endsegmentlänge von 216.5 mm führen kann. Durch das Aneinandersetzen der einzelnen Trajektorienstücke entsteht die Gesamttrajektorie, die damit realisierbar und kollisionsfrei bzgl. der statischen Weltmodellelemente ist.

Im nächsten Schritt werden die dynamischen Hindernisse basierend auf der aktuellen Position des mobilen Roboters im Weltmodell aus dem Octree (Kap. 2.1) abgefragt. Liegen keine weiteren Hindernisse im Arbeitsraum des Roboters, so ist die Trajektoriengenerierung abgeschlossen. Im anderen Fall muß für die Polygone aus dem Weltmodell eine Kollisionsüberprüfung mit den Gelenkkörpern des Roboters durchgeführt werden, was wiederum mit Hilfe der Verfahren aus der Offline-Phase möglich ist.

3.2.3 Kollisionsvermeidung

Sollte die Kollisionsüberprüfung eine Kollision des Roboters mit einem Hindernis aus dem Octree des Weltmodells feststellen, so muß für den kollisionsbehafteten Teil der Trajektorie eine Ausweichbewegung generiert werden. Hierzu wird das aus den TN-Segmenten bestehende Teilstück der Trajektorie zuerst in umgekehrter Reihenfolge, d.h. vom Ziel- zum Startknoten, abgefahren, um das kollisionsbehaftete Teilstück ermitteln zu können. Danach wird der Octree des Arbeitsraums in den für diese Position des mobilen Roboters im Weltmodell *temporär erweiterten* Zustand (Kap. 2.2) gebracht.

Ausgangspunkt für die Ausweichbewegung sind die jeweils noch kollisionsfrei erreichbaren Knoten des Trajektoriengraphen vor bzw. hinter dem kollisionsbehafteten Teilstück. Ausgehend vom Startknoten der Ausweichbewegung wird dann ein Nachfolger gesucht, so daß die erste Kante für die Ausweichbewegung auf dem Trajektoriengraph festgelegt wird. Die Reihenfolge der möglichen Nachfolger wird daher wieder, wie schon bei der Wegsuche im Trajektoriengraph, prioritätsgesteuert ermittelt.

Die anschließende Überprüfung der Kollisionsfreiheit gliedert sich in zwei Teile. Zunächst wird mit Hilfe des Octrees vom Roboterarbeitsraum der Status des Segmentes selbst getestet. Dazu werden aus dem Octree die Voxel ermittelt, durch die das Segment verläuft. Um die Kollisionsfreiheit zu erreichen, dürfen keine Voxel durch Polygone aus dem Weltmodell belegt, d.h. geschnitten werden. Für den Test, ob die neu gefundene Kante kollisionsfrei ist, werden einzelne Punkte entlang der Kante betrachtet, deren Abstand voneinander kleiner als die im Arbeitsraum-Octree kleinste vorhandene Kantenlänge ist. Neben der Überprüfung des Segmentes auf Kollisionsfreiheit müssen auch etwaige Kollisionen mit den Robotergelenkkörpern ausgeschlossen werden, was wiederum mit den oben beschriebenen Methoden der Offline-Phase möglich ist. Gibt es auf dem Teilstück keine Kollisionen, so wird der nächste Knoten ausgewählt. Wenn Kollisionen festgestellt werden, so wird ausgehend vom aktuellen Startknoten ein neuer Nachfolgeknoten ausgewählt und dort das Kollisionsverhalten geprüft. Diese Vorgehensweise wird wiederholt durchlaufen bis der Zielknoten für die Ausweichbewegung erreicht wird und damit die Kollisionsvermeidung abgeschlossen ist. Durch die Bestimmung eines jeweils neuen günstigsten Nachfolgeknoten in jedem Schritt ist es dabei wiederum möglich, 'Sackgassen' im Graphen zu umgehen.

Die Ausweichbewegung wird am Schluß anstelle des zuvor kollisionsbehafteten Teilstücks in die Gesamttrajektorie eingefügt und die Trajektoriengenerierung ist damit abgeschlossen.

4   Anbindung an das Gesamtsystem

Das beschriebene Verfahren zur Trajektoriengenerierung wurde unter MS-Windows 95 implementiert und ist als DLL in das am IRF entwickelte Offline-Programmiersystem COSIMIR integriert. COSIMIR ist als 3D-Robotersimulationssystem für die windows-basierten Betriebssysteme konzipiert [12]. Es ermöglicht die Planung von Arbeitszellen mit mehreren Robotern, deren Offline-Programmierung und ist vollständig in Windows integriert (Zwischenablage, DDE, MDI). COSIMIR ist auf dem Fahrzeugrechner, einem Laptop-PC installiert.

Neben COSIMIR laufen auf dem Fahrzeugrechner noch das Navigationsprogramm des mobilen Roboters und zur lokalen Koordination der Bewegungsabläufe zwischen FTS, Roboter und Kettenförderer der Leitrechner LUCAS. LUCAS wurde ebenfalls am IRF entwickelt und wird zur Steuerung flexibler Fertigungszellen eingesetzt [13]. Die Programmierung der einzelnen Prozeßschritte unter LUCAS geschieht dabei mittels tabellarischer Prozeßpläne.

Die Kommunikation zwischen den einzelnen Komponenten des mobilen Roboters geschieht über DDE und mit Hilfe des Navigationssystems. Dieses ist über ein Link direkt mit dem Transputernetz des Fahrzeugs und von dort mit dem VMEbus-System des Roboters verbunden. Der Kettenförderer wird vom VMEbus-System angesteuert. Über eine Ethernet-Funkbrücke ist der lokale Leitrechner an den übergeordneten Fertigungsrechner, ebenfalls durch LUCAS realisiert, angebunden.

Den aktuellen Standort des Fahrzeugs erfragt die Trajektoriengenerierung beim Navigationssystem. Es ist daher erforderlich, daß sowohl die Navigation als auch die Trajektoriengenerierung auf der Basis desselben Weltmodells arbeiten und abgeglichen werden. Während die Trajektoriengenerierung ein 3D-Umweltmodell benutzt (Kap. 2.1) verwendet die Navigation hieraus eine 2D-Modellierung (Bild 3).

Die Kommunikation zwischen übergeordnetem und mobilem Leitrechner beruht auf der Vergabe von Transportaufträgen und der OK- bzw. Fehlermeldung des mobilen Roboters. Somit bewegt sich der mobile Roboter nach einer Auftragsvergabe vollkommen autonom durch den Fertigungsbetrieb. Über Datenbankzugriffe können alle LUCAS-Komponenten den aktuellen Zustand der Fertigung abfragen. Aus dieser Datenbank entnimmt der lokale Leitrechner auch die Informationen über den Beladungszustand der vom mobilen Roboter mitgeführten Fahrzeugpalette, so daß die Trajektoriengenerierung

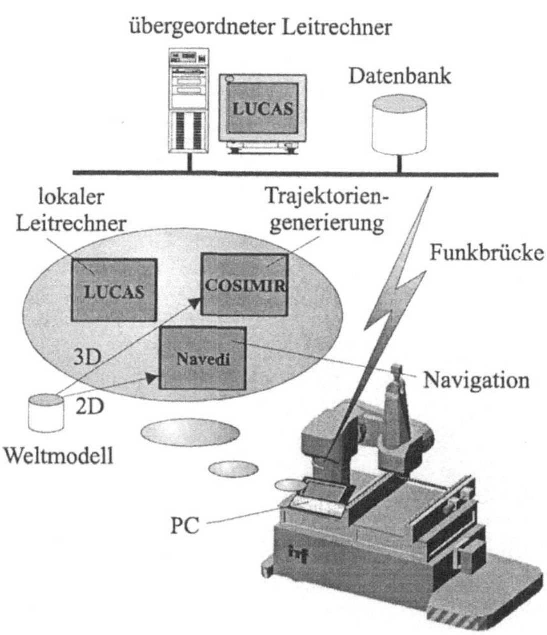

Bild 8: Anbindung der Trajektoriengenerierung an den mobilen Roboter

hierüber den aktuellen Zustand des Octrees für den Arbeitsraum erfragen kann und entsprechend abgleicht.

Bei einer erforderlichen Roboterbewegung, z.B. zwecks Werkstückaufnahme, startet der lokale Leitrechner das Bewegungsprogramm in der Robotersteuerung und übergibt die Koordinaten der Start- und Zielposition für die Roboterbewegung. Das Roboterprogramm ruft daraufhin die Trajektoriengenerierung unter COSIMIR auf und läßt die aktuell benötigte Trajektorie generieren. Dazu wird zuerst der Zustand des Octrees für den Roboterarbeitsraum entsprechend aktualisiert und dann die Trajektorie geplant. Die erstellten Bahnstützpunkte werden nach Generierung der Trajektorie an das Bewegungsprogramm des Roboters zurückgegeben und die Bewegung wird ausgeführt. Nach Beendigung des Handhabungsauftrages erfolgt die Meldung an den lokalen Leitrechner.

5   Zusammenfassung

Im vorliegenden Artikel wurde ein Verfahren zur Trajektoriengenerierung für Handhabungsaufträge bei mobilen Robotern vorgestellt. Das Verfahren teilt sich dazu in eine Offline- und eine Online-Phase auf.

Der *Offline-Teil* generiert für den Roboter und seinen Arbeitsraum auf dem Fahrerlosen Transportsystem eine Menge von Trajektoriensegmenten für eine Reihe vorgegebener Orientierungen. Dabei werden die geometrischen Einschränkungen des Arbeitsraums durch das Fahrzeug, die Fahrzeugaufbauten (Ladar, Kettenförderer) und die Form des Arbeitsraums berücksichtigt. Die Lage dieser, an den Achsen des Roboterbasiskoordinatensystems ausgerichteten Segmente wird dabei so gewählt, daß zwangsläufig Schnittpunkte zwischen einzelnen Segmenten in den verschiedenen Hauptrichtungen entstehen. Es entsteht somit ein dreidimensionales Netz aus Trajektoriensegmenten, daß wie ein 'Straßennetz' die Bewegungsmöglichkeiten des Roboter-TCP beschreibt. Durch die gegebenen Beziehungen der Schnittpunkte untereinander ist die Abbildung auf einen ungerichteten Graphen möglich. Bei der Berechnung der einzelnen Segmente wird sichergestellt, daß der Roboter weder mit sich selbst, noch mit dem Fahrzeug (der statischen Umgebung) kollidiert. Die Generierung des Trajektoriennetzes muß nur einmal für die aktuelle Geometrie des Fahrzeugs und der Aufbauten durchgeführt werden.

Im *Online-Teil* wird die eigentliche Trajektorie mit Hilfe der Daten aus dem offline erstellten Trajektoriennetz und der aktuellen Position des Roboters im Umweltmodell berechnet. Je nach Handhabungsauftrag sind dabei etwaige Randbedingungen, wie z.B. die Einhaltung einer bestimmten Orientierung, zusätzlich zu beachten. Nach Vorgabe einer Start- und Zielposition für die gewünschte Bahn wird aus dem Trajektoriengraphen eine zusammenhängende Folge von Trajektoriensegmenten ermittelt. Ziel ist es, mit dem Anfangs- und Endknoten der Folge möglichst nahe an die Start- bzw. Zielposition der gewünschten Bahn zu kommen. Existiert eine durchgängige Trajektorie im Graphen und kann darauf eine evtl. geforderte Konfiguration durchgängig eingehalten werden, so werden die fehlenden Teilstücke der Gesamtbahn, die 'Auf-' und 'Abfahrten' vom Trajektoriennetz, online erzeugt. In einem nächsten Schritt wird durch die Kollisionsüberprüfung festgestellt, ob der Roboter beim Abfahren der Bahn mit einem Hindernis aus dem Umweltmodell im Arbeitsraum kollidiert. Im Fall einer Kollision wird im Trajektoriennetz eine 'Umleitung' unter Beachtung der geforderten Bedingungen gesucht.

Zum Schluß wird die erzeugte Trajektorie in den Roboter geladen und der entsprechende Transportauftrag kann ausgeführt werden.

6   Literatur

[1]   Freund, E.; Dierks, F.; Pensky, D.; Rokossa, D.: *Realisierung eines Mobilen Roboters für Kommssionieraufgaben*, 11. Fachgespräch über Autonome Mobile Systeme (AMS 1995), Karlsruhe, Springer Verlag 1995

[2]   Judaschke, U.: *Verfahren zur kollisionsfreien Führung und Koordination mobiler Transportsysteme*, Dissertation am Institut für Roboterforschung 1994

[3]   Dierks, F.: *Freie Navigation autonomer Fahrzeuge*, Dissertation am Institut für Roboterforschung 1996

[4]   Lozano-Perez, T.: *Automatic Planning of Manipulator Transfer Movements*, IEEE Transactions on Systems, Man and Cybernetics, SMC-11, 1981

[5]   Lozano-Perez, T.: *Spatial Planning: A Configuration Space Approach*, IEEE Transactions on Comuters, Vol C-32, No. 2, February 1983

[6]   Domschke, W.: *Kürzeste Wege in Graphen: Algorithmen, Verfahrensvergleiche*, Verlag Anton Hain, Meisenheim am Glan, 1972

[7]   Horsch, T.; Nolzen, H.; Adolphs, P.: *Schnelle kollissionsvermeidende Bahnplanung für einen Roboter mit 6 rotatorischen Freiheitsgraden*, Robotersysteme 7, S. 185-192, Springer Verlag 1991

[8]   Glavina, B.: *Planung kollisionsfreier Bewegungen für Manipulatoren durch Kombination von zielgerichteter Suche und zufallsgesteuerter Zwischenzielerzeugung*, Dissertation an der TU München, 1991

[9]   Barraquand, J.; Kavraki, L.; Latombe, J.-C.; Li, T.-Y.; Motwani, R.; Raghavan, P.: *A Random Sampling Scheme for Path Planning*, International Journal of Robotics Research, 15 (6), 1996

[10]   Hatch, D.; Green, D.: *Efficient Intersection Testing of general Polygons and Polyhedra against an axially aligned Cube*, Graphic Gems V, S. 375, Boston, AP Professional, 1996

[11]   Foley, J.; van Dam, A.; Feiner, S.; Hughes, J.: *Computer Graphics*, Addision-Wesley, Reading, USA, 1990

[12]   Produktinformation COSIMIR - Robotersimulation auf PCs, Institut für Roboterforschung 1997

[13]   Produktinformation LUCAS - Flexible Zellensteuerung, Institut für Roboterforschung 1997

Sensorgestützte Erfassung des vorherrschenden Hindernisverhaltens zur Verbesserung der Bewegungsplanung

E. Kruse, R. Gutsche und F. M. Wahl

Institut für Robotik und Prozeßinformatik
Technische Universität Braunschweig
Hamburger Str. 267, D-38114 Braunschweig
e-mail: {E.Kruse, R.Gutsche, F.Wahl}@tu-bs.de

Zusammenfassung. In früheren Veröffentlichungen haben wir ein neu-artiges Bahnplanungsverfahren für mobile Roboter vorgestellt: *Statistische Bahnplanung* berücksichtigt das vorherrschende Hindernisverhalten, um Bahnen zu planen, die besser an die dynamische Umgebung angepaßt sind [4, 7, 8]. Dieser Artikel konzentriert sich auf die Gewinnung entsprechender statistischer Daten in einer realen Umgebung. Anhand unseres Experimentiersystems werden die Verfahren der Bildverarbeitung und die Erzeugung statistischer Modelle erläutert. Die so gewonnenen Daten können unter verschiedenen Gesichtspunkten zur Verbesserung der Bewegungsplanung beitragen. Nachdem bereits ein Planungsverfahren, welches auf numerischen Feldern – ähnlich den aus der Literatur bekannten Potentialfeldern – beruht, entwickelt wurde, werden nun Verfahren vorgestellt, welche ein verfeinertes statistisches Modell verwenden. Sie ermöglichen die genaue stochastische Bewertung von Roboterbewegungen und die gezielte Planung von Ausweichmanövern.

1 Einführung

Reale Einsatzumgebungen für mobile Roboter enthalten neben statischen Hindernissen auch dynamische, d.h. sich bewegende Hindernisse (z.B. Menschen). Hindernisbewegungen sind in der Regel nicht vollständig vorhersagbar, so daß die Vorausplanung von *garantiert kollisionsfreien* Bahnen nicht möglich ist. Viele in der Literatur vorgestellte Verfahren konzentrieren sich daher auf *reaktive Techniken*. Da aus Zeitgründen die Planung dann meist nur lokal und wenig vorausschauend erfolgen kann, sind die Bewegungen des Roboters unter Umständen sehr ineffizient und führen nur über Umwege zum Ziel. Ein wirkungsvoll arbeitendes System sollte daher Vorausplanung und reaktive Planung miteinander kombinieren [1, 12].

In mehreren Veröffentlichungen haben wir die statistische Bahnplanung vorgestellt, z.B. [4, 7, 8]: Sie berücksichtigt das vorherrschende, mit statistischen Bewegungsmustern dargestellte Hindernisverhalten, um bessere, an die dynamische Umgebung angepaßte Bahnen zu erzeugen. Die Wahrscheinlichkeit, daß der Roboter beim Abfahren der Bahn auf ein Hindernis trifft, verringert sich; die (ineffiziente) reaktive Planung wird seltener benötigt.

Die theoretischen Konzepte des statistischen Ansatzes wurden im Rahmen einer realen Experimentierumgebung in praktische Verfahren umgesetzt. Statistische Daten werden mit Hilfe von Kameras, die den Arbeitsraum beobachten, automatisch gewonnen. Anschließend können diese Daten zur Bewertung und zur gezielten Planung von Roboterbahnen verwendet werden. Dies betrifft sowohl die Vorausplanung als auch die Planung reaktiver Ausweichmanöver.

Die Verwendung stochastischer Konzepte bei der Bahnplanung hat in jüngerer Zeit einiges Interesse auf sich gezogen; die aus der Literatur bekannten Ansätze beschränken sich jedoch auf theoretische Untersuchungen und Simulationen bzw. auf Teilprobleme [11, 13, 14]. Dieser Artikel hingegen stellt ein Experimentiersystem vor, welches auf Basis realer Sensordaten arbeitet. In praktischen Versuchen kann somit unter Beweis gestellt werden, daß sich die stochastischen Konzepte dazu eignen, die nicht-deterministische reale Welt angemessen zu modellieren.

2 Ein globales Sensorsystem

Ein intuitiver Ansatz, um die Hindernisse im Arbeitsraum zu beobachten, besteht darin, den Roboter selbst mit entsprechender Sensorik auszustatten. Zahlreiche derartige Systeme wurden in der Literatur vorgestellt, im Hinblick auf die Gewinnung statistischer Daten hat ein solches Konzept jedoch entscheidende Nachteile:

- Der Roboter kann jeweils nur einen kleinen Bereich des Arbeitsraums vermessen. Eine kontinuierliche, globale Beobachtung der Hindernisbewegungen ist nicht möglich.
- Die Geschwindigkeit und die Bewegungsrichtung von Hindernissen lassen sich aus der Perspektive des Roboters nur ungenau bestimmen.
- Unsicherheiten hinsichtlich der Roboterposition wirken sich direkt auf die Bestimmung der Hindernispositionen aus. Messungen, die während der Bewegung des Roboters durchgeführt werden, sind oft mit großen Fehlern behaftet.
- Wenn sich der Roboter einem Hindernis nähert, reagiert das Hindernis unter Umständen durch eine Ausweichbewegung. Die Messung typischer, ungestörter Hindernisbewegungen ist dann nicht möglich.

Bei Messungen mit einem externen Sensorsystem lassen sich diese Probleme vermeiden. Hierzu werden über den gesamten Arbeitsraum verteilt mehrere Sensoren fest installiert. Ein externes Steuer- und Leitsystem stellt dem Roboter die Daten in aufbereiteter Form zur Verfügung. Die Kommunikation mit dem Roboter erfolgt z.B. über eine Funkschnittstelle.

Für viele Anwendungen ist dieser Ansatz sinnvoll und praktikabel (z.B. in der Fertigung), da die Einsatzumgebung des Roboters von begrenzten Ausmaßen und von vornherein bekannt ist. Die Positionen von statischen Hindernissen können dem Roboter als Karte vorab zur Verfügung gestellt werden. Die externen Informationen ermöglichen es dem Roboter, vorausschauender und flexibler zu

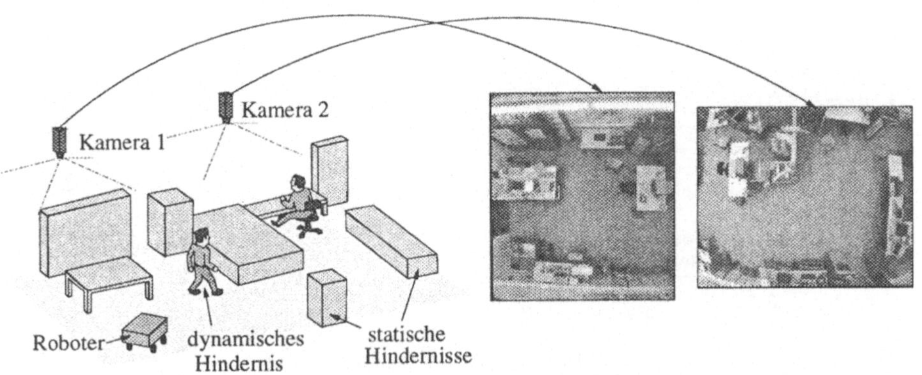

Abb. 1. Beobachtung des Arbeitsraums

agieren. Desweiteren kann ein solches System zu nahezu unveränderten Kosten (es ist keine zusätzliche Sensorik erforderlich) auch mehrere Roboter steuern.

Das beschriebene Konzept wurde im MONAMOVE-System[1] realisiert, z.B. [3, 5]: Der Arbeitsraum wird mit Kameras beobachtet, um die Roboterbewegungen überwachen und um Kollisionen mit dynamischen Hindernissen zu vermeiden. Die statistische Bahnplanung ist in dieses System eingebettet. Abbildung 1 veranschaulicht die Beobachtung des Arbeitsraums. Mehrere CCD-Kameras sind an festen Positionen an der Decke über dem Arbeitsbereich montiert. Mit geringem Aufwand kann so ein großer Bereich permanent und flächendeckend beobachtet werden. Die optischen Achsen der Kameras zeigen senkrecht nach unten, um die Verarbeitung der aufgenommenen Bilder zu vereinfachen. Die Zahl der benötigten Kameras hängt von der Größe des insgesamt zu beobachtenden Bereichs ab. Um einen möglichst großen Bereich pro Kamera zu erfassen, sind die Kameras in maximaler Höhe über dem Boden montiert. Kurze Brennweiten sorgen für einen großen Blickwinkel.

3 Aufzeichnung von Hindernisbewegungen

Die Verarbeitung der von den Kameras aufgenommenen Bilder beruht auf einer *Differenzbildanalyse*. Abbildung 2 zeigt die wichtigsten Operationen zur Erkennung der dynamischen Hindernisse. Vor Beginn der Datenerhebung werden für alle Kameras Referenzbilder aufgenommen. Bei diesen Aufnahmen darf der Arbeitsraum keine dynamischen Hindernisse enthalten. Um auf wechselnde Lichtverhältnisse (z.B. durch Fenster einfallendes Tageslicht) reagieren zu können, werden für jede Kamera zwei Referenzbilder aufgenommen. Sie zeigen den Arbeitsraum bei schwacher und bei starker Beleuchtung (z.B. Kunstlicht / Sonnenlicht). Das jeweils aktuelle Referenzbild wird als gewichtete Summe der beiden Referenzbilder berechnet. Bei Beobachtungen über längere Zeit kann so durch

---

[1] **MO**nitoring and **NA**vigation for **MO**bile **VE**hicles

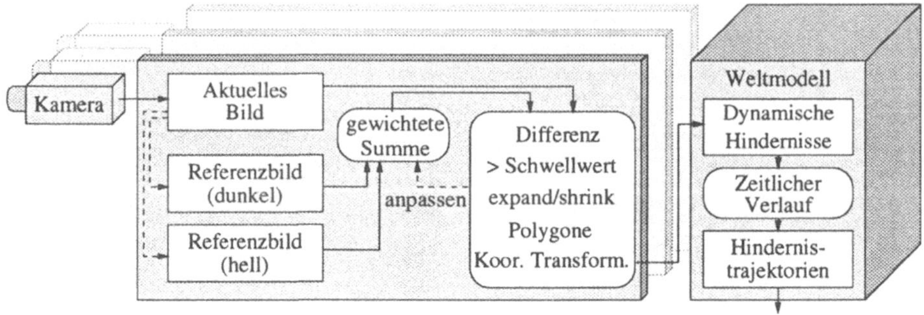

Abb. 2. Bildverarbeitung

kontinuierliche Veränderung des Gewichtungsfaktors das aktuelle Referenzbild schnell und gleichmäßig den wechselnde Bedingungen automatisch angepaßt werden.

Um den Gewichtungsfaktor zu bestimmen, werden im aktuellen Kamerabild die Bereiche, die nicht von dynamischen Hindernissen belegt sind, betrachtet. Der Faktor wird so gewählt, daß die mittlere Abweichung zur gewichteten Summe der Referenzbilder minimal wird.

Während jedes Meßzyklus wird das aktuell aufgenommene Bild mit dem Referenzbild verglichen, indem für jeden Bildpunkt der Betrag der Differenz berechnet wird. Anschließend wird das Differenzbild mit einem konstanten Schwellwert verglichen. Es ergibt sich so ein Binärbild, welches die Bereiche markiert, in denen im Arbeitsraum eine Veränderung vorliegt, die also von dynamischen Hindernissen belegt sind. Da bei geringen Kontrasten zum Referenzbild Hindernisse in der Regel nicht vollständig und lückenlos im Binärbild markiert werden, ist eine Nachbearbeitung erforderlich. Mit Hilfe von *expand* und *shrink*-Operatoren werden benachbarte Bereiche verschmolzen und einzelne, isolierte Bildpunkte entfernt.

Abschließend werden zusammenhängende Bereiche jeweils durch ein Polygon mit einer kleinen Anzahl (z.B. zehn) von Eckpunkten approximiert. Dies geschieht, indem entlang der Konturen des belegten Bereiches mit festen Abständen Eckpunkte erzeugt werden.

Mit Hilfe der bisher beschriebenen Operationen erhält man bezüglich jedes Kamerabildes eine polygonale Beschreibung der belegten Bereiche. Diese werden zu einer einheitlichen Repräsentation zusammengefaßt, indem die Hindernispolygone von den jeweiligen Bildkoordinatensystemen in ein gemeinsames Weltkoordinatensystem transformiert werden. Da die Kameras an festen Positionen montiert sind, lassen sich die Bildkoordinaten direkt den Weltkoordinaten (bezüglich des Bodens des Arbeitsraums) zuordnen. Diese Zuordnung wird in Tabellen gespeichert, welche nur einmalig, bei der Installation der Kameras, initialisiert werden müssen. Während der Datenerhebung lassen sich die Transformationen somit sehr schnell durchführen.

Infolge der Transformation erhält man für den aktuellen Meßzyklus eine Mo-

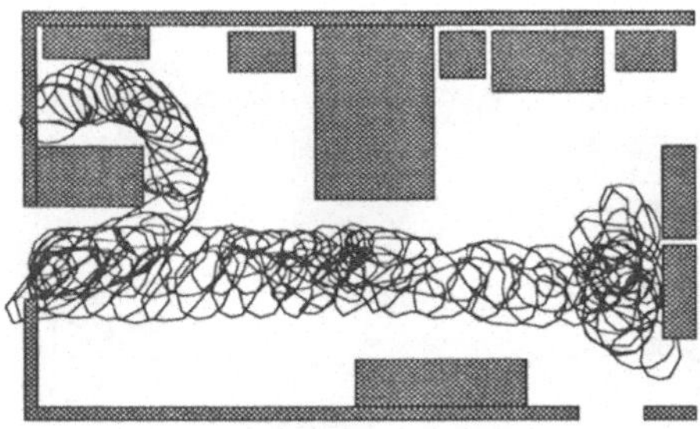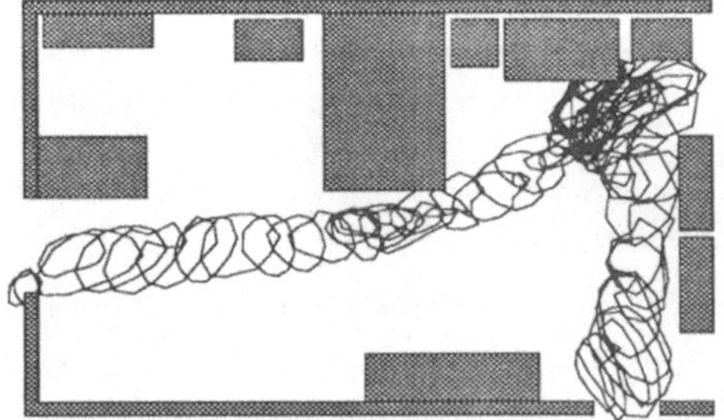

Abb. 3. Hindernisbewegungen auf Basis realer Sensordaten

mentaufnahme der gegenwärtigen Arbeitsraumbelegung. Um Bewegungen zu erkennen, müssen in aufeinanderfolgenden Meßzyklen identische Hindernisse einander zugeordnet werden. Mehrere Punkte sind dabei zu beachten:

1. Ein Hindernis kann, in Abhängigkeit von seiner Höchstgeschwindigkeit und von der Zeit zwischen den Aufnahmen, seine Position nur innerhalb eines begrenzten Radius verändern.
2. Die Größe eines Hindernisses bleibt näherungsweise konstant. (Schwankungen sind bei sich bewegenden Menschen oder aufgrund von Meßfehlern möglich.)
3. Hindernisse können nur in bestimmten Bereichen (Bildränder, Türen) erscheinen bzw. verschwinden.

Läßt sich ein Hindernis der aktuellen Aufnahme keinem Hindernis der vorhergehenden Aufnahme zuordnen, so wird davon ausgegangen, daß das Hindernis neu erschienen ist. Es wird dann eine zugehörige Hindernistrajektorie initialisiert. Ist eine Zuordnung hingegen möglich, so wird die Hindernistrajektorie des zugeordneten Hindernisses um die aktuelle Hindernisposition erweitert. Kann eine bestehende Trajektorie nicht durch ein aktuelles Hindernis fortgesetzt werden, so bedeutet dies, daß das zugehörige Hindernis den Arbeitsraum verlassen hat. Die Trajektorie wird als beendet markiert, sie kann danach nicht mehr fortgesetzt werden.

Abbildung 3 zeigt Hindernistrajektorien, die auf Basis realer Sensordaten von dem System aufgezeichnet wurden.

4 Statistische Modelle

Die von der Bildverarbeitung beobachteten individuellen Hindernistrajektorien werden in kompakten statistischen Modellen zusammengefaßt. Zwei Repräsentationen, die auf verschiedene Anwendungen zugeschnitten sind, können erzeugt werden: das **statistische Raster** und **stochastische Trajektorien** (Abb. 4).

Das statistische Raster wurde bereits in früheren Veröffentlichungen vorgestellt. Es wird von einem Potentialfeld-basierten Bahnplanungsverfahren verwendet [7, 8]. In den Zellen des statistischen Rasters werden Belegungswahrscheinlichkeiten und Bewegungsrichtungen gespeichert (Abb. 4 a: Grautöne bzw.

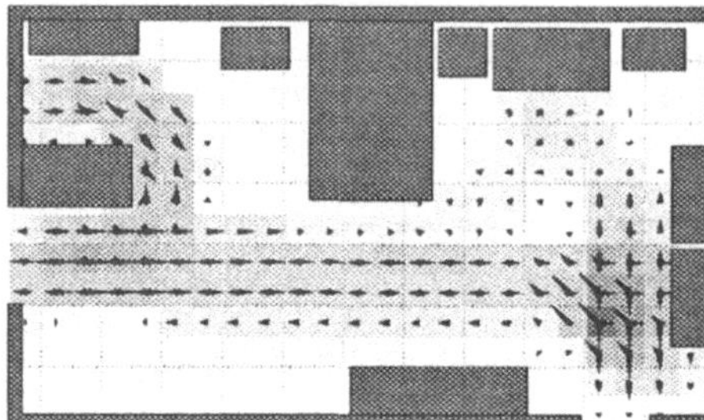

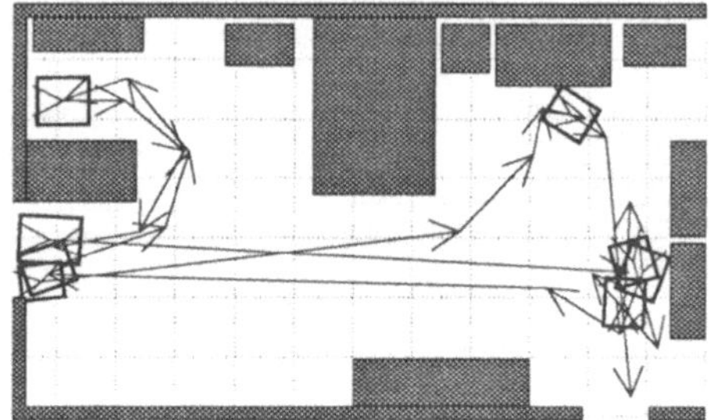

Abb. 4. Statistische Modellierung des Hindernisaufkommens

schwarze Dreiecke). Das statistische Raster wird berechnet, indem für jeden Meß-
zylus die belegten Bereiche auf das Raster abgebildet werden und die entsprechenden Einträge aktualisiert werden.

Stochastische Trajektorien stellen detailliertere statistische Informationen
dar (Abb. 4 b). Sie beschreiben charakteristische Bewegungen zusammen mit
ihrer Auftrittswahrscheinlichkeit als *Ereignisse*. Eine stochastische Trajektorie
ist ein Tripel $(\tau, \lambda, \mathcal{B})$: Entlang einer Trajektorie τ bewegen sich Hindernisse, deren Form durch das Polygon $\mathcal{B}$ beschrieben wird. Das Erscheinen der Hindernisse
wir gemäß eines Poisson-Prozesses mit der Intensität λ modelliert.

Um stochastische Trajektorien aus individuellen Hindernistrajektorien zu erzeugen, wird in zwei Phasen vorgegangen (Abb. 5): Zunächst wird jede Hindernistrajektorie in eine stochastische Trajektorie umgewandelt, anschließend
werden ähnliche stochastische Trajektorien zusammengefaßt.

Um τ zu bestimmen, wird die ursprüngliche Hindernisbewegung durch eine
kleine Anzahl von geradlinigen Bewegungen approximiert. Hierzu wird das *Iterative End-Point Fits*-Verfahren aus [2] verwendet, wobei neben der Position auch
die Zeit (relativ zum Beginn der Trajektorie) berücksichtigt wird, um die Geschwindigkeiten entlang der Trajektorie unterscheiden zu können. Das Verfahren
versucht rekursiv, Teile der Trajektorie durch geradlinige Bewegungen mit konstanter Geschwindigkeit zu approximieren. Begonnen wird mit der vollständigen
Trajektorie. Liegt die maximale Abweichung der ursprünglichen Trajektorie von
ihrer Approximation unterhalb einer vorgegebenen Grenze, so wird die Trajektorie durch die geradlinige Bewegung ersetzt. Andernfalls werden durch Unterteilung an der Stelle mit der größten Abweichung zwei rekursiv zu bearbeitende
Teiltrajektorien erzeugt.

Als nächstes muß der stochastischen Trajektorie eine Intensität λ zugeordnet werden. Der gesamte Zeitraum, während dessen Hindernistrajektorien aufgezeichnet wurden, habe die Dauer T_B. Es wird angenommen, daß T_B zugleich
die mittlere Dauer ist, innerhalb derer die betrachtete Hindernisbewegung genau
einmal erscheint. Aufgrund des Poisson-Modells ergibt sich:

$$\lambda = \frac{1}{T_B} \tag{1}$$

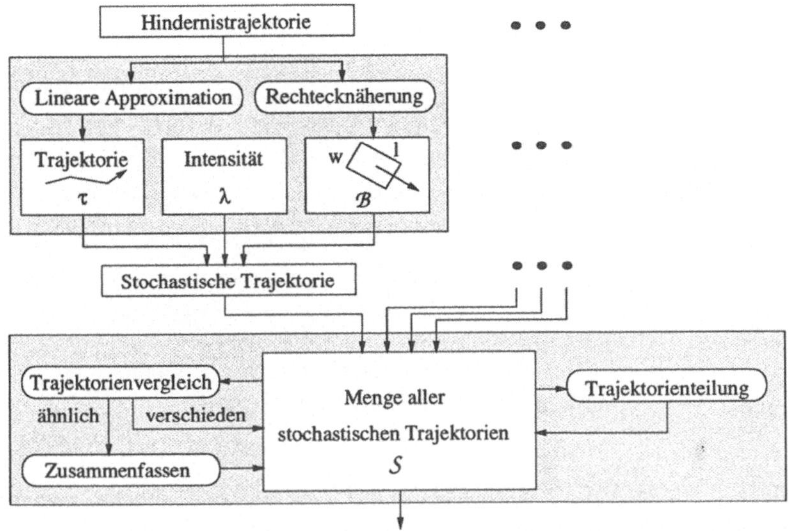

Abb. 5. Erzeugung stochastischer Trajektorien

Die Form der Hindernisse auf der stochastischen Trajektorie wird durch ein Rechteck, welches tangential zur Bewegungsrichtung orientiert ist, approximiert. Seine Länge und Breite werden als Mittelwerte aus den Hindernispolygonen berechnet.

Die direkte Umwandlung aller Hindernistrajektorien liefert eine große Menge stochastischer Trajektorien. Um eine kompaktere Darstellung zu erhalten, werden ähnliche stochastische Trajektorien zusammengefaßt. Hierzu werden jeweils zwei stochastische Trajektorien $(\tau_1, \lambda_1, \mathcal{B}_1)$ und $(\tau_2, \lambda_2, \mathcal{B}_2)$ miteinander verglichen. Sind τ_1 und τ_2 sowie $\mathcal{B}_1$ und $\mathcal{B}_2$ ähnlich, so werden sie zu einer einzelnen stochastischen Trajektorie $(\tau', \lambda', \mathcal{B}')$ zusammengefaßt. Die Intensitäten der einzelnen Poisson-Prozesse addieren sich dabei:

$$\lambda' = \lambda_1 + \lambda_2 \tag{2}$$

Je länger eine stochastische Trajektorie ist, desto seltener lassen sich ähnliche Trajektorien finden, die mit ihr zusammengefaßt werden können. Um die Menge der stochastischen Trajektorien dennoch verkleinern zu können, besteht die Möglichkeit, lange Trajektorien jeweils in mehrere kürzere Abschnitte zu zerlegen. Diese lassen sich besser mit anderen Trajektorien bzw. Trajektorienabschnitten zusammenfassen.

5 Bewertung von Roboterbahnen

Die statistischen Daten ermöglichen die Bewertung vorgegebener Roboterbahnen. Ein wichtiges Kriterium ist die *Kollisionswahrscheinlichkeit*, d.h. die Wahr-

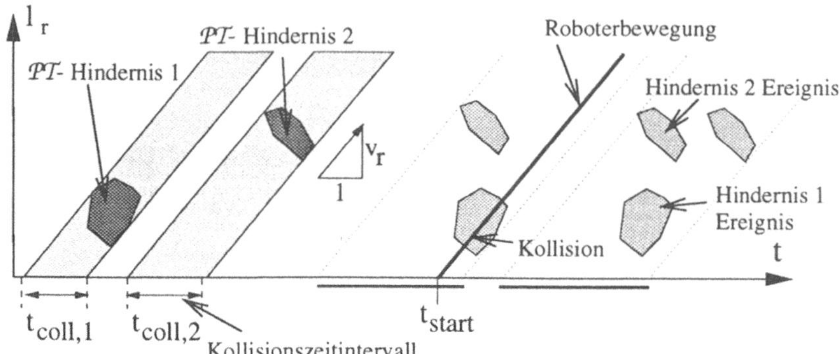

Abb. 6. Stochastischer Pfad-Zeit-Raum

scheinlichkeit, beim Abfahren einer Bahn auf Hindernisse zu stoßen. Bahnen mit geringen Kollisionswahrscheinlichkeiten bieten mehrere Vorteile:

- Reaktive Ausweichmanöver werden seltener notwendig $\Rightarrow$ der Roboter kann sein Ziel schneller und effizienter erreichen.
- Der Roboter ist besser an seine Umgebung angepaßt $\Rightarrow$ die Bewegungen anderer Objekte (insbesondere Menschen) werden durch den Roboter weniger gestört.

Unter Verwendung der stochastischen Trajektorien läßt sich die Kollisionswahrscheinlichkeit genau berechnen. Hierzu wird für die vorgegebene Roboterbahn der Pfad-Zeit-Raum ($\mathcal{PT}$-Raum) betrachtet. Er wird durch die Zeit und durch die entlang der Bahn zurückgelegte Entfernung aufgespannt. Dies ist ein bekanntes Konzept, um Bahnen in deterministischen dynamischen Bewegungen zu untersuchen [6].

Für die stochastische Umgebung werden einige Erweiterungen notwendig, wir sprechen vom *stochastischen Pfad-Zeit-Raum* (Abb. 6): Von den Bewegungen dynamischer Hindernisse sind nur die Auftrittswahrscheinlichkeiten, nicht aber die genauen Zeitpunkte ihres Erscheinens bekannt. Es ist also nicht möglich, die stochastischen Trajektorien direkt in den $\mathcal{PT}$-Raum zu transformieren. Ihre $\mathcal{PT}$-Hindernisse können an beliebigen Positionen entlang der Zeitachse im $\mathcal{PT}$-Raum erscheinen, die Form der $\mathcal{PT}$-Hindernisse ist jedoch berechenbar. Deren Häufigkeit wird durch die Intensität der stochastischen Trajektorie bestimmt.

In [9] wurde erläutert, wie sich bezüglich einer stochastischen Trajektorie die Form des $\mathcal{PT}$-Hindernisses berechnen läßt. Schneidet die Gerade, welche die Roboterbewegung repräsentiert, ein $\mathcal{PT}$-Hindernis, so bedeutet dies, daß es zu einer Kollision mit einem Hindernis auf der zugehörigen stochastischen Trajektorie kommt. Bei konstanter Robotergeschwindigkeit v_r können die $\mathcal{PT}$-Hindernisse entlang dem Vektor $(-1, -v_r)^T$ auf die Zeitachse projeziert werden. Es ergeben sich sogenannte *Kollisionszeitintervalle*. Beginnt der Roboter während dieser Zeitintervalle seine Bewegung auf der Bahn, so kommt es zu einer Kollision.

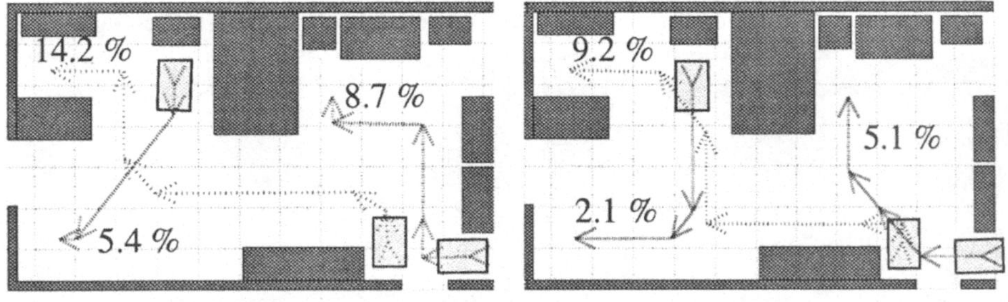

Abb. 7. Bewertung von Roboterbewegungen

Bezüglich jeder stochastischen Trajektorie τ kann die Länge $t_{coll,\tau}$ der Kollisionszeitintervalle berechnet werden. Die Lage der Kollisionszeitintervalle auf der Zeitachse ist nicht bekannt, aber die Intensität λ bestimmt deren Häufigkeit. Der Roboter beginne seine Bewegung zum Zeitpunkt t_{start}. Er wird genau dann mit einem Hindernis auf τ kollidieren, wenn es zu einem solchen Zeitpunkt erscheint, daß sein Kollisionszeitintervall t_{start} enthält. Aufgrund des Poisson-Modells kann die Kollisionswahrscheinlichkeit berechnet werden:

$$p_{coll}^{\tau} = 1 - e^{-t_{coll,\tau}\,\lambda} \tag{3}$$

Unter der Annahme, daß verschiedene stochastische Trajektorien unabhängig voneinander sind, ergibt sich die Kollisionswahrscheinlichkeit bezüglich der Gesamtmenge $\mathcal{T}$ der stochastischen Trajektorien:

$$p_{coll} = 1 - \prod_{(\tau,\lambda,\mathcal{B})\in\mathcal{T}} e^{-t_{coll,\tau}\lambda} \tag{4}$$

Abbildung 7 zeigt für einige Roboterbahnen die Kollisionswahrscheinlichkeiten bezüglich der stochastischen Trajektorien aus Abbildung 4. Der Vergleich der linken und rechten Abbildungen verdeutlicht, wie sich bei vorgegebenen Start- und Zielpositionen die Kollisionswahrscheinlichkeiten durch Modifaktion der Bahnen verringern lassen.

Welche Zeit T_{ziel} benötigt der Roboter zum Erreichen der Zielposition? Für viele Anwendungen ist dies eine wichtige Frage. Da die dynamische Umgebung nicht deterministisch ist, wird der Erwartungswert $E\{T_{ziel}\}$ betrachtet. Er hängt von der Kollisionswahrscheinlichkeit und vom Aufwand eventuell erforderlicher Ausweichbewegungen ab. In [10] wurde im Rahmen eines vereinfachten Modells $E\{T_{ziel}\}$ genau berechnet. In der Praxis ist lediglich eine Schätzung möglich. Die ursprüngliche Robotertrajektorie benötige die Zeit T_0. Verursacht ein Ausweichmanöver im Mittel eine Verzögerung T_{reak} und haben Ausweichmanöver dieselbe Kollisionswahrscheinlichkeit wie die ursprüngliche Trajektorie, dann ergibt sich:

$$E\{T_{ziel}\} = T_0 + \frac{p_{coll}}{1 - p_{coll}}\,T_{reak} \tag{5}$$

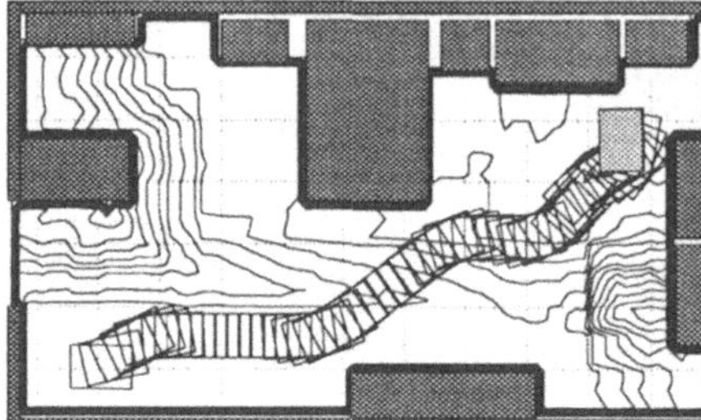

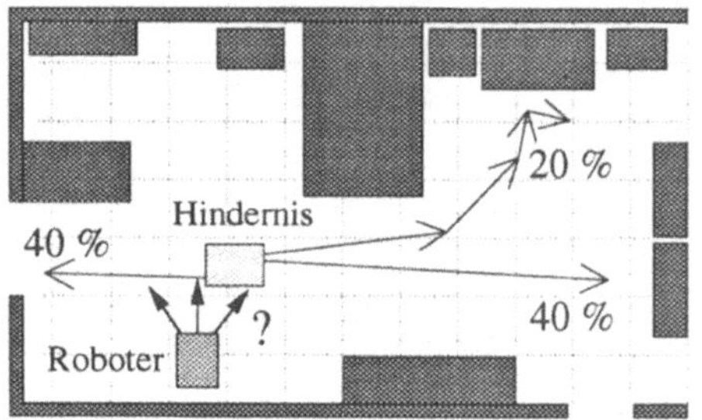

Abb. 8. Vorausplanung und reaktive Planung auf Basis statistischer Daten

6 Statistische Bewegungsplanung

Das durch die statistischen Modelle gegebene, zusätzliche Wissen kann genutzt werden, um die Planung von Roboterbewegungen zu verbessern. Es ergeben sich effizientere, an das typische Hindernisverhalten angepaßte Bewegungen.

In [4, 7, 8] wurde die Vorausplanung untersucht. Der vorgestellte Ansatz verwendete sogenannte cp-Felder (cp= collision probability), um Bahnen mit näherungsweise minimaler Kollisionswahrscheinlichkeit gezielt zu planen. Im Rahmen des Experimentiersystems lassen sich nun die erforderlichen statistischen Daten automatisch gewinnen, so daß das Verfahren unmittelbar in der Praxis eingesetzt werden kann. Abbildung 8 zeigt eine Bahn, die auf Basis des statistischen Rasters aus Abbildung 4 geplant wurde.

Auch die *reaktive Planung* läßt sich durch Berücksichtigung der statistischen Modelle verbessern: Während der Roboter seine vorgeplante Bahn abfährt, wird überwacht, ob die jeweils nächsten Bewegungen durchgeführt werden können, ohne daß es zu einer Kollision mit einem dynamischen Hindernis kommt. Unterschreitet der Roboter einen vorgegebenen Mindestabstand zu einem dynamischen Hindernis, so wird die reaktive Planung aufgerufen. Indem die weiteren Hindernisbewegungen abgeschätzt werden, läßt sich ein Ausweichmanöver berechnen, welches mit hoher Wahrscheinlichkeit erfolgreich durchgeführt werden kann. Eine genaue Vorhersage ist meist nicht möglich, jedoch lassen sich Hindernisbewegungen mit bestimmten Wahrscheinlichkeiten bewerten. In der Literatur finden sich Ansätze, die darauf abzielen, zukünftige Positionen des Hindernisses aufgrund seiner aktuellen Geschwindigkeit vorherzusagen. Unter Berücksichtigung der möglichen Beschleunigungen wird eine Verteilung seiner Aufenthaltswahrscheinlichkeit berechnet [14, 15]. Im Vergleich zu diesen Ansätzen erlaubt das statistische Modell eine genauere Vorhersage zukünftiger Hindernisbewegungen und damit eine bessere Planung von Ausweichmanövern (Abb. 8).

Angenommen, ein Hindernis B in der Nähe des Roboters blockiert die vorausgeplante Bahn. Es wird davon ausgegangen, daß sich B (näherungsweise) entlang einer stochastischen Trajektorie bewegt. Von der Menge aller stochastischen Trajektorien ist eine Teilmenge T_B der Trajektorien, die in der Nähe der aktuellen Position von $\mathcal{B}$ verlaufen, zu untersuchen. Nur sie kommen für die Beschreibung der weiteren Bewegung von $\mathcal{B}$ in Frage.[2] Für jede Trajektorie aus $\mathcal{T}_{\mathcal{B}}$ kann die Wahrscheinlichkeit, daß das Hindernis die durch sie beschriebene Bewegung durchführt, berechnet werden:

$$p_{(\tau,\lambda,\mathcal{B})} = \frac{\lambda}{\sum\limits_{(\tau',\lambda',\mathcal{B}')\in\mathcal{T}_{\mathcal{B}}} \lambda'} \tag{6}$$

Potentielle Ausweichbewegungen ρ_i lassen sich damit hinsichtlich ihrer Kollisionswahrscheinlichkeit bewerten. Hierzu werden für jedes ρ_i die Hindernistrajektorien, welche zu einer Kollision führen, bestimmt. Die boolesche Variable $\texttt{coll}(\rho_i,\tau) \in \{0,1\}$ bezeichne, ob die Roboterbewegung ρ_i zu einer Kollision führt, wenn sich das Hindernis auf τ bewegt. Es ergibt sich die Kollisionswahrscheinlichkeit für eine Ausweichbewegung ρ_i:

$$p_{coll}(\rho_i) = \sum_{(\tau,\lambda,\mathcal{B})\in\mathcal{T}_{\mathcal{B}}} \texttt{coll}(\rho_i,\tau)\,p_{(\tau,\lambda,\mathcal{B})} \tag{7}$$

Die Anzahl der zu untersuchenden Alternativen ρ_i und ihre Länge hängt von der zur Verfügung stehenden Rechenleistung ab. Die Planung muß schnell erfolgen, so daß Zeit bleibt, die Ausweichbewegung rechtzeitig vor einer Kollision zu beginnen. Es kann daher nur eine kleine Menge einfacher Bewegungen untersucht werden.

7 Zusammenfassung

Mobile Roboter für anspruchsvolle Anwendungen müssen in der Lage sein, in dynamischen, nicht (vollständig) vorhersagbaren Umgebungen zu operieren. Um unvollständiges Wissen berücksichtigen zu können, stellen stochastische Methoden ein zuverlässiges Werkzeug in verschiedenen Forschungsbereichen dar. Die statistische Bahnplanung verwendet stochastische Modelle, um das Hindernisverhalten im Arbeitsraum zu beschreiben.

Wir haben ein Experimentiersystem aufgebaut, welches aus realen Sensordaten automatisch die benötigten statistischen Beschreibungen erzeugt. Die theoretischen Konzepte können somit in die Praxis umgesetzt werden. Während sich unsere früheren Arbeiten auf die Vorausplanung beschränkt haben, wurde in diesem Artikel gezeigt, wie mit einer verfeinerten statistischen Darstellung, den stochastischen Trajektorien, eine genaue Bewertung von Roboterbahnen möglich wird. Für die statistische Bewegungsplanung eröffnen sich dadurch neue Anwendungsbereiche wie z.B. die reaktive Planung von Ausweichmanövern. Sie werden in der Zukunft mit realen Experimenten weiter untersucht.

---

[2] Durch zusätzliche Berücksichtigung der Form und der Bewegungsrichtung von $\mathcal{B}$ könnte die Teilmenge weiter verkleinert werden. In der Praxis lassen sich die entsprechenden Parameter jedoch meist nur ungenau messen.

Literatur

1. R. A. Brooks. A robust layered control system for a mobile robot. *IEEE Journal of Robotics and Automation*, 2(1):14–23, Mar. 1986.
2. R. O. Duda and P. E. Hart. *Pattern Classification and Scene Analysis*. John Wiley & Sons, New York, 1973.
3. R. Gutsche, C. Laloni, and F. M. Wahl. Factory floor monitoring system with intelligent control for mobile robot guidance. *International Conference on Advanced Mechatronics (ICAM '93)*, pages 185–190, 1993.
4. R. Gutsche, C. Laloni, and F. M. Wahl. Path planning for mobile vehicles within dynamic worlds using statistical data. In *IEEE/RSJ International Conference on Intelligent Robots and Systems*, pages 456–461, 1994.
5. R. Gutsche and F. M. Wahl. A new navigation concept for mobile vehicles. In *IEEE International Conference on Robotics and Automation*, pages 215–220, Nice, France, May 1992.
6. K. Kant and S. W. Zucker. Toward efficient trajectory planning: The path-velocity decomposition. *The International Journal of Robotics Research*, 5(3):72–89, 1986.
7. E. Kruse, R. Gutsche, and F. M. Wahl. Bahnplanung in dynamischen Umgebungen: Berechnung und Minimierung von Kollisionswahrscheinlichkeiten auf Basis statistischer Daten. In *12. Fachgespräch Autonome Mobile Systeme*, pages 160–169, München, Oct. 1996.
8. E. Kruse, R. Gutsche, and F. M. Wahl. Estimation of collision probabilities in dynamic environments for path planning with minimum collision probability. In *IEEE/RSJ International Conference on Intelligent Robots and Systems*, pages 1288–1295, Nov. 1996.
9. E. Kruse, R. Gutsche, and F. M. Wahl. Acquisition of statistical motion patterns in dynamic environments and their application to mobile robot motion planning. In *IEEE/RSJ International Conference on Intelligent Robots and Systems*, Sept. 1997.
10. E. Kruse, R. Gutsche, and F. M. Wahl. Stochastic motion planning for mobile robots: Paradigms for efficiency and optimality using a discrete model. In *IEEE International Conference on Systems, Man, and Cybernetics*, Oct. 1997.
11. S. M. La Valle and R. Sharma. A framework for motion planning in stochastic environments. In *IEEE International Conference on Robotics and Automation*, pages 3057–3068, Nagoya, May 1995.
12. F. R. Noreils and R. Prajoux. From planning to execution monitoring control for indoor mobile robots. In *IEEE International Conference on Robotics and Automation*, pages 1510–1517, Apr. 1991.
13. R. Sharma. Safe motion planning for a robot in a dynamic uncertain environment. In *IEEE International Conference on Robotics and Automation*, volume 1, pages 438–443, Sacramento, Apr. 1991.
14. S. Tadokoro, M. Hayashi, Y. Manabe, Y. Nakami, and T. Takamori. Motion planner of mobile robots which avoid moving human obstacles on the basis of stochastic prediction. In *IEEE International Conference on Systems, Man, and Cybernetics*, pages 3286–3291, 1995.
15. Q. Zhu. Hidden Markov model for dynamic obstacle avoidance of mobile robot navigation. *IEEE Transactions on Robotics and Automation*, 7(3):390–397, June 1991.

Relokalisation – Ein theoretischer Ansatz in der Praxis*

Oliver Karch   Hartmut Noltemeier   Mathias Schwark   Thomas Wahl

Lehrstuhl für Informatik I
Universität Würzburg
Am Hubland, 97074 Würzburg
Email: {karch,noltemei,schwark,wahl}@informatik.uni-wuerzburg.de
WWW: http://www-info1.informatik.uni-wuerzburg.de/

Zusammenfassung Wir betrachten das folgende Problem: Ein Roboter befindet sich an einer ihm unbekannten Position innerhalb eines Gebäudes und hat die Aufgabe, eine komplette *Relokalisation* durchzuführen, d.h. seine Position und Orientierung zu bestimmen. Dies ist beispielsweise notwendig, wenn der Roboter nach einer Störung (z.B. einem Stromausfall oder Wartungsarbeiten) wieder selbständig starten soll und die Möglichkeit besteht, daß er in der Zwischenzeit bewegt wurde.
Eine idealisierte Variante dieses Problems, bei der der Roboter einen Entfernungssensor und einen Kompaß besitzt, die jeweils exakte, unverrauschte Daten liefern, sowie eine (exakte) polygonale Umgebungskarte, wurde von Guibas *et al.* gelöst.
Wir beschreiben eine Möglichkeit, diesen theoretischen Ansatz so zu modifizieren, daß er auch in realistischen Umgebungen (beispielsweise bei ungenauer Sensorik oder ungenauer Karte) eingesetzt werden kann.

1 Problemstellung

Wir betrachten die erste Phase des *Lokalisationsproblems* [3]: Ein autonomer Roboter befindet sich an einer ihm unbekannten Position innerhalb eines Gebäudes. Seine Aufgabe besteht darin, seine Position und Orientierung ohne jegliches Vorwissen über frühere Positionen zu bestimmen. Dies ist beispielsweise notwendig, wenn der Roboter nach einer Störung (z.B. einem Stromausfall oder Wartungsarbeiten) wieder selbständig starten soll und die Möglichkeit besteht, daß er in der Zwischenzeit (von außen) bewegt wurde.

Der Roboter verfügt hierzu über eine Umgebungskarte und einen Entfernungssensor (z.B. einen Laser-Scanner) und soll die Lokalisation auch nur mit dieser Minimalausstattung an Sensoren bewerkstelligen; insbesondere dürfen also auch keine Ortsmarken (z.B. Markierungen an den Wänden oder auf dem Boden) benutzt werden. Auf diese Weise soll ein autonomer Roboter auch in Umgebungen eingesetzt werden können, in denen bauliche Veränderungen verboten oder zu kostenintensiv sind.

* Diese Arbeit wird von der Deutschen Forschungsgemeinschaft (DFG) gefördert, Projektnr. No 88/14-1.

In der Regel erfolgt die Lösung dieses Problems in zwei Phasen: Zunächst generiert der *stillstehende* Roboter alle hypothetischen Positionen in der Karte, die konsistent mit seinen Sensordaten sind. Falls die Karte gleichartige Bereiche an verschiedenen Stellen enthält (z.B. in Gebäuden mit vielen identischen Korridoren, wie in Krankenhäusern oder Lagerhallen), kann es mehrere potentielle Positionen geben. Diese besitzen alle dasselbe Sichtbarkeitspolygon und können von einem stillstehenden Roboter nicht unterschieden werden. Abbildung 2 zeigt ein Beispiel: Die Standorte am unteren Ende der beiden äußeren Nischen können aufgrund ihres Sichtbarkeitspolygons nicht unterschieden werden.

In einem solchen Fall *bewegt* sich der Roboter dann in einer zweiten Phase innerhalb seiner Umgebung, um die Mehrdeutigkeiten zu eliminieren. Dies ist ein typisches online-Problem, da der Roboter die Informationen online verarbeiten muß, um einen möglichst effizienten (d.h. kurzen) Weg zu bestimmen, auf dem die falschen Hypothesen eliminiert werden können. Dudek *et al.* [4] zeigten, daß die Bestimmung einer optimalen Lokalisierungsstrategie NP-hart ist, und stellten gleichzeitig eine kompetitive Greedy-Heuristik vor, deren Laufzeit von Schuierer [9] noch verbessert werden konnte.

Dieser Artikel konzentriert sich auf die erste Phase der Lokalisation, d.h. auf das Generieren der möglichen Roboterstandorte. Unter den zusätzlichen Voraussetzungen, daß der Roboter seine Orientierung bereits kennt (d.h. einen *Kompaß* besitzt) und sowohl alle Sensoren als auch die Karte *exakt* (d.h. ohne jegliche Verrauschungen) sind, erhalten wir das folgende geometrische Problem: Für ein gegebenes Kartenpolygon P und ein sternförmiges[1] Polygon V (das Sichtbarkeitspolygon des Roboters) sollen alle Punkte $p \in P$ gefunden werden, deren Sichtbarkeitspolygon gleich V ist.

In [5] beschreiben Guibas *et al.* ein Verfahren zur effizienten Lösung des Lokalisationsproblems in obiger idealisierter Form, welches wir im folgenden Abschnitt kurz skizzieren wollen. Da diese Vorgehensweise eine exakte Sensorik, eine exakte Karte sowie einen Kompaß voraussetzt, ist das Verfahren nicht direkt in die Praxis übertragbar, wo die Daten im allgemeinen *fehlerbehaftet* sind. In Abschnitt 3 behandeln wir deshalb die auftretenden Probleme und stellen in den Abschnitten 4 und 5 einen Ansatz vor, diese zu umgehen. Hierbei werden Distanzfunktionen benutzt, um die Ähnlichkeiten zwischen den verrauschten Scans (des Entfernungssensors) und den im Preprocessing (aus der möglicherweise ungenauen Karte) bestimmten Sichtbarkeitsskeletten zu modellieren.

2 Ein theoretischer Ansatz

Im folgenden skizzieren wir das Verfahren von Guibas *et al.*, das als Grundlage für den in Abschnitt 4 vorgestellten Ansatz dient. Die Problemstellung lautet: Gegeben sind ein Polygon P (die *Umgebungskarte*) und ein sternförmiges Polygon V (das *Sichtbarkeitspolygon* des Roboters). Wir nehmen hierbei an, daß der

---

[1] Ein Polygon heißt *sternförmig*, wenn es (mindestens) einen Punkt gibt, von dem aus das komplette Polygoninnere einsehbar ist. Jeder solche Punkt ist ein *Kernpunkt*, und die Gesamtheit dieser Punkte ist der *Kern* des Polygons.

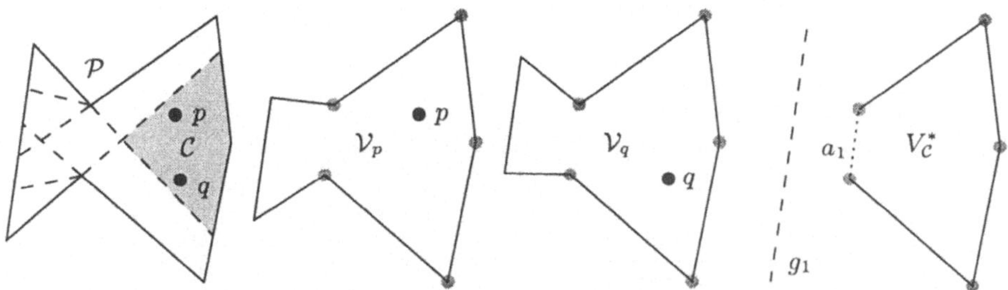

Abbildung 1. Zerlegung einer Karte in Sichtbarkeitszellen (links), zwei Sichtbarkeitspolygone (Mitte) und das zugehörige Skelett (rechts)

Roboter im Koordinatenursprung von $\mathcal{V}$ plaziert ist. Unter der Voraussetzung,
daß die Orientierung von $\mathcal{V}$ bezüglich $\mathcal{P}$ schon bekannt ist, sind dann alle Punkte
$p \in \mathcal{P}$ gesucht, deren Sichtbarkeitspolygon $\mathcal{V}_p$ gleich $\mathcal{V}$ ist.

Die zentrale Idee von Guibas *et al.* [5] zur Lösung dieses Problems ist, die
Karte in *endlich* viele Sichtbarkeitszellen zu zerlegen, so daß sich das sog. Sichtbarkeitsskelett, das gewissermaßen eine Vergröberung des Sichtbarkeitspolygons
darstellt, innerhalb einer Sichtbarkeitszelle nicht ändert.

Bei einer Lokalisationsanfrage wird dann das vom Sichtbarkeitspolygon des
Roboters induzierte Skelett bestimmt und nur nach denjenigen Zellen gesucht,
die dasselbe Skelett besitzen. Das kontinuierliche[2] Problem, ein Sichtbarkeitspolygon in die Karte einzupassen, wird dadurch auf natürliche Weise diskretisiert.

2.1 Die Zerlegung in Sichtbarkeitszellen

In einem Preprocessingschritt wird die Karte $\mathcal{P}$ durch Einfügen von Halbstrahlen
in konvexe *Sichtbarkeitszellen* zerlegt, die die folgende Eigenschaft besitzen:

> Die Menge der sichtbaren Kartenecken ändert sich innerhalb einer Sicht-
> barkeitszelle nicht.

Die Sichtbarkeit einer Kartenecke ändert sich nur beim Überschreiten eines Halbstrahls, der durch diese Ecke und eine Reflexecke (mit Innenwinkel $\geq 180°$)
induziert wird, welche die Kartenecke verdeckt. Abbildung 1 demonstriert diese Zerlegung in Sichtbarkeitszellen an einem einfachen Beispiel. Die Punkte p
und q befinden sich in derselben Sichtbarkeitszelle C und sehen dieselben fünf
grau markierten Ecken. Abbildung 2 zeigt eine Zerlegung für eine etwas kom-
pliziertere Karte mit drei Hindernissen (grau gezeichnet), erzeugt mit unserer
Software RoLoPro (siehe Abschnitt 6).

Besteht die Karte aus n Ecken, davon r Reflexecken, dann gibt es $\mathcal{O}(nr)$
solche Halbstrahlen und die Komplexität der entstehenden Zerlegung ist in
$\mathcal{O}(n^2 r^2)$, wobei auch leicht worst case-Szenen angegeben werden können, die
zeigen, daß diese Schranken scharf sind.

---

[2] „Kontinuierlich" in dem Sinne, daß sich kein $\varepsilon > 0$ finden läßt, so daß sich das
Sichtbarkeitspolygon $\mathcal{V}_p$ eines sich um maximal ε bewegenden Punktes p nicht ändert.

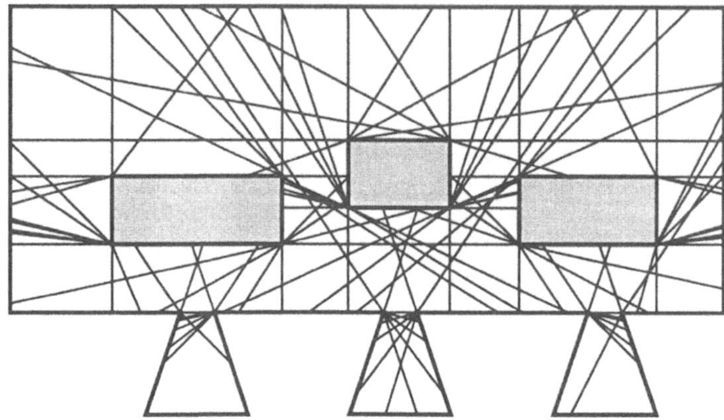

Abbildung 2. Sichtbarkeitszellenzerlegung einer komplizierteren Karte

2.2 Das Sichtbarkeitsskelett

Die Sichtbarkeitspolygone zweier Punkte aus derselben Zelle unterscheiden sich nur in einigen wenigen Stellen (siehe Abbildung 1), nämlich in den durch Verdeckungen induzierten *Scheinkanten* und den dazwischen liegenden *teilweise sichtbaren* Kanten der Karte. Die übrigen *echten* (d.h. komplett sichtbaren) Kanten sind in beiden Polygonen identisch (siehe die beiden Sichtbarkeitspolygone in Abbildung 1). Diese Beobachtung führt zur Definition einer Struktur, die sich innerhalb einer Zelle nicht ändert, des Sichtbarkeitsskeletts.

Für ein Sichtbarkeitspolygon V_p eines Punktes p erhält man das zugehörige *Sichtbarkeitsskelett V_p^** durch Entfernen aller Scheinkanten, die kolinear zum Betrachter p liegen, und der dazwischen liegenden teilweise sichtbaren Kanten. Für jede teilweise sichtbare Kante wird eine *künstliche Kante a_i* zu V_p^* hinzugefügt, zusammen mit der Geraden g_i, auf der die ursprüngliche (teilweise sichtbare) Kante von V_p liegt.

Das so definierte Skelett ändert sich innerhalb einer Zelle nicht. Deshalb definieren wir als V_C^* das gemeinsame Skelett aller Punkte aus der Zelle C. Abbildung 1 (rechts) zeigt als Beispiel das Skelett V_C^* der grau gefärbten Zelle C.

3 Probleme in realistischen Szenarien

Die idealisierenden Annahmen, die das im letzten Abschnitt beschriebene Verfahren macht, verhindern seinen direkten Einsatz in realistischen Szenarien, in denen sich folgende Probleme ergeben:

– Ein realer Entfernungssensor liefert kein Sichtbarkeits*polygon* V, sondern einen Scan S, d.h. eine *endliche Folge* von Entfernungsmeßwerten. Zudem liegen die Scanpunkte nicht exakt auf dem Sichtbarkeitspolygon, sondern

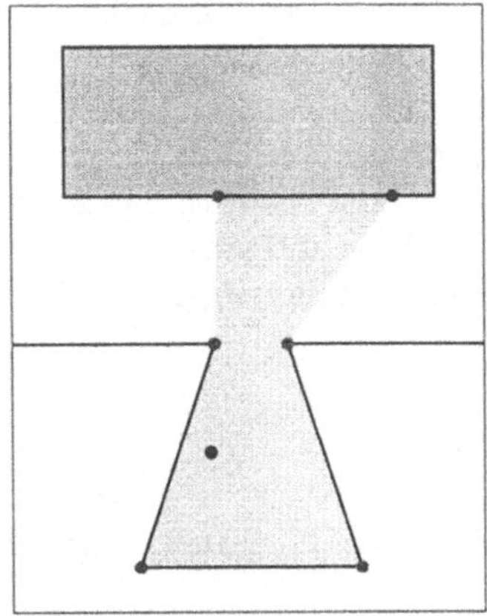 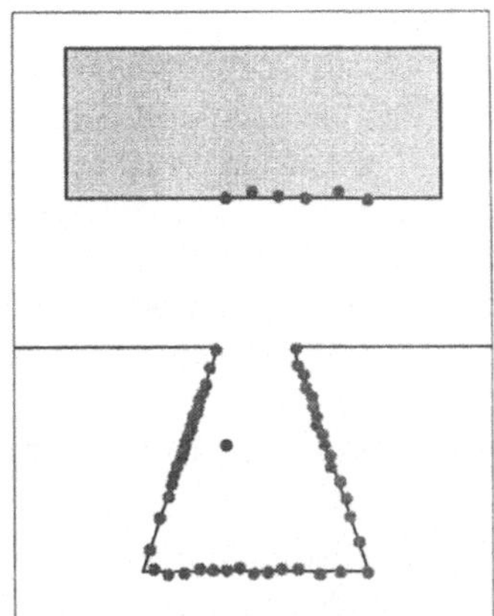

Abbildung 3. Exaktes Sichtbarkeitspolygon (links) und verrauschter Scan (rechts) für einen Roboter in der linken der drei Nischen von Abbildung 2

sind mit *Ungenauigkeiten* behaftet (siehe Abbildung 3). Selbst wenn wir diese Punkte durch Strecken verbinden, erhalten wir nur eine Approximation $\mathcal{V}_S$ des exakten Sichtbarkeitspolygons $\mathcal{V}$.

- Die im letzten Abschnitt erwähnte Kompaßvoraussetzung wird von realen Robotern ebenfalls nicht erfüllt bzw. nur mit zu geringer Genauigkeit.
- In der Einsatzumgebung des Roboters können sich Hindernisse befinden, die in der Karte nicht verzeichnet sind und die seine Sicht beeinträchtigen. Dies können beispielsweise Hindernisse sein, die zu klein sind, um in die Karte aufgenommen zu werden (Stühle, Tische usw.), oder auch dynamische Hindernisse wie Menschen oder Roboter.

Obige Probleme haben zur Folge, daß das (approximierte) Sichtbarkeitsskelett $\mathcal{V}_S^*$, welches der Roboter aus dem approximierten Sichtbarkeitspolygon $\mathcal{V}_S$ berechnet, in der Regel mit keinem der im Preprocessing berechneten Skelette exakt übereinstimmt. Deshalb ist der Roboter nicht in der Lage, den Scan einem der Skelette zuzuordnen, und die Lokalisationsanfrage liefert kein Ergebnis und schlägt fehl.

4 Anpassung des Verfahrens an die Praxis

Unser Ansatz zur Umgehung dieser Probleme ist, für einen gegebenen Scan $\mathcal{S}$ dasjenige Skelett zu suchen, das dem Scan am *ähnlichsten* ist, d.h. die ursprüngliche *Exact Match*-Anfrage durch eine *Nearest Neighbor*-Anfrage in der Menge der Skelette zu ersetzen. Die Ähnlichkeit zwischen einem Scan $\mathcal{S}$ und einem Skelett V^* soll hierbei durch eine geeignete Distanzfunktion $d(\mathcal{S}, V^*)$ modelliert werden.

Je nachdem, welche Distanzfunktion verwendet wird, muß auf den Scan und das so ermittelten Skelett zusätzlich noch ein Matching-Algorithmus angewandt werden, um die Roboterposition zu bestimmen. Der Grund hierfür ist, daß nicht alle Verfahren zur Distanzberechnung auch ein optimales Matching liefern. Beispielsweise ermittelt der Algorithmus zur Berechnung der *Arkin-Metrik* [2] für Polygone nur den optimalen Rotationswinkel zwischen den Polygonen, aber keinen Translationsvektor. Im Gegensatz dazu bestimmen Algorithmen zur Berechnung der *Minimalen Hausdorff-Distanz* (bezüglich Euklidischer Transformationen) [1] sowohl den eigentlichen Funktionswert als auch das zugehörige Matching.

4.1 Forderungen an eine Distanzfunktion

Damit sich eine Distanzfunktion $d(\mathcal{S}, V^*)$ in der Praxis bewährt, sollte sie mindestens die folgenden Eigenschaften besitzen:

Stetigkeit Die Distanz sollte stetig sein in dem Sinne, daß kleine Veränderungen des Scans (beispielsweise verursacht durch fehlerbehaftete Sensoren) oder des Skeletts (z.B. aufgrund einer ungenauen Karte) auch nur kleine Änderungen der Distanz bewirken.

Dies wird inbesondere dadurch motiviert, daß bei der ursprünglichen Methode gerade die Einteilung der Kanten des Sichtbarkeitspolygons in verschiedene Typen (Scheinkanten, teilweise sichtbare Kanten usw.) das Verfahren anfällig für Störungen macht: Schon eine geringe Verschiebung eines Eckpunktes kann den Typ einer Kante ändern. Dies hat zur Folge, daß das zum Sichtbarkeitspolygon gehörende Skelett sich sogar strukturell ändert und in der Regel keinem der im Preprocessing bestimmten Skelette zugeordnet werden kann. In diesem Sinne kann die Exact Match-Anfrage des ursprünglichen Verfahrens auch als diskrete Distanz zwischen Polygon und Skelett aufgefaßt werden, die allerdings die Stetigkeit in krasser Weise verletzt, da sie nur zwei verschiedene Werte annimmt (0 – „paßt" und 1 – „paßt nicht").

Translationsunabhängigkeit Eine Verschiebung des Scans bzw. des Skeletts im jeweiligen lokalen Koordinatensystem sollte keine Veränderung der Distanz verursachen, da über die relative Lage der beiden Koordinatensysteme zueinander nichts bekannt ist. Diese zu bestimmen, ist ja gerade die Aufgabe des Lokalisationsalgorithmus'.

Rotationsunabhängigkeit Falls der Roboter keinen Kompaß besitzt, sollte die Distanz auch unabhängig gegenüber Rotationen des Scans bzw. des Skeletts sein.

Schnelle Berechenbarkeit Für eine Lokalisationsanfrage muß die Distanz mehrmals berechnet werden (jeweils für verschiedene Skelette, siehe Abschnitt 4.2). Deshalb sollte ihr Berechnungsaufwand nicht zu hoch sein.

Da wir bei einer Lokalisationsanfrage einen Scan nicht mit allen vorhandenen Skeletten vergleichen wollen (deren Zahl kann ja im worst case in $\Omega(n^2 r^2)$ sein, siehe Abschnitt 2.1), sollten diese in einer geeigneten Datenstruktur gespeichert werden, um darin effizient suchen zu können.

4.2 Die Verwaltung der Skelette

Für die Verwaltung der Skelette bietet sich der *Monotone Bisektor-Baum* [8]
an, ein räumlicher Index, mit dem die Skelette bezüglich einer weiteren Distanzfunktion $D(V_1^*, V_2^*)$, die die Ähnlichkeit zweier Skelette beschreibt, hierarchisch
partitioniert werden können. Hierbei wird im Preprocessing die Menge der Skelette rekursiv in Cluster mit monoton fallenden Clusterradien aufgeteilt. Diese
Aufteilung spiegelt dann die Ähnlichkeiten der Skelette untereinander wider.

Damit bei der Nearest Neighbor-Anfrage nicht immer der komplette Baum
durchsucht werden muß, sollte die Distanz $D(V_1^*, V_2^*)$ „kompatibel" zur Distanz $d(\mathcal{S}, V^*)$ gewählt werden, d.h. es sollte die *Dreiecksungleichung*

$$d(\mathcal{S}, V_2^*) \le d(\mathcal{S}, V_1^*) + D(V_1^*, V_2^*)$$

erfüllt sein. Auf diese Weise können beim Durchlaufen des Baumes die Distanz-
werte $d(\mathcal{S}, V^*)$ ganzer Teilcluster von Skeletten nach unten abgeschätzt werden.
Ein solcher Cluster kann dann komplett verworfen werden und ist nicht weiter
zu durchsuchen.

5 Sinnvolle Distanzen für $d(\mathcal{S}, V^*)$

Distanzfunktionen zu finden, die alle Anforderungen aus Abschnitt 4.1 erfüllen,
ist nicht einfach. Insbesondere die Forderung nach der schnellen Berechenbarkeit,
die den drei übrigen Forderungen entgegen wirkt, schränkt die Wahl von $d(\mathcal{S}, V^*)$
stark ein.

Weiterhin ist es oftmals nicht möglich, schon vorhandene Distanzfunktionen
(z.B. für Polygone) einfach zu übernehmen, da wir es in unserer Problemstellung mit Scans bzw. Skeletten und nicht mit Polygonen zu tun haben. Eine
Anpassung der Distanz ist somit fast immer notwendig. Im folgenden wollen
wir zwei mögliche Distanzfunktionen untersuchen, die Hausdorff-Distanz und
die Polarkoordinaten-Metrik, und anhand derer die Probleme erläutern.

5.1 Die Hausdorff-Distanz

Für zwei Punktmengen $A, B \subset \mathbb{R}^2$ ist deren *Hausdorff-Distanz* $\delta(A, B)$ definiert
als

$$\delta(A, B) := \max\{\vec{\delta}(A, B), \vec{\delta}(B, A)\}, \quad \text{wobei} \quad \vec{\delta}(A, B) := \sup_{a \in A} \inf_{b \in B} \|a - b\|$$

die gerichtete Hausdorff-Distanz von A nach B beschreibt und $\|\cdot\|$ die Euklidi-
sche Norm darstellt. Der Ausdruck $\vec{\delta}(A, B)$ steht demnach für den maximalen
Abstand eines Punktes aus A zur Menge B.

Sei $\mathcal{T}$ die Menge aller Euklidischen Transformationen (d.h. Kombinationen
von Translationen und Rotationen), dann ist die ungerichtete bzw. gerichtete
Minimale Hausdorff-Distanz bezüglich dieser Transformationen definiert durch

$$\delta_{\min}(A, B) := \inf_{t \in \mathcal{T}} \delta(A, t(B)) \quad \text{und} \quad \vec{\delta}_{\min}(A, B) := \inf_{t \in \mathcal{T}} \vec{\delta}(A, t(B))$$

Man sieht leicht, daß die Minimale Hausdorff-Distanz stetig ist und (nach Definition) auch die zweite und die dritte Anforderung aus Abschnitt 4.1 erfüllt. Allerdings ist ihre Berechnung äußerst aufwendig. Nach [1] ist dies mit einem Zeitaufwand von $\mathcal{O}((ms)^4(m+s)\log(m+s))$ möglich, wenn m die Komplexität des Scans und s die des Skeletts bezeichnet. Dagegen kann die Hausdorff-Distanz ohne Minimierung verhältnismäßig schnell bestimmt werden [1], nämlich mit einem Zeitbedarf von $\mathcal{O}((m+s)\log(m+s))$. Die Stetigkeitseigenschaft geht hierdurch nicht verloren, allerdings müssen wir jetzt einen geeigneten Translationsvektor und einen Rotationswinkel „von Hand" wählen.

Ein naheliegender Ansatz für die Wahl des Translationsvektors ist, für einen Scan $\mathcal{S}$ und ein Skelett V^* denjenigen Vektor zu wählen, der den Ursprung des Scan-Koordinatensystems (d.h. den Roboterstandort) in die zum Skelett gehörende Sichtbarkeitszelle $\mathcal{C}_{V^*}$ (beispielsweise in ihren Schwerpunkt) verschiebt. Dies ist sinnvoll, weil ja nach Definition der Sichtbarkeitszellen gerade die innerhalb von $\mathcal{C}_{V^*}$ gelegenen Roboterstandorte das Skelett V^* induzieren. Die Folge ist natürlich, daß Zellen, die dasselbe Skelett V^* besitzen (beispielsweise die großen Zellen in den beiden äußeren Nischen in Abbildung 2), getrennt behandelt werden müssen, da die Distanz $d(\mathcal{S}, V^*)$ jetzt nicht nur von V^*, sondern auch von der Zelle selbst abhängt.[3] Außerdem erkennt man sofort, daß der Schnitt der Zellen auch leer sein kann, so daß es i.allg. keinen gemeinsamen Vektor für alle Zellen gibt. Der Fehler bei diesem Ansatz, verglichen mit der Minimalen Hausdorff-Distanz, ist natürlich um so größer, je größer die Zelle ist, in die der Scan plaziert werden muß.

Ein weiterer Punkt, den es zu beachten gilt, ist, daß ein Skelett (als Punktmenge aufgefaßt) i.allg. nicht beschränkt ist, da es für jede künstliche Kante eine Gerade enthält. Dies hat zur Folge, daß die gerichteten Distanzen $\vec{\delta}(V^*, \mathcal{S})$ und $\vec{\delta}_{\min}(V^*, \mathcal{S})$ fast immer den Wert ∞ besitzen (außer im trivialen Fall, wenn V^* gleich dem konvexen Kartenpolygon ist und keine künstlichen Kanten besitzt). Deshalb müssen zur Distanzberechnung entweder die Skelette modifiziert werden, oder es sind nur die gerichteten Distanzen $\vec{\delta}(\mathcal{S}, V^*)$ und $\vec{\delta}_{\min}(\mathcal{S}, V^*)$ verwendbar.

5.2 Die Polarkoordinatenmetrik

Eine Distanzfunktion, die die Besonderheiten unserer Problemstellung stärker berücksichtigt als die Hausdorff-Distanz, ist die *Polarkoordinatenmetrik* (kurz PKM) [10], die eine fundamentale Eigenschaft der Problemstellung ausnutzt: Alle auftretenden Polygone und Skelette sind *sternförmig* im folgenden Sinne, und wir können sogar jeweils einen Kernpunkt angeben:

---

[3] Die Notation $d(\mathcal{S}, V^*)$ ist dann etwas irreführend, da es zu einem Skelett V^* mehrere Zellen geben kann. Die korrekte Schreibweise wäre $d(\mathcal{S}, \mathcal{C}_{V^*})$, in der auch die Abhängigkeit der Distanz von der Zelle deutlich wird. Wir belassen es jedoch hier bei der intuitiv verständlicheren Form $d(\mathcal{S}, V^*)$.

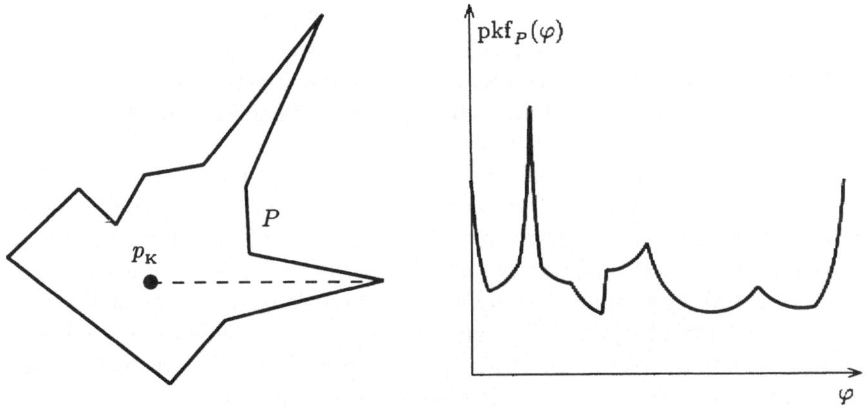

Abbildung 4. Die Funktion $\mathrm{pkf}_P(\varphi)$ für das Polygon P

- Das aus den Entfernungsdaten approximierte Sichtbarkeitspolygon V_S ist nach Konstruktion sternförmig mit dem Koordinatenursprung (Roboterstandort) als Kernpunkt.
- Jedes Skelett V^* ist in dem Sinne sternförmig, daß von jedem Punkt der zugehörigen Zelle C_{V^*} alle echten Kanten komplett sichtbar sind und für jede künstliche Kante a_i ein Teil der zugehörigen Geraden g_i sichtbar ist.

Zur Berechnung der PKM für zwei (sternförmige) Polygone P und Q mit Kernpunkten p_K und q_K definieren wir zunächst den Wert der *Polarkoordinatenfunktion*

$$\mathrm{pkf}_P(\varphi) : \mathbb{R} \to \mathbb{R}_{\geq 0}$$

als den Abstand des Kernpunktes p_K zum Schnittpunkt des von p_K in Richtung φ ausgehenden Halbstrahls mit dem Rand von P. Die Funktion $\mathrm{pkf}_P(\varphi)$ spiegelt demnach die Polarkoordinatendarstellung des Polygons P wider (mit p_K als Koordinatenursprung) und ist periodisch mit Periodenlänge 2π. Abbildung 4 zeigt ein Beispiel. In gleicher Weise definieren wir die Funktion $\mathrm{pkf}_Q(\varphi)$ für das Polygon Q.

Dann ist die PKM für die beiden Polygone P und Q definiert als die minimale Integraldistanz für die Funktionen pkf_P und pkf_Q im Intervall $[0, 2\pi]$ unter allen horizontalen Verschiebungen der beiden Funktionen (d.h. Rotationen der korrespondierenden Polygone) gegeneinander:

$$\mathrm{pkm}(P, Q) := \min_{t \in [0, 2\pi]} \sqrt{\int_0^{2\pi} \left(\mathrm{pkf}_P(\varphi - t) - \mathrm{pkf}_Q(\varphi) \right)^2 \, \mathrm{d}\varphi}$$

Die Funktion pkf_P ist stetig in φ außer für den Spezialfall, wenn eine Polygonkante kolinear zu p_K liegt. Dann nämlich besitzt pkf_P am entsprechenden Winkel einen Sprung, der der Länge der kolinearen Kante entspricht. Weiterhin is pkf$_P$ auch stetig gegenüber Bewegungen der Polygonecken, sofern dieser Spezialfall nicht auftritt. Da jedoch pkf$_P$ und pkf$_Q$ jeweils nur endlich viele solcher Unstetigkeitsstellen aufweisen können, verschwinden diese beim Integrieren, d.h. die PKM ist, ebenso wie die Hausdorff-Distanzen, stetig gegenüber *allen* Bewegungen der Polygonecken von P und Q.

In [10] wurde gezeigt, daß die Funktion pkm(P, Q) eine Polygonmetrik ist, sofern die Kernpunkte *deterministisch* aus den Polygonen bestimmt werden, z.B. durch Wahl des dem Schwerpunkt nächstgelegenen Kernpunktes, der zudem translations- und rotationsinvariant ist. Weiterhin wurde eine lineare Approximation der PKM vorgestellt, die ebenfalls alle Metrikeigenschaften besitzt. Diese ist für unsere Anwendungen völlig ausreichend, und der Algorithmus zu ihrer Berechnung hat eine Laufzeit von $\mathcal{O}(pq \cdot (p+q))$ bzw. $\mathcal{O}(p+q)$, falls nicht über die Rotationen minimiert werden soll. Hierbei stehen p und q für die Komplexitäten der beiden Polygone.

Um die PKM als Distanzfunktion $d(\mathcal{S}, V^*)$ verwenden zu können, benötigen wir zwei zu $\mathcal{S}$ und V^* korrespondierende sternförmige Polygone:

- Für den Scan wählen wir das (nach Konstruktion sternförmige) approximierte Sichtbarkeitspolygon $\mathcal{V}_\mathcal{S}$. Als Kernpunkt kann wieder der Koordinatenursprung verwendet werden.
- Um aus einem Skelett V^* (mit zugehöriger Zelle $\mathcal{C}_{V^*}$) ein Polygon zu erhalten, wählen wir einen Punkt c innerhalb der Zelle $\mathcal{C}_{V^*}$ (z.B. deren Schwerpunkt) und bestimmen für diesen Punkt das Sichtbarkeitspolygon $\mathcal{V}_c$, für welches c dann auch ein Kernpunkt ist.

Als Distanzfunktion wählen wir dann $d(\mathcal{S}, V^*) := \text{pkm}(\mathcal{V}_\mathcal{S}, \mathcal{V}_c)$ und erhalten eine Distanz, die alle Forderungen aus Abschnitt 4.1 (Stetigkeit, Translations-, Rotationsinvarianz, schnelle Berechenbarkeit) erfüllt.

6 Implementierung und erste experimentelle Ergebnisse

Sowohl der in Abschnitt 2 beschriebene Ansatz für exakte Sensorik als auch die in den beiden letzten Abschnitten vorgestellte Modifikation für realistische Szenarien wurden von uns in C++ unter Verwendung der LEDA-Klassenbibliothek [7] implementiert. Das ursprüngliche Verfahren wurde dabei an einigen Stellen modifiziert und vereinfacht, da unser Hauptaugenmerk nicht auf der exakten Implementierung der von Guibas *et al.* vorgeschlagenen (und teilweise sehr komplizierten) Datenstrukturen und Algorithmen lag. Stattdessen war unser Ziel ein Programm, das sich für alle Eingaben stabil verhält und das als Experimentierplattform und als Ausgangspunkt für eigene Modifikationen dienen kann. Die Folge ist natürlich, daß nicht mehr alle in [5, 6] gezeigten worst case-Schranken für Zeit und Speicherplatz eingehalten werden, da dies immensen Programmieraufwand erfordert hätte. Gleichwohl ist unsere Implementierung genügend effizient und robust. Abbildung 5 zeigt einen Screenshot unserer Software RoLoPro (Roboter-Lokalisations-Programm), bei der gerade eine Anfrage für einen (simulierten) verrauschten Scan bearbeitet wird.

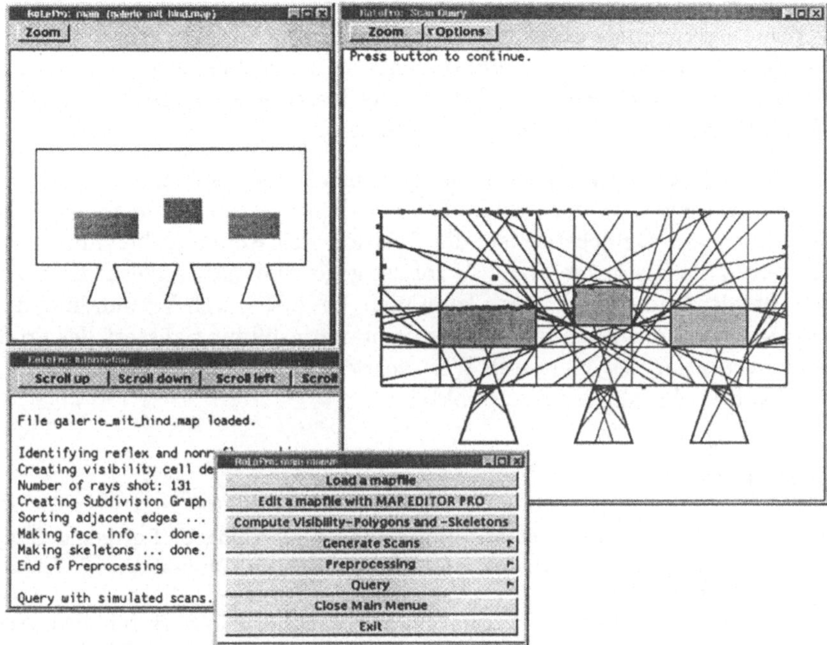

Abbildung 5. Screenshot von RoLoPro

Als Distanzfunktion $d(\mathcal{S}, V^*)$ wurden die in Abschnitt 5 beschriebene Hausdorff-Distanz und die Polarkoordinatenmetrik implementiert. Erste Tests in kleineren Szenen ergaben für die Hausdorff-Distanz eine Trefferrate von ca. 60%, d.h. bei etwa 60 von 100 Scans lag der Scanursprung in derjenigen Zelle, deren Skelett dem Scan am ähnlichsten war. Für die Polarkoordinatenmetrik ergab sich in denselben Szenen eine Trefferrate von ca. 90%.

7 Zukünftige Arbeiten

Der in den letzten Abschnitten beschriebene Ansatz wird von uns momentan ausgiebig in unserem Simulationssystem getestet und soll demnächst auch in zwei verschiedenen Szenarien für Serviceroboter in der Praxis erprobt werden.

Für die nähere Zukunft sind unsere wichtigsten Ziele

- die in Abschnitt 4.2 beschriebene hierarchische Verwaltung der Skelette zur Steigerung der Geschwindigkeit einer Lokalisationsanfrage. Als Distanzfunktion $D(V_1^*, V_2^*)$ bietet sich hier wieder die Polarkoordinatenmetrik an, da sie auch die geforderte Dreiecksungleichung erfüllt;
- die Untersuchung weiterer Distanzfunktionen bzw. deren Modifikation. So gibt es beispielsweise für die Wahl des in Abschnitt 5.1 beschriebenen Translationsvektors oder die Wahl der in Abschnitt 5.2 beschriebenen Kernpunkte

auch noch andere Strategien als die genannten. Diese könnten die Güte der beiden Distanzfunktionen weiter verbessern;

- die Modifikation der Distanzfunktionen, um diese robust gegenüber kleineren Verdeckungen (z.B. Stühlen, Tischen oder kleineren dynamischen Hindernissen im Sichtfeld des Roboters) zu machen.

Ein weiteres Ziel ist beispielsweise die Implementierung des Matching-Algorithmus' (siehe Abschnitt 4), der letztendlich aus dem Scan und demjenigen Skelett, das dem Scan am ähnlichsten ist, die Position des Roboters bestimmt. Auch ist es sinnvoll, die Distanzen $d(\mathcal{S}, V^*)$ robust gegenüber „Ausreißern" im Scan zu machen. Bei der Hausdorff-Distanz kann man dies z.B. durch Verwendung der k-Hausdorff-Distanz erreichen, die bei der Supremumsbildung anstatt des größten Abstandswertes nur den k-größten Wert verwendet, mit einem Parameter k aus dem Intervall [1, Anzahl der Scanpunkte].

Literatur

1. H. Alt, B. Behrends, J. Blömer. Approximate Matching of Polygonal Shapes. In *Proceedings of the 7th Annual ACM Symposium on Computational Geometry*, S. 186–193, 1991.
2. E. M. Arkin, L. P. Chew, D. P. Huttenlocher, K. Kedem, J. S. B. Mitchell. An Efficiently Computable Metric for Comparing Polygonal Shapes. *IEEE Transactions on Pattern Analysis and Machine Intelligence*, Bd. 13, S. 209–216, 1991.
3. I. J. Cox. Blanche — An Experiment in Guidance and Navigation of an Autonomous Robot Vehicle. *IEEE Transactions on Robotics and Automation*, Bd. 7(2), S. 193–204, April 1991.
4. G. Dudek, K. Romanik, S. Whitesides. Localizing a Robot with Minimum Travel. In *Proceedings of the 6th Annual ACM–SIAM Symposium on Discrete Algorithms*, S. 437–446, 1995.
5. L. J. Guibas, R. Motwani, P. Raghavan. The Robot Localization Problem. In K. Goldberg, D. Halperin, J.-C. Latombe, R. Wilson (Hrsg.), *Algorithmic Foundations of Robotics*, S. 269–282. A K Peters, 1995. http://theory.stanford.edu/people/motwani/postscripts/localiz.ps.Z.
6. O. Karch, H. Noltemeier. Robot Localization—Theory and Practice. In *Proceedings of the 10th IEEE/RSJ International Conference on Intelligent Robots and Systems (IROS '97)*, 1997.
7. K. Mehlhorn, S. Näher. LEDA – A Platform for Combinatorial and Geometric Computing. *Communications of the ACM*, Bd. 38, S. 96–102, 1995. http://www.mpi-sb.mpg.de/guide/staff/uhrig/ledapub/reports/leda.ps.Z.
8. H. Noltemeier, K. Verbarg, C. Zirkelbach. A Data Structure for Representing and Efficient Querying Large Scenes of Geometric Objects: MB*-Trees. In G. Farin, H. Hagen, H. Noltemeier (Hrsg.), *Geometric Modelling*, Bd. 8 von *Computing Supplement*, S. 211–226. Springer, 1993.
9. S. Schuierer. Efficient Robot Self-Localization in Simple Polygons. In O. Karch, H. Noltemeier, K. Verbarg (Hrsg.), *13th European Workshop on Computational Geometry (CG '97)*, S. 20–22. Universität Würzburg, 1997.
10. Th. Wahl. Distanzfunktionen für Polygone und ihre Anwendung in der Roboterlokalisation. Diplomarbeit, Universität Würzburg, Juni 1997.

Schnelle Kollisionserkennung durch parallele Abstandsberechnung*

Dominik HENRICH, Stefan GONTERMANN und Heinz WÖRN
Institut für Prozeßrechentechnik und Robotik
Universität Karlsruhe, D-76128 Karlsruhe
E-mail: [dHenrich, Woern]@ira.uka.de

1. Einleitung

In vielen Anwendungsbereichen der Robotik, wie z.B. der Montage und Demontage, dem Recycling, der Chirurgie oder im Servicebereich, ist die Planung kollisionsfreier Bewegungen eine grundlegende Aufgabe. Allerdings können insbesondere bei Industrierobotern auf Grund des hohen Rechenaufwands die bisherigen Ansätze zur kollisionsfreien Bahnplanung nicht in der Praxis eingesetzt werden. Es zeigt sich, daß ein Großteil des Gesamtaufwands für die Kollisionserkennung benötigt wird. So wird zum Beispiel in [Metivier90] von einem Anteil bis zu 80% ausgegangen. Ein erfolgversprechender Ansatz für eine Beschleunigung der Bahnplanung ist daher zuerst in diesem Bereich zu suchen. In diesem Artikel geben wir eine schnelle Kollisionserkennung basierend auf einer parallelisierten Abstandsberechnung an.

Die einfachste Form der Kollisionserkennung ist der *Kollisionstest*, der nur ermittelt, ob die Objekte einer Umwelt, z.B. ein Roboter und verschiedene Hindernisse, miteinander kollidieren oder nicht. Ein Beispiel für ein solches Verfahren findet man in [Dobkin83]. Die etwas aufwendigere Alternative zum Kollisionstest ist die Berechnung von Abstandsvektoren. Der *Abstandsvektor* ist der Differenzvektor zweier Abstandspunkte, das heißt zweier Punkte mit minimalem Abstand auf den Objekten. Zwar kann es mehrere Paare von Abstandspunkten geben, aber der Abstandsvektor ist immer eindeutig. Eine Kollisionserkennung auf der Basis von Abstandberechnungen liefert also zusätzlich zu der Information, ob eine Kollision vorliegt, auch noch den Abstand und die Richtung zum nächsten Objekt (z.B. einem Hindernis).

Für die Anwendungen, in welche die Kollisionserkennung integriert wird, ergeben sich damit wesentlich mehr Möglichkeiten. Zum Beispiel kann eine Bewegungsplanung aus dem Abstand zu den Hindernissen eine sinnvolle Bewegungsgeschwindigkeit des Roboters ableiten, der sich in der Nähe von Objekten vorsichtiger bewegen muß als in einem Gebiet ohne Objekte. Ein weiterer Vorteil der Abstandsinformation ist die Möglichkeit Roboterbewegungen hierarchisch zu Planen [Sandmann97]. Allerdings gibt es zwischen den Verfahren zur Abstandsberechnung Unterschiede, was die Qualität der Berechnung und den dafür notwendigen Zeitaufwand betrifft. Dies hängt in erster Linie mit der zugrunde liegenden geometrischen Objektrepräsentation zusammen.

---

* Diese Arbeit wurde an dem Institut für Prozeßrechentechnik und Robotik (Leitung: o. Prof. Dr. U. Rembold, o. Prof. Dr. H. Wörn und Prof. Dr. R. Dillmann) durchgeführt. Weitere Informationen gibt es auf den Web-Seiten der PaRo-Gruppe (Parallele Robotik) unter http://wwwipr.ira.uka.de/~paro/.

Eine Form der Objektrepräsentation sind einfache Körper (*Primitive*), die sich durch eine konstante Anzahl skalarer Parameter beschreiben lassen, wie zum Beispiel Kugeln, Quader oder Zylinder. Zwischen Primitive lassen sich u.U. sehr schnelle Abstandsberechnungen durchführen. In der Literatur sind Ansätze zur Kollisionserkennung basierend auf Kugeln [Basta88, Lee87], Quadern [Meyer86] und Liniensegmenten [Lumelsky85] bekannt. Allerdings können durch Primitive die realen Objekte meist nur grob dargestellt werden. Desshalb ist auch nur eine untere Schranke für den realen Abstand ermittelbar. Der Approximationsfehler der Primitive überträgt sich somit auf die Lösungsqualität der Abstandsberechnung.

Wesentlich genauere Ergebnisse sind durch die Umweltmodellierung basierend auf konvexen Polyeder möglich, da sie sich durch die frei wählbare Anzahl von Flächen gut an die realen Objekte anpassen lassen.[1] Zudem ist bei Polyeder die direkte Verwendung von Geometriedaten aus CAD- oder Robotersimulations-Systemen möglich. Zwar lassen sich die Polyeder wiederum durch mehrere Primitive, wie z.B. Kugeln [Quinlan94, delPobil96] annähern, aber diese iterativen Approximationen sind zeitaufwendig [Sato96]. Effizienter sind die direkte Abstandsberechnungen zwischen konvexen Polyedern [Bobrow89, Gilbert88, Ong97].

Der Artikel ist wie folgt gegliedert: Nach der Einleitung wird nun in Abschnitt 2 ein schnelles sequentielles Verfahren zur Abstandsberechnung aufgezeigt. In Abschnitt 3 wird dann die Parallelisierung des Verfahrens vorgestellt. Abschließend wird in Abschnitt 4 die Leistungsfähigkeit der parallelen Kollisionserkennung mittels verschiedener Experimente analysiert.

2. Sequentielle Abstandsberechnung

In diesem Abschnitt wird das schnellste bekannte Verfahren zur Abstandsberechnung vorgestellt und erweitert. Es bildet die Grundlage für den nachfolgenden parallelen Algorithmus. Die Auswahl eines vielleicht besser parallelisierbaren aber langsameren Algorithmus ist nicht sinnvoll, weil dann die Parallelisierung erst den Rückstand zu dem schnellsten sequentiellen Algorithmus aufholen muß, bevor sie eine Beschleunigung erzielen kann.

Zusammen mit den Überlegungen aus der Einleitung ist der Algorithmus zur Abstandsberechnung zwischen konvexen Polyedern [Gilbert88] und der Approximation durch statische Hierarchien [Faverjon89] bzw. dynamische Hierarchien [Henrich92] am erfolgversprechensten. Es lassen sich damit sehr kurze Berechnungszeiten erzielen. Zum Verständnis wird die Grundidee nun kurz vorgestellt.

Um die Anzahl der zeitaufwendigen Abstandsberechnungen zwischen Polyedern zu reduzieren, kann man off-line eine Approximations-Hierarchie aufbauen. Dazu werden die Objekte einer Szene paarweise zusammengefaßt und durch neue Objekte konservativ approximiert. Die neu entstandenen Objekte werden ebenfalls paarweise zusammengefaßt. Dieses Vorgehen wird solange fortgesetzt, bis im letzten Schritt ein

---

[1] Die Einschränkung auf konvexe Polyeder ist hier unbedeutend, da sich jeder (nichtkonvexe) Polyeder durch eine Vereinigung von konvexen Polyeder darstellen läßt.

Objekt entsteht, das alle einzelnen Objekte enthält. Die Baumstruktur in Abb. 1 verdeutlicht den Aufbau der Hierarchie für den Roboterarm Puma260.

Unbewegte Objekte werden in einer *statischen* Hierarchie zusammengefaßt. Eine daraus resultierende optimale Hierarchie kann einmal zu Beginn aufgebaut und muß im Verlauf der Kollisionserkennung nicht mehr verändert werden. Damit ist eine vollständige Berechnung der statischen Hierarchie off-line möglich. Dagegen muß eine aus bewegten Objekten aufgebaute *dynamische* Hierarchie nach jeder Bewegung eines enthaltenen Objektes aktualisiert werden, da sich mit der Lage der zusammengefaßten Objekte auch ihre Approximation ändern kann. (Für weitere Details siehe [Henrich91]). Mit achsen-parallelen Bounding-boxes als Primitive ist die geometrische Aktualisierung hinreichend schnell durchführbar.

Durch die Einführung der (statischen bzw. dynamischen) Hierarchien wird die Abstandsberechnung zu einer Bestensuche in einem Baum. Dabei enthält jeder Knoten des Suchbaums ein Objekt aus der statischen Hindernishierarchie und ein Objekt aus der dynamischen Roboterhierarchie. Einen Knoten zu expandieren bedeutet seine beiden Objekte jeweils in ihre Teilobjekte zu zerlegen und damit neue Objektpaare zu bilden. Für jedes dieser Paare ist eine Abstandsberechnung durchzuführen. Die Abb. 2 zeigt das Vorgehen für eine Szene mit einem Roboter aus zwei Bauteilen und einer Umwelt mit vier Hindernissen.

Die Bestensuche beginnt mit der Expansion des obersten Knotens des Suchbaums (*Wurzel*). Nachdem die Abstandsberechnung für alle durch die Expansion entstandenen Nachfolger durchgeführt wurde, werden sie aufsteigend sortiert in eine Prioritätenliste (*Open-Liste*) eingefügt. Bis die Suche terminiert, wird anschließend immer der "beste" Knoten, d.h. der mit dem kleinsten berechneten Abstand, aus der Open-Liste entnommen, expandiert und die neuen Nachfolgerknoten entsprechend der Abstände ihrer Objekte in die Open-Liste einsortiert.

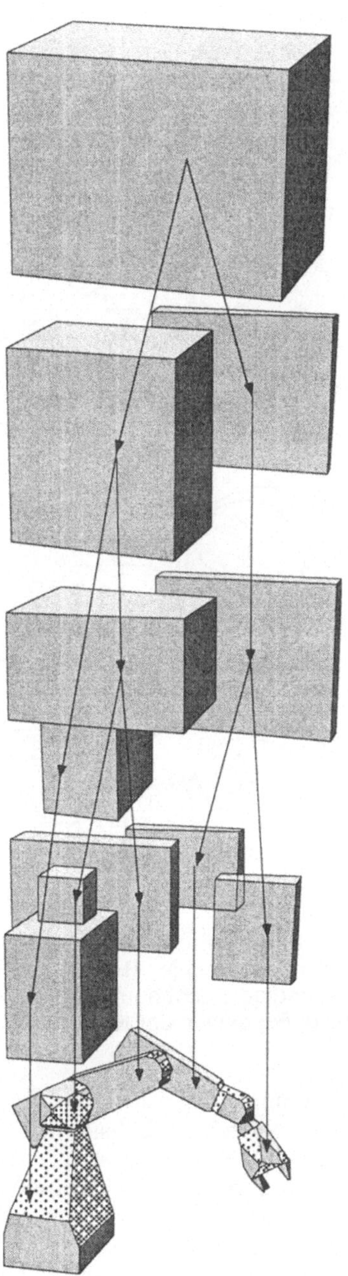

Abb. 1: Hierarchische Roboter-modellierung durch Bounding-boxes basierend auf konvexen Polyedern

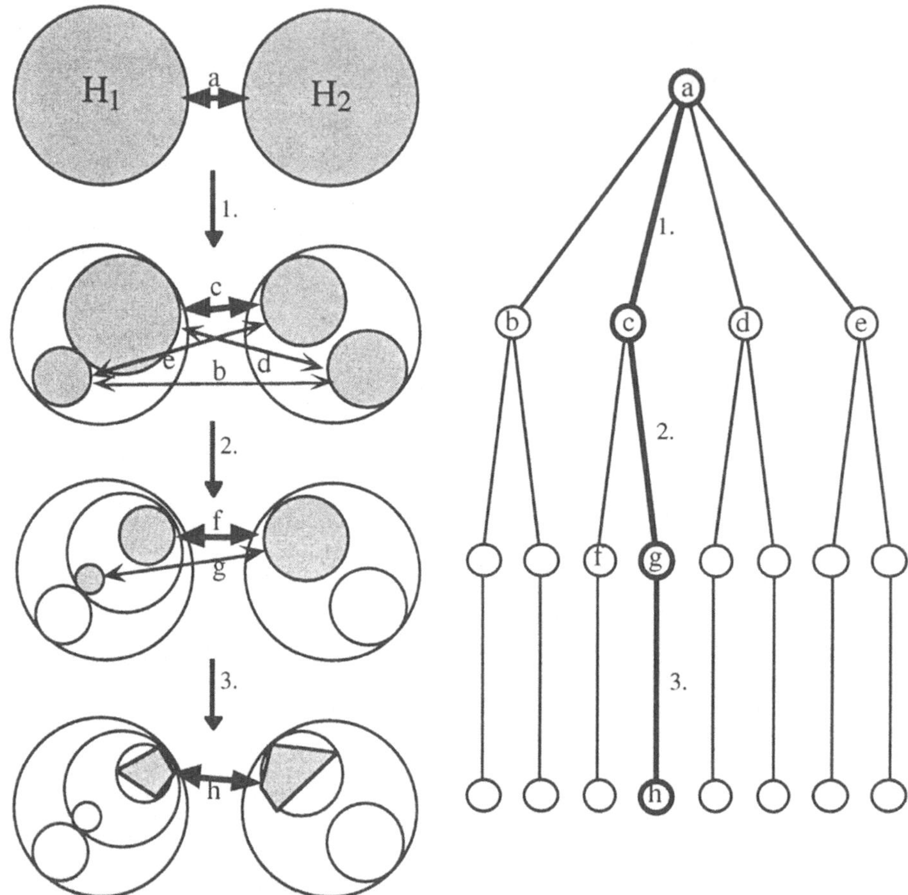

Abb. 2: Links: Suche nach dem kürzesten Abstand zwischen Objekten der Hindernishierarchie H_1 und der Roboterhierarchie H_2. Rechts: Der dazugehörende vollständige Suchbaum mit entsprechenden Objektpaaren a, ..., h als Knoten. Fette Linien: Expansion der Knoten

Die Terminierung der Bestensuche hängt davon ab, ob man eine Abstandsberechnung, einen (booleschen) Kollisionstest oder eine abgeschwächte Abstandsberechnung durchführen will. Bei der *abgeschwächten* Abstandsberechnung wird nach dem genauesten Abstand gesucht, jedoch bei größtmöglicher Vermeidung der zeitaufwendigen Abstandsberechnungen zwischen Polyedern. Im einzelnen ergeben sich folgende Terminierungsbedingungen:

- **Terminierung der Abstandsberechnung:** Bei einer Kollision zweier Polyeder, ansonsten wenn der kleinste Abstand zweier Polyeder kleiner ist als der Abstand der Objekte des ersten Knotens in der Open-Liste (keine Kollision).
- **Terminierung des Kollisionstests:** Bei einer Kollision zweier Polyeder oder wenn der Abstand der Objekte des ersten Knotens in der Open-Liste größer Null ist.

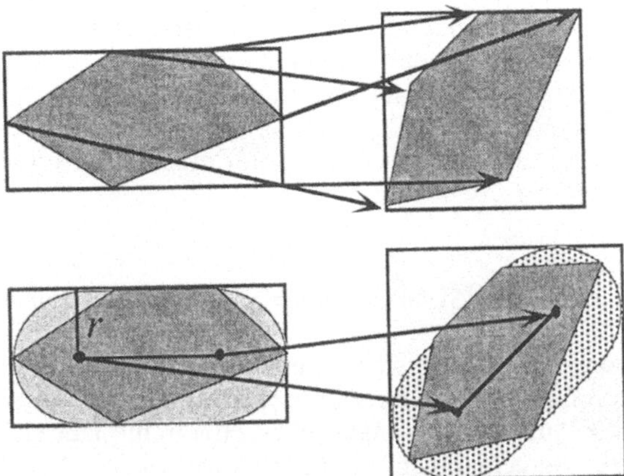

Abb. 3: Aktualisierung der Bounding-box eines Polyeders, dessen Position und Orientierung, z.B. nach einer Roboterbewegung, verändert hat. Oben: Reine Bounding-box-Approximation. Unten: Zusätzliche Verwendung von r-Zylinder

- **Terminierung der abgeschwächten Abstandsberechnung:** Bei einer Kollision zweier Polyeder ansonsten wenn der Abstand der Objekte des ersten Knotens in der Open-Liste größer Null ist und als nächstes der Abstand zweier Polyeder berechnet werden müßte (keine Kollision).

Nach der Bewegung eines Objektes in der dynamischen Hierarchie kann sich die Lage der Polyeder verändert haben. Um die dynamische Hierarchie aktualisieren zu können, müssen zuvor alle bewegten Objekte in ihre neue Position transformiert werden. Die Transformation von Polyeder kann je nach Anzahl der Polyedereckpunkte sehr rechenintensiv sein, da für jeden Eckpunkt eine Matrix-Multiplikation durchzuführen ist (siehe Abb. 3 oben).

Um den Aufwand für die Transformationen zu verringern, werden hier in den dynamischen Hierarchien alle Roboterobjekte durch r-Zylinder off-line approximiert. Ein r-Zylinder ist dabei die sphärische Erweiterung eines Geradenstücks im Raum um den Radius r. Somit kann für r-Zylinder die Abstandsberechnung zwischen Geradenstücke aus [Lumelsky85] verwendet werden. Bei einer Neuberechnung der Bounding-boxes werden zunächst nur die r-Zylinder in die neue Lage transformiert, so daß sich die Zahl der Punkte, für die eine Matrix-Multiplikation durchgeführt werden muß, auf zwei pro Objekt reduziert. Die r-Zylinder werden dann in einem zweiten Schritt durch Bounding-boxes approximiert (siehe Abb. 3 unten). Eine Transformation der Polyeder ist damit nur notwendig, wenn zwischen diesen eine Abstandsberechnung durchgeführt werden muß, d.h. wenn die entsprechenden r-Zylinder kollidieren.

Durch dieses Vorgehen reduziert sich die Zahl der Matrix-Multiplikationen und der Aufwand für die Neuberechnung der Bounding-boxes gegenüber der reinen Bounding-box-Hierarchie erheblich. Allerdings wird aufgrund des zusätzlichen Primitivs der Approximationsfehler der Bounding-boxes in der Summe größer. Wegen des größeren Approximationsfehler muß dann häufiger auf die wesentlich aufwendigere Abstandsberechnung zwischen konvexen Polyedern zurückgegriffen werden. Jedoch sind die Einsparungen bei der Transformation größer als der Mehraufwand bei der Abstandsberechnung. Insgesamt wird eine Beschleunigung der Kollisionserkennung um ca. 30% erreicht (siehe [Katz96]). Außerdem zeigen die Ausführungen in nächsten Abschnitt, daß dieser Ansatz eine Verschiebung von Arbeit aus einem Bereich, der nicht parallelisiert werden kann, in einen Bereich, der parallelisiert werden kann, bewirkt. Dadurch ist bei einer parallelen Berechnung mit einer weiteren Verbesserung zu rechnen.

3. Parallele Abstandsberechnung

Eine Analyse der sequentiellen Kollisionserkennung aus dem vorigen Abschnitt zeigt, daß eine Parallelisierung nur im Bereich der Bestensuche sinnvoll möglich ist [Gontermann97]. Der Aufbau der dynamischen Hierarchie läßt sich auf Grund der überwiegend iterativen Berechnungen kaum parallelisieren und alle anderen aufwendigen Berechnungen, wie z.B. der Aufbau der statischen Hierarchie, werden off-line durchgeführt. Natürlich ließen sich auch elementare Operationen (z.B. Matrix-Multiplikationen) parallelisieren, allerdings ist dieser Ansatz wenig erfolgversprechend, da eine Implementierung auf industriell interessanten nachrichtengekoppelten Parallelrechnern mit einem zu hohem Kommunikationsaufwand verbunden wäre.

Für die Parallelisierung der sequentiellen Abstandsberechnung wird die Bestensuche um drei Mechanismen erweitert. Dazu gehören die lokale Open-Listen, eine geeignete Kommunikationsstrategie und ein Verfahren zur Erkennung der Terminierung. Außerdem erhält ein ausgezeichneter Prozessor (*Master*) den Wurzelknoten und prüft die Terminierung der restlichen Prozessoren (*Slaves*).

Zur Zwischenspeicherung der schon bekannten Knoten verwaltet jeder Prozessor seine eigene lokale Open-Liste[2]. Jeder Prozessor expandiert dann asynchron den besten Knoten seiner Open-Liste und sortiert die Nachfolgerknoten in diese wieder ein. Damit stellt sich die Frage nach einem Verfahren, mit dem die Knoten am besten auf die einzelnen Open-Listen verteilt bzw. untereinander ausgetauscht werden können.

Für den Knotenaustausch wird hier die *Zufallskommunikation* aus [Kumar94] verwendet. Hierbei sendet jeder Prozessor in regelmäßigen Abständen einige seiner besten Knoten an einen zufällig ausgewählten anderen Prozessor. Allerdings wird das Verfahren in zwei Punkten modifiziert. Zum einen verteilen die Prozessoren ihre besten Knoten nicht auf andere Prozessoren, sondern jeder Prozessor fordert bei Bedarf Knoten von einem zufällig ausgewählten anderen Prozessor an (*Random polling*). Dies hat den Vorteil, daß ein Prozessor nicht von einem zufällig ankommenden Knoten "überrascht" werden kann, was für die Feststellung der Terminierung von entscheidender Bedeutung ist. Zum anderen lassen sich die Lastverteilung und damit die Laufzeit der parallelen Kollisionserkennung maßgeblich verbessern, wenn man den Master-Prozessor höher gewichtet als die Slave-Prozessoren und er dadurch häufiger für eine Knotenanforderung ausgewählt wird. Das liegt daran, daß der Master-Prozessor den Wurzelknoten expandiert und daher als erster einer Knotenanforderung nachkommen kann.

---

[2] Eine zentral verwaltete, globale Open-Liste führt zwangsläufig zu einem Engpaß der Berechnungen, welcher eine obere Schranke für die maximale Anzahl an Prozessoren darstellt, die noch zu einer Beschleunigung führen [Huang90].

Für die parallele Abstandsberechnung durch Bestensuche muß die sequentielle Terminierungsbedingung erweitert werden, da hier jeder Prozessor seine eigene lokale Open-Liste besitzt. Damit ergeben sich im einzelnen folgende drei Abbruch-bedingungen:

(1)   Bei **Abstandsberechnung**: Wenn der kleinste Abstand zweier konvexer Polyeder kleiner ist als der Abstand der Objekte des besten Knotens in der Open-Liste.
Bei **Kollisionstests**: Wenn der Abstand der Objekte des ersten Knotens in der Open-Liste größer Null ist (keine Kollision).
Bei **abgeschwächter Abstandsberechnung**: Wenn der Abstand der Objekte des ersten Knotens in der Open-Liste größer Null ist und als nächstes der Abstand zweier konvexer Polyeder berechnet werden müßte.

(2)   Es können keine weiteren Knoten von anderen Prozessoren eintreffen.

(3)   Bei einer Kollision oder wenn Bedingung (1) und (2) für alle Prozessoren gelten.

Um festzustellen, ob alle Prozessoren die Bedingungen (1) und (2) erfüllen, werden zwei Ansätze aus [Kumar94] kombiniert. Dazu werden alle Prozessoren zu einem virtuellen Ring verbunden. Falls für den Master-Prozessor die beiden ersten Abbruch-bedingungen erfüllt sind, dann sendet er seinem Nachbarn im Ring einen weißen Token. Falls für die nachfolgenden Prozessoren die beiden ersten Abbruchbedingungen erfüllt sind, dann wird der Token so weitergeleitet, wie er empfangen wurde; ansonsten wird auf jeden Fall ein schwarzer Token weitergeleitet. Wenn der Token wieder beim Master-Prozessor ankommt, erkennt dieser an der Farbe des Tokens, ob die Bestensuche beendet ist. Dabei zeigt ein weißer Token die Terminierung, und ein schwarzer Token die Fortsetzung der Suche an. Für alle Prozessoren gilt dabei, daß nach dem Verschicken eines weißen Tokens keine Knotenanfragen mehr gestellt werden dürfen, damit keine Arbeit auf den Prozessor zukommt.

4. Experimentelle Ergebnisse

Die parallele Kollisionserkennung wurde auf der IPR-ParaStation, einem nachrichten-gekoppelten System aus neun 133MHz-Pentium-PCs, implementiert [Wurll97]. Die ParaStation-Karte ermöglicht eine parallele Kommunikation der PCs in einem 2-dimensionalen zyklischen Gitter ((2D-Torus) [Warschko96]. Für die folgenden Experimente wurde die sog. Port-Schnittstelle verwendet, welche für Nachrichten der Größe 1 bis 256 byte eine Latenzzeit zwischen 15 und 56 µs sowie einen maximalen Durchsatz von ca. 12 MB/s erreicht.

Um die verschiedenen Variationen der Kollisionserkennung zu testen wurden einige mit dem Robotersimulationssystem ROBCAD erzeugte Umweltmodelle verwendet [Katz96]. Dazu gehört zunächst das Modell BOTTLENECK mit sieben Objekten, die im Durchschnitt aus 7,4 Eckpunkten bestehen. Neben diesem relativ kleinen Umweltmodell wurde eine industrielle Umgebung verwendet, die aus 40, 60, 80, 100 und 157 Objekten mit durchschnittlich 9 Eckpunkten besteht. Außerdem wurde durch das wiederholte Einlesen der industriellen Umgebung mit 100 Objekten (WBK100), eine Umwelt mit 1.000 Objekten (WBK1000) erzeugt.

In allen Testumgebungen wurde von dem Roboter Puma260, der durch zehn konvexe Polyeder mit durchschnittlich 30 Eckpunkten modelliert ist, eine vorher festgelegte

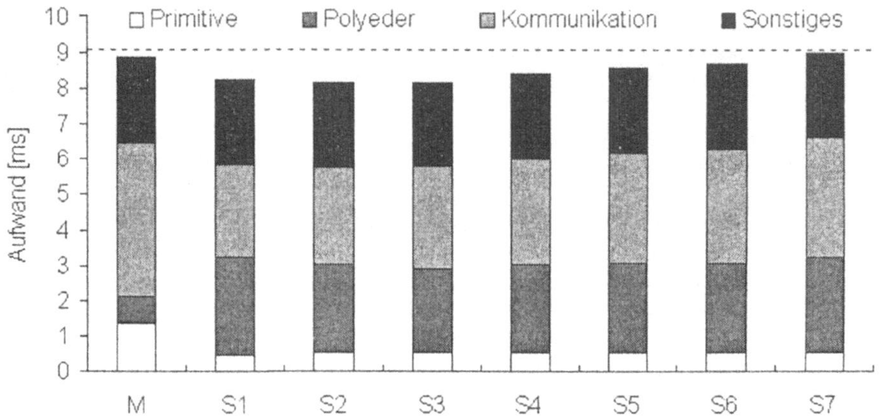

Abb. 4: Die Lastverteilung der acht Prozessoren (M, S1, ..., S7) bei einer parallelen Kollisionserkennung in der WBK1000-Umgebung. Außerdem der Zeitaufwand eines jeden Prozessors für die verschiedenen anfallenden Aufgaben (gestrichelte Linie: Gesamtberechnungszeit)

Bahn abgefahren. Diese Bahn setzt sich aus 119 Roboterkonfigurationen zusammen, die so gewählt sind, daß der Roboter in ca. 50% der Fälle mit Objekten in der BOTTLENECK-Umwelt kollidiert. Um Ungenauigkeiten in der Zeitmessung auszugleichen, wurde die Kollisionserkennung für jede Konfiguration 100 mal aufgerufen, so daß insgesamt 11.900 Kollisionserkennungen pro Testlauf zustande kommen.

Das Maß für die durch eine parallele Berechnung erzielte Beschleunigung ist der *Speedup*. Er ist definiert als der Quotient zwischen der Berechnungszeit des schnellsten bekannten sequentiellen Algorithmus und der Berechnungszeit des parallelen Algorithmus für p Prozessoren. Die Obergrenze für den erreichbaren Speedup ist daher die Anzahl p der Prozessoren (*linearer Speedup*). Diese Obergrenze läßt sich allerdings real nicht erreichen. Einige Gründe dafür sind: die Kommunikation zwischen den Prozessoren, der Verwaltungsaufwand, eine ungünstige Lastverteilung, sequentielle Anteile im parallelen Algorithmus und die durch Parallelisierung entstehende Mehrarbeit.

Um nun eine genauere Abschätzung für den erreichbaren Speedup zu erhalten, kann der Anteil der einzelnen Arbeitsschritte am Gesamtaufwand bestimmt werden. Für die BOTTLENECK-Umwelt hat eine Zeitmessung des sequentiellen Algorithmus die in Tabelle 1 aufgeführten Ergebnisse ergeben. Unter der idealisierenden Annahme, daß der Zeitaufwand für die Bestensuche durch die Parallelisierung nicht mehr ins Gewicht fällt, erhält man damit einen maximal erreichbaren Speedup von 49,39 s / (0,51 s + 9,39 s + 0,26 s) = 4,86. Bei dem hier eingesetzten Parallelrechner mit neun Prozessoren, kann sich der Zeitaufwand für die Bestensuche (5,52 s + 33,18 s + 0,53 s = 39,23 s) bei einer idealen Parallelisierung höchstens um den Faktor 9 verringern, d.h. auf ca. 4,36 s. Der maximal erreichbare Speedup beträgt damit nur noch 49,39 s / (0,51 s + 9,39 s + 0,26 s + 4,36 s) = 3,40. Analog beträgt für die WBK1000 Umwelt mit 1.000 Hindernissen der maximale Speedup 26,95 und auf einen Parallelrechner mit neun Prozessoren 6,94.

Aufgabe	Anzahl Aufrufe	Zeit pro Aufruf [μs]	Gesamt zeit [s]	Anteil am Gesamtaufwand
Verwaltung	11.900	42,864	0,51	1,03 %
Bewegung				
Roboterposition aktualisieren	11.900	789,085	9,39	19,01 %
dyn. Hierarchie berechnen	11.900	21,432	0,26	0,52 %
Bestensuche				
Expandieren von Knoten	1.013.000	5,445	5,52	11,17 %
Abstand zw. Polyeder	155.000	214,054	33,18	67,18 %
Abstand zw. Primitiven	852.500	0,626	0,53	1,08 %
Gesamt	11.900	4.150,000	49,39	100,00 %

Tabelle 1: Anteile der wichtigsten Aufgaben der sequentiellen Kollisionserkennung am Gesamtaufwand für die BOTTLENECK-Umwelt.

Eine wichtige Voraussetzung für die effiziente Parallelisierung ist die ausgewogene Lastverteilung. In Abb. 4 ist der Aufwand der einzelnen Prozessoren für die Abstandsberechnung zwischen Primitiven und konvexen Polyedern, für die Kommunikation und für die sonstigen Aufgaben zusammengerechnet. Zu den "sonstigen Aufgaben" gehört die Initialisierung, d.h. die Aktualisierung der Roboterposition und der Aufbau der dynamischen Hierarchie, und die globale Programmschleife mit der Feststellung der Terminierung ("Verwaltung"). Es ist zu erkennen, daß die Prozessoren sehr gut ausgelastet sind, da der Abstand bis zur gestrichelten Linie, die den Gesamtaufwand für eine Kollisionserkennung markiert, bei allen Prozessoren relativ gering ist. Wartezeiten der einzelnen Prozessoren z.B. infolge einer leeren Open-Liste können damit nahezu ausgeschlossen werden.

Die Abb. 5 zeigt die Berechnungszeiten und die Beschleunigung für drei unterschiedlich große Umweltmodelle (BOTTLENECK, WBK100, WBK1000). Die Berechnungen wurden sequentiell und parallel mit 2, 4 und 8 Prozessoren durchgeführt. Die Ergebnisse zeigen, daß die relative Beschleunigung durch Parallelisierung mit der Anzahl von Hindernissen zunimmt. Dies liegt einerseits an der Reduktion des sequentiellen Anteils im parallelen Gesamtalgorithmus von ca. 20% auf unter 2%. Andererseits verbessert sich das Verhältnis Kommunikation (Knotenaustausch) zu Kalkulation (Abstandsberechnungen). Der erreichte Speedup für eine Umgebung mit 10 bzw. 1000 Hindernissen beträgt 1,5 bzw. 3. Dagegen ist der bei dieser Parallelisierung maximal mögliche Speedup 3,4 bzw. 6,94. Somit wird etwa die Hälfte der bei dieser Parallelisierung maximal erreichbaren Beschleunigung erzielt.

Die maximale Beschleunigung wird nicht erreicht, da bei der parallelen Kollisionserkennung mehr Abstandsberechnungen durchgeführt werden, als bei dem sequentiellen Algorithmus. Durch das gewichtete Random-polling werden die Knoten des Master-Prozessors schnell verteilt und (evtl. bessere!) Knoten der Slave-Prozessoren nur sehr langsam. Das Expandieren von schlechteren Knoten führt zu einer deutlichen Zunahme der Abstandsberechnungen zwischen konvexen Polyedern. Beispielsweise werden bei der parallelen Kollisionserkennung mit acht Prozessen mehr als doppelt so viele Polyederabstände berechnet, als bei der sequentiellen Berechnung (siehe Abb. 6).

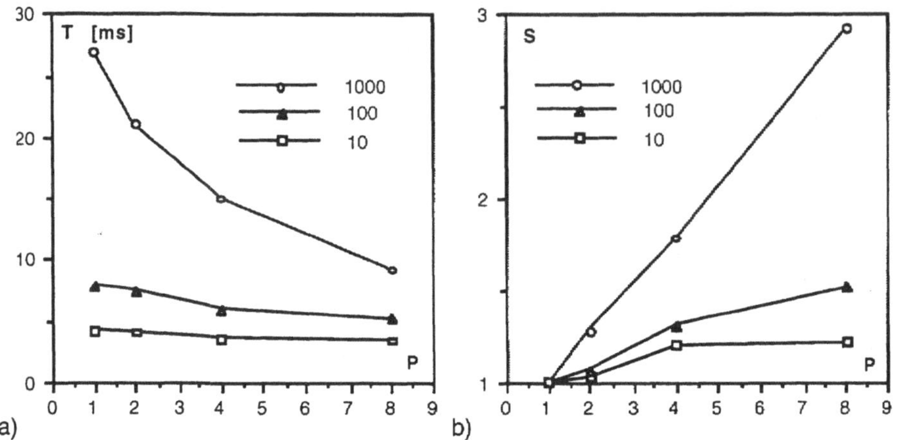

Abb. 5: Experimentelle Ergebnisse der parallelen Kollisionserkennung mit P Prozessoren in Umgebungen mit ca. 10, 100 und 1000 Hindernissen (BOTTLENECK, WBK100, WBK1000): a) Laufzeiten T und b) Beschleunigungen S (Speedups) bei P Prozessoren

5. Zusammenfassung und Ausblick

Durch die hier betrachtete Abstandberechnung auf Polyederbasis steht einer übergeordneten Anwendung mehr Information zur Verfügung als mit dem Kollisionstest. Insbesondere ermöglicht die geometrische Modellierung mittels konvexer Polyeder die Daten aus CAD- oder Robotersimulations-Systemen direkt zu verwenden und somit den Abstand sehr genau zu berechnen. Zur Beschleunigung werden statische und dynamische Bounding-box-Hierarchien eingesetzt. Außerdem reduziert die zusätzliche Approximation durch r-Zylinder die aufwendige Transformation der bewegten Polyeder.

Die Parallelisierung der Bestensuche nach dem kürzesten Abstand wird durch eine lokale Open-Liste je Prozessor ermöglicht. Der dabei notwendige Austausch von Suchbaumknoten mittels einem gewichteten Random-polling verteilt die Last nahezu perfekt. Dabei kann die Terminierung der Bestensuche durch einen 2-farbigen Token im virtuellen Ring zuverlässig festgestellt werden. Die Experimente zeigen eine Beschleunigung der Abstandsberechnung insbesondere bei wachsender Umweltgröße. Insgesamt ist die Kollisionserkennung für Industrieroboter auch bei vielen Hindernissen in weniger als 10 ms möglich.

Die vorgestellte Kollisionserkennung kann in verschiedene Richtungen erweitert werden. Einerseits gilt es die bei der parallelen Abstandsberechnung entstehende Mehrarbeit zu reduzieren. Wird andererseits die Kollisionserkennung im Zusammenhang mit der übergeordneten Anwendung betrachtet, dann lassen sich z.B. durch Abstandsfortschreibung [Sandmann97] noch weitere Beschleunigungen erreichen. Schließlich ist eine weitere Beschleunigung möglich, wenn die sich bewegenden Objekte und die Art ihrer Bewegung gezielt ausgenutzt wird, wie es schon für den

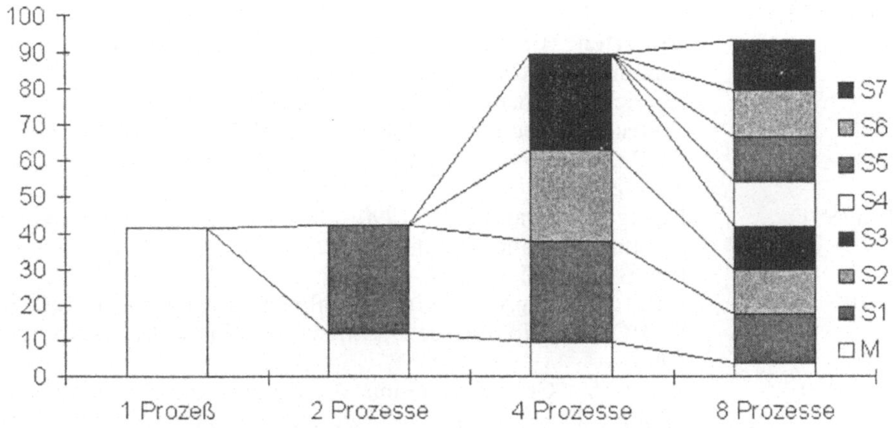

Abb. 6: Anzahl der Abstandsberechnungen zwischen konvexen Polyedern in der WBK1000-Umgebung für die Prozessoren M, S1, ..., S7

Kollisionstest [Baginski97] und für die Berechnung von Polyederabständen [Ong97] vorgeschlagen wurde.

6. Literaturverzeichnis

[Baginski97]   Baginski B., Efficient Dynamic Collision Detection using Expanded Geometry Models, Submitted to IROS 1997.

[Basta88]   Basta R.A., Mehrotra R., Varansi M.R., Detecting and avoiding collisions between two robot arms in a common workspace, Robot Control Theory and Applications, 1988, p. 185-192.

[Bobrow89]   Bobrow J.E., A Direct Minimization Approach for Obtaining the Distance Between Convex Polyhedra, Int. Journal of Rob. Res., 1989, Vol. 8, No. 3, p. 65-78.

[delPobil96]   del Pobil A.P., Pérez M., Martínez B., A Practical Approch to Collision Detection Between General Objects, Proc. IEEE Int. Conf. on Robotics and Automation, Minneapolis, Minnesota, April 1996, p. 779 - 784.

[Dobkin83]   Bobkin D.P., Kirkpatrick D.G., Fast Detection of Polyhedral Intersection, Theoretical Computer Science, Vol. 27, 1983, p. 241-253.

[Faverjon89]   Faverjon B., Hierarchical object models for efficient anti-collision algorithms, IEEE, 1989.

[Gilbert88]   Gilbert E.G., Johnson D.W., Keerthi, S.S., A Fast Procedure for Computing the Distance Between Complex Objects in Three-Dimensional Space, IEEE Journal of Robotics and Automation, Vol. 4, No. 2, April 1988, p. 193-203.

[Gontermann97]   Gontermann S., Parallele Kollisionserkennung, Diplomarbeit, Universität Karlsruhe, 1997.

[Henrich91]   Henrich D., On-line Kollisionserkennung mit hierarchisch modellierten Hindernissen für ein Mehrarm-Robotersystem, Diplomarbeit, Universität Karlsruhe, 1991.

[Henrich92]   Henrich D., Cheng X., Fast Distance Computation for On-Line Collision Detection with Multi-Arm Robots, IEEE Int. Conf. on Robotics and Automation, Nizza, France, May 1992, p. 2514-2519.

[Huang90]   Huang S-R., Davis L. S., 1990, "Speedup analysis of centralized parallel heuristic search algorithms", Int. Conf. on Parallel Processing, vol 3, pp 18-21.

[Katz96]   Katz G., Integration eines parallelen Bewegungsplaners in ROBCAD, Diplomarbeit, Universität Karlsruhe, Dezember 1996.

[Kumar94]   Kumar V., Grama A., Gupta A., Karypis G., Introduction to Parallel Computing, The Benjamin/Cummings Publishing Company, Inc., 1994.

[Lee87]   Lee B.H., Lee C.S.G., Collision-Free Motion Planning of Two Robots, IEEE Transaction on Systems, Vol. SMC-17, Number 1, 1987, p. 21-32.

[Lumelsky85]   Lumelsky V. J., On fast computation of distance between line segments, Inform. Proc. Let., Vol 21, No 2, Aug. 1985, p. 55 - 61.

[Metivier90]   Metivier C., Urbschat R., Run-time statistical analysis of a robot motion planning algorithm, Early draft, Stanford University, ERL 445, Stanford, C.A., 1990.

[Meyer86]   Meyer W., Distance between boxes: Applications to collision detection and clipping, Proc. IEEE Int. Conf. on Robotics and Automation, 1986, p. 597-602.

[Ong97]   Ong C.J., Gilbert E.G., The Gilbert-Johnson-Keerthi Distance Algorithm: A Fast version for Incremental Motions, Proc. IEEE Int. Conf. on Robotics and Automation, Albuquerque, New Mexiko, April 1997, p. 1183 - 1189.

[Quinlan94]   Quinlan S., Efficient Distance Computation between Non-Convex Objects, IEEE Int. Conf. on Robotics and Automation, 1994, 4, p. 3324-3329.

[Sandmann97]   Sandmann S., Parallele Bewegungsplanung für Industrieroboter in dynamischer Umgebung, Diplomarbeit, Universität Karlsruhe, März 1997.

[Sato96]   Sato Y., Hirata M., Maruyama T., Arita Y., Efficient Collision Detection using Fast Distance-Calculation Algorithms for Convex and Non-Convex Objects, Proc. IEEE Int. Conf. on Robotics and Automation, April 1996, p. 771-778.

[Warschko95]   Warschko T.M., Tichy W.F, Herter C.G., Efficient Parallel Computing on Workstation Clusters, Technical Report 21/95.

[Wurll97]   Wurll C., Henrich D., Ein Workstation-Cluster für paralleles Rechnen in Robotik-Anwendungen, APS'97: 4. ITG/GI-Fachtagung Arbeitsplatz-Rechensysteme, Koblenz-Landau 1997.

Simulation von Mehrrobotersystemen

Frank E. Schneider
Dennis Wildermuth

Forschungsinstitut für Funk und Mathematik der FGAN e.V.
Abteilung Ergonomie und Führungssysteme
Neuenahrerstrasse 20
53343 Wachtberg-Werthhoven
e-mail: schneid1@fgan.de

Kurzfassung

Der Vortrag stellt einen Ansatz zur verteilten Simulation eines Mehrrobotersystems vor. Die Simulation soll ein reales Mehrrobotersystem aus Robotern der Firma RWI nachbilden und dient zu Testzwecken sowie zur effizienten Weiterentwicklung der Steuerungssoftware der realen Roboter. Der vorgestellte Mehrrobotersimulator basiert auf einem vorhandenen Einzelrobotersimulator und erlaubt durch seine Modularität, die auf einem objektorientierten Design beruht, eine hohe Flexibilität und Skalierbarkeit des Mehrrobotersystems.

1   Einleitung

Im Bereich der Mehrrobotersystemforschung wird versucht, Gruppen von Robotern so autonom wie möglich zu gestalten. Da es abzusehen ist, daß es einen "all-round" Roboter nicht geben wird, ist eine Kooperation zwischen verschiedenen Robotersystemen erforderlich. Dazu ist es notwendig, die Roboteraktivitäten für den jeweiligen Anwendungsfall zu koordinieren. Das steigende Interesse an der Thematik Mehrrobotersysteme (MRS) hat mehrere Gründe.

- Die zu leistenden Aufgaben sind für einen Roboter zu komplex; der Einsatz von mehreren Robotern erlaubt eine effizientere Lösung der Aufgabe.
- Mehrere Roboter mit unterschiedlichen Fähigkeiten einzusetzen, ist fehlertoleranter, flexibler und preisgünstiger.
- Der kreative, synthetische Ansatz von Mehrrobotersystemen versucht, Aspekte aus den Bereichen Organisationstheorie, Soziologie, Ethologie und Ökonomie zu analysieren und in neuer bzw. anderer Form zu kombinieren.

Anwendungsbereiche für solche Systeme sind die Havarierobotik, die Raumfahrt, die Kampfmittelräumung, die Servicerobotik sowie Personen- und Gütertransportsysteme.

2 Simulation

Forschung und Entwicklung im Bereich der Robotik sind immer mit ausgiebigen Testphasen und z.T. auch mit dem Bau von Prototypen verbunden. Die in Mehrrobotersystemen verwendete Technik ist zum größten Teil identisch mit jener Technik, die auch in Einzelrobotersystemen verwendet wird. Das heißt, es bestehen ähnliche Probleme, die jedoch zusätzlich durch die größere Anzahl der eingesetzten Roboter verstärkt werden. Wenn zusätzlich mehrere Gruppen von Systementwicklern parallel an einem Robotersystem arbeiten, kommt es oft zu Engpässen in der Verfügbarkeit von Fahrzeugen. Weiterhin erweist es sich in der Praxis als sehr mühsam, für größere Areale und Robotergruppen Testumgebungen aufzubauen.

Um einen reibungslosen Forschungsbetrieb und eine zügige Entwicklung zu gewährleisten und die Kosten zu senken, ist ein geeignetes Simulationswerkzeug unerläßlich. Dieses sollte das reale Mehrrobotersystem so exakt wie möglich abbilden und auch auftretende Fehler und Systemausfälle wirklichkeitsgetreu nachbilden. Mit dem simulierten Robotersystem können dann, genau wie mit den realen Fahrzeugen, die einzelnen Module der Steuerungssoftware, beispielsweise Kollisionsvermeidung oder Missionsplanung, weiterentwickelt oder neue Algorithmen getestet werden. Hinzu kommt, daß speziell im Bereich der Forschung nur Simulationen das benötigte Maß an Reproduzierbarkeit der einzelnen Versuchsparameter bieten.

Im Rahmen eines Forschungsauftrages entstand die Forderung nach einer Simulation von Mehrrobotersystemen. Für die Simulation wird ein bereits existierendes Simulationsmodul für einen einzelnen Roboter wiederverwendet, im folgenden Einzelsimulator genannt. Abbildung 1 verdeutlicht den Aufbau des Einzelrobotersystems. Der Einzelsimulator ist in der Lage das Fahr- und Sensorverhalten des realen Fahrzeugs, sowie dessen Schnittstellen gegenüber der Systemsoftware zu simulieren [Wallossek, 1995; Schneider et al., 1996]. Im Fall der Mehrrobotersimulation werden mehrere Einzelsimulatoren miteinander kombiniert.

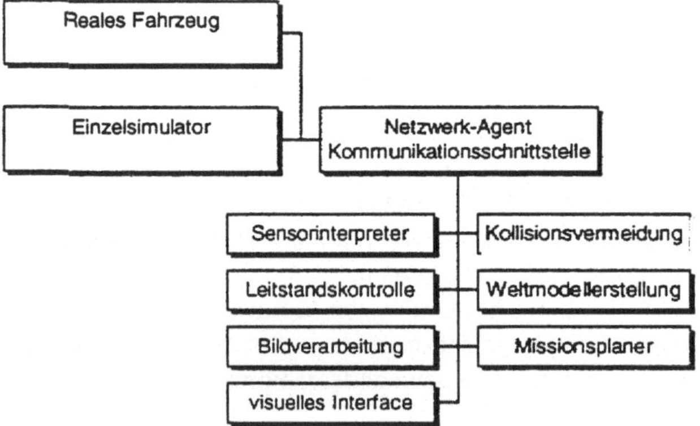

Abbildung 1: Aufbau des Einzelrobotersystems

2.1   Der vorhandene Einzelsimulator

Die Systemsoftware des verwendeten Robotertyps der Firma RWI ist durchgehend modular konzipiert. Die einzelnen Systemmodule tauschen über die Kommunikationsschnittstellen eines Netzwerkagenten Nachrichten und Informationen miteinander aus (siehe Abbildung 1). Dieser wurde mit dem Kommunikationssytem TCX [Fedor, 1993] realisiert. Der Netzwerkagent kann Nachrichtenpakete statt an die Fahrzeugbzw. Sensorhardware auch an den Simulator weiterleiten, der daraufhin die der Realität entsprechenden Sensordaten, Positions- und Geschwindigkeitsangaben generiert und an die Module zurückschickt. Auf diese Weise können simulierter und realer Roboter austauschbar mit der gleichen Systemsoftware verwendet werden (siehe Abbildung 2).

Im momentanen Entwicklungsstadium werden ausschließlich Innenraumanwendungen betrachtet. Um eine realistische Simulation zu erzeugen, benötigt der Einzelsimulator zunächst eine Abbildung der den Roboter umgebenden Umwelt. In diesem Modell werden statische Objekte wie Wände, Schränke oder andere Hindernisse sowie bewegliche Elemente wie Türen verwaltet. Eine solche Umgebung kann mit Hilfe eines entsprechenden Programms generiert werden.

Die eigentliche Simulation gliedert sich in ein Kinematikmodul sowie in ein Modul zur Sensorsimulation. Im Kinematikmodul werden aus Kommandos der Steuerungssoftware die aktuelle Geschwindigkeit, Richtung und Position innerhalb der modellierten Welt berechnet. Die Simulation der Sensorik erzeugt aus der Position des Roboters sowie der Lage und Oberflächenbeschaffenheit der umgebenden Hindernisse entsprechende Sensordaten und liefert sie an das Sensorinterpretermodul der Systemsoftware weiter. Es werden sowohl Ultraschallsensoren als auch Laser-Rangefinder simuliert. Für das mathematisch schwer beschreibbare Verhalten der Ultraschallsensoren kommen dabei nichtlineare Approximationsmethoden, basierend auf künstlichen neuronalen Netzen oder Nearest-Neighbour-Verfahren, zum Einsatz [Rojas, 1993; Schneider et al., 1996; Wallossek, 1995].

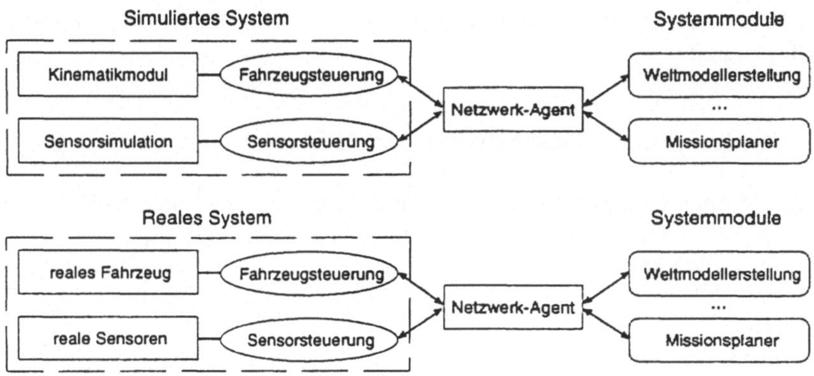

Abbildung 2: Einbindung des Simulators in das Gesamtsystem

Bisherige Versuche und Experimente mit dem beschriebenen Einzelsimulator zeigten stabile Ergebnisse, so daß er zur Simulation des Mehrrobotersystems weiter verwendet wird. Da der Roboterhersteller RWI und die Universität Bonn den Einzelsimulator gemeinsam weiterentwickeln, stellte sich die grundsätzliche Anforderung, Änderungen an der Struktur und der Arbeitsweise des Simulators so weit wie möglich zu beschränken. Unter dieser Voraussetzung ist es möglich, neuere Versionen und eventuelle Erweiterungen des Einzelsimulators in den Mehrrobotersimulator zu übernehmen. Andererseits ergeben sich Schwierigkeiten bei der Verknüpfung der unabhängigen Einzelsimulatoren zu einer integrierten Gesamtsimulation.

2.2   Probleme bei Mehrrobotersimulatoren

Im oben skizzierten Einzelsimulator waren ursprünglich keine Objekte vom Typ „anderer Roboter" vorgesehen. Zwar waren bereits in der vorigen Version des Simulators bewegliche Objekte wie Türen oder Menschen implementiert, deren Bewegungen werden jedoch innerhalb jedes Einzelsimulators durch einfache Formeln und Zeitabhängigkeiten beschrieben. Da diese Voraussetzungen für Objekte „anderer Roboter" jedoch nicht erfüllt sind, vielmehr eine Steuerung von außen erfolgen muß, ist an dieser Stelle eine grundsätzliche Erweiterung der Simulatorfunktionalität notwendig.

Errechnet ein Einzelsimulator eine Bewegung des simulierten Fahrzeugs, so muß diese sämtlichen anderen Einzelsimulatoren mitgeteilt werden, um die Umgebungsmodelle entsprechend anpassen zu können. Eine ähnliche Situation tritt auf, wenn vom Benutzer Änderungen an der Umgebung vorgenommen werden. Für das Öffnen einer Tür oder das Auftauchen eines Menschen mußte im simulierten Einzelrobotersystem nur das entsprechende Objekt innerhalb der modellierten Umgebung des Einzelsimulators verändert werden. In der Mehrrobotersimulation müssen solche Änderungen in allen Einzelsimulatoren konsistent sein und zeitgleich sichtbar werden. Die Propagierung der Roboterbewegungen an alle einzelnen Simulatoren muß regelmäßig erfolgen, damit keine Ungenauigkeiten in der Gesamtsimulation entstehen. Wenn sich die Berechnungen eines Einzelsimulators aufgrund einer vorübergehenden starken Rechnerauslastung verzögern, muß dies im Rahmen einer Synchronisationskontrolle erkannt werden.

2.3   Zentrale Simulationskontrolle: Der SimServer

Da trotz der oben beschriebenen, zusätzlichen Anforderungen innerhalb einer Mehrrobotersimulation der vorhandene Einzelsimulator nur geringfügig verändert werden sollte, wurde eine zentrale Softwarekomponente, der sogenannte SimServer, eingefügt. Dieser übernimmt die Rolle eines Koordinators gegenüber den Einzelsimulatoren.

Entsprechend der Versuchsspezifikation, die in Parameterdateien angegeben wird, startet der Server zunächst die benötigten Einzelsimulatoren sowie die dazugehörigen Softwarekomponenten der Einzelsysteme. Durch die verteilte Architektur der Simulation und der Robotersoftware ist eine Aufteilung der Rechenlast auf verschiedene, vernetzte Computer möglich. Ein vereinfachter Ansatz für eine automatische Prozeßverteilung ist bereits im SimServer integriert und soll zu einem späteren Zeitpunkt weiterentwickelt werden.

Nachdem die benötigten Softwaremodule gestartet worden sind, konfiguriert der SimServer im nächsten Schritt die Einzelsimulatoren. Dazu teilt er jedem Simulator den Aufbau der modellierten Umgebung, die Position des zu simulierenden Fahrzeugs sowie der übrigen Roboter mit. Um diese Konfiguration durch ein externes Programm zu ermöglichen, mußte die Funktionalität des Einzelsimulators erweitert werden.

Zunächst wurde ein neues, bewegliches Objekt zur Darstellung der übrigen Roboter eingefügt. Sämtliche Objekttypen zur Darstellung der Roboterumgebung (Wände, Hindernisse, Türen, andere Roboter, etc.) und auch der simulierte Roboter selbst wurden mit einer Schnittstelle zum Netzwerkagenten versehen, die eine Konfiguration durch andere Programme ermöglicht. Die im letzten Abschnitt beschriebenen Änderungen, die im simulierten Einzelrobotersystem an der modellierten Umwelt vorgenommen werden konnten, nimmt in der Mehrrobotersimulation der SimServer vor. Konsistent und zeitgleich verändert er über die neuen Konfigurationsschnittstellen die Objekte in allen Einzelsimulatoren.

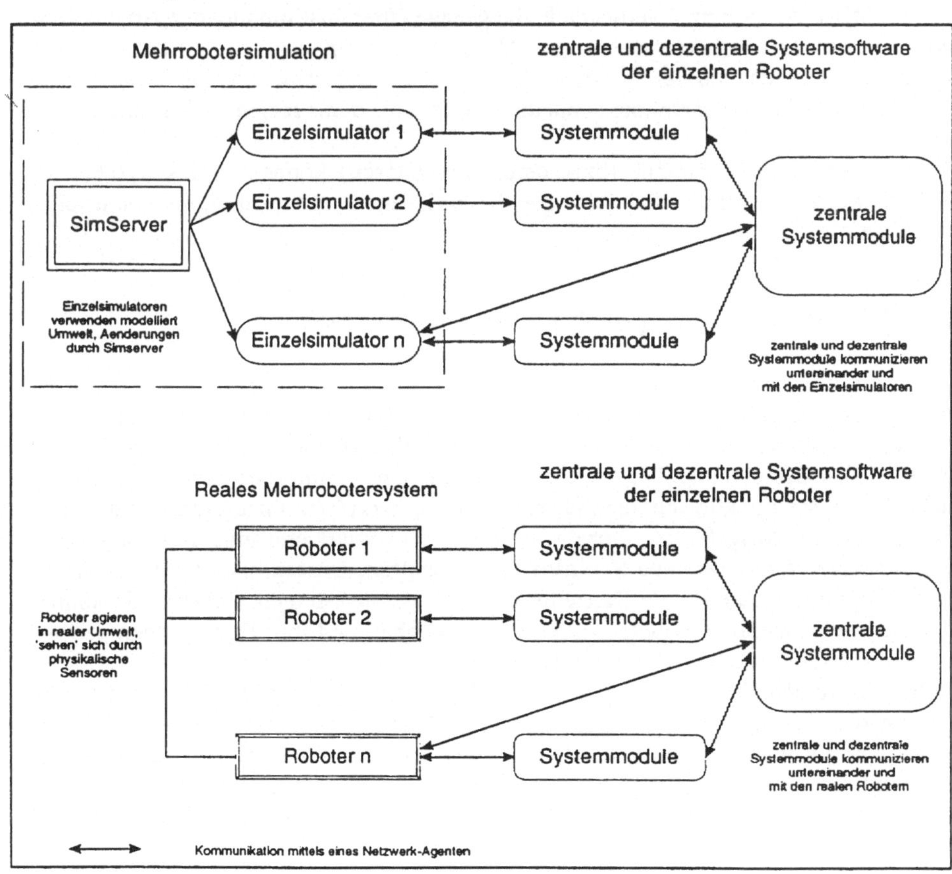

Abbildung 3: Simuliertes und reales MRS

Hat der SimServer die Anfangskonfiguration vorgenommen, startet er zeitgleich sämtliche Einzelsimulatoren. Auch im weiteren Verlauf kann er über den Netzwerkagenten und die Konfigurationsschnittstellen der Einzelsimulatoren konsistente Änderungen der Simulation vornehmen, zum Beispiel das Auftauchen eines neuen Hindernisses oder das Entfernen bzw. Anhalten eines Roboters.

Während der Simulation besteht die Hauptaufgabe des SimServers darin, den Einzelsimulatoren die benötigten Daten über Roboterbewegungen mitzuteilen. Er erhält diese Daten über das Kommunikationssystem von den Kinematikmodulen der Einzelsimulatoren, sammelt sie und sendet sie an die anderen Einzelsimulatoren weiter. Diese integrieren alle Bewegungen in ihr Umweltmodell und ermöglichen so der Sensorsimulation ein Abbild des realen MRS.

Da der SimServer in regelmäßigen, zeitlich definierten Intervallen Kontakt zu den Simulatoren aufnimmt, kann er auch die oben angesprochene Synchronisationskontrolle ausführen und Berechnungsverzögerungen der einzelnen Prozesse erkennen.

Der modulare Aufbau der Software ermöglicht in der Mehrrobotersimulation - genau wie beim Einzelrobotersimulator - einen einfachem Austausch von Simulation und realem MRS. Abbildung 3 verdeutlicht die genaue Übereinstimmung der Arbeitsweise von realem Mehrrobotersystem und Mehrrobotersimulation. Die verschiedenen, zentralen oder dezentralen Module der Steuerungssoftware können ganz analog entweder mit der Mehrrobotersimulation oder mit dem realen MRS zusammenarbeiten.

Auch andere Robotermodelle (bzw. deren Simulatoren) können in das System eingefügt werden, sofern sie über die beschriebenen Konfigurationsschnittstellen verfügen.

2.4 Zentrale Versuchsprotokollierung: Der SimInspector

Ursprünglich konnte der Einzelsimulator eine ablaufende Simulation des Einzelrobotersystems graphische darstellen. Innerhalb dieser Darstellung wurde die unmittelbare Umgebung des simulierten Roboters visualisiert und Benutzereingriffe, zum Beispiel das Öffnen einer Tür oder das Anhalten eines simulierten Menschen, ermöglicht. Da dieser Funktionsumfang für ein Mehrrobotersystem unzureichend ist, wurde die graphische Ausgabe der Einzelsimulatoren deaktiviert und eine weitere zentrale Komponente, der sogenannte SimInspector geschaffen. Dessen erweiterte Oberfläche ermöglicht eine detailliertere Darstellung des gesamten Versuchsablaufes. So können beispielsweise mehrere Roboter visuell hervorgehoben und ihre Bewegungen verfolgt bzw. ihre Fahrstrecken markiert werden.

Neben der reinen Visualisierung hat der SimInspector die Aufgabe, Versuchsdaten für spätere Auswertungen und Analysen zu erfassen und zu speichern. Da diese Anforderung nicht nur innerhalb der Simulation sondern auch für reale Versuche auftritt, stellt der SimInspector ein eigenständiges Softwaremodul dar, das mit der Systemsoftware der Roboter zusammenarbeitet und von der eigentlichen Simulation unabhängig ist. Bei Bedarf werden neben Positionen und Bewegungen der einzelnen Roboter auch systeminterne Vorgänge des MRS erfaßt. Dazu zählen das Kommunikationsaufkommen zwischen den Robotern und die Inhalte der versendeten Nachrichten, sowie Entscheidungen und Abläufe der einzelnen Roboter.

Besonders in der Erprobungsphase für neue Hierarchie- und Kommandokonzepte soll es möglich sein, erste Beurteilungen schon während des Verlaufs des Versuches vorzunehmen. Dazu wurden zusätzliche Darstellungsmöglichkeiten in den SimInspector integriert. Indem man zum Beispiel Kommunikationsdichte und Bewegungsabläufe innerhalb zusammengehörender Robotergruppen graphisch darstellt und in die Umweltdarstellung integriert, erkennt der Systementwickler Schwächen des Robotersystems und erhält eventuell Anhaltspunkte für Verbesserungen. Eine Visualisierung der zu bearbeitenden Aufgabe und potentieller Lösungswege ermöglicht eine erste Bewertung der Leistungsfähigkeit des MRS. Auf diese Weise können konzeptionelle Ideen geprüft und mögliche Bereiche für Parameteränderungen eingegrenzt werden.

3   Einsatzbereich

Im Rahmen des zu bearbeitenden Forschungsauftrages wird der beschriebene Mehrrobotersimulator als unterstützendes Werkzeug bei der Konzeption und Entwicklung von Koordinationsstrategien innerhalb von Mehrrobotersystemen eingesetzt. Vor Versuchen mit dem realen MRS können implementierte Algorithmen zunächst in der Simulation getestet werden.

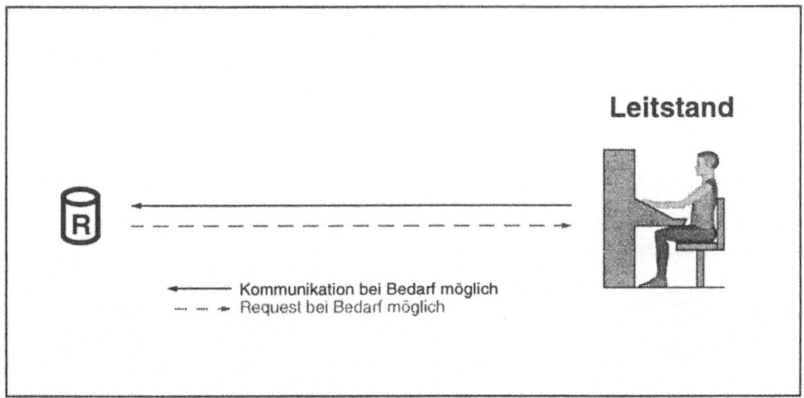

Abbildung 4: Mensch-Roboter-System

Der aktuelle Stand der Forschung ermöglicht es nicht, mobile Roboter mit einem Grad von Autonomie auszustatten, so daß die Fahrzeuge in komplexer Umgebung ohne Kontrolle durch einen menschlichen Operateur operieren können. Auch in naher Zukunft ist keine Entwicklung abzusehen, die diese Situation grundlegend ändern könnte. Hieraus erwächst die Notwendigkeit, einen menschlichen Operateur effizient in Robotersysteme einzubinden. Systeme dieser Art nennt man teilautonome Robotersysteme. Während teilautonome Systeme mit einem einzelnen Roboter schon realisiert wurden (Abbildung 4), zeigen sich im Bereich der Mehrrobotersysteme zusätzliche

Schwierigkeiten durch vermehrte Anforderungen an den menschlichen Operateur. Die Überwachung und Steuerung von mehreren aktiven Robotern stellt eine komplexe Aufgabe mit entsprechender Belastung für den Operateur dar. Der Gegenstand unserer Untersuchungen liegt nicht in der Bearbeitung technischer Aspekte von autonomen Systemen sondern in der Konzeption der Schnittstelle zum Menschen.

Im Rahmen des Forschungsauftrages wird in diesem Kontext eine geeignete Koordinations- und Kommunikationsstrategie untersucht, die eine optimierte Einbindung des Menschen in das Gesamtsystem (Mensch-Mehrroboter-System) erlaubt [Schneider & Gärtner, 1997].

In der Abbildung 4 ist ein Mensch-Roboter-System zu sehen, so wie es heute fast überall im Einsatz ist. *Ein* Mensch überwacht die Mission *eines* Roboters vom Leitstand aus.

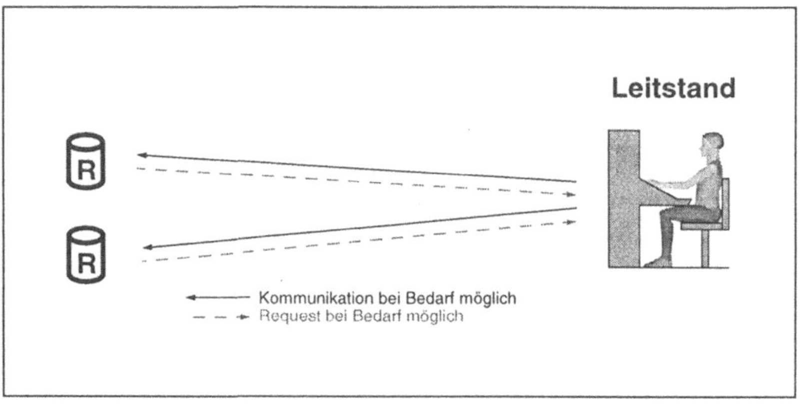

Abbildung 5: Mensch-Roboter-System

Schwieriger ist der Anwendungsfall, bei dem *ein* Mensch *mehrere* Roboter überwacht (Abbildung 5). Hierbei steigt die Komplexität der Aufgabe und somit auch die Belastung des Menschen im Leitstand.

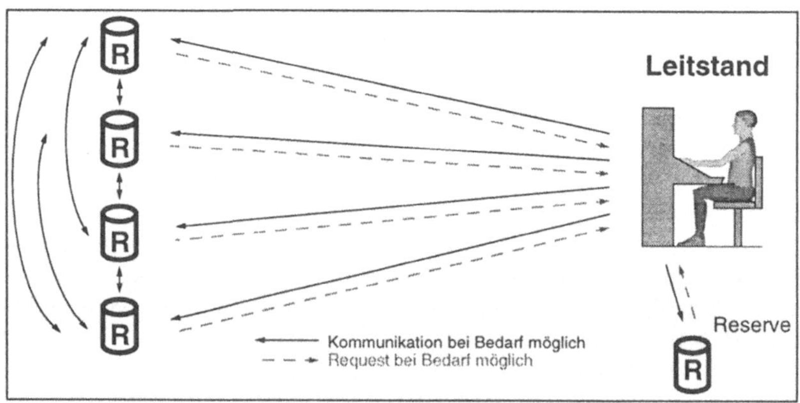

Abbildung 6: Mensch-Mehrroboter-System

Eine Entlastung des Menschen könnte bereits dadurch erreicht werden, daß die *einzelnen* Robotersysteme auch *untereinander* kommunizieren und so *ohne* Inanspruchnahme des Menschen *gemeinsam* Probleme lösen können (Abbildung 6). Größere Fehlfunktionen wie beispielsweise der Ausfall eines Roboters werden jedoch weiterhin vom Leitstand aus behandelt. Man könnte ein solches System auch als leitstandszentriert bezeichnen. Um nun eine wesentliche Entlastung des Menschen zu erreichen, muß das System in geeigneter Weise modifiziert werden.

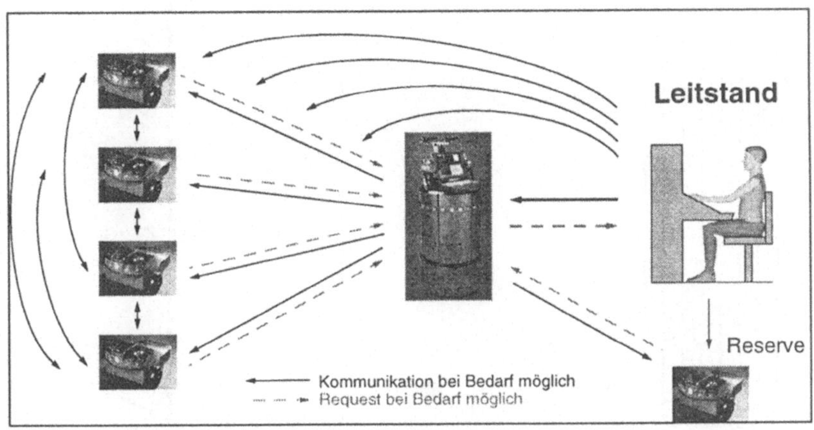

Abbildung 7: hierarchisches Mensch-Mehrroboter-System

Die Abbildung 7 zeigt das verfolgte Konzept eines hierarchischen Mehrrobotersystems. Verwendet werden Roboter vom Typ B21 und Pioneer 1 der Firma RWI. Die einzelnen Roboter können auf der eigenen Hierarchieebene jederzeit miteinander kommunizieren. Bei Anfragen, die in der eigenen Ebene nicht beantwortet werden können, wird die nächst höhere Ebene eingeschaltet. So könnte beispielsweise der Ausfall eines Roboters auf der untersten Ebene durch die nächst höhere Ebene behoben werden, ohne daß hierfür der Mensch eingreifen muß. Der Mensch im Leitstand hat jedoch weiterhin die Möglichkeit, auch auf die unterste Ebene zuzugreifen, wenn dies nötig ist. Dieses Konzept entlastet den Menschen von einfacheren Aufgaben, bietet ihm aber trotzdem die Möglichkeit, auf alle Systembereiche Einfluß nehmen zu können. Die Abbildung 8 zeigt den für unsere Studien verwendeten Experimentalaufbau. Als Einsatzszenario für die Studien wurde das Suchen von Gefahrgut bei Havarien ausgewählt. Das entsprechende Versuchsfeld ist hierzu wie folgt aufgebaut: In einer Halle von ca. 18 x 14 Metern werden zwei Detektionsroboter eingesetzt. Diese fahren gemäß ihrer Mission ein Suchmuster ab mit dem Ziel, die in der Halle simulierten Gefahrgüter zu finden. Sie werden, wenn notwendig, durch einen Koordinationsroboter in ihrer Mission unterstützt und koordiniert. Ein Leitstand bildet den eigentlichen Untersuchungsschwerpunkt der Arbeit. Er gliedert sich in einen Operateur- und in einen Versuchsleiterteil. Vom Operateurteil des Leitstands aus erfolgt die Missionsinitialisierung und -überwachung. Weiterhin kann der Operateur von hier aus Eingriffe in den Missionsablauf vornehmen. Vom Versuchsleiterteil des Leitstands aus können verschiedene Fehlfunktionen simuliert werden. Diese müssen dann vom Gesamtsystem, also dem Operateur und den autonomen Systemen, bearbeitet werden. Aus den im Abschnitt Simulation genannten Gründen wird für eine Vielzahl der durchzuführenden Versuche die Simulation verwendet.

Mit Hilfe des vorgestellten Aufbaus soll die Wirksamkeit des gewählten Mensch-Mehrroboter-Konzeptes hinsichtlich informatorischer und ergonomischer Aspekte untersucht werden.

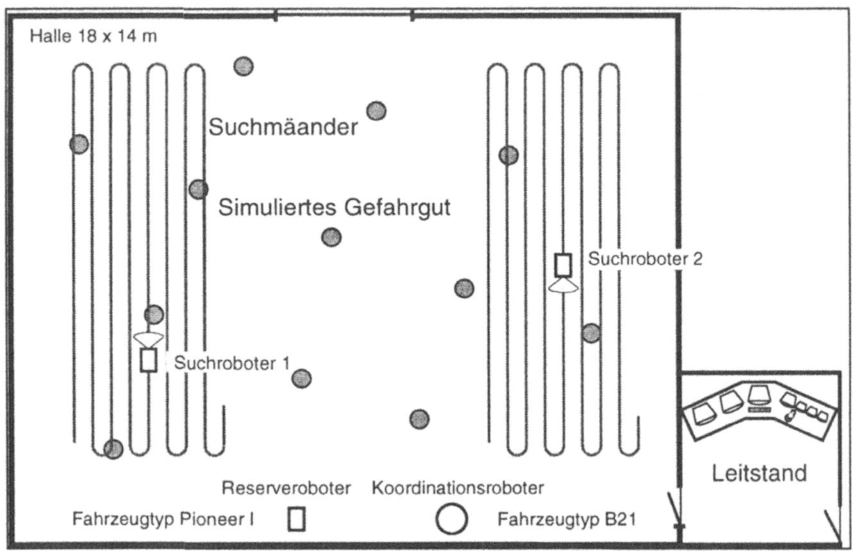

Abbildung 8: Experimentalaufbau

4 Zusammenfassung und Ausblick

Im vorliegenden Bericht wurde ein Ansatz zur Simulation eines Mehrrobotersystems vorgestellt. Das System stellt dem Benutzer eine interaktive Simulationsumgebung zur Verfügung, die es erlaubt, alle wichtigen Parameter zu beeinflussen und „Off-Line" Entwicklung oder Missionsplanung durchzuführen. Durch den modularen Aufbau des Simulators gibt es diverse Möglichkeiten, das System zu erweitern. Zur Zeit liegt der Schwerpunkt der weiteren Forschungsarbeiten auf Mensch-Mehrroboter-Systemen im Bereich autonomer unbemannter Landfahrzeuge. Hierbei sollen unter anderem Interaktionsstrategien zwischen den einzelnen Fahrzeugen und dem Menschen untersucht werden. Ein weiterer Schritt wird ein 3D visuelles Interface sein, welches mit dem System gekoppelt werden kann, um somit eine bessere Unterstützung für den Operateur zu realisieren. Ein interessanter Aspekt ist auch die Möglichkeit der Verwendung der Bildverarbeitungsmodule in der Simulation. Diese würden dann ihre Informationen (Bilder) nicht von einer echten Kamera sondern von dem 3D visuellen Interface beziehen.

5   Literatur

[Connel & Mahadevan, 1993]   Jonathan H. Connell and Sridhar Mahadevan, Robot learning, Kluwer Academic Publisher, Norwell Massachusetts, 1993

[Fedor, 1993]   Christopher Fedor, TCX-An interprocess communication system for building robot architectures, CMU, 1993

[Feng et al.,1994]   L. Feng, J. Borenstein and H.R. Everett, Sensors and Methods for autonomous mobile robot positioning, Volume III: Where am I?, Technical Report UM-MEAM-94-21, Univ. Of Michigan, 1994

[Rojas, 1993]   Raul Rojas, Theorie der neuronalen Netze, Springer-Verlag, Berlin, 1993

[Schneider et al., 1996]   Frank E. Schneider, K.-P. Gärtner, D. Wildermuth, Simulation eines autonomen unbemannten Landfahrzeuges, Proceedings „Neue Technologien in der wehrtechnischen Simulation", BAkWVT, Mannheim 1996

[Schneider & Gärtner, 1997]   Frank E. Schneider, K.-P. Gärtner, Mensch-Mehrroboter-Systeme im Bereich autonomer mobiler Systeme, Proceedings „GE/FR Robotik-Symposium", Friedrichshafen 1997

[Thrun, 1994]   Sebastian Thrun, Exploration and modell building in mobile robot domains, Forschungsbericht Uni. Bonn, 1/93

[Wallossek, 1995]   Peter Wallossek, Modellierung und Simulation der Odeometrie und Sensorik eines mobilen Robotersystems, Diplomarbeit, Universität Bonn, Institut für Informatik, Abt. III, 1995

Handlungsorganisation mittels intentionaler neuronaler Agenten[*]

M. Krabbes, H.–J. Böhme, V. Stephan, H.–M. Gross

Technische Universität Ilmenau
Fachgebiet Neuroinformatik
D-98684 Ilmenau, Postfach 100565
(Markus.Krabbes@Informatik.TU-Ilmenau.DE)

Zusammenfassung Es wird ein neuronales Agentensystem vorgestellt, mit dem auf Basis eines lokalen Handlungsrepertoirs in enger Interaktion mit einem Anwender komplexe Verhaltensleistungen erreicht werden können. Grundlage dafür bildet eine geeignete Problemdekomposition in einer heterarchischen Struktur, mit der es gelingt, die gesamte situationsspezifische Aktionsvielfalt selektierbar zu repräsentieren. Die Realisierung der lokale Handlungsziele verfolgenden Agenten zur Navigation eines mobilen Roboters wird ausführlich vorgestellt. Grundlage dieser intentionalen Agenten bilden überwacht vortrainierte sensomotorische Mappings. Die resultierenden verschiedenen Handlungsvorschläge werden basierend auf ihrem energetischen und zeitlichen Kontext flexibel fusioniert.

1 Einführung und Szenario

Ziel des Projektes GESTIK ist die Entwicklung einer neuronal basierten Steuerarchitektur, mit der sich ein mobiler Roboter unter „Blickkontakt" zum Anwender entsprechend dessen gestikbasierten Anweisungen teilautonom bewegt. Sich auf der Fahrtroute befindende statische und dynamische Hindernisse sollen dabei geeignet umfahren werden. Dem menschlichen Interaktionspartner kommen in diesem Szenario folgende Funktionen zu:

1. Der Anwender ist der primäre Handlungsantrieb für das System, welches ständig versuchen soll, sich diesem auf eine definierte Entfernung anzunähern, solange er dies nicht durch eine entsprechende (gestikbasierte) Instruktion unterbindet.
2. Situationen, in denen sich mehrere Handlungsalternativen eröffnen, sind vom Anwender durch eindeutige Anweisungen aufzulösen. Voraussetzung dafür ist, daß entsprechende Konfliktsituationen erkannt werden und sich der Handlungsvorschlag in den Entscheidungsprozeß geeignet einbinden läßt.
3. Wegen der rein visuell basierten Navigation ist nicht auszuschließen, daß das Fahrzeug mit nicht eindeutig interpretierbaren sensorischen Situationen

[*] Die Arbeiten sind Teil des vom Thüringer Ministerium für Wissenschaft, Forschung und Kultur geförderten Projektes GESTIK.

operieren muß. Hier soll der Anwender assistierend eingreifen, um falsche Hypothesen zu korrigieren.

Signifikant für das angestrebte Leistungsvemögen des Agentensystems ist, daß mit diesem lediglich lokales Verhalten erreicht werden kann, da sich die reale Umgebung im visuellen Eindruck der Navigationskamera des Systems niemals eindeutig bezüglich der globalen Position im Einsatzfeld darstellt bzw. darstellen soll (keine eindeutigen Landmarken). Dies stellt im Kontext des Projektziels keine Einschränkung dar, da sich im Zusammenwirken von Anwender und Fahrzeug die erwünschte Systemleistung vollständig und widerspruchsfrei erreichen läßt. Auf diese Weise wird es vielmehr möglich, die lokalen Verhaltensleistungen konsequent zu entwickeln und gleichzeitig demonstrabel umzusetzen, weil eine globale Bewegungsplanungsebene zunächst völlig entkoppelt ist, sich aber konzeptionell perspektivisch problemlos ergänzen läßt.

Zielsystem ist die Roboterplattform MILVA (`http://cortex.informatik.tu-ilmenau.de/technik.html#robbi`), die mit einem trioculuaren Visionsystem und on-Board–PC-Rechentechnik ausgerüstet ist. Zwei auf einer horizontal schwenkbaren Traverse montierte Kameras mit je 3 Freiheitsgraden (Pan, Tilt, Zoom) dienen der Bildaufnahme zur gestikbasierten Nutzer-Roboter-Kommunikation, eine zentral montierte Weitwinkel-Kamera liefert den ausschließlich für die Navigation genutzten visuellen Datenstrom. Als Experimentalplattform der hier vorgestellten Untersuchungen dient gegenwärtig der Miniaturroboter KHEPERA (kreisrund, $\phi = 5,5cm$; mittige Farbkamera), dessen unproblematischer praktischer Einsatz Simulationen gut ersetzen kann. Aufgrund einer definierten Labyrinthumgebung ergeben sich keine Probleme in der Untergrund-Hindernis-Trennung, andererseits sind die in der „Real World" auftretenden Schwankungen und Rauscheinflüsse sowohl für das Netzwerktraining als auch für die Validierung der erworbenen Verhaltensleistungen unbedingt erforderlich, um zu robusten Ergebnissen zu gelangen. Diese sollen später auf die Zielplattform MILVA übertragen werden, wobei hierfür noch die zusätzliche Problematik der stark variierenden optischen Erscheinung von Indoor-Umgebungen zu lösen ist.

2 Problemdekomposition und Repräsentation von Handlungsantrieben

Wie bereits angedeutet, sind die folgenden beiden Grundeigenschaften notwendig, um zu einer interaktiven Verhaltensleistung zu gelangen:

(A) Die sich in einer bestimmten Situation bietenden Handlungsalternativen müssen unabhängig voneinander separierbar sein. Hierbei ist einerseits die Erkennung von sich gleichzeitig bietenden Handlungsoptionen für das System notwendig, um u.U. eine Anfrage an den Anwender stellen zu können und so Konflikte aufzulösen. Andererseits wird damit erst die Ausschöpfung der gesamten sich bietenden Aktionsvielfalt gewährleistet.

(B) Jede der einzelnen Handlungsalternativen muß sich in einer Weise unterstützen lassen, in der sowohl die Entscheidung des Anwenders bzw. einer hierarchisch höher liegenden Verarbeitungsebene eingebunden werden kann, als auch weiterhin das lokale Wissen der Struktur genutzt wird.

Zur Umsetzung dieser Spezifika bietet sich eine Dekomposition in prinzipiell identisch arbeitende, aber verschiedene Handlungsziele verfolgende Agenten an, deren Handlungsvorschläge so die gesamte situationsgemäße Aktionsvielfalt repräsentieren.

2.1 Implizite Repräsentation von Handlungsantrieben in intentionalen Agenten

Es bietet sich an, menschliche Problemlösungsstrategien und deren Teilaspekte auf neuronale Agenten abzubilden, die jeweils versuchen, diese Teilaspekte optimal zu bearbeiten. Daher erhält jeder Agent im Rahmen des Gesamtproblems eine Zweckbestimmung, die über einen agentenspezifischen Handlungsantrieb, eine Intention beschrieben wird. Während in einigen Lernverfahren die Handlungsantriebe über entsprechende Bewertungsfunktionen ausgedrückt werden (z.B. Reinforcement-Lernen), besteht bei überwachten Lernverfahren die Möglichkeit, durch „Vormachen" einer charakteristischen Problemlösungsstrategie eine implizite Beschreibung der Systemziele zu erzeugen. Dies wird in der Literatur als Experten-Cloning bezeichnet.

Für die Problematik eines lokalen Navigationsverhaltens mit den Teilaspekten gerichtete schnelle Lokomotion, Vermeidung statischer und dynamischer Hindernisse, eingeschränkte Exploration usw. bietet sich an, separate Agenten zu realisieren, die in ihrem Wechselspiel

- Flurbereiche möglichst mittig durchfahren,
- sich bietende Abbiegemöglichkeiten nutzen,
- Kreuzungsbereiche möglichst geradlinig überfahren (im Sinne eines Beharrungsvermögens) oder
- in Gefahrenbereichen anhalten bzw. umkehren.

In der Realisierung solcher Agentenausrichtungen durch entsprechende Cloning-Strategien zeigt sich ein grundsätzlicher Unterschied zu den Reinforcement-Methoden, bei denen durch entsprechende Bewertungsfunktionen eine Spezialisierung der Agenten auf oben genannte Verhaltensleistungen erreicht wird. Dies ist beim überwachten Agententraining in dieser Weise nicht möglich, weil den Agenten zu **allen** sensorischen Situationen eine situations- und intentionsadäquate Systemantwort präsentiert werden muß. Deshalb manifestiert sich die Realisierung der oben aufgeführten Teilaspekte nicht in einer Trainingsstrukturierung, die das Gesamtproblem in solche Teilaspekte (Situationen) zerlegt, sondern vielmehr in der Definition von Handlungskonzepten, nach denen der Experte beim Vormachen unter mehreren situationsbezogen optionalen Aktionen in konsistenter Weise eine bestimmte auswählt. Das Spektrum dieser festzulegenden Handlungsregeln muß nun für alle auftretenden Teilprobleme adäquates Verhalten ermöglichen. Für die Roboternavigation besteht eine, wenn auch triviale, Möglichkeit der Definition solcher Handlungskonzepte in der Trennung: „Fahre so weit wie möglich...

1. und nutze die nächste sich bietende Gelegenheit, nach rechts abzubiegen!"
2. und nutze die nächste sich bietende Gelegenheit, nach links abzubiegen!"
3. geradeaus und biege nur ab, wenn keine Alternative besteht!"

Diese Einzeldefinitionen sind zwar in jeder Situation anwendbar, ermöglichen jede für sich aber noch keine Bewältigung der Gesamtproblematik. Im Zusammenwirken dieser Handlungsziele wird dagegen ein komplexes Gesamtverhalten erreicht, mit dem nicht nur die verschiedenen Teilaspekte der Roboternavigation abgedeckt werden, sondern das auch die oben genannten Voraussetzungen für eine interaktive Systemleistung erfüllt. So wird beispielsweise bei einem auftretenden Hindernis der Agent „3" versuchen, bis kurz vor eine Kollision darauf zuzufahren. Die beiden anderen Handlungsziele repräsentieren dagegen ständig alle Möglichkeiten, von diesem Pfad abzuweichen.

2.2 Handlungsorganisation durch Agentenfusion

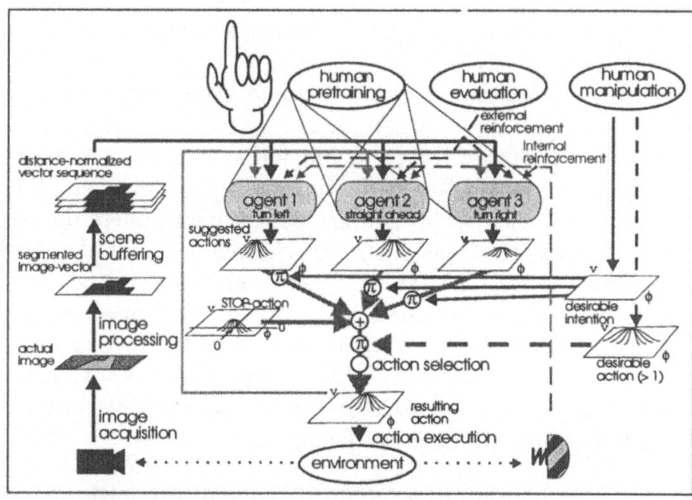

Abbildung1. *Gesamtübersicht der verteilten Agentenstruktur. (Siehe Text für detaillierte Beschreibung.)*

Wie bereits angedeutet werden die einzelnen Agenten nun in vielen Situationen entsprechend ihrer Intention (trainierten Handlungsziele) kontroverse Handlungsvorschläge generieren, die situationsspezifisch in einer Weise zu fusionieren sind, die die Aspekte des globalen Fahrverhaltens (z.B. Fahrt zum Nutzer oder entsprechend Nutzeranweisung) berücksichtigt. Ein Strukturentwurf zur Zusammenfassung der Handlungsvorschläge solcher Einzelagenten ist in Bild 1 dargestellt: Expertenwissen fließt dabei auf 3 Kanälen in das Gesamtsystem ein:

1. Die verschiedenen Agenten bilden den visuellen Datenstrom (distance-normalized vector sequence) auf situationsadäquate Aktionen (suggested actions) ab, die in zweidimensionalen Karten durch Geschwindigkeit v und Lenkwinkel ϕ topologisch kodiert sind. Sie erhalten, wie bereits erläutert, ihre intentionale Ausrichtung durch Belehrung mit unterschiedlichen, von

einem Experten erstellten Trainingsmengen. (human pretraining, siehe Abschnitt 3.)

2. Die Aktionsvorschläge der über identischen Datenströmen operierenden Agenten werden überlagert (+) und können sowohl intentionsorientiert, also agentenspezifisch (desirable intention), als auch aktionsorientiert (desirable action) durch Anweisungen des Nutzers verstärkt werden (human manipulation). Weil beispielsweise bei Abbiegemanövern u.U. zunächst in die entgegengesetzte Richtung ausgeholt wird, muß dabei der handlungszielorientierte (agentenspezifische) Nutzereingriff die primäre Anweisungseinbindung darstellen. Dieser Eingriff findet zwar bereits auf einer symbolischen Ebene statt, basiert aber dabei auf den vom Experten während des Agententrainings verwendeten Begriffen. Durch den rein modulierenden Eingriff kann sichergestellt werden, daß das Fahrzeug zwar diese externen Anweisungen befolgt, aber dabei immer nur mit dem eigenen situationsgemäßen Verhaltensrepertoire agiert. Die Einkopplung der vom Anwender ausgehenden Anweisungen wird konzeptionell so realisiert, daß über ein Gesten(Posen)-Alphabet, mit dem eine visuelle Nutzer-Roboter-Kommunikation geführt werden soll, eine Interpretation zu einer entsprechenden Agenten- bzw. Aktionsunterstützung möglich wird (siehe hierzu [BBB 97]).

3. Zur weiteren Adaption der Agenten, die im Abschnitt 4 konzeptionell vorgestellt wird, muß die auf Basis des energetischen und zeitlichen Kontextes letztendlich ausgewählte Aktion (action selection) auf die Agenten zurückgeführt werden, um diese dem erzielten Handlungserfolg zuzuordnen. Basis für die Bewertung ist die sensorische Erfahrung von Kollisionen, die als Reinforcement-Signal (internal reinforcement) dazu führen soll, daß das Gesamtsystem in einer späteren vergleichbaren Situation eine andere (bessere) Aktion ausführt. Das Modul human evaluation verkörpert die Handlungsbewertung durch einen Experten über ein external reinforcement. Die Identifikation dieser Kollisionen o.ä. vorwegnehmenden Bewertungssignale aus einem multimodalen Datenstrom (visuell, akustisch) mittels Konditionierung ist Gegenstand weiterer Forschungsarbeiten am Fachgebiet.

Als Ergebnis der agenteninternen Adaptionsvorgänge kann es, wie auch in unbekannten Situationen, dazu kommen, daß ein oder mehrere Agenten keinen Aktionsvorschlag liefern. Für diese Fälle wird vergleichbar einer permanenten Besorgnis ständig eine unterschwellige Stop-Absicht (STOP-action) den Aktionsvorschlägen überlagert, um sich dann mit der Anhalteaktion ($v=0$, $\phi=0$) durchzusetzen.

3 Realisierung der intentionalen Agenten

3.1 Szenariospezifische Umsetzung des ALVINN-Ansatzes auf dem KHEPERA

Als Ausgangspunkt für einen überwacht trainierten Einzelagenten einer derartigen verteilten Steuerarchitektur bietet sich der ALVINN-Ansatz [Pom93] [FDS94] an, dessen szenariospezifische Umsetzung und Erweiterung in diesem Abschnitt betrachtet wird [KBSG97]. Die Grundidee von ALVINN besteht in einer direkten Abbildung eines Kamerabildes auf einen Lenkwinkel, um damit ein Straßenfahrzeug auf gewöhnlichen Straßen zu steuern. Dabei dient ein Multi-Layer-Perceptron als Basisstruktur, die das von einem Trainer vorgegebene Verhaltensmuster approximiert und dabei den analogen Wert des einzustellenden Lenkwinkels in Form einer topologischen Ausgabekodierung repräsentiert (siehe Abb. 3).

Abbildung 2. *Phasen der Bildvorverarbeitung auf dem KHEPERA: das Originalbild (l.), die Blau-Gelb-Aktivierungen nach [PG96] (2. v. l.), nach der Unterabtastung des relevanten Bildausschnitts (2. v. r.) und der Dynamikanpassung (r.).*

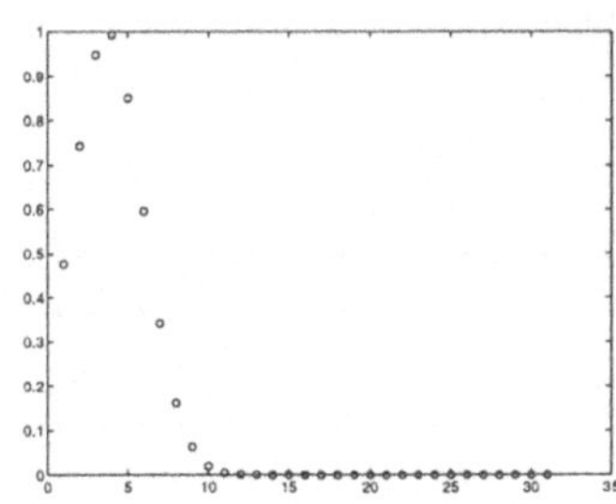

Abbildung 3. *Eindimensionale topologische Kodierung des Lenkwinkels über einem m-dimensionalen Outputvektor: Da es beim KHEPERA mit seinen beiden getriebenen Rädern keine explizite Steuergröße „Lenkwinkel" gibt, muß diese aus den Geschwindigkeiten der beiden Räder ermittelt werden (LS = LeftSpeed, RS = RightSpeed):*

$$y_i = e^{-\frac{\left(i - \frac{m+1}{2} \cdot (1 + \frac{LS-RS}{LS+RS})\right)^2}{M}} \qquad i \in [1 \dots m];$$

Darstellung für $m = 31, M = 10, RS = 5 \cdot LS$

Für die Steuerarchitektur des KHEPERA dient ebenfalls ein zweilagiges Multi-Layer-Perceptron in reiner Feed-Forward-Architektur als Netzwerk, zu dessen Belehrung klassisches Backpropagation eingesetzt wird. Die Vorverarbeitung der Input- und Outputdaten ist in den Abbildungen 2 und 3 dargestellt. Die Trainingsmenge bildet eine 2500 Beispielsituationen umfassende Datenbank, die von einem „Experten" erstellt wurde und in etwa 50 Trainingsepochen präsentiert wird. An dieser Stelle muß betont werden, daß die Navigation in der Trainingsphase ausschließlich mittels der Videobilder der on-Board-Kamera des KHEPERA erfolgte, um konsistente Datenquellen in Trainings- und Recallphase zu garantieren. Dies wird dadurch gesichert, daß der Trainer den KHEPERA über eine Videobrille steuert.

3.2 Probleme / Erweiterungen der ALVINN-Architektur

In der Anwendung des Netzwerks wurde zunächst direkt über den Aktivierungen des Outputvektors der Flächenschwerpunkt ermittelt, um dessen Position dann auf das Geschwindigkeitsverhältnis der Antriebsräder zurückzuprojizieren, welches an dieser Stelle das Maximum der GAUSS-Glocke erzeugt hätte. Diese gegenüber den Verfahren nach [Pom93] (zur Ausgabekodierung am besten korrelierende GAUSS-Funktion) bzw. [FDS94] (Fensterung einer begrenzten Umgebung des Maximums) stark vereinfachte Vorgehensweise bringt ausreichende Ergebnisse und ist in Hinblick auf spätere Erweiterungen (Aktivierungsfokus) ohnehin nur eine Zwischenlösung. Als konstante Grundgeschwindigkeit wird ein typischer Wert der Trainingsmenge festgelegt. In dieser ersten Implementierungsform meistert der KHEPERA bereits alle gutartigen Situationen auch in einem unbekannten Labyrinth weitgehend kollisionsfrei und zeigt dabei ein trainingsentsprechendes Verhalten (Abb. 4). Wichtig ist dabei, daß immer Elemente des Untergrunds im Blickbereich der Kamera bleiben. Hierbei macht sich das schmale Blickfeld der Kamera stark einschränkend bemerkbar (Abb. 5).

So kann es ab bestimmten Lenkeinschlägen dazu kommen, daß das Fahrzeug mit Objekten kollidiert, die es in der aktuellen Situation visuell gar nicht wahrnimmt. Dies führt bereits bei der Erstellung der Trainingsmuster durch den Experten zu einer angepaßten Verhaltensweise. Typisch dafür ist, daß soweit wie möglich eine Geradeausfahrt durchgeführt wird, und nur dort ein Abbiegen stattfindet, wo der vor dem Fahrzeug liegende Fahrweg versperrt ist. In den folgenden Abschnitten werden deshalb Erweiterungen vorgestellt, die es ermöglichen, den sich bietenden Aktionsspielraum erheblich zu erweitern.

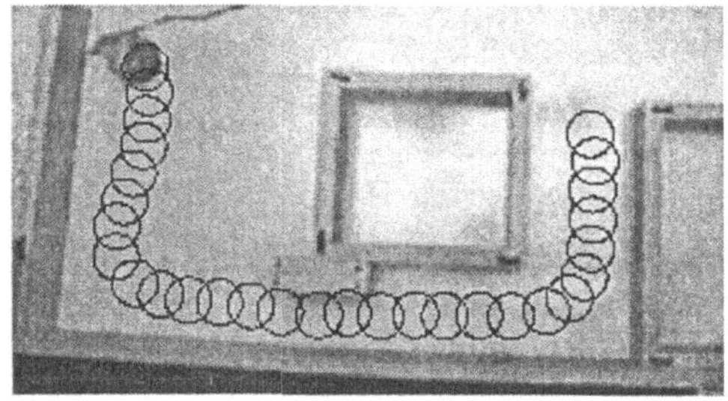

Abbildung 4. *Das mit der ursprünglichen ALVINN–Architektur erreichbare Fahrverhalten des KHEPERA: In Gassen richtet sich der Roboter mittig aus, ist nur eine Wand sichtbar, so wird dieser mit einem mittiger Flurfahrt entsprechenden seitlichen Abstand gefolgt (Kreis=KHEPERA-Grundfläche).*

Wegfenster Da die oben beschriebenen Probleme beim MILVA-Roboterfahrzeug mit seiner 3–Rad-Kinematik auch wegen des Schleppkurvenverhaltens in ähnlicher Weise auftreten (Abb. 5), müssen bereits im KHEPERA-Szenario Strukturen entwickelt werden, die auch hier durch eine sensomotorische Abbildung ein adäquates Verhalten erzeugen. Dabei müssen Architekturen gefunden werden, die die zurückliegende Information bis zu einem festen, den Fahrzeugabmessungen entsprechenden **Weg**-Horizont gleichberechtigt berücksichtigen.

Wie in Abbildung 6 deutlich wird, bietet sich gegenüber der Einführung von rekurrenten Verbindungen oder dynamischen Neuronen (z.B. mit PT_1-Verhalten) die Einrichtung eines „Wegfensters" an, in dem zusätzlich die Inputvektoren zurückliegender Situationen mitgeführt werden. Diese Struktur stellt sich als eine vereinfachte Anwendung der „Sliding-Window"-Technik in TDNN-Netzen nach [WH89] dar.

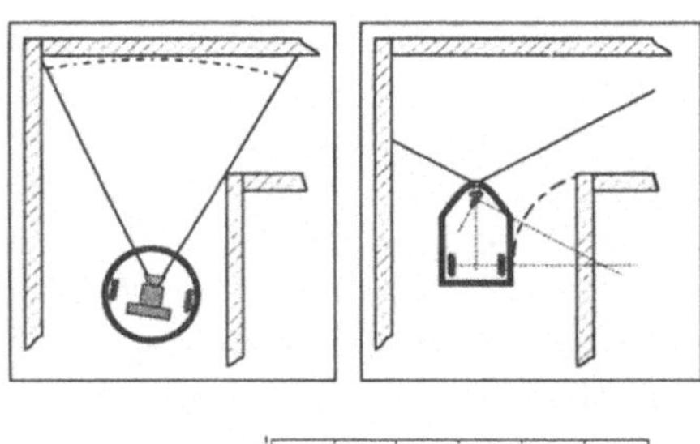

Abbildung5. *Der schmale Sicht-bereich der KHEPERA-Kamera (Öffnungswinkel 60°) schränkt die erreichbare Verhaltensleistung er-heblich ein (links). Vergleichbare Verhältnisse bei MILVA (rechts).*

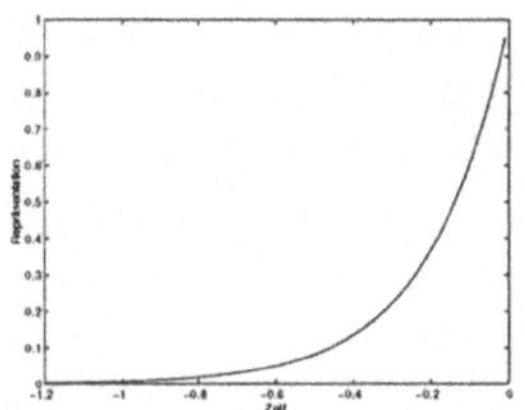

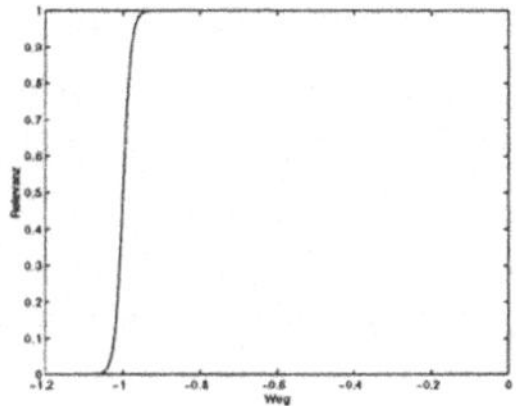

Abbildung6. *Während rückgekoppelte Netzwerkstrukturen zurückliegende Infor-mation vergleichbar mit PT_1-Verhalten repräsentieren (links) bleibt die Relevanz von Bildinformation für ein kollisionsvermeidendes Verhalten über einen den Fahr-zeugabmessungen entsprechenden Weg gleichbleibend hoch und bricht erst danach vollständig ein (rechts).*

Wichtig ist bei einer solchen Erweiterung der Netzwerk-Input-Schicht, daß sich der Versatz der gleichzeitig dargestellten Situationen auf eine konstante Wegbasis bezieht. Um dies auch bei variabler Geschwindigkeit zu realisieren, werden bis zu einem bestimmten Horizont die Inputvektoren gemeinsam mit den zugehörigen Schrittdistanzen zwischengespeichert, von denen die vom aktuellen Standpunkt aus definiert zurückliegenden Wegpunkte ausgewählt werden.

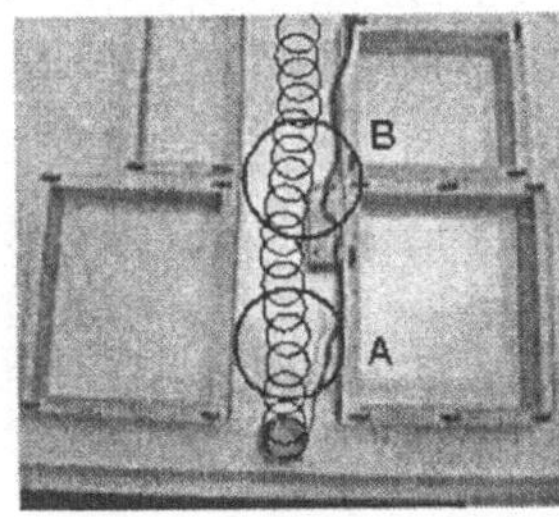

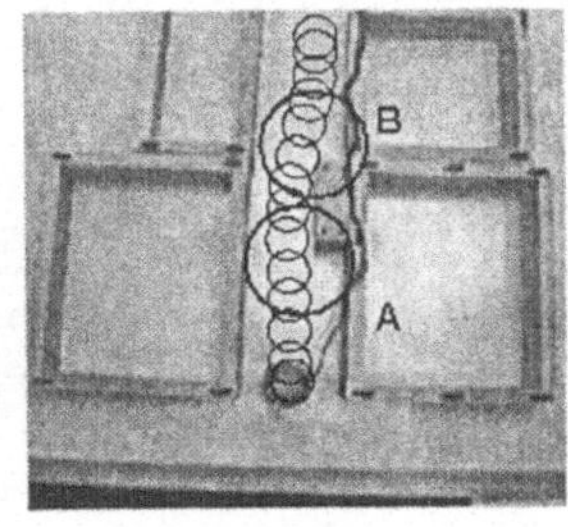

Abbildung7. *Aufzeichnung der Fahrtrajektorien bei einer Flureinengung (Bewe-gung von unten nach oben, Kreis=KHEPERA-Grundfläche): Mit dem Netzwerk oh-ne History-Input ist ein frühes Einlenken (A) notwendig und die zu frühe Rückkehr zur Flurmitte ist nicht zu vermeiden (B) (links). Mit der zusätzlichen Information des Wegfensters erfolgen sowohl die Ausweich- (A) als auch die Rückkehrbewegung (B) mit dem erwünschten Abstand zum Hindernis (rechts).*

In der Anwendung zeigte diese Erweiterung die erhofften Erfolge nicht nur im Ausrichtungsverhalten zu den Hindernissen bzw. Wegverbreiterungen im erwünschten Abstand (Abb. 7), sondern aufgrund der in der History zusätzlich repräsentierten Information auch in einer Reduktion von Konfliktsituationen und einer Tolerierung kurzzeitiger Unterbrechungen des Untergrund-Sichtkontakts.

Bewährt hat sich dabei ein Wegfenster der Tiefe 3 mit einer Wegdifferenz von 3 cm (entspricht halbem KHEPERA-Durchmesser). Zusätzliche Vergangenheitsebenen erhöhen zu stark die Anzahl der zu adaptierenden Wichtungen, weiter auseinanderliegende Ansichten variieren zu stark, um sie durch ein Netzwerk in einem sensomotorischen Zusammenhang nachvollziehen zu können.

Grundsätzlich wird mit der Einführung des Wegfensters die sensorielle Basis für die Ausschöpfung mehrerer möglicher Aktionsalternativen (der Vorwärtsfahrt) geschaffen, da nun auch an Kreuzungen und Abzweigungen abgebogen werden kann, auch wenn die seitlichen Einfahrten im aktuellen Bild nicht mehr vollständig repräsentiert sind. Damit ist es nun möglich, mehrere, auf verschiedenen Verhaltenszielen basierende Lernmengen zu erstellen, mit der die intentionale Auslegung der verschiedenen Agenten erreicht wird.

Geschwindigkeitsdimension und Aktivierungsfokus Parallel zu der oben beschriebenen Input-Erweiterung wurde mit der Einführung der Geschwindigkeit der Aktionsraum um eine Dimension erweitert, um auch das Geschwindigkeitsverhalten des Trainers bei der Fahrt nachzubilden. Der bisherige m-dimensionale Output-Vektor wurde deshalb in einen m×n–dimensionalen umgewandelt, auf dem nun in einer zweidimensionalen (ca. M×N breiten) GAUSS-Funktion Lenkwinkel und Geschwindigkeit abgebildet werden (Gl. 1, Abb. 8 u. 9).

$$y_{ij} = e^{-\frac{\left(i - \frac{m+1}{2}\cdot(1+\frac{LS-RS}{LS+RS})\right)^2}{M}} \cdot e^{-\frac{\left(j - \frac{N}{2} - \frac{LS+RS}{LS_{max}+RS_{max}}\cdot(n-N)\right)^2}{N}}$$

$$i \in [1 \ldots m]; j \in [1 \ldots n] \tag{1}$$

Aus methodischer Sicht bietet die 2-dimensionale Repräsentation gegenüber

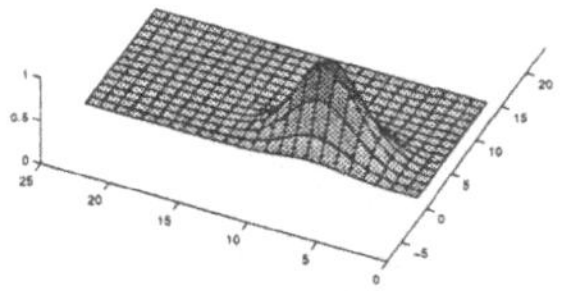

Abbildung 8. *2–dimensionale topologische Aktionskodierung für langsames Rechtsabbiegen als ca. 10×5 breite* GAUSS-*Glocke auf einem 25×15-dimensionalen Outputvektor (in Flächendarstellung).*

einer denkbaren 2–fach eindimensionalen Abbildung von Geschwindigkeit und Lenkeinschlag entscheidende Vorteile, weil sich über der Fläche der Output-Neuronen mehrere Handlungsvorschläge **separierbar** darstellen lassen. So läßt sich mit der erhaltenen Ausgabeaktivierung in geeigneter Weise ein dynamisches neuronales Feld nach [Ama77] und [Kop96] anregen, mit dem genau die Effekte erreicht werden können, die eine „intelligente" Auswertung des Netzoutputs beinhaltet:

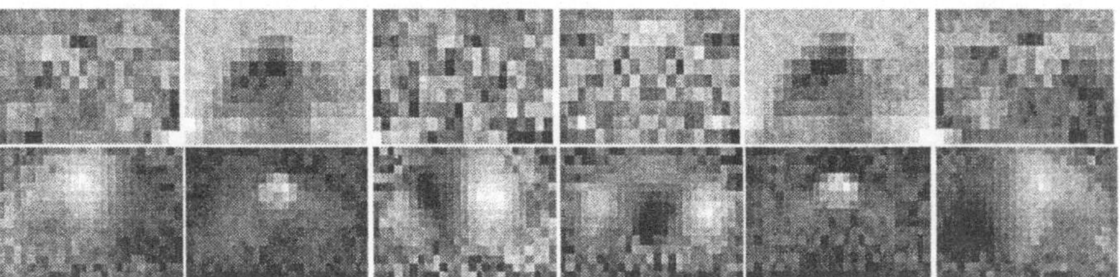

Abbildung9. *Die afferenten (oben) und efferenten (unten) Wichtungen der 6 Hidden-Neuronen eines trainierten Netzwerks mit 2–dimensionaler Outputkodierung, aber ohne Wegfenster: Während in den Wichtungsmustern der Inputschicht (obere Zeile) sich deutlich die Struktur des Input-Datenstroms wiederspiegelt (vergl. Abb. 2) zeigt die Outputschicht (untere Zeile) starke exzitatorische (hell) und inhibitorische (dunkel) Wichtungen in den typischen Regionen des Aktionsraumes (Stopaktion bei $v=0, \phi=0$: in den Aktionskarten mittig unten).*

1. Durch Mechanismen der Maximumsselektion wird auf die Region der höchsten Energie fokussiert. Dabei muß sich diese Region sowohl in ihrer räumlichen Ausprägung, als auch in ihrer Aktivität von ihrer Umgebung abheben. Alle nicht unterstützten Bereiche werden in ihrer Aktivität inhibiert. Auf diese Weise ergibt sich eine regionenbasierte Winner-Take-All–Funktionalität.

2. Nach der Selektion eines lokalen energetischen Maximums wird dieses auch dann weiter fokussiert, wenn dessen Aktivität in einem begrenzten Maße unter die anderer absinkt. Solche Fälle treten auf, wenn die aktuelle Situation, verursacht durch Rauscheinflüsse, dynamische Hindernisse oder kurzzeitigen Verlust des Untergrund-Sichtkontaktes, in der Lernmenge kaum oder gar nicht repräsentiert war. Durch die HysteVorese
eigenschaft ergibt sich ein gewisses Beharrungsvermögen, so daß auch bei kurzzeitigen Einbrüchen der lokalen Aktivierung der Fokus nicht verloren wird.

3. Auch bei einer sich verschiebenden lokalen Aktivierung wird deren Zentrum weiter abgebildet. Damit können die räumlich nie stationären „Blobs" in der Outputebene des Netzwerks stabil verfolgt werden (Tracking).

Das dynamische neuronale Feld besteht aus einer 2D-Anordnung von Neuronen, deren Aktivität z_{ij} sich nach einer Differentialgleichung ändert [Ama77], dessen zeitdiskrete Berechnungsvorschrift sich mit dem Einschrittverfahren nach EULER und CAUCHY folgendermaßen ableitet (Iterationsschrittweite α):

$$z_{ij}(k+1) = (1-\alpha)z_{ij}(k) + \alpha\left\{ w^I x_{ij} + \int_R w(\mathbf{i}-\mathbf{i}')S[z(\mathbf{i}',k)]d^2 \, i' \right\} \quad (2)$$

$$wobei: \quad w(\mathbf{i}-\mathbf{i}') = C \cdot e^{-\frac{||\mathbf{i}-\mathbf{i}'||^2}{2\sigma^2}} - H_O \quad (3)$$

In den neuen Aktivierungszustand eines Neurons z_{ij} fließt dabei neben dem aktuellen, über w^I gewichteten Input x_{ij} die Aktivierung aller Neuronen dieser Schicht ein. Durch Gleichung 3 wird dafür eine laterale Abstandsfunktion $w(\cdot)$

mit lokal exzitatorisch (gewichtet mit C) und global inhibitorischer (H_O) Wirkung definiert, wodurch sich nur noch ein einzelnes kompaktes Cluster durchsetzen kann. Als Schwellwertfunktion $S(z)$ dient eine Sigmoidfunktion mit nach 0.5 verschobenen und auf Steilheit 1.0 parametrierten Wendepunkt.

Die besten Resultate in der Auswertung der Ausgebeaktivierung der einzelnen Agenten wurden erzielt, wenn in den durch das nachgeschaltete dynamische neuronale Feld selektierten Regionen die Position des maximal aktivierten Neurons zur Erzeugung des Fahrbefehls herangezogen wurde. Die Fusionierung der Aktionsvorschläge mehrerer Agenten kann in ähnlicher Weise erfolgen, indem der Eintrag deren Ausgabeaktivierungen in eine gemeinsame Karte durch die jeweiligen neuronalen Felder regional gebahnt wird. Über der resultierenden „Gesamterregung" wird durch ein weiteres dynamisches neuronales Feld wiederum die energiereichste Region selektiert, in der die maximale Aktivierung die letztendlich auszuführende Aktion bestimmt.

4 Ausblick

Hauptziel der weiteren Arbeiten wird eine adaptive Gestaltung der einzelnen Agenten mittels eines vereinfachten Lifelong–Reinforcement–Learning sein. Die Adaptivität der Einzelagenten soll erreicht werden, indem den MLP-Netzwerken, die in der Anwendungsphase festgeschrieben werden müssen, eine parallel operierende, aktiv lernende Struktur zugeordnet wird, die den situationsspezifischen Aktionen des MLP ein Kompetenzmaß bezüglich der jeweiligen Situation zuordnet. Solch eine Struktur ist dem AHC (adaptive heuristic critic) – Ansatz nach [BSA83] vergleichbar: ein zusätzliches Netzwerk (adaptive critic element, ACE) erlernt eine Wertung (value function) der fixierten Input-Output-Projektion (fixed policy) des MLP (Abb. 10) . Da das Gesamtsystem letztendlich Aktionen ausführt, die von der vorgeschlagenen eines einzelnen Agenten verschieden sein können, muß zunächst jeder Agent für sich auf Basis eines Vergleichs von vorgeschlagener und ausgeführter Aktion ein Verantwortlichkeitsmaß bestimmen (responsibility). Darauf basierend lernt das ACE eine Vorhersage des aktionsspezifischen Handlungserfolgs (reward: $0 \ldots 1$), mit dem die Ausgabeaktivierung des MLP moduliert wird.

Für das ACE sind Architekturen notwendig, die im Gegensatz zu dem als Funktionsapproximator wirkenden vortrainierten Netz nicht auf einem statistischen Lernen der Input-Output-Abbildung basieren, sondern auch kritische Einzelfälle durch ein Einschritt-Lernen (One-Shot-Learning) erfassen können. Auf diese Weise wird dem stark generalisierenden, auf Teilmengen nur beschränkt eingehenden, trainierten Netzwerk zur sensomotorischen Projektion eine aktiv lernende Struktur entgegengesetzt, welche die diese Projektion verletzenden Sonderfälle, sogenannte Negativbeispiele, repräsentiert.

Literatur

[Ama77] AMARI, Shun–Ichi: Dynamics of Pattern Formation in Lateral-Inhibition Type Neural Fields. In: *Biological Cybernetics* 27 (1977), S. 77 – 87

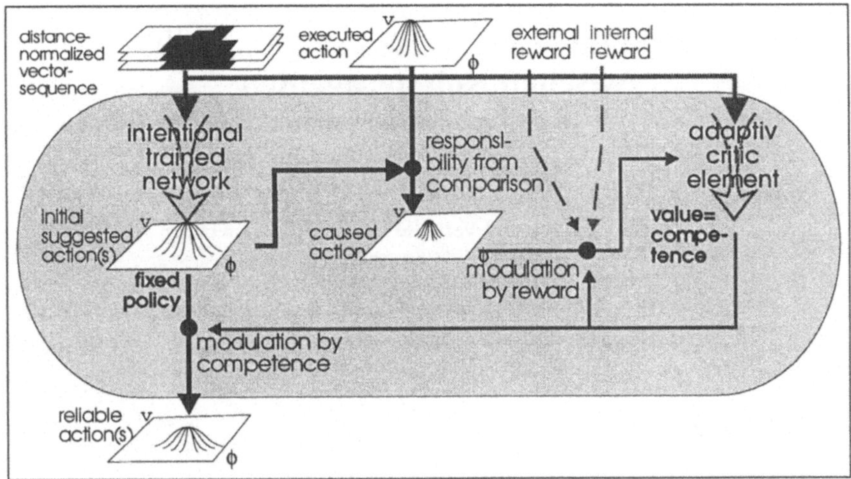

Abbildung 10. *Entwurf der funktionellen Gesamtverschaltung eines aktiv lernenden, intentionalen Agenten: Ein parallel operierendes, intern überwacht lernendes Netzwerk moduliert situationsspezifisch die Ausgabe des vortrainierten Netzwerks entsprechend des erwarteten Handlungserfolgs.*

[BBB 97] BÖHME, H.-J. ; BRAKENSIEK, A. ; BRAUMANN, U.-D. ; KRABBES, M. ; GROSS, H.-M.: Neural Architecture for Gesture-Based Human-Machine-Interaction. In: *Gesture-Workshop Bielefeld*, September 1997

[BSA83] BARTO, A. G. ; SUTTON, R. S. ; ANDERSON, C,W.: Neuronlike adaptive elements that can solve difficult learning control problems. In: *IEEE Transactions on Systems, Man, Cybernetics SMC* Bd. 13. Bd. 13, 1983, S. 834 – 846

[FDS94] FÄUSTLE, P. ; DAXWANGER, W. ; SCHMIDT, G.: Steuerung lokaler Fahrmanöver durch direkte Kopplung abbildender Sensorik an künstliches neuronales Netz. In: *10. Fachgespräch Autonome Mobile Systeme*, Springer Verlag, 1994, S. 214 – 225

[KBSG97] KRABBES, M. ; BÖHME, H.-J. ; STEPHAN, V. ; GROSS, H.-M.: Extension of the ALVINN–Architecture for Robust Visual Guidance of a Miniature Robot. In: *EUROBOT'97-2nd EUROMICRO Workshop on Advanced Robile Robots-, Brescia*, Oktober 1997

[Kop96] KOPECZ, K.: Neural Field Dynamics Provide Robust Control of Attentional Resources. In: *Aktives Sehen in technischen und biologischen Systemen*, Proceedings of the German Society of Computer Science (GI) Workshop, Hamburg, 1996, S. 137 – 144

[PG96] POMIERSKI, T. ; GROSS, H.-M.: Biological neural architecture for chromatic adaptation resulting in constant color sensations. In: *Proc. of the ICNN-96, Washington DC*, IEEE-Press, 1996, S. 734–739

[Pom93] POMERLEAU, D. A.: *Neural Network Perception for Mobile Robot Guidance*. Kluwer Academic Publishers, Boston/Dordrecht/London, 1993

[WH89] WAIBEL, A. ; HAMPSHIRE, J.: Building blocks for Speech. In: *Byte* 8 (1989), S. 235 – 242

Ein Framework für Kooperationsverfahren zwischen Roboteragenten

M. Becht[1], M. Muscholl, P. Levi
Praktische Informatik – Bildverstehen
Institut für Parallele und Verteilte Höchstleistungsrechner
Universität Stuttgart
Breitwiesenstr. 20-22
D-70565 Stuttgart
{becht, mmuschol, levi}@informatik.uni-stuttgart.de

1   Einleitung

Im COMROS-Projekt (Cooperative Mobile Robots Stuttgart) werden kooperative, autonome Systeme in Form von mobilen Robotern im Verkehr (Konfliktlösung an Kreuzungen und bei der Konvoibildung) sowie in der Produktion (Planung und Steuerung fahrerloser Transportsysteme) untersucht. Es werden Roboteragenten-Systeme modelliert, die exemplarisch an den drei mobilen Fahrzeugen (Athos, Aramis und Portos [LB+94]) validiert werden. Die Roboterarchitektur gliedert sich in drei Ebenen, die reflexive, die taktische und die strategische Ebene. Jede Ebene besteht aus nebenläufigen Einheiten (Autonomiezyklen), die untereinander konkurrieren und kooperieren. Die Autonomiezyklen ([LMB95], [ROL95]) besitzen ein Modell der Umwelt, sowie eine Menge von Plänen, Aktionen und Zustände. Die Ausführung erfolgt zyklisch und wird von einer Entscheidungseinheit gesteuert.

In dieser Arbeit wird ein Framework für Kooperationsverfahren in Multiagentensystemen vorgestellt. Unter einem Framework verstehen wir eine vorgegebene Architektur, welche die Struktur, die Aufteilung in Klassen und Objekte, die Zuständigkeiten, und den Kontrollfluß definiert. Ein Framework legt vorab die Entwurfsparameter fest, so daß der Anwendungsentwickler sich auf die spezifischen Problemstellungen seiner Anwendung konzentrieren kann. Es umfaßt alle wesentlichen Entwurfsentscheidungen, welche für das Anwendungsgebiet gemeinsam gelten.

Als Anwendungsgebiete sind alle Aufgaben, die durch eine Menge von Agenten gelöst werden, die synchron oder asynchron kommunizieren, geeignet. Ein Kooperationsverfahren entspricht dabei einer Lösungsbeschreibung in mehreren Phasen, an welche Aktionen gebunden sind, die von den Agenten individuell ausgeführt werden. Agenten bringen aus ihrem Autonomiebereich eigene Aktionen ein und können vorgegebene Aktionen durch eigene ersetzen. Die einzelnen Phasen können selbst wieder aus Kooperationsverfahren bestehen. Kooperationsverfahren können untereinander interagieren, indem sie untereinander asynchron Nachrichten austauschen. Höhere Stufen der Kooperation erfordern jedoch eine Vernetzung der einzelnen Kooperationsverfahren.

In diesem Paper wird anhand der im letzten AMS-Beitrag beschriebenen kooperativen Aufgabe gezeigt, wie das Framework beim Entwurf von Entscheidungsnetzwerken verwendet wird und wie es im einzelnen aufgebaut ist.

---

[1] Teile dieser Arbeit entstanden im Rahmen des SFB 467 „Wandlungsfähige Unternehmensstrukturen für die variantenreiche Serienproduktion" an der Universität Stuttgart (www.sfb467.uni-stuttgart.de)

2   Einbettung in die COMROS-Architektur

Die Architektur eines Roboteragenten (Abb. 1) in COMROS ist in 3 Ebenen aufgeteilt, in denen Funktionen mit gleicher Reaktionszeit zusammengefaßt sind. Jede Ebene besteht aus einer Vielzahl nebenläufiger Einheiten, die eine aus Ihrer Funktion heraus begründete Autonomie besitzen. Sie werden als Autonomiezyklen bezeichnet und bilden einen abstrakten Regelkreis nach. Im Sinne der VKI sind die Autonomiezyklen als Agenten zu bezeichnen, die ihre

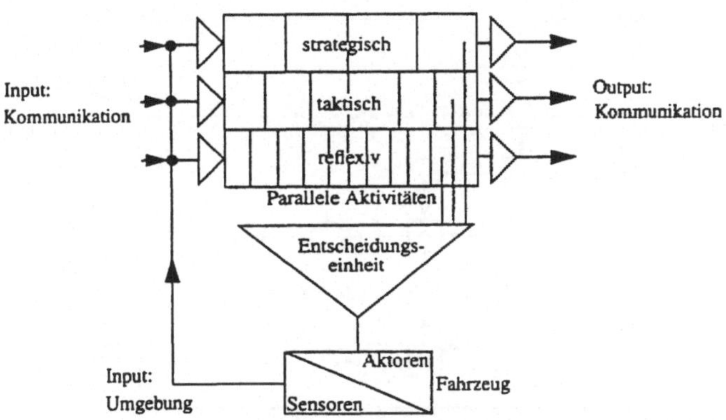

Abbildung 1. Architektur eines Roboteragenten in C_OMR_OS

Ziele aus den Aufgaben des Roboters ableiten. Die strukturelle Fähigkeit zur Selbstorganisation eines Roboteragenten wird durch eine dynamisch veränderliche Vernetzung seiner Autonomiezyklen erreicht. Hierbei gibt es zwei Arten von Netzen:

1. Datenflußnetze beschreiben die Vernetzung von Autonomiezyklen bezogen auf den Datenfluß für einzelne Aufgaben. Entlang der Kanten kommunizieren die autonomen Einheiten asynchron miteinander. So beauftragt z. B. die Hinderniserkennung H in Abb. 2 die Kameraeinheit Ka mit der Aufnahme von Bildern aus verschiedenen Richtungen. Die Bilder werden von ihr ausgewertet und in eine Hinderniskarte eingetragen, welche sie dem Piloten P in regelmäßigen Abständen übergibt.
   Bearbeitet ein Roboter mehrere Aufgaben gleichzeitig, so ist die aktuelle Vernetzungsstruktur durch die Menge der einzelnen aufgabenspezifischen Vernetzungen beschrieben.

2. Entscheidungsnetze beschreiben die Vernetzung von Autonomiezyklen hinsichtlich kooperativ zu treffenden, aufgabenbezogenen Entscheidungen. Die Entscheidungsstruktur kann dabei ein weites Spektrum an Formen annehmen, von einer Demokratie unter den Autonomiezyklen (vgl. Abb. 5) über hierarchische Formen bis hin zu einer zentralen Führung (vgl. Abb. 4).
   Entscheidungsnetzen liegt die Modellierung der Rahmenbedingungen einer Aufgabe zugrunde, die z. B. in Form eines Restriktionsnetzes erfolgen kann. Die Führungsstruktur in Form eines Kooperationsverfahrens legt dann fest, wie Lösungen des Restriktionsnetzes bestimmt und wie Relaxierungen vorgenommen werden.
   Bei gleichzeitig bearbeiteten Aufgaben beeinflussen sich die zugehörigen Entscheidungsnetze indirekt über den Spielraum, den die Autonomiezyklen für ihre Vorschläge haben. Zusätzlich können sie untereinander direkt kommunizieren, so daß z. B. bei einer

Entscheidung, welche Restriktionen einer anderen Aufgabe verletzen würde, zuvor beim Entscheidungsnetz dieser Aufgabe nachgefragt wird, ob eine Relaxierung möglich ist.

Sowohl das Datenflußnetz als auch das Entscheidungsnetz sind nicht auf einen Roboteragenten beschränkt. Bearbeiten mehrere Roboter gemeinsam eine Aufgabe, oder interagieren sie untereinander, so umfassen diese Netze all diejenigen Autonomiezyklen der Roboteragenten, welche an der Bearbeitung der Aufgabe beteiligt sind.

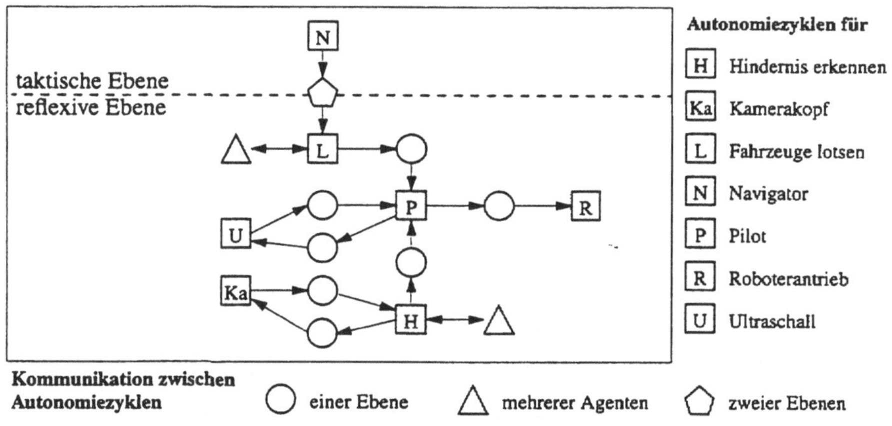

Abbildung 2. Datenflußnetzwerk eines lotsenden Fahrzeugs.

In [ML96] wurden anhand folgender Aufgabe die Entscheidungsnetze eingeführt (vgl. Abb. 2 und Abb. 3): Zwei autonome Fahrzeuge sollen einen langen Träger gemeinsam transportieren. Ihnen fährt ein Lotsenfahrzeug voran, welches eine geeignete Route erkundet. Alle Fahrzeuge sind mit einem beweglichen Kamerakopf (Ka) und Ultraschallsensoren (U) ausgerüstet. Die Hinderniserkennung (H) jedes Fahrzeuges wertet Bilder der Kamera aus und stellt dem Piloten (P) eine Hinderniskarte zur Verfügung. Die zu fahrende Trajektorie wird von dem Lotsenfahrzeug grob vorgegeben (durch L). Die Transportfahrzeuge fahren diese ab (durch V), wobei die Autonomiezyklen „Formationsfahren" (F) den momentanen rotatorischen und translatorischen Versatz des zu transportierenden Trägers berücksichtigen. Der Pilot (P) erhält die korrigierte Trajektorie von F und kommandiert die Fahrbefehle an den Roboterantrieb (R).

Diese Aufgabe zerfällt in vier Teilaufgaben, welche jeweils durch einen Typ von Entscheidungsnetzen koordiniert wird:

- Ka, H und P hängen hinsichtlich der Teilaufgabe Hindernisvermeidung eng voneinander ab. Z. B. wird der Anhalteweg von der Geschwindigkeit, der maximalen Verzögerung und der Reaktionszeit bestimmt. In die Reaktionszeit geht jedoch wesentlich die zu verarbeitende Bildgröße und damit die Auflösung ein. Je schneller das Fahrzeug ist, desto weiter muß die Hinderniserkennung die Umgebung erkundigen, desto höher sollte die Auflösung sein. Dies verlängert die Reaktionszeit und somit den Anhalteweg. Hier gilt es den optimalen Betriebspunkt zu finden, der sich abhängig von der Umgebung dynamisch verschieben kann.

- P und F der beiden Fahrzeuge sind verantwortlich für die Regelung des über den Träger gekoppelten Transportsystems. Den passiven Verfahrweg der Transportauflieger nutzen die Piloten, um Hindernissen auszuweichen oder zu rangieren. Die beiden Fahrzeuge unterteilen den Verfahrweg in drei Bereiche, den Bereich, welcher der Autonomie jedes Fahrzeuges unterliegt, den gemeinsamen Bereich, den die Fahrzeuge in Abstimmung gemeinsam nutzen, und den Bereich, der nicht verletzt werden darf und eine sofortige Gegenreaktion beider Fahrzeuge erfordert.

- F und V der Transportfahrzeuge und L des Lotsen sprechen die zu fahrende Trajektorie ab. Dabei bringt L Restriktionen der Mission (z. B. Termine, welche für einzelne Strekkenabschnitte von L vorgegeben werden), V die statischen Restriktionen des Transportsystems und F die operative Umsetzung der von L vorgegebenen Restriktionen ein.

- U und P der drei Fahrzeuge koordinieren die Zündreihenfolge der Ultraschallsensoren, um ein minimales Übersprechen zu erreichen. Die P nutzen die Ultraschallsensoren zum rangieren und sind hierfür als Auftraggeber an der Koordination beteiligt.

Jedes der genannten Entscheidungsnetze kann seine Teilaufgabe solange isoliert erfüllen, wie Restriktionen aus anderen Teilaufgaben nicht verletzt werden. Die Teilaufgaben sind durch die Autonomiezyklen aus dem Schnittbereich der Entscheidungsnetze gekoppelt (Abb. 3 oben). Dabei gehört ein Autonomiezyklus mehreren Entscheidungsnetzen an. Er hat also Wissen über die Kopplung der Netze und kann eine Anfrage auf Relaxierung von Restriktionen in einem anderen Entscheidungsnetz direkt absetzen. Es ist somit nicht notwendig die Entscheidungsnetze statisch zu vernetzten.

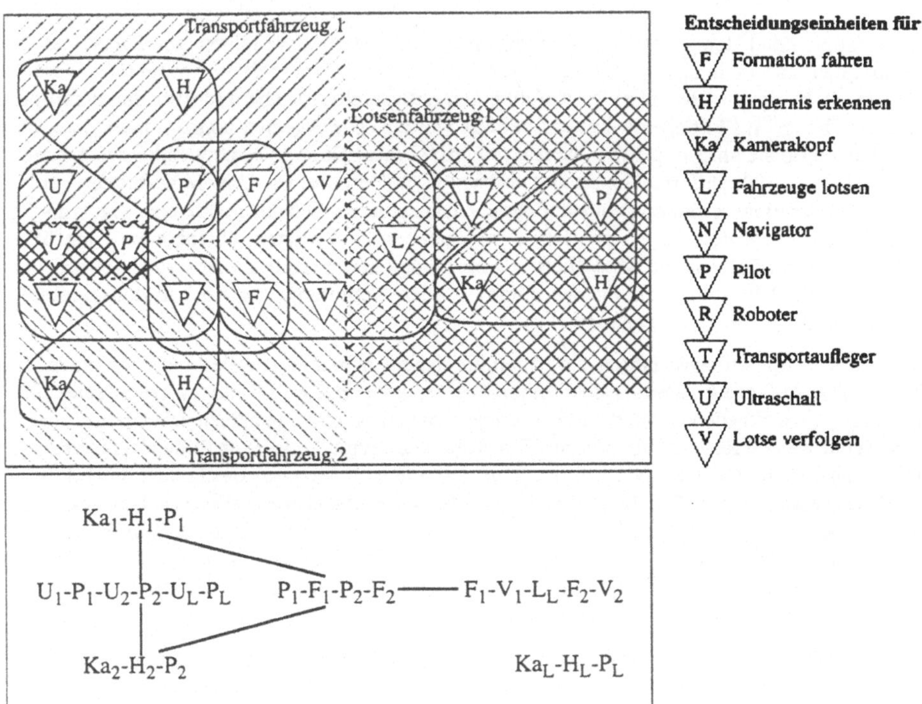

Abbildung 3. Verknüpfung zwischen den Entscheidungsnetzwerken der Aufgabe als Hypergraph in zwei unterschiedliche Darstellungsarten.

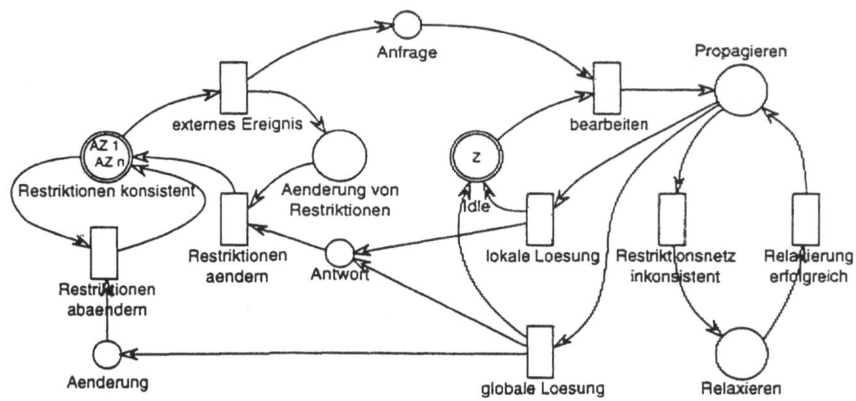

Abbildung 4. Zentralistisches Kooperationsverfahren für Entscheidungsnetze, dargestellt als KV-Netz ohne Annotationen.

3 Beschreibungsmodell für Kooperationsverfahren

Langfristiges Ziel der Forschungsarbeiten ist es, Kooperationsverfahren als Ganzes so zu beschreiben, daß sie in einem Multiagentensystem automatisch verteilt und ausgeführt werden können. D. h. ein zur Lösung einer Aufgabe neu entwickeltes Kooperationsverfahren soll per Ausschreibung im Multiagentensystem verteilt werden. Die Agenten können dabei autonom entscheiden ob sie am Kooperationsverfahren teilnehmen. Dazu ist es notwendig das gesamte Kooperationsverfahren formal exakt und vollständig zu beschreiben. Um die Verbreitung eines neuen Kooperationsverfahrens vollständig zu automatisieren muß außerdem jeder Agent in der Lage sein festzustellen, ob er eine Rolle im Kooperationsverfahren übernehmen kann bzw. will. Die hierfür notwendige Modellierung von Fähigkeiten wird in dieser Arbeit als gegeben angenommen. Die Untersuchung der automatischen Verteilung von Kooperationsverfahren bleibt späteren Arbeiten vorbehalten.

An einem Kooperationsverfahren sind mehrere Agenten beteiligt, welche in verschiedenen Phasen eine Aufgabe kooperativ bearbeiten. Bei der kooperativen Lösung einer Aufgabe sind in der Regel verschiedene Rollen zu übernehmen, wobei es im Allgemeinen unwichtig ist, welcher Agent welche Rolle(n) übernimmt. Ein Rolle wäre typischerweise z.B. der Anbieter bzw. der Manager beim Contract-Net Protokoll, sie kann jedoch auch den Besitz einer bestimmten Hardware voraussetzen. Ein Kooperationsverfahren besteht also im Wesentlichen aus einer Menge von Rollen, die während der Laufzeit des Verfahrens in verschiedenen Phasen in unterschiedlichen Konstellationen an der Aufgabe arbeiten. Der Übergang von einer Phase in eine andere ist an wohldefinierte Bedingungen geknüpft und muß von allen Beteiligten einvernehmlich durchgeführt werden.

Jede Rolle hat in jeder Phase bestimmte, vom Kooperationsverfahren abhängige Aufgaben zu erfüllen und stellt zusätzlich die Schnittstelle zum Autonomiezyklus dar. Um diese beiden Funktionalitäten zu entkoppeln, wird der Rollenbegriff weiter verfeinert. Die Rolle wird hierfür in eine statische Rolle, die während des gesamten Kooperationsverfahrens als Schnittstelle fungiert, und in dynamische Rollen, welche die Aktivitäten der Phasen modellieren, aufgeteilt.

Zur Beschreibung der Kooperationsverfahren (vgl. [ML95]) verwenden wir annotierte und um Objektmarken erweiterte Prädikats/Transitions-Netze (im folgenden als KV-Netze bezeichnet). Die Netztopologie ist auf „Extended Free Choice Netze" (EFCN[1]) beschränkt ([Rei86], [Sta90]). Hierbei werden die einzelnen Phasen eines Kooperationsverfahrens auf Stellen des Petrinetzes abgebildet, in denen die Marken untereinander interagieren. Sobald eine Phase abgeschlossen ist, werden Transitionen im Nachbereich der Stelle aktiviert. Durch das Schalten einer Transition beginnt die nächste Phase des Kooperationsverfahrens.

Marken sind aktive Objekte, wobei dynamische Rollen und Nachrichtenrollen unterschieden werden. Die dynamischen Rollen sind Repräsentanten der statischen Rollen in den Phasen des Kooperationsverfahrens. Die Nachrichtenrollen sind Informationen über externe, außerhalb der Phase eingetretene Ereignisse, welche einen Phasenübergang triggern können. Die Nachrichten werden beim Schalten einer Transition erzeugt und sind dem Absender solange zugeordnet, bis sie durch das Schalten der Ziel-Transition verbraucht werden. Nachrichtenstellen können z. B. zur Vernetzung von Kooperationsverfahren des gleichen Typs verwendet werden.

Zu jeder Stelle wird die Menge der Marken deklariert, die an der modellierten Phase beteiligt sind. Für jede Marke können weiterhin Operatoren deklariert werden, die in den Schaltregeln der Transitionen verwendet werden können. Eine Schaltregel ist definiert durch Terme mit denen die Transition und ihre ein- und ausgehenden Kanten beschriftet sind. Der Term an der Transition stellt einen Wächter τ dar, welcher die Menge der zulässigen Belegungen von freien Variablen in den Termen der Kanten mit Marken aus den Stellen einschränkt. Ist eine Transition unter der Belegung β aktiviert ($\tau(\beta)$ = true), wird die Markierung des Vorbereiches um die Menge der Marken reduziert, zu denen die Terme unter der Belegung β auswerten. Die Markierung des Nachbereiches wird analog um Marken ergänzt, wobei erzeugte Marken mit Daten aus konsumierten Marken initialisiert werden können (Abb. 5).

Die deklarierten Operatoren bilden also die Schnittstelle zwischen den Zuständen einer dynamischen Rolle und der Schaltlogik des Petrinetzes und müssen anwendungsspezifisch realisiert werden. Jeder dynamischen Rolle ist eine ausgezeichnete Methode zugeordnet, welche sie nach ihrer Erzeugung startet. Diese Methode beschreibt das rollenspezifische Verhalten in dieser Phase. Sie kann mit dynamischen Rollen der gleichen Stelle kommunizieren und eigene Berechnungen durchführen. Alternativ können in einer Stelle bestehende Kooperationsverfahren verwendet werden. Bei den Annotationen der angrenzenden Kanten wird die Schnittstelle des verwendeten Kooperationsverfahrens berücksichtigt. D. h. die in die Stelle eingehenden Kanten initialisieren das Kooperationsverfahren mit Aufrufparametern. Der Abschluß des Kooperationsverfahrens wird von den Transitionen des Nachbereichs überwacht. An den ausgehenden Kanten dieser Transitionen wird das Ergebnis des Kooperationsverfahrens weitergereicht.

Aus der Beschreibung des Kooperationsverfahrens in Form des KV-Netzes, wird aufbauend auf der Klassenstruktur des Frameworks objektorientierter Code, der an exakt definierten Stellen um anwendungsspezifische Klassen erweitert wird, generiert. Der generierte Code realisiert das Schaltverhalten des Petrinetzes vollständig verteilt.

---

[1] EFC-Netze sind Petrinetze bei denen alle Transitionen des Nachbereichs einer Stelle den gleichen Vorbereich haben, was zu einer wesentlich vereinfachten Realisierung des verteilten Schaltvorgangs führt.

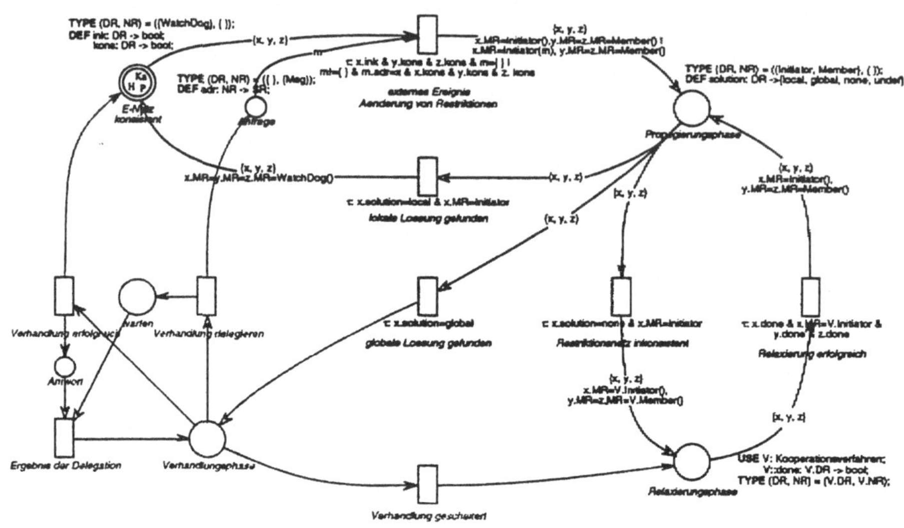

Abbildung 5. Verteiltes Kooperationsverfahren für Entscheidungsnetze,
dargestellt als KV-Netz.

(Aus Gründen der Übersichtlichkeit wurden nicht alle Annotationen angegeben.)

4 Klassenstruktur

Die in Abb. 6 abgebildete Klassenhierarchie stellt die Beziehungen zwischen allen wesentlichen Klassen dar, die zur verteilten Ausführung eines Kooperationsverfahrens benötigt werden.

Die Elemente des KV-Netzes werden auf gleichnamige Klassen abgebildet. Wir unterscheiden zwischen *NachrichtenStellen* (graphisch dargestellt durch kleine Kreise) und *DRollenStellen* (große Kreise) welche jeweils *NachrichenRollen* bzw. dynamische Rollen als Marken aufnehmen können. Die verteilte Realisierung der Schaltlogik ist an die Klasse *Marke* gebunden, was bedeutet, daß Marken aktive Objekte sind. Nachrichten und dynamische Rollen verhalten sich diesbezüglich gleich. Der Unterschied zwischen ihnen besteht darin, daß eine statische Rolle zu jedem Zeitpunkt genau eine dynamische Rolle als aktiven Zustand besitzt, wohingegen eine statische Rolle eine beliebige Anzahl von noch nicht zugestellten Nachrichten besitzen kann. An die dynamische Rolle ist zusätzlich die Klasse *Action* gebunden, welche das rollenspezifische Verhalten festlegt.

Wie bereits erwähnt können verschiedene Instanzen desselben Kooperationsverfahrens untereinander über Nachrichtenstellen verbunden sein. Außer bei der Nachrichtenstelle ist das Wissen über diese Vernetzung am Kooperationsverfahren selbst, sowie zur Laufzeit an der Nachrichtenrolle hinterlegt.

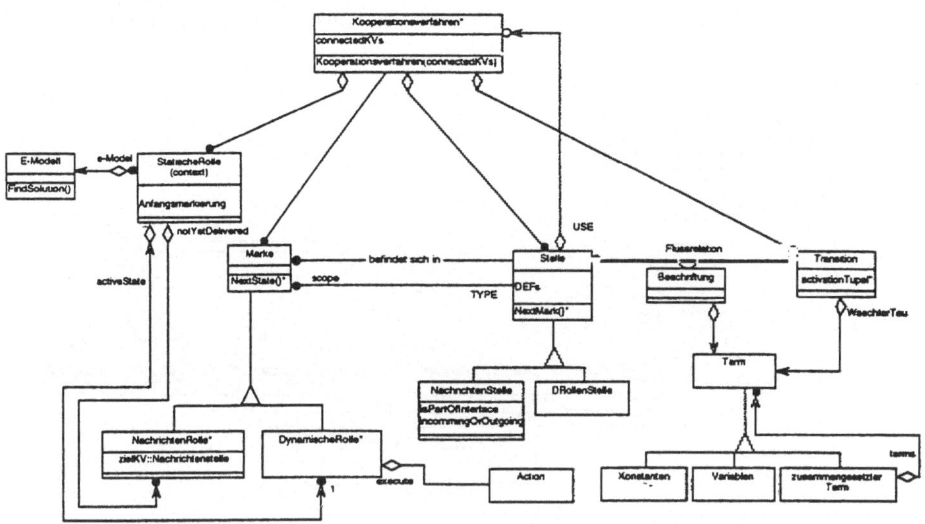

Abbildung 6. Klassendiagramm für Kooperationsverfahren,
dargestellt in OMT-Notation ([RB+91]).

Das Kooperationsverfahren besteht aus mehreren statischen Rollen, welche ein einheitliches
E-Modell besitzen. Durch die Anfangsmarkierung wird festgelegt, mit welcher dynamischen
Rolle (also auf welcher Stelle) die statische Rolle im Kooperationsverfahren startet.

Die statische Rolle realisiert über das E-Modell die Schnittstelle zwischen Autonomiezyklus
und Kooperationsverfahren. Diese Schnittstelle muß weitestgehend entkoppelt sein, d. h.
weder die statische Rolle noch der Autonomiezyklus sollte im Entwurf vom jeweils anderen
abhängen. Aufgabe dieser Schnittstelle ist es das Modell des Autonomiezyklusses (A-Modell)
mit dem Modell des Entscheidungsnetzes (E-Modell) während des Betriebes fortlaufend abzu-
gleichen.

Der Autonomiezyklus hat die Aufgabe Änderungen in seinem Modell, wie z. B. eine Ver-
schlechterung bei der Reaktionszeit von H, an die statischen Rollen weiterzuleiten. Da der
Autonomiezyklus gleichzeitig an mehreren Entscheidungsnetzen beteiligt sein kann, sind verschiedene statische Rollen an den Änderungen im A-Modell interessiert.

Die statischen Rollen vertreten den Autonomiezyklus in den Entscheidungsnetzen. Sie stim-
men das jeweilige E-Modell untereinander ab, was zu Einschränkungen im Wertebereich der
Variablen aus dem A-Modell führt. Das A-Modell muß also um Restriktionen erweiterbar sein.
Eine Verletzung dieser Restriktionen ist der zugehörigen statischen Rolle zu melden.

In [GHJ+94] wird für zwei untereinander abhängige Aspekte einer Abstraktionen das *Observer*-Entwurfsmuster beschrieben, welches ermöglicht, die einzelnen Aspekte unabhängig voneinander zu gestalten und wiederzuverwenden. Das *A-Model* (vgl. Abb. 7), welches von
Subject abgeleitet ist, schickt den eingetragenen *Observern*, welche die Abstraktion der statischen Rollen sind, über *Notify()* die Änderungen. Die statischen Rollen können sich das *A-*

Model kopieren und mit dem *E-Model* fusionieren. Der Beziehung zwischen *Subject* und *Observer* wurde zusätzlich eine Klasse zugeordnet, welche die Restriktionen enthält, um die das A-Modell von den statischen Rollen erweitert wird.

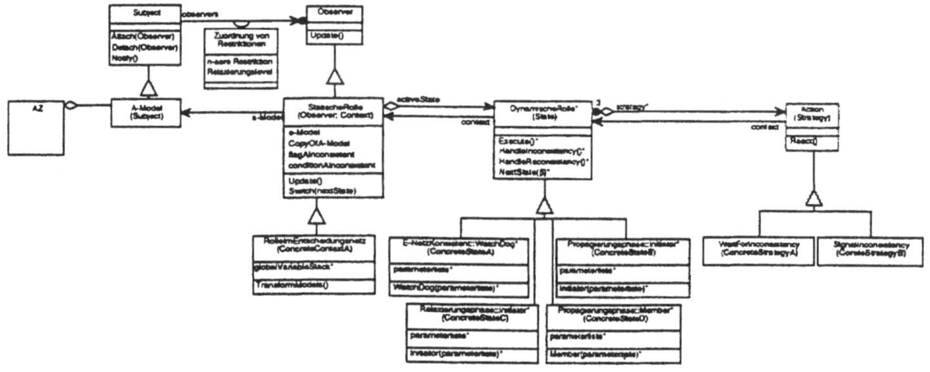

Abbildung 7. Schnittstelle zwischen Autonomiezyklus und Kooperationsverfahren, dargestellt in OMT-Notation.

Damit das A-Modell und das E-Modell fusioniert werden können, müssen sie entweder auf der Grundlage einer System-einheitlichen Methode (z.B. Modellierung durch Restriktionen) definiert sein, oder für je zwei unterschiedliche Methoden müssen Transformatoren im System existieren, die bei Bedarf zwischen die Modelle geschaltet werden. Fehlt eine entsprechende Transformation, so kann sich der Autonomiezyklus nicht an dem Kooperationsverfahren beteiligen.

5 Ausführungsmodell für Kooperationsverfahren

Befindet sich eine Rolle in einer Phase des Kooperationsverfahrens, so führt sie entweder Berechnungen durch, wartet auf Nachrichten anderer Rollen, die sich in der selben Phase befinden, oder reagiert auf Ereignisse, welche ihr Autonomiezyklus an sie meldet.

Die Zusammenarbeit der vorgestellten Klassen des Kooperationsverfahrens soll am Beispiel des Ka-H-P-Entscheidungsnetzes erläutert werden (vgl. Abb. 8). Alle im Folgenden, sowie in den Abbildungen mit einem Stern gekennzeichneten Klassen und Methoden werden dem Anwendungsprogrammierer von einem Code-Generator zur Verfügung gestellt, bzw. sind bereits Teil des Frameworks.

Setzen wir voraus, daß die einzelnen Rollen (*RolleImEntscheiungsnetz* von *Ka*, *H* und *P*) die Phase *E-Netz konsistent* bereits betreten haben und das Verhalten der an diese Phase gebundenen dynamischen Rolle bereits gestartet wurde (Nachrichten *1-3*). Im Folgenden wird der Autonomiezyklus *H* sein Modell über seine eigene Reaktionszeit dahingehend anpassen, daß er aufgrund der komplexer gewordenen Umgebung sich seine Rechenzeit erhöht. Das Entscheidungsnetz soll dies (z. B. durch eine geringere Geschwindigkeit) ausgleichen.

Das Modell von *H* meldet die Änderung an seine statische Rolle (*Update**). Diese stellt fest, daß das A-Modell nun inkonsistent ist und meldet dies ihrem aktuellen Zustand *E-NetzKonsistent::WatchDog(H)**. In dem Zustand wurde für die Bearbeitung dieses Ereignisses die Aktion *SignalInconsistency(H)* als auszuführende Strategie hinterlegt, welche hierdurch aufge-

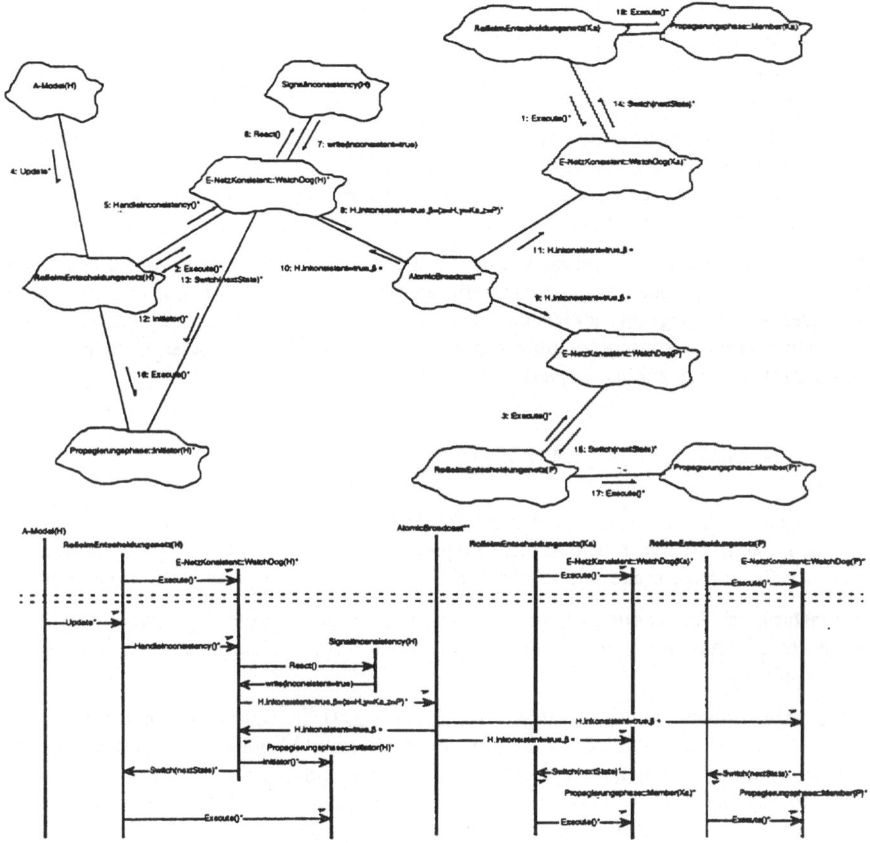

Abbildung 8. Übergang von der Phase *E-Netz konsistent* in die *Propagierungsphase*,
dargestellt als Object-Interaction-Diagram in Booch-Notation.

rufen wird. (In anderen Phasen, in denen das Kooperationsverfahren nicht direkt auf dieses
Ereignis reagieren kann, wäre z. B. eine Aktion hinterlegt, welche das Ereignis in eine lokale
Warteschlange eintagen könnte.)

Die Aktion *SignalInconsistency(H)* verändert den Zustand der Marke, welcher in der dynamischen Rolle hinterlegt ist (*write(inconsistent=true)*). Die Zustandsänderung führt zu einer
Aktivierung der Transition *externes Ereignis Änderung von Restriktionen*, welche unter der
Belegung β schaltet, was durch die automatisch versendeten Nachrichten *H.inkonsistent=true*,
$\beta=(x=H,y=Ka,z=P)$ * den dynamischen Rollen im Vorbereich der Transition mitgeteilt wird.

Ein verteiltes Schalten im Petrinetz erfordert, daß die Marken im Vorbereich einer Transition
den Aktivierungszustand der Transition überwachen. Ändert eine Marke im Vorbereich ihren
Zustand, so teilt sie dies den anderen Marken mit. Erkennt eine Marke, daß durch ihren
Zustandswechsel die Transition aktiviert ist, so initiiert sie das Schalten der Transition durch
Angabe der Belegung β unter der die Transition aktiviert ist. Alle Marken, die durch β an
Terme der Kanten der Transition gebunden sind, schalten nun entsprechend der im KV-Netz
angegebenen Schaltbedingung. Für einen koordinierten Zustandswechsel ist es zwingend not-
wendig, daß alle Marken die Nachrichten aus dem Vorbereich in der selben Reihenfolge emp-

fangen. Dies kann in synchronen Nachrichtennetzwerken durch eine verteilte Implementierung eines *Atomic Broadcast*** realisiert werden ([Cha84], [SGS84]). Nach einer maximalen Zeitspanne, die durch das Nachrichtensubsystem definiert ist, haben alle Marken die Belegung β empfangen und ausgewertet. Danach ist das Schalten der Transition abgeschlossen.

Während des Schaltens ruft die dynamische Rolle den Konstruktor des Zustandes (*Propagierungsphase::Initiator()*) auf, in den die statische Rolle durch das Schalten der Transition übergeht. Danach teilt sie der statischen Rolle den Zustandswechsel mit (*Switch(nextState)*), welche daraufhin den Zustand/dynamische Rolle (*Execute()*) aktiviert.

Aus dem oben geschilderten Szenario wurde deutlich, daß der gesamte für die Koordination der Phasen notwendige Code aus der Beschreibung des Kooperationsverfahrens generiert werden kann. Der Anwendungsentwickler hat ausschließlich die Aktionen zu erstellen, welche die Rollen in den einzelnen Phasen ausführen, oder mit denen eine dynamische Rolle auf Ereignisse aus dem Autonomiezyklus reagiert.

6   Zusammenfassung und Ausblick

In der vorliegenden Arbeit wurde ein Ansatz für ein Framework für Kooperationsverfahren in Multiagentensystemen vorgestellt und am Beispiel von Entscheidungsnetzwerken in selbstorganisierenden Roboterarchitekturen beschrieben. Die Zielsetzung für das Framework sind

- Entlastung des Anwendungsentwicklers von wiederkehrenden, komplexen Synchronisations- und Kommunikationsmechanismen (Anwendungsentwicklung auf hohem Abstraktionsniveau).

- In großen, offenen Multi-Agentensystemen, wie z. B. in Unternehmensverbünden, ist davon auszugehen, daß die Entwicklung von Agenten und Kooperationsverfahren in verteilten Administrationsdomänen erfolgt. Um auch über die Grenzen dieser Domänen hinweg eine Interaktion zwischen Agenten zu ermöglichen, ist es notwendig, daß die Verfahren von außenstehenden Agenten verstanden und bearbeitet werden können, ohne daß diese umprogrammiert werden müssen.

- Durch einen geeigneten Entwurf der Schnittstelle zwischen den Agenten und den Rollen im Kooperationsverfahren kann erreicht werden, daß die Agenten eigene Autonomie in das Verhalten der Rolle einbringen können. Dies erfolgt einerseits in Form der Modellübertragung und andererseits im Austausch von exakt definierten Aktionen. In diese Richtung ist noch weitere Forschungsarbeit notwendig.

In nächster Zeit werden wir dazu übergehen wohlverstandene Kooperationsverfahren in dem Framework zu modellieren und somit eine Bibliothek aus wiederverwendbaren, grundlegenden Kooperationsverfahren aufzubauen.

Literatur

[BF96]   Barbuceanu, M.; Fox, M. S.: The Design of a Coordination Language for Multi-Agent Systems. In: Intelligent Agents III, Agent Theories, Architectres, and Languages ECAI'96 Workshop (ATAL), Aug. 1996, Budapest / Müller, J. P.; Wooldridge, M. J.; Jennings, N. R. Berlin: Springer, 1997, S. 341-355

[BA96]   Belakhdar, O.; Ayel, J.: Modelling Approach and Tool for Designing Protocols for Automated Cooperation in Multi-Agent Systems. In: Agents Breaking Away, 7th European Workshop on Modelling Autonomous Agents in a Multi-Agent World, MAAMAW'96, Jan. 1996, Eindhoven / Van de Velde, W.; Perram, J.W. Berlin: Springer, 1996, S. 100-115

[Cha84]   Chang, J.; Maxemchuck, M.: Reliable multicast protocols. In: ACM TOCS (Aug. 1984) Nr. 3, S. 251-273

[GHJ+94]   Gamma, E.; Helm, R.; Johnson, R.; Vlissides, J.: Design Patterns, Elements of Reusable Object-Oriented Software. Reading, MA: Addison-Wesley, 1994

[LB+94]   P. Levi, Th. Bräunl, M. Muscholl, A. Rausch: Architektur und Ziele der Kooperative Mobilen Robotersysteme Stuttgart. In: Konferenzband der 10. Fachgespräche Autonome Mobile Systeme, Stuttgart, 1994

[LMB95]   P. Levi, M. Muscholl, Th. Bräunl: Cooperative Mobile Robots Stuttgart: Architecture and Tasks. In: Proceedings of the 4th International Conference on Intelligent Autonomous Systems, Karlsruhe, 1995

[ML95]   Muscholl, M; Levi, P.: Modelling Co-operation of Autonomous Agents by Petri Nets. In: 28th International Symposium on Automotive Technology and Automation – Mechatronics - Efficient Comuter Support for Engineering, Manufacturing, Testing & Reliability, Sept. 1995, Stuttgart / Soliman, J. I.; Roller, D. Croydon GB: Automotive Automation Ltd., 1995, S. 255-262

[ML96]   Muscholl, M; Levi, P.: Entscheidungsnetzwerke für selbstorganisierende Roboterarchitekturen. In: Autonome Mobile Systeme - 12. Fachgespräch, Okt. 1996, München / Schmidt, G.; Freyberger, F. Berlin: Springer, 1996, S. 236-245

[RB+91]   J. Rumbaugh, M. Blaha, W. Premerlani, F. Eddy, W. Lorenson: Object-Oriented Modeling and Design. Prentice Hall, Englewood Cliffs, NJ, 1991.

[Rei86]   Reisig, Wolfgang: Pertinetze: eine Einführung. 2. Auflage. Berlin u. a.: Springer, 1986 (Studienreihe Informatik)

[ROL95]   A. Rausch, N. Oswald, P. Levi: Cooperative crossing of traffic intersections in a distributed robot system. In SPIE, Sensor Fusion and Networked Robotics VIII, Vol. 2589, Philadelphia, Oktober 1995

[SGS84]   Schneider, F.; Gries, D.; Schlicting, R.: Reliable multicast protocols. In: Science of computer programming 3 (März 1984) Nr. 2

[Sta90]   Starke, P. H.: Analyse von Petrinetzmodellen. Stuttgart: Teubner, 1990.

Sensor System and Teleoperations Concept of the Mars Rover MIDD

Klaus Schilling, Hubert Roth
Steinbeis Transferzentrum ARS / FH Ravensburg-Weingarten
Postfach 1261, D-88241 Weingarten, Germany
e-mail schi@rz.fh-weingarten.de

1 Introduction

On-surface mobility is considered as a key to increase the scientific return of future space missions for planetary exploration. It is necessary to have the capability to leave the landing spot in order to access different locations of scientific interest or to characterize a representative surface area by measurements. Thus currently most space nations develop planetary rovers, mainly designed for use on Mars and on the Moon ([2], [3]).

Compared to terrestrial outdoor vehicles, there result particular operational challenges related to significant signal propagation delays and to limited contact periods with the ground control center. Thus standard terrestrial remote control methods are not applicable, but concepts are necessary to combine suitably autonomous reaction capabilities on board with remote control approaches.

For a mission scenario related to Mars exploration, an European industrial consortium developed the *Mobile Instrument Deployment Device* (MIDD) in contract for the European Space Agency ESA [4]. In this context the Steinbeis Transferzentrum ARS had responsibility for sensor and operations aspects. Its main task is to access objects of scientific interest in the near vicinity of the Lander and to perform measurements with its scientific instruments.

This paper reviews for the MIDD the mission scenario and requirements. Departing from a description of the sensor system to monitor the vehicles own status as well as the environment, the control concept is summarized. Finally the framework to validate the control and operations design in performance tests is outlined.

2 Mission Scenario

After a break of more than 20 years, now Mars exploration activities are implemented by the space agencies of the United States, Japan and Russia. In this context several vehicles for on-surface mobility are developed. Also the European Space Agency ESA started rover technology developments for a *M*obile *I*nstrument *D*eployment *D*evice (MIDD). Here several concepts for low-mass vehicles to provide mobility functions for Mars exploration have been investigated, compared and implemented in a breadboard. The mission scenario for the these vehicles was provided by INTERMARSNET [1], with the objective to place several surface stations on Mars, performing coordinated measurements. This mission also included small rovers to explore the near vicinity of the landing site with equipment for the chemical and mineralogical analysis of the surface.

The main task of this *M*obile *I*nstrument *D*eployment *D*evice (MIDD) is to position the scientific instruments, summarized in Table 1, for measurements at locations of interest, selected by the scientists. The central engineering design aim is to provide the mobility on the Martian surface at the lowest possible vehicle mass.

<u>Table 1 : Exemplary MIDD Payload</u>

Payload	Mass	Size [cm]	Remarks
Close-up imager (CUI)	sensor 0.1 kg electronics 0.2 kg	$\varnothing 5 \times 2$ $3 \times 3 \times 4$	field of view of 70°
α-Proton-X-ray Spectrometer (APX)	sensor 0.1 kg electronics 0.3 kg	$\varnothing 6.5 \times 4$ $8 \times 7 \times 6$	view of flat sample ($\varnothing 5$ cm) at distance of 4 cm (movable sensor head); measurement time 10 h
Mössbauer Spectrometer (MOS)	0.4 kg	sensor only $\varnothing 7 \times 7$	sensor head must view sample of $\varnothing 3$ cm ; electronics placed on Lander
Neutron Detector (NED)	0.15 kg	$\varnothing 4 \times 10$	electronics shared with APX
Thermal Analysis / Evolved Gas Analyser (EGA)	sensor 0.5 kg	$8 \times 8 \times 12$	surface contact, sample acquisition required
Total	1.75 kg	1850.76cm^3	

The instruments CUI, APX and MOS are considered as minimum vehicle payload and compose the baseline payload [1]. But it would be desirable to place additional instruments like NED and EGA, as well as possibly infrared spectrometer or thermistors on-board the vehicle. The accommodation of these payloads imposes challenging engineering tasks within the technical spacecraft constraints due to
- restricted mass allocation (target : below 5 kg including Lander based equipment)

- limited volume allocations (storage volume $30\times20\times20$ cm^3),
- power limitations (when attached to Lander : 2 W average, 3 W peak at daytime),
- limited data storage, transmission and processing capacities,
- significant signal-transmission delays (up to 20 min one way),
- long duration of hibernation periods during interplanetary transfer (7 - 9 months).

In addition the MIDD must be compatible with
- the INTERMARSNET scenario, including the landing surface impact (< 25 g),
- the Martian planetary environment regarding gravity, dust, wind, thermal aspects,
- the required motion control capabilities for controlled turns, backward motion, obstacle handling,
- the specification of the mechanical interface to the Lander related to launch, entry, landing shock, deployment, mass balance,
- the telemetry/telecommand link to the Lander (data relay link to an Orbiter up to 1Mb/day),
- the reliability requirements regarding single failure tolerance by component redundancy, design robustness, and appropriate design margins,
- avoidance of pollution of the Martian surface according to planetary protection guidelines.

<u>Table 2 : Design implications for the micro-rover caused by different mission phases</u>

Mission Phase	Design Drivers for the Rover
Launch	Vibrations, acceleration loads
Interplanetary Transfer	Vacuum and thermal environment, limited storage volume
Entry and Planetary Surface Impact	Heating , high acceleration loads
Deployment from Lander	Unfolding to operational configuration, descent from lander
On-Surface Operations	Signal transmission delays, handling of obstacles, reliable movements

The particular operational requirements for the MIDD include :
- vehicle lifetime :   200 sols   (1 sol=Martian day=1479 min)
- payload activity :   during first six months after landing
- locomotion duration : $\geq$ 50 hours
- planned energy consumption: 2 W/hour (during motion)
- total path length : $\geq$ 100 m
- maximum operational range : $\leq$ 20 m
- maximum speed :   5 m/hour

- maximum obstacle height :   10 cm
- maximum width of holes :   10 cm
- maximum slope :   15° (uphill and sideways), 20° (downhill)

During the vehicle mission at least 20 traverses of about 2.5 hours motion time are to be performed, to cover the distance of more than 5 m to the next specified scientific target. The typical operations scenario includes a ten days stop at each target for imaging / measurements, with appropriate vehicle position adaptation to provide advantageous conditions for the payload activities. Within the two days of payload activities, typically at each stop, the following measurements are taken : 6 CUI-images , 10 hours of NED and APX measurements, 8 hours of MOS measurements (3 at daytime, 5 at night-time), 1 hour of EGA activity (at about one out of four stops). During the remaining 8 days per stop the vehicle waits in energy saving stand-by-mode and offers potential to include complementary measurements. The related mobility requirements are kept rather modest in order to achieve a rover realisation at a very low mass and a limited storage volume.

Figure 1 :   The breadboard MIDD implemented by Steinbeis Transferzentrum ARS, in deployed configuration.

3 Sensorsystem for Navigation and Status Monitoring

The sensors on-board the MIDD and on the Lander must
- provide the operator at the ground station with enough information for path planning guaranteeing a secure way,
- enable the operator to detect malfunctioning components on-board the robot,
- provide the on-board control with sufficient information to detect autonomously dangerous situations and to enable the survival of the robot,
- regard the very limiting requirements of mass and volume.

3.1 Navigation

The navigation system concerns the methods of determining position, course, and distance travelled. In the framework of the MIDD-mission this subsystem is essential
- to reach specified targets for instrument deployment,
- to provide the appropriate orientation for imaging,
- to position the scientific instruments appropriately for measurements,
- to avoid conflicts with the tether during motion,
- to enable a return to the Lander.

In order to achieve the MIDD mission objectives, there is information to be provided about
- the relative position towards the Lander,
- the attitude of the vehicle segments,
- obstacles encountered on the planned path.

As targets of scientific interest are identified from the panoramic views of the Lander cameras by the scientists on ground, a navigation system to determine the relative position between MIDD and Lander is to be implemented. Thus to direct the MIDD towards a scientific target, the Lander's cameras are used to compare the actual position with precalculated path profiles. For calibration purposes periodically the MIDD camera should image the Lander, too. The image processing calculations are performed on Earth, in order to avoid implementing demanding data processing capacities on-board. Due to the slow MIDD speed, related data rates can be accommodated within the planned communication system.

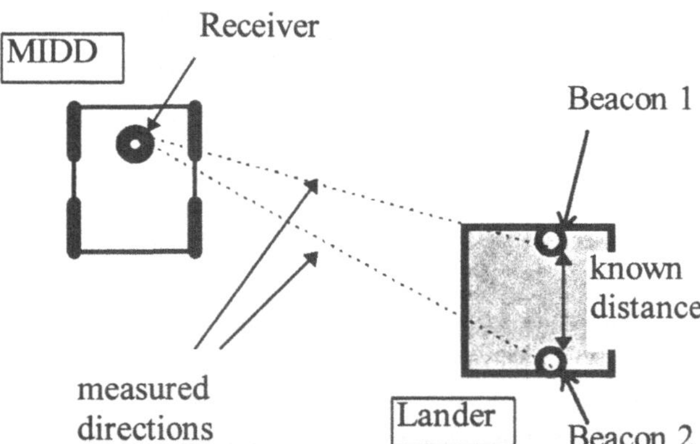

Figure 2 : Schematic of triangulation method

An alternative method investigated to determine the relative MIDD position towards the Lander uses infrared beacons / receivers. Two small beacons should be placed on the Lander. By a receiver on the MIDD its actual position with respect to the Lander can be determined with triangulation methods (cf. Figure 2). From the known base length between the two beacons and the angles at the ends of this base the related triangle Beacon 1 / Receiver / Beacon 2 can be determined and thus the distance between MIDD and Lander. By this approach the relative position can be derived at small mass and at low energy costs.

Both methods demand to be in the line of sight to the Lander. In the limited operations range (less than 20 m distance) this would almost always be the case. If the MIDD would disappear for a short period behind a rock, the approximate position could be calculated from odometry information by the encoders in the motors. As position errors grow here with the travelled distance, reference information must be introduced regularly to reduce errors. It is planned to use a combination of camera and infrared data to achieve reliable operations. Odometry serves in this scenario as backup mean for emergency situations.

3.2 Obstacle Negotiation

The Lander camera might also contribute to the detection of obstacles. But the data transmission capacity to Earth limits the frequency for images. Thus an obstacle avoidance scheme, based on range sensors on-board the rover should be considered to enable quick reactions in case of hazards. In this context the following equipment has been considered :
- infrared sensors,
- combinations of laser markers with the camera,
- ultrasonic sensors, calibrated to the Martian atmosphere,
- force sensors / bumpers for emergency or fine positioning.

More sophisticated devices used in terrestrial applications like laser scanners or stereovision cameras are too heavy, too complex and too demanding for data processing capacity.

There has a trade-off been performed between
- obstacle avoidance, relying on sensor information and control software, and
- obstacle traversing, depending on the mechanical layout regarding the mobility system, suspension system, motor performance, ground clearance,

to identify the optimal maximum height of 10 cm up to which obstacles should be traversed.

Obstacles should be approached frontal to avoid falling sidewards, which would lead to a loss of the MIDD-mission. The related attitude information can be derived from camera images. In addition for attitude measurements of the vehicle an inclinometer is used to indicate the tilting of the vehicle relative to the direction towards the centre of gravity of the planet. By making use of the front wheel levers, by some "walking" movements, negotiation of obstacles can be supported.

In case of motor failure, it is possible to disconnect the gear. The vehicle can then still be driven and steered by the undisturbed wheel pair. In this degraded mode, obstacle handling capabilities are reduced to a height of 2 cm. Even a second motor failure does not finally stop mobility, as long as it is not on the same side of the vehicle as the first malfunction, but of course the performance will be drastically reduced.

3.3 Status Monitoring

Typical status signals, which have to be measured are
- voltages of battery as well as sensor, payload, and actuator devices,
- motor current,
- temperatures.

These sensors are usually simple devices. In many cases the device which has to be monitored provides status signals. Thus to receive information about the health of the equipment it is sufficient to supervise this status.

3.4 Summary

Due to mass minimisation, a obstacle avoidance system based only on touch sensors was selected. As there is sufficient time for operations available (50 hours of mobility out of 6 months), obstacle avoidance should be based on combined camera and touch sensor data. For navigation the data of the Lander's panoramic camera, combined with dead reckoning, will provide sufficient accuracy at no additional mass penalty. As back-up an infrared system is considered. Fine positioning for instrument measurements will be performed with the touch sensors.

Attitude determination is provided by two inclinometers (one in drive direction, the other vertical to the first), to allow detection of sinking in loose sand or to warn of dangerous obstacle negotiations, causing danger to tip over. For status monitoring of levers and wheels the integrated standard encoders in the motors will be used.

As most sensors are already integrated in the components or are foreseen as payload, there results a low mass sensor system (below 200 g) with low power requirements, still providing the minimum inputs for reliable operations.

4 Remote Operations Concept

A major system design trade-off is related to the selection of an optimal sharing of control tasks between ground control, the Lander surface station and functions on-board the MIDD. Considering the signal transmission delay towards Mars, varying between 4 and 21 minutes (one way), the autonomous execution of high-level commands on Mars is the only approach for effective remote operations. In addition, due to the dynamics of Mars, Earth and the data relay satellite in orbit around Mars, only short contact periods result, of the order of 1 hour per day. Actions for about a day are planned ahead and uplinked. The Lander station will store the sequence, decode the macro-commands into executable steps, and schedule their transmission to the MIDD for execution. Thus, interruptions to contact periods due to Mars rotation and data-relay orbiter availability will also not stop the operations.

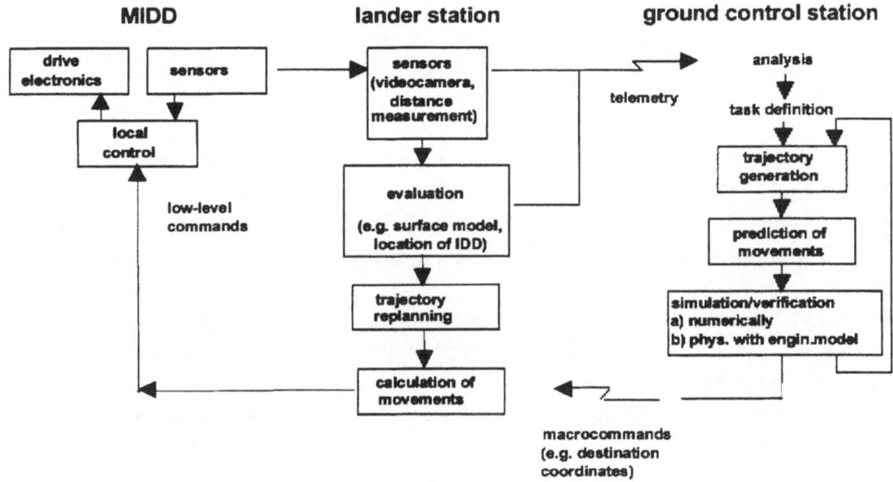

Figure 3 :   Control concept addressing tasks of the ground control centre, Lander station and the rover MIDD.

Based on images (from the Lander's panoramic cameras and the MIDD's close-up imager) and possibly other science data, operations will be planned in the ground control centre with the help of simulation and visualisation tools. Vehicle sensor data will be sent to the landing module, and will be assessed. Small deviations from the predicted path (by example due to inaccurate soil interaction models) can be autonomously corrected by simple path adaptation software, implemented on the Lander. Nevertheless major deviations (e.g. due to changes in orientation caused by slipping over an obstacle) are to be corrected on ground. In this case the Lander's computer system will initiate replanning or emergency commands to survive until the reply from ground control arrives.

This leads for nominal operations to a closed local control loop at the remote site, with the more intelligent functions allocated to a rule-based control system on-board the Lander. Thus, adaptability of the vehicle to the local terrain and automatic survival strategies in the case of unexpected situations are implemented in the Mars-segment of the control system. In particular, functions must be provided for the avoidance of obstacles, which cannot be surmounted, and for emergency situations, like sinking in loose sand.

This control concept, taking advantage of the tether link, simplifies the MIDD control system, but limits the operational range to the near vicinity of the surface station and complicates operations, as consideration must be given to the actual location and line of the tether.

5 Test Set-up

In this framework also an user interface for teleoperations was implemented to perform suitable performance tests. Thus related signal propagation delays (varying between 4 and 21 minutes), sensor data transmission rates and remote operations can be simulated. The main capabilities to be analysed in the test environment are related to
- navigation in partly unknown terrain based on limited sensor input,
- autonomous reaction capabilities for emergency situations, including avoidance of obstacles and dangerous areas,
- accessing places of scientific interest and positioning of instruments for measurements,
- teleoperations with significant signal propagation delays,
- telediagnosis of the actual vehicle status.

To test these features a testbed has been set up, consisting of a 2 m × 3 m box, containing sand and rocks. The vehicle's tether is connected to a PC, representing the operator's workplace. This PC is placed out of visual contact with the testbed and the only information about the vehicle are the sensor values, transmitted via the tether and delayed according to the test scenario. This environment is also suitable to test data compression and packetizing methods for further performance improvements.

To enable the partners of the consortium access to this facility, in a second step the PC has been connected to the Internet. The related data and command flow configuration is displayed in Figure 4.

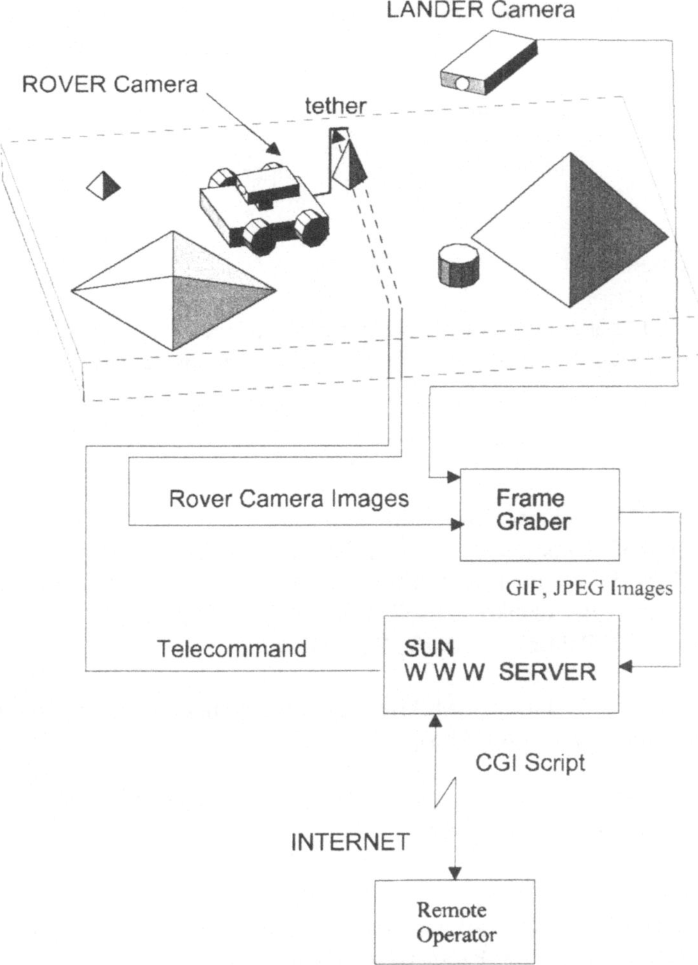

Fig. 4 : System configuration of the telematics testbed for mobile robots at FH Ravensburg-Weingarten. It can be accessed via Internet and offers for remote control experiments different tethered vehicles, 2 cameras (one camera on the rover, one fixed panoramic camera) and different range sensors.

A user receives the operator interface, when logging in to the WWW-server. While the commands are performed, the camera pictures and the sensor measurement information are updated with a frequency according to the Internets load. Thus at suitable data transfer rates, the sequence of camera pictures shows an animated rover movement. In order to increase the amount of transmitted camera pictures, data compression techniques are used.

The facility has now been transferred for educational purposes to the Autonomous Robotics Systems Laboratory (ARS) of FH Ravensburg-Weingarten. It is used to support lectures and practical experiments in telematics, control engineering and robotics. In case no tests are going on, the facility is offered for public use on the home page :

http://redrover.ars.fh-weingarten.de

Acknowledgements

The authors want to acknowledge the contributions of the complete MIDD study team, having performed part of the reported analyses on contract to ESA.

References

[1]   Banerdt, B.,   A.F. Chicarro, M. Coradini, C. Federico, R. Greeley, M. Hechler, J.M. Knudsen, C. Leovy, Ph. Lognonné, L. Lowry, D. McCleese, M. McKay, R. Pellinen, R. Phillips, G.E.N. Scoon, T. Spohn, S. Squyres, F. Taylor, and H. Wänke. "INTERMARSNET Report on Phase-A Study Report". ESA Publication 1996 , SCI (96)2.

[2]   Schilling, K., C. Jungius. Mobile robots for planetary exploration. *Control Engineering Practice* 4 (1996), p. 513 - 524.

[3]   Schilling, K. Control Aspects of Planetary Rovers. *Control Engineering Practice* 5 (1997), p. 823 - 825.

[4]   Schilling, K.,   L. Richter, M. Bernasconi, C. Jungius, C. Garcia-Marirrodriga.   Operations and Control of the Mobile Instrument Deployment Device on the Surface of Mars. *Control Engineering Practice* 5 (1997), p. 837 - 844.

Aktive Beschleunigungskompensation mittels einer Stewart-Plattform auf einem mobilen Roboter

René Graf, Rüdiger Dillmann
Institut für Prozeßrechentechnik und Robotik
Universität Karlsruhe
Kaiserstr.12, 76128 Karlsruhe
email : graf@ira.uka.de

Zusammenfassung

Ein Objekt auf einer mobilen Plattform ist immer deren Beschleunigungen ausgesetzt, was in manchen Fällen ungünstig ist. Eine Stewart-Plattform wird hingegen in der Regel zur Erzeugung von Beschleunigungen im Simulator-Bereich verwendet, um die Personen auf der Plattform zu beschleunigen.

Mittels einer Stewart-Plattform ist es daher genauso möglich, unerwünschte Beschleunigungen aktiv zu kompensieren. Dazu wird die Plattform als Lastträger auf einem mobilen Fahrzeug eingesetzt. Mittels eines Washout-Filters wird die Bewegung der Plattform berechnet, die der Fahrzeugbeschleunigung entgegen wirkt.

Anwendungsbereiche dieser Kombination sind zum einen Fabriken, in denen Flüssigkeiten in offenen Behältern transportiert werden müssen, oder zum anderen Krankentransporte, bei denen der Patient — zum Beispiel bei Halswirbelverletzungen — geschützt werden muß.

1   Einleitung

Wird ein Objekt auf einer mobilen Plattform transportiert, ist es zwangsweise deren Beschleunigungen ausgesetzt. In vielen Fällen ist dies ungünstig, weil das Objekt dadurch zum einen in sich bewegt, wie z.B. Flüssigkeiten, oder zum anderen beschädigt werden kann. Es gibt passive Systeme, die zwar Beschleunigungen kompensieren, aber nur auf diese reagieren können. Sie beruhen in der Regel auf einer frei gelagerten Halbkugel mit einem sehr tief liegenden Schwerpunkt.

Stewart-Plattformen werden in der Regel im Simulatorbereich eingesetzt, beispielsweise als Fahr- oder Flugsimulator. Sie lassen die Personen auf ihnen Beschleunigungen erfahren, um den visuellen Eindruck zu verstärken. Umgekehrt ist es natürlich möglich, die Plattform auf einen mobilen Roboter zu montieren, um mit ihr die Fahrzeugbeschleunigungen auszugleichen. Dies stellt ein aktives

System dar, das agieren kann, da es von der Fahrzeugsteuerung die Bewegungs-
daten erhält und nicht unmittelbar auf Sensorwerte angewiesen ist.

In diesem Paper werden zwei mobile Roboter mit unterschiedlichen Antriebs-
konzepten und die verwendete Stewart-Plattform mit ihrer jeweiligen Kinematik
und Dynamik vorgestellt. Anschließend wird auf die Kombination beider Fahrzeuge mit der Stewart-Plattform eingegangen. Ein Kapitel über die Bewegungserzeugung schließt den technischen Teil ab.

2 Die mobilen Roboter

Als Basis für die Stewart-Plattform stehen mehrere autonome, mobile Roboter des Instituts zur Verfügung. Allen gemeinsam ist ein sehr leistungsfähiges
Navigationssystem, mit dem sie sich selbst in stark bevölkerten Umgebungen
orientieren können. Das Sensorsystem jedes Fahrzeugs setzt sich zusammen aus
einem Laserscanner zur Positionsbestimmung, einem Ring aus Ultraschallsensoren zur Kollisionsvermeidung und einer Kamera zur Objekterkennung.

Zwei Roboter sind hierbei von besonderem Interesse, auch im Hinblick auf
spätere Anwendungen dieser Applikation. Zum einen MORTIMER[1], der in Abbildung 1 zu sehen ist, und zum anderen VIPER[2], das nebenan abgebildet ist.

Abbildung 1: MORTIMER

Abbildung 2: VIPER

2.1 MORTIMER

MORTIMER hat einen achteckigen Grundriß mit einem Durchmesser von
$720\,mm$. Die Höhe der Ladefläche beträgt $450\,mm$, die des Steueraufbaus

---

[1]Mobiler Roboter für Transport und Zimmerservice im Hotel
[2]Vierrad des Instituts für ProzeßrEchentechnik und Robotik

1150 mm. Der Roboter wurde in Zusammenarbeit mit einem Hotel entwickelt, wo er den Gepäcktransport sowie den Zimmerservice übernehmen soll.

MORTIMER hat eine Zweirad-Kinematik, die in [JLC92] beschrieben wird. Das Gewicht des Roboters liegt auf vier passiven Rollen. Die beiden angetriebenen Räder liefern in einem bestimmten Zeitinterval I eine gewisse Anzahl Impulse durch die Raddrehung N_R und N_L. Damit gilt nach [JB96]

$$c_m = \pi D_n / n C_e \tag{1}$$

wobei D_n der Raddurchmesser, n die Getriebeübersetzung zwischen Motor und Rad und C_e die Anzahl der Impulse pro Umdrehung ist. c_m ist dann ein Maß für den zurückgelegten Weg pro Impuls.

Die Wegdistanz beider Räder $\Delta s_{R/L,i}$ während der Fahrt läßt sich daher schreiben als

$$\Delta s_{R/L,i} = c_m N_{R/L,i} \tag{2}$$

Die Änderungen in Translation und Rotation eines solchen Antriebes mit einem mittleren Radabstand b lauten

$$\Delta s_i = (\Delta s_R + \Delta s_L)/2 \qquad\qquad \Delta\theta_i = (\Delta s_R - \Delta s_L)/b \tag{3}$$

Die relative Position des Roboters ist somit

$$\begin{aligned} \theta_i &= \theta_{i-1} + \Delta\theta_i \tag{4}\\ x_i &= x_{i-1} + \Delta s_i \cos\theta_i \tag{5}\\ y_i &= y_{i-1} + \Delta s_i \sin\theta_i \tag{6} \end{aligned}$$

Für MORTIMER gelten nun folgende Werte

$$\begin{aligned} b &= 640\,mm \\ D_n &= 150\,mm \\ C_e &= 2000 \\ n &= 26.52 \\ \Rightarrow c_m &= 0.00888\,\frac{mm}{Impuls} \end{aligned}$$

Aus der maximalen Motordrehzahl $U_{max} = 3500\frac{U}{min}$ ergibt sich eine maximale translatorische Geschwindigkeit von $v_{max} = 1.0\frac{m}{s}$ und eine maximale rotatorische von $\omega_{max} = 3.24\frac{rad}{s}$, wobei angenommen wurde, daß sich der Roboter auf der Stelle dreht.

Die maximale Drehzahländerung beträgt $\Delta U = \frac{1500\,U/min}{s}$, woraus sich die maximale Beschleunigung pro Rad errechnet

$$\begin{aligned} \Delta a_{R/L,i} &= c_m \Delta N_{R/L,i} \\ &= c_m (C_e \Delta U) \tag{7} \end{aligned}$$

Mit den oben aufgeführten Werten ergeben sich aus Gleichungen 2 und 3 die maximalen Beschleunigungen, wobei wieder eine Rotation auf der Stelle angenommen wurde.

$$\Delta a_{R/L,i} \;=\; 0.44\frac{m}{s^2} \tag{8}$$

$$\Delta a_i \;=\; 0.44\frac{m}{s^2} \tag{9}$$

$$\Delta \theta_i \;=\; 1.39\frac{rad}{s^2} \tag{10}$$

Die Richtung der Beschleunigung läßt sich aus den Gleichungen 4 bis 6 ableiten. Damit hat man einen Beschleunigungsvektor, den man der Stewart-Plattform übergeben kann.

2.2 VIPER

VIPER hat ein neuartiges, omnidirektionales Antriebskonzept, das von dem Maschinenbaubetrieb Gronau entwickelt wurde. Dieser Antrieb vereint einen Differential- und einen Synchron-Antrieb[JB96]. Die Kinematik wird in [Sch96] hergeleitet. Viper hat einen rechteckigen Grundriß mit einer Breite von 650 mm und einer Länge von 900 mm plus die Rundung vorne.

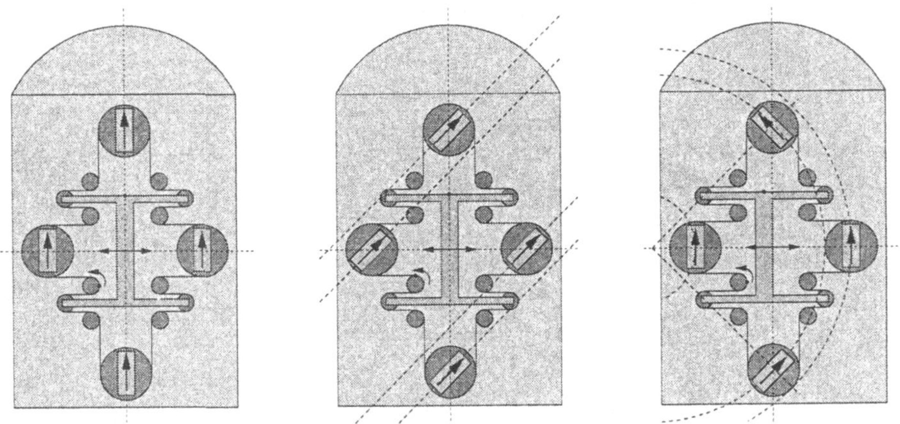

Abbildung 3: Fahrmöglichkeiten von VIPER: lateral, differential

Der Antrieb besteht aus vier einzelnen Rädern, wie in Abbildung 3 zu sehen ist. Angetrieben sind nur das vordere und das hintere Rad, die beiden seitlichen sind passiv. Die Räder sind zum einen durch eine Umlaufkette verbunden, was einem Synchronantrieb entspricht. Die Kette kann beliebig oft rotieren, ein Winkelencoder an einem der Räder gibt immer die Richtung aller an. Die Orientierung des Fahrzeuges wird während der Bewegung aber nicht verändert.

Wenn alle Räder nach vorne zeigen, kann man auf den differentiellen Antrieb umschalten. Durch seitliches Verschieben der H-förmigen Platte werden das vordere und das hintere Rad gegeneinander, aber im selben Winkel ausgelenkt. Die seitlichen Räder bleiben unverändert. Damit bewegt sich das Fahrzeug auf einer Kreisbahn. Eine Kombination beider Varianten ist nicht möglich.

Das interessante an diesem Fahrzeug in Hinblick auf die Kombination mit einer Stewart-Plattform ist, daß die Beschleunigung durch den Synchronantrieb in jede beliebige Richtung erfolgen kann. Hieraus resultiert die Notwendigkeit einer Stewart-Plattform mit sechs Freiheitsgraden.

Die maximale Geschwindigkeit von VIPER liegt bei $v_{max} = 0.7\frac{m}{s}$, die Beschleunigung bei $a_{max} = 0.4\frac{m}{s}$, so daß die beiden Fahrzeuge in etwa gleiche Beschleunigungswerte erzielen, wenn auch mit unterschiedlichen Richtungen.

3 Die Stewart-Plattform

Die Stewart-Plattform[Ste65] SPIKE[3], die in Abbildung 4 zu sehen ist, wurde nach dem Vorbild einer hydraulischen Simulationsplattform entwickelt[Wil97]. SPIKE ist exakt im Maßstab 1:4 zu dieser gebaut und hat im Gegensatz zu seiner Vorlage keinen hydraulischen Antrieb, sondern wird über Elektromotoren und Spindelantriebe bewegt. Die Genauigkeit beträgt dabei $10\,\mu m$ bei einem maximalen Hub von $150\,mm$, was ein sehr genaues Positionieren ermöglicht. Gesteuert wird SPIKE mittels eines Microprozessors.

Abbildung 4: Die Stewart-Plattform SPIKE

In [Egn94] wurde die Kinematik für die Plattform entwickelt. Abbildung 5 zeigt die Befestigungspunkte der Servos an der unteren Triangel $(\mathcal{A}_1, \ldots, \mathcal{A}_6)$ bzw. der oberen Triangel $(\mathcal{B}_1, \ldots, \mathcal{B}_6)$ in deren jeweiligem Koordinatensystem.

---

[3]**Stewart-Plattform des IPR KarlsruhE**

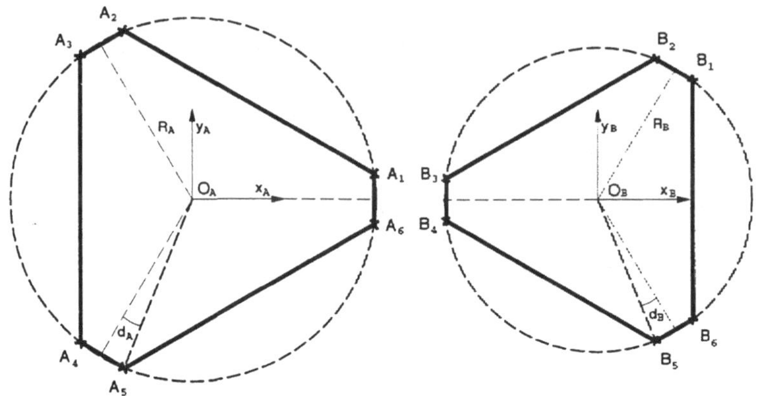

Abbildung 5: Befestigungspunkte der Servos

Der Radius des unteren Kreises beträgt $R_\mathcal{A} = 342.4\,mm$, der des oberen $R_\mathcal{B} = 295.6\,mm$. Die Winkelintervalle sind $d_\mathcal{A} = 4.18°$ und $d_\mathcal{B} = 4.35°$. Die Ortsvektoren $\vec{a_k}, \vec{b_k}$ der Punkte $\mathcal{A}_k, \mathcal{B}_k$ haben die folgenden Koordinaten:

$$\vec{a}_k = R_\mathcal{A} \cdot [\cos\alpha_k \quad \sin\alpha_k \quad 0]^T \qquad \text{im } \mathcal{A} - \text{Koordinatensystem,}$$
$$\vec{b}_k = R_\mathcal{B} \cdot [\cos\beta_k \quad \sin\beta_k \quad 0]^T \qquad \text{im } \mathcal{B} - \text{Koordinatensystem}$$

mit den Winkeln

$$
\begin{aligned}
\alpha_1 &= d_\mathcal{A} & \beta_1 &= 60 - d_\mathcal{B} \\
\alpha_2 &= 120 - d_\mathcal{A} & \beta_2 &= 60 + d_\mathcal{B} \\
\alpha_3 &= 120 + d_\mathcal{A} & \beta_3 &= 180 - d_\mathcal{B} \\
\alpha_4 &= 240 - d_\mathcal{A} & \beta_4 &= 180 + d_\mathcal{B} \\
\alpha_5 &= 240 + d_\mathcal{A} & \beta_5 &= 300 - d_\mathcal{B} \\
\alpha_6 &= -d_\mathcal{A} & \beta_6 &= 300 + d_\mathcal{B} \quad .
\end{aligned}
$$

Die Längen der Servos $s_k, \ldots, s_k$ ergeben sich aus dem Betrag der Strecke $s_k = |\ \overrightarrow{\mathbf{A}_k\mathbf{B}_k}\ |$. Beschreibt $\vec{r}$ die Position und die 3×3 Matrix $\mathbf{R}$ die Orientierung von $\mathcal{B}$ zu $\mathcal{A}$, erält man durch Vektoraddition und Betragsbildung die Längen der Servos

$$s_k = |\vec{r} + \mathbf{R}\vec{b}_k - \vec{a}_k| \qquad \text{für } k = 1,\ldots,6 \quad .$$

Dies sind die Gleichungen der inversen Kinematik. Die direkte wird in [Egn94] beschrieben, soll aber nicht vorgestellt werden, da sie auch nicht notwendig ist. Die Minimal- und Maximalwerte der Servolängen betragen

$$s_{min} = 330\,mm \qquad s_{max} = 480\,mm$$

Mit diesen Werten gelten die folgenden Limitierungen für die translatorischen

x, y, z und rotatorischen j, p, r [4] Bewegungen der oberen Triangel:

$$\Delta x = \pm 100\,mm \qquad \Delta j = \pm 25°$$
$$\Delta y = \pm 100\,mm \qquad \Delta p = \pm 25°$$
$$\Delta z = \pm 100\,mm \qquad \Delta r = \pm 25°$$

Diese Werte lassen sich natürlich nicht alle gemeinsam einstellen, sondern nur einzeln aus der Mittelstellung der Plattform heraus.

Die Geschwindigkeit der Beine liegt bei $v_b = 50\,\frac{mm}{s}$. Daraus lassen sich die Geschwindigkeiten für die karthesischen Koordinaten ableiten. Jedes Bein braucht $\Delta t = \frac{s_{max} - s_{min}}{v_b} = 3\,s$ für eine komplette Bewegung. In z-Richtung erzeugt dies einen Hub von $2\Delta z = 200\,mm$, woraus eine Geschwindigkeit $v_z = 66\frac{mm}{s}$ resultiert. Analog lassen sich die anderen Werte $v_x, v_y, \omega_j, \omega_p, \omega_r$ bestimmen.

4 Kombination von Stewart-Plattform und mobilem Roboter

Zur Kompensation von Beschleunigungen und Stößen, die auf ein Objekt einwirken, wird nun die Stewart-Plattform mit 6 Freiheitsgraden wahlweise auf MORTIMER (Abbildung 6) oder auf VIPER (Abbildung 7) montiert.Damit können die harten Fahrzeugbewegungen und -beschleunigungen in weiche Bewegungen für das Objekt überführt werden.

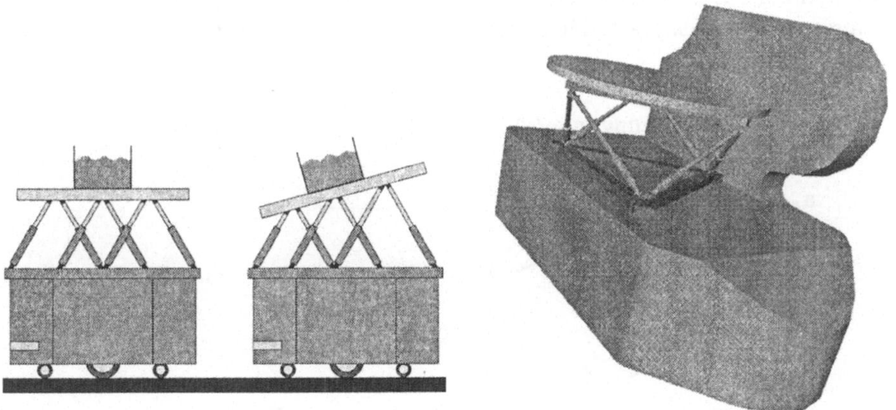

Abbildung 6: Kombination von MOR-TIMER und SPIKE

Abbildung 7: Kombination von VIPER und SPIKE

Abbildung 6 zeigt auch eine Versuchsanordnung für die Experimente. Ein offener Behälter, der mit einer Flüssigkeit gefüllt ist, steht auf der oberen Plattform. Die Plattform muß, wie im linken Teil zu sehen ist, die Beschleunigungen

---

[4]Eulerwinkel

ausgleichen, die es aus den Daten der Antriebsregelung errechnet. Des weiteren ist es möglich, Neigungen und Stoßeinwirkungen zu kompensieren, die über entsprechende Sensoren erfaßt werden.

5 Bewegungserzeugung

Unter dem Begriff Bewegungserzeugung versteht man dabei die Plattform so zu manövrieren, daß die Person oder der Gegenstand auf der Plattform eine bestimmte Beschleunigung erfährt.

Eine gleichförmige Bewegung erzeugt keinerlei Beschleunigungen, wohingegen eine Änderung der Geschwindigkeit oder der Fahrtrichtung eine verursacht. Ziel ist es nun, mittels eines sogenannten Washout-Filters[Baa89][Egn94][Vie97] mit der Stewart-Plattform dieser Beschleunigung entgegenzuwirken, wozu es zwei Möglichkeiten gibt.

1. Bewegen der Plattform in die entsprechende Richtung. Diese Art der Erzeugung ist geeignet, um kurze Beschleunigungsimpulse zu vermitteln. Länger anhaltende sind auf Grund des limitierten Arbeitsraumes der Plattform nicht möglich. Kurze Impulse können in allen sechs Freiheitsgraden x, y, z, j, p, r vermittelt werden.

2. Anstellen der Plattform. Dabei bedient man sich der Schwerkraft als Hilfsmittel, um langanhaltende Beschleunigungen zu simulieren. Wird die obere Plattform auf einen Winkel ϕ relativ zur unteren gekippt, so wirkt auf das Objekt die Beschleunigung $a = g \sin \phi$, wobei $g = 9.81 \frac{m}{s}$ die Erdbeschleunigung darstellt. Diese Möglichkeit ist nur in x- und y-Richtung möglich.

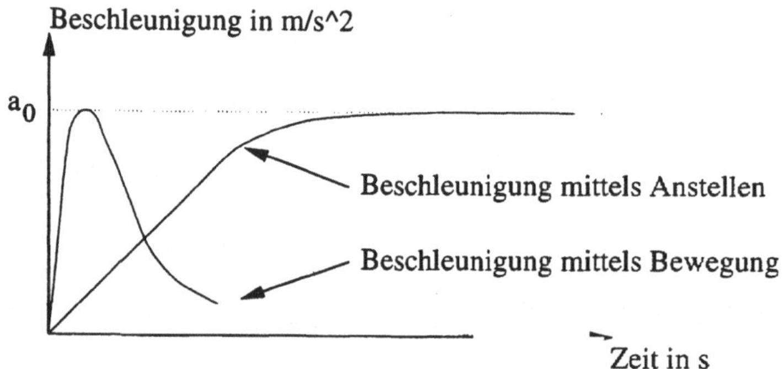

Abbildung 8: Zusammengesetzte Bewegungserzeugung

Bei Punkt zwei gibt es jedoch eine Besonderheit zu beachten. Das Anstellen muß möglichst langsam erfolgen, damit es selbst nicht eine zu große Drehbeschleunigung verursacht. Daher wird in der Anfangsphase die Gegenbeschleunigung a_0 aus zwei Bewegungen zusammengesetzt, einer schnellen translatorischen, die langsam wieder zurückgenommen wird, und einer langsamen rotatorischen, wie der Kurvenverlauf in Abbildung 8 zeigt. Die Summe beider Beschleunigungen ist dabei immer genau a_0. Die Rücknahme der translatorischen Bewegung vergrößert dabei den Bewegungsraum, während bereits eine Beschleunigung vermittelt wird.

6 Zusammenfassung

Es wurde gezeigt, daß eine Kombination eines mobilen Roboters und einer Stewart-Plattform Objekte transportieren kann, ohne daß Beschleunigungen auf diese einwirken. Dazu wird unter Ausnutzung der Gravitation eine entsprechende Gegenbeschleunigung aufgebaut. Somit erhöht sich nur der Anpreßdruck des Objektes auf dessen Unterlage.

Am Institut für Prozeßrechentechnik und Robotik wurden mehrere omnidirektionale Fahrzeuge entwickelt, die als Träger für die Stewart-Plattform zur Verfügung stehen. Die symmetrische Konstruktion der Stewart-Plattform erlaubt es, Beschleunigungen aus beliebigen Richtungen zu kompensieren.

Die Anwendungen dieses Systems liegen zum einen im Bereich fahrerloser Transportsysteme, wo Flüssigkeiten in offenen Behältern oder stoßempfindliche Gegenstände transportiert werden. Zum anderen gibt es eine medizinische Notwendigkeit, wenn beispielsweise Patienten mit Vorschädigungen der Wirbelsäule verlegt werden müssen.

7 Danksagung

Diese Arbeit wurde am Institut für Prozeßrechtechnik und Robotik (IPR), Prof. Dr.-Ing. U. Rembold, Prof. Dr.-Ing. H. Wörn, Prof. Dr.-Ing. R. Dillmann, Fakultät für Informatik, Universität Karlsruhe durchgeführt. Die Autoren bedanken sich bei J.U. Wilsser für die mechanische Konstruktion der Stewart-Plattform.

Literatur

[Baa89] M. Baarspul. Lecture notes on flight simulation techniques, report lr 596. Technical report, Delft University of Technologie, Delft(NL), 1989.

[Egn94] S. Egner. Analyse und Synthese von Bewegungsvorgängen an einer Stewart-Plattform. Master's thesis, Universität Karlsruhe, Institut für Prozeßrechentechnik und Robotik, 1994.

[JB96] L. Feng J. Bohrenstein, H. R. Everett. *Navigating mobile Robots*. A K Peters, 1996.

[JLC92] P. Reignier J. L. Crowley. Asynchronous control of rotation and translation for a robot vehicle. In *Robotics and Autonomous Systems*, volume 10, pages 243–251, 1992.

[Sch96] A. Schwarzhaupt. Entwurf und Implementierung einer Steuerung für eine omnidirektionale fahrbare mobile Plattform. Master's thesis, Universität Karlsruhe, Institut für Prozeßrechentechnik und Robotik, 1996.

[Ste65] D. Stewart. A platform with six degrees of freedom. In *Institution of mechanical engeneering (London)*, 1965.

[Vie97] R. Vierling. Kalibrierung einer Stewart-Plattform. Master's thesis, Universität Karlsruhe, Institut für Prozeßrechentechnik und Robotik, 1997.

[Wil97] J.U. Wilsser. Bau eines Modells einer Stewart-Plattform. Master's thesis, Universität Karlsruhe, Institut für Prozeßrechentechnik und Robotik, 1997.

Intelligente Ansteuerung von autonomen Mikrorobotern in einer Mikromanipulationsstation

Karoly Santa, Heinz Wörn

Universität Karlsruhe / Fakultät für Informatik
Institut für Prozeßrechentechnik und Robotik
Geb. 40.28, Kaiserstr. 12, D-76128 Karlsruhe
email: {santa | woern}@ira.uka.de

Zusammenfassung. Zur Handhabung von Objekten, deren Abmessungen im µm- oder sogar im nm-Bereich liegen, wurde an der Universität Karlsruhe am Institut für Prozeßrechentechnik und Robotik eine Mikromanipulationsstation entwickelt. Das Herzstück dieser Station ist ein vielseitig einsetzbarer mit piezoelektrischen Elementen steuerbarer Mikromanipulationsroboter, der wartungsfreundlich und kostengünstig ist. Der Roboter besitzt zwei Manipulatoren, mit denen er verschiedene Mikromanipulationsaufgaben durchführen kann. Mit Hilfe dieses Roboters ist auch eine automatische Montage von Mikrosystemen denkbar. In diesem Beitrag werden verschiedene regelungstechnische Ansätze für die Ansteuerung von verschiedenen Mikromanipulationsrobotern in einer Mikromanipulationsstation vorgestellt.

1 Einführung

Objekte, die wenige mm groß oder kleiner sind, lassen sich vom Menschen nur noch schwer handhaben. Mit Hilfe von Pinzetten lassen sich zwar sehr kleine Objekte greifen, die Genauigkeit der Bewegung der menschlichen Hand ist jedoch begrenzt. In diesem Artikel werden intelligente Ansteuerungskonzepte für Roboter vorgestellt, die es ermöglichen, sehr präzise Bewegungen auszuführen. Mit diesen Robotern können kleinste Objekte ergriffen und gezielt bewegt werden.

Die Arbeitsumgebung der Roboter ist die an der Universität Karlsruhe entwickelte und aufgebaute Mikromanipulationsstation (Abb. 3). Hier führen die Roboter Mikromontageaufgaben unter dem Objektiv eines automatisierbaren Lichtmikroskopes aus. Es können mehrere Robotereinheiten Manipulationsaufgaben in einer engen Kooperation miteinander erledigen. Man versucht dabei die Vorteile der Mikrorobotik weitgehend auszunutzen und ihre natürlichen Einschränkungen, wie ein begrenztes Bewegungspotential oder geringe Kräfte, durch die Verwendung vieler zusammenarbeitenden Mikroroboter zu umgehen. Dieses sehr interessante, auf der menschlichen Verhaltensweise basierende Konzept setzt allerdings ein hohes Maß an Systemintelligenz, d.h. an Koordination und die entsprechenden Planungs- und Steuerungsverfahren, voraus.

2 Die Mikroroboter

Der Roboter besteht aus einer Plattform mit drei Beinen, auf der zwei Arme angebracht sind. Alle Bewegungen des Roboters setzen sich aus Arm- und Beinbewegungen zusammen.

Die Beine bestehen aus Piezo-Keramik und können einzeln angesteuert und in allen Bewegungsrichtungen verformt werden (Abb. 1-2). Somit ist der Mikroroboter in der Lage, sich in allen Richtungen der X/Y-Ebene mit einer relativen Genauigkeit von 8-10 nm unbegrenzt zu bewegen und sich auf der Stelle zu drehen. Die maximale Geschwindigkeit des Roboters beträgt 20 mm/s. Er kann sich also auch über größere Strecken bewegen, um z.B. Montageteile aus einem Lager zu holen. Damit lassen sich sowohl Transport- als auch Manipulationsaufgaben durchführen. Ein solcher Roboter läßt sich so klein bauen, daß seine Abmessungen nur wenige cm^3 betragen. Der wichtigste Unterschied zwischen Makro- und Mikrorobotern liegt in der höheren Präzision der Bewegung der Mikroroboter, die in der Regel nur unter einem Mikroskop erkennbar ist.

Abb. 1-2: Die Mikromanipulationsroboter MINIMAN und SPIDER II

3 Die Mikromanipulationsstation

Es wurde ein neues Konzept für eine automatisierte Mikromanipulationsstation entwickelt (Abb. 3). Mit Hilfe dieser Station können Mikromanipulationsaufgaben unter einem Mikroskop automatisch durchgeführt werden. Das Herzstück dieser Station ist der Mikroroboter MINIMAN. Er führt die Mikromontageaufgaben unter dem Objektiv eines automatisierbaren Lichtmikroskopes aus. Mit Hilfe einer CCD-Kamera werden die Bilder durch das Mikroskopobjektiv eingelesen und zum PC weitergeleitet.

Hier werden die eingelesenen Bildfolgen verarbeitet und mit Hilfe von Mustererkennungsalgorithmen die Position der Greiferspitzen und die Lage des zu bearbeitenden Objektes berechnet. Für makroskopische Bewegungen erfolgt die Lagebestimmung des Roboters ebenfalls im PC mit Hilfe eines Laser-Abstandssensors bzw. einer globalen CCD-Kamera. Nach der Positionsbestimmung werden die Steuerungsbefehle aus dem PC an den Parallelrechner, der für die Steuerung des Mikroroboters zuständig ist, weitergegeben. Dieser berechnet dann die notwendigen Bewegungen des Roboters und führt diese aus. Mit Hilfe einer SUN-Workstation können Fehlerdiagnose und Programmiertätigkeiten durchgeführt werden.

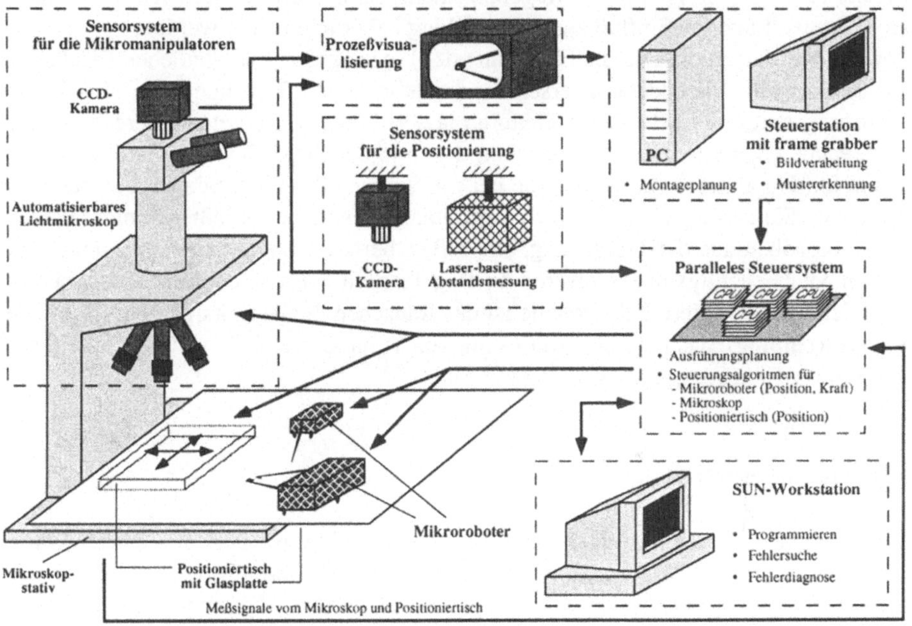

Abb. 3: Mikromanipulationsstation mit autonomen Mikrorobotern

Ein motorisierter Positioniertisch und eine darauf angebrachte Glasplatte bilden das Arbeitsfeld der Mikromanipulationsstation. Durch gezielte Bewegungen des Positioniertisches kann jede beliebige Position der Glasplatte in den Sichtbereich des Mikroskops gebracht werden. Unterstützt durch die Sensorüberwachung und ein leistungsstarkes Bildverarbeitungssystem können alle aktiven Systemkomponenten (Mikroroboter, Mikroskop und Positioniertisch) automatisch gesteuert werden. Damit besteht die Möglichkeit, mehrere Montagezellen zu einer automatischen Montagestraße, wie sie aus der Makrofertigung bekannt ist, zu verbinden.

Neben der Entwicklung neuer autonomer Mikroroboter stellt die intelligente Ansteuerung dieser mobilen Mikroroboter ein größeres Problem dar. Die bisher aufgebauten Roboter können sich mit einer hohen relativen Genauigkeit (bis zu 8nm) bewegen. Bei Bewegungen größerer Entfernung treten Ungenauigkeiten (Abweichung von der berechneten Bahn) auf, die durch das oben beschriebene optische Sensorsystem und ein intelligentes Regelsystem behoben werden sollen. Bei den möglichen Regelungskonzepten kommen neben den herkömmlichen Methoden (PID-Regelung mit mathematischem Streckenmodell) auch Ansätze mit neuronalen Netzen und Fuzzy-Logik in Betracht.

4 Regelungstechnische Probleme

Vor der Auswahl der geeigneten Regelungsmethode müssen zuerst die Besonderheiten der Mikrowelt und ihr Einfluß auf die Regelung näher untersucht werden.
Obwohl der Verschleiß und die Ermüdung der Piezos gegenüber ähnlichen Effekten in der Makrowelt unbedeutend erscheinen, steigt ihre Bedeutung im Laufe der Benutzungszeit erheblich. Beide Faktoren lassen sich nur theoretisch berechnen. Die so berechneten Werten stimmen aber mit denen in der Praxis leider nicht überein. Ein Grund für den Unterschied ist u.a. die bei der Biegung der Piezoelemente existierende Hysterese. Sie ist für jeden einzelnen Piezo unterschiedlich. Sie läßt sich nicht berechnen. Störgrößen aus der Umgebung, wie z.B. Oberflächenqualität des „Bodens", Vibration oder Feuchtigkeit erschweren die Regelbarkeit eines autonomen Mikroroboters erheblich. Eine weitere Fehlerquelle ist das Rauschen der Sensorsignale (z.B. bei der Bildverarbeitung), das bei einer Auflösung von 1 mm der globalen CCD-Kamera eine wesentliche Bedeutung für die Regelung hat.

5 Lösungsansätze

Aufgrund dieser Probleme entsteht beim Fahren des Mikroroboters eine starke Abweichung von der berechneten Bahn, wodurch bei großen Entfernungen erhebliche (in der Größenordnung von einigen mm) Ungenauigkeiten zustande kommen können. Um die Auswirkung dieser Probleme zu minimieren, soll eine intelligente Regelung aufgestellt werden. Das Ziel dieser Regelung besteht darin, daß der Mikroroboter in einer unvollständig definierten Umgebung ein genaues Verhalten zeigen soll.

5.1   Regelung mit Referenzmodell-Adaption

Bei der modellbasierten Regelung soll im ersten Schritt ein mathematisches Modell aufgebaut werden (Abb. 4). Die Eingangsgröße des Systems w ist die für den Mikroroboter vorgegebene Sollposition. Die Regelgröße x stellt die tatsächliche Roboterposition und Orientierung dar. Das Modell gibt die physikalischen und die kinematischen Eigenschaften des Mikroroboters (u.a. Gewichtsverteilung auf der Roboterplattform, Kräfte und Momente) wieder. Die Störungen sind einerseits die immer vorhandene systematische Fehler $z2$ (z.B. Neigung des Mikroskoptisches) andererseits die zufällige Fehler $z1$ (z.B. Vibration, Feuchtigkeit auf der Tischplatte).

Der Vorteil einer modellbasierten Regelung besteht in der guten Regelbarkeit. Der Nachteil ist der hohe Aufwand für die Erstellung des sehr komplexen Modells und der hohe Rechenaufwand, der eine echtzeitfähige Regelung gewährleistet.

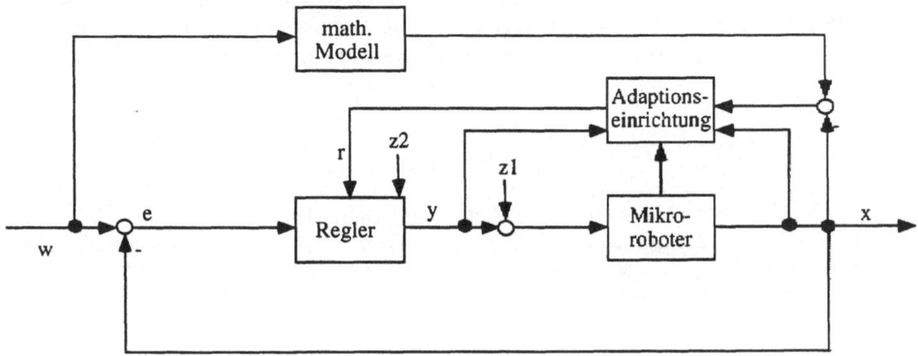

Abb. 4: Regelung mit Hilfe eines mathematischen Referenzmodells und einer Adaptionseinrichtung

Besondere Probleme bei der Aufstellung des mathematischen Modells bedeutet die im Mikrorobotersystem existierende Nichtlinearität, deren hohe Komplexität eine vollständige Modellbildung nicht ermöglicht.

5.2 Anwendung eines Fuzzy-Reglers

Neben der herkömmlichen Regelung bieten neue Regelungsmethoden auch gute Ansätze für die Regelung autonomer Mikroroboter. Die langjährige Erfahrung der Entwickler auf dem Gebiet der Mikrorobotik dient als eine ausgezeichnete Wissensbasis für die Aufstellung der Fuzzy-Regeln.

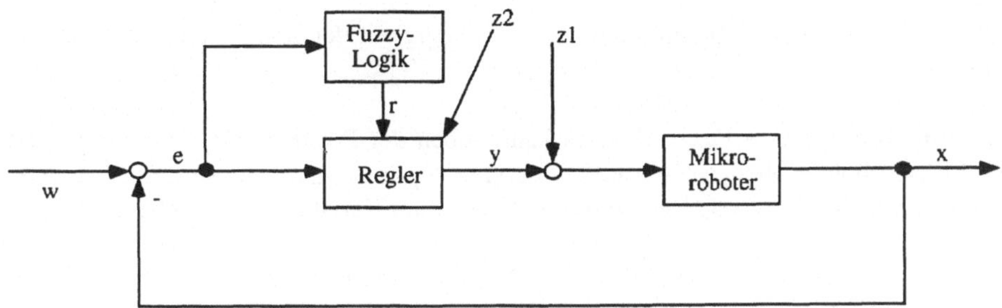

Abb. 5: Fuzzy-basierte Parametervorgabe bei der Positionsregelung von Mikrorobotern

Wichtig ist, daß der Fuzzy-Regler den herkömmlichen Regler nicht ersetzt, sondern dadurch ergänzt, daß er die Reglerparameter r für den Regler vorgibt (Abb. 5). Nach mehreren Testfahrten und der Optimierung der Regelbasis ist mit einer Fuzzy-basierten Parametervorgabe eine schnelle und gute Regelung realisierbar.

Die Eingangsgrößen für die Bahnkorrektur sind die Abweichung von der berechneten Soll-Bahn und die Winkelabweichung, von der berechneten Soll-Orientierung des Mikroroboters (Abb. 6). Die Ausgangsgröße ist die Bahnkorrektur (Abb. 7), die dann nach der Defuzzifizierung als scharfer Wert für die Regelung als Sollwert vorgegeben wird.

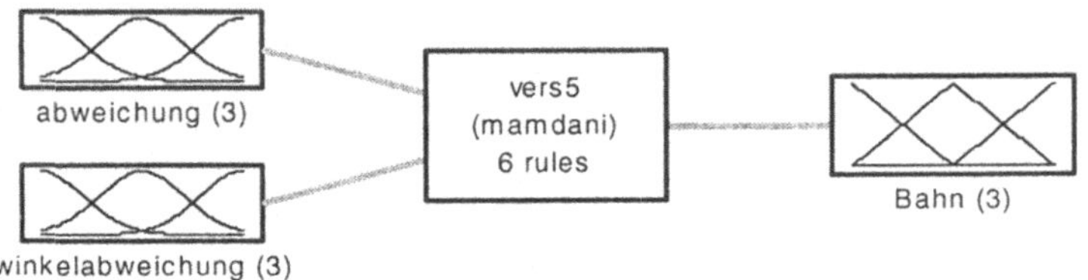

Abb. 6: Fuzzy-basierte Berechnung der Bahnkorrektur

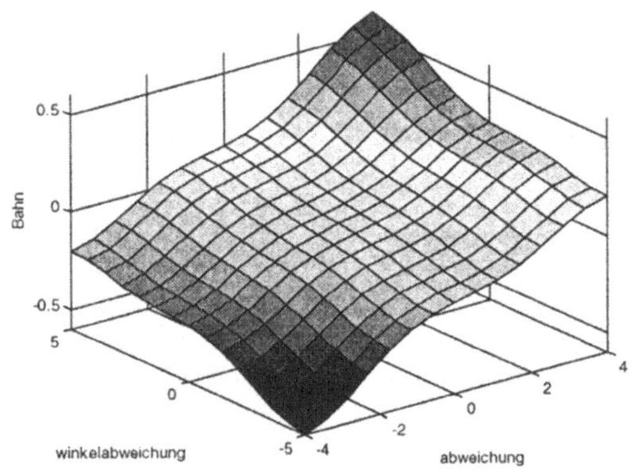

Abb. 7: 3D-Verlauf der Bahnkorrektur in Abhängigkeit der Bahn- und Winkelabweichungen

Mit Hilfe von weiteren Fuzzy-Reglern kann neben der Position und der Orientierung des Mikroroboters auch seine Geschwindigkeit optimal geregelt werden. Die Wissensbasis wird in Form von Regeln mit linguistischen Variablen beschrieben:

> *WENN entfernung=groß DANN geschwindigkeitsfaktor=hoch*
> *WENN entfernung=mittel DANN geschwindigkeitsfaktor=mittel*
> *WENN entfernung=klein DANN geschwindigkeitsfaktor=niedrig*

Das System hat einen Eingang (Abb. 8), die Entfernung zum Zielpunkt, und einen Ausgang, den Geschwindigkeitsfaktor *g*. Mit Hilfe dieses Geschwindigkeitsfaktors wird die aktuelle Soll-Geschwindigkeit berechnet ($v\_{soll} = v \cdot g$)

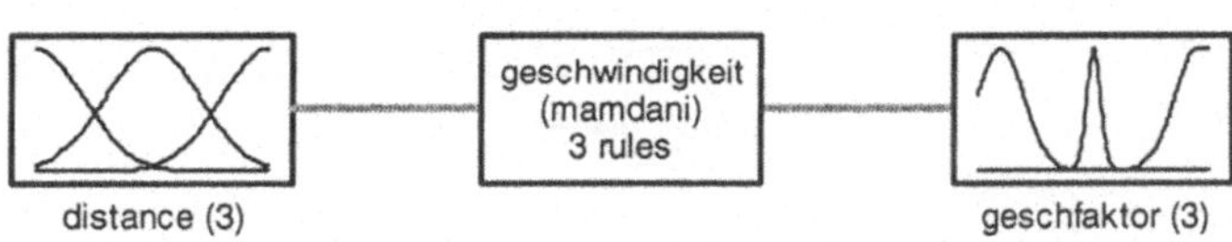

Abb. 8: Bestimmung der Robotergeschwindigkeit mit Hilfe von Fuzzy-Bausteinen

Mit Hilfe dieser Fuzzy-basierte Geschwindigkeitsfaktor-Vorgabe läßt sich der autonome Mikroroboter „sanft" ans Ziel ranfahren (Abb. 9). Diese Geschwindigkeitsregulierung ist deswegen besonders sehr wichtig, weil es dadurch erreicht werden kann, daß der Roboter seinen Zielpunkt sehr genau erreicht. Da der Bildausschnitt, der durch die interne CCD-Kamera geliefert wird, bei einer 20-fachen Vergrößerung nur 0,25mm x 0,25mm groß ist, muß der Roboter mit einer Genauigkeit von einigen µm das Ziel erreichen können.

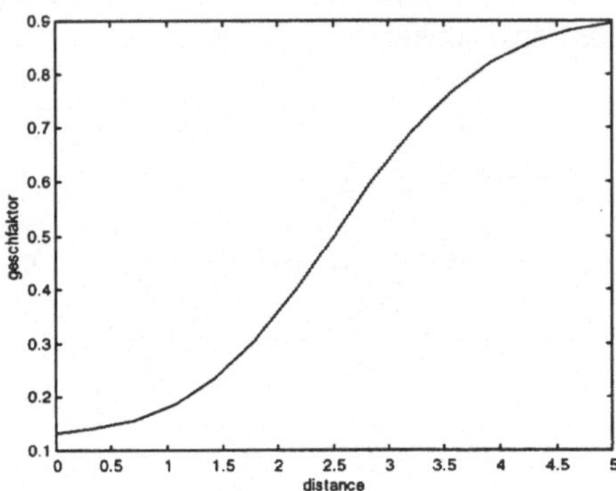

Abb. 9: Einstellen der Geschwindigkeit in Abhängigkeit der Entfernung zum Zielpunkt

5.3 Anwendung von künstlichen neuronalen Netzen

Mit Hilfe von künstlichen neuronalen Netzen läßt sich auch eine Regelung ohne aufwendige mathematische Streckenmodellierung aufbauen (Abb. 10).

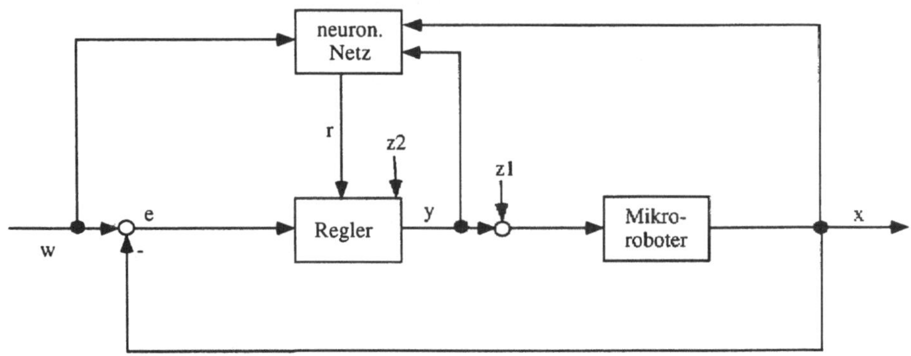

Abb. 10: Positionsregelung mit Hilfe von künstlichen neuronalen Netzen

Die Bahnabweichungen und die verschiedenen Unregelmäßigkeiten beim Laufen des Mikroroboters werden als Trainingsdaten ins Netz aufgenommen. Nach einer umfangreichen Trainingsphase und Netzoptimierung liefert das neuronale Netz dem herkömmlichen Regler die Reglerparameter r.

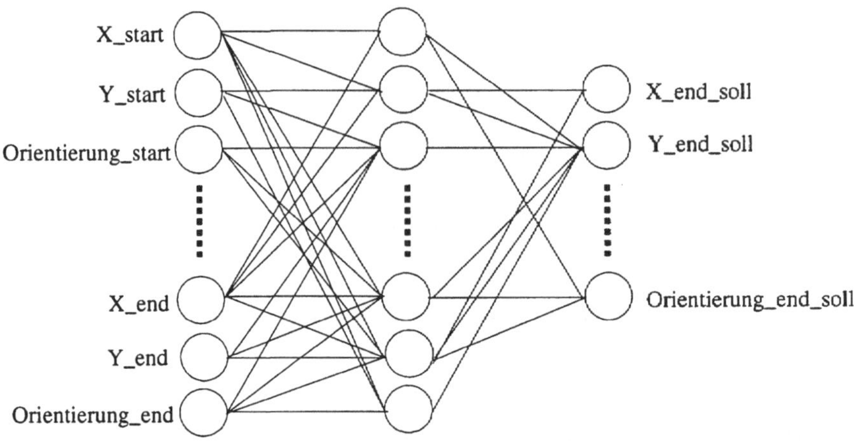

Abb. 11: Berechnung der Sollwerte mit Hilfe von mehrschichtigen künstlichen neuronalen Netzen

Die Trainingsdaten des Netzes sind die Bahn- und Orientierungsabweichungen beim Fahren auf verschiedenen langen Strecken in verschiedenen Richtungen mit unterschiedlichen Anfangsorientierung. Wenn die Bewegung des Roboters nicht von einer intelligenten Regelung on-line korrigiert wird, dann weicht der Roboter immer von der berechneten Bahn ab. Bei einer genügend großen Anzahl von Messungen können Regelmäßigkeiten festgestellt werden, die dann beim neuronalen Netz adaptiert werden können. Die Eingangsgrößen vom mehrschichtigen Backpropagation-Netz

(Abb. 11) sind die vom Benutzer vorgegebenen Soll-Koordinaten und -orientierungen bzw. die Ist-Koordinaten und -orientierungen. Wenn der Roboter die vom Benutzer vorgegebenen Zielkoordinaten ohne Regelung anfahren würde, würde er von der Bahn stark abweichen. Deswegen gibt das neuronale Netz dem Roboter um die erwartete Abweichung in Gegenrichtung geänderte Soll-Koordinaten und -Orientierung vor (Abb. 12). Der Roboter versucht dann diese vom Netz vorgegebene Position anzufahren, aber dadurch, daß der Roboter von seiner Bahn abweicht, kommt er an der vom Benutzer vorgegebenen Position an. In diesem Fall kann auf eine ständige Abfrage der mit visuellem Sensor erfaßten Bildinformationen verzichtet werden. Die Auslastung des Steuerrechners kann dadurch reduziert und damit die Geschwindigkeit des Roboters erhöht werden.

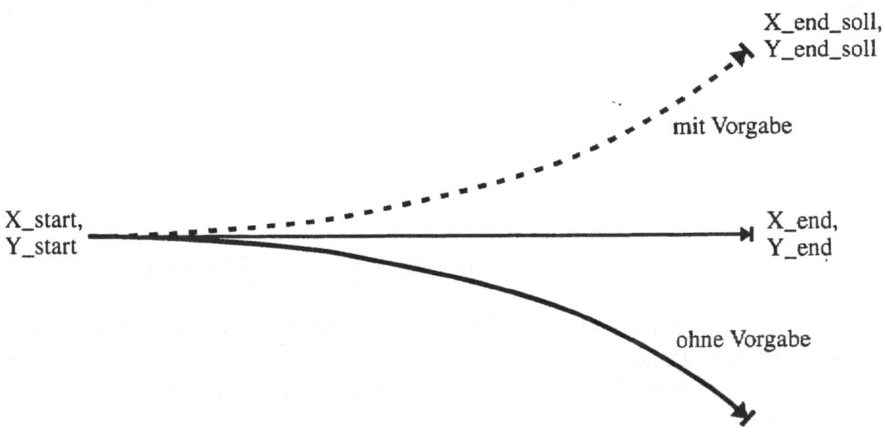

Abb. 12: Das neuronale Netz gibt der Robotersteuerung andere Zielposition (X_end_soll, Y_end_soll), und der Roboter kommt dann am vom Benutzer vorgegebenen Ziel (X_end, Y_end) richtig an

6 Anwendung der intelligenten Ansteuerung

Mit Hilfe der im Kapitel 5 beschriebenen regelungstechnischen Methoden lassen sich exakte Bewegungen der einzelnen Mikroroboter durchführen. Somit ist die Voraussetzung gegeben, flexible Mikrorobotersysteme und Mikroroboterzellen aufzubauen.

Montagesysteme mit Mikrorobotern

Ein Montageablauf in einer Mikrofertigungseinrichtung könnte folgendermaßen aussehen (Abb. 13). Ein Roboter entnimmt ein mikromechanisches Bauteil aus einem Magazin in der "Lagerhalle" des Arbeitstisches und bringt es zu einer Bearbeitungszelle, wo das Bauteil evtl. mit Hilfe von anderen Mikrorobotern zur nachfolgenden Mikromontage vorbereitet wird.

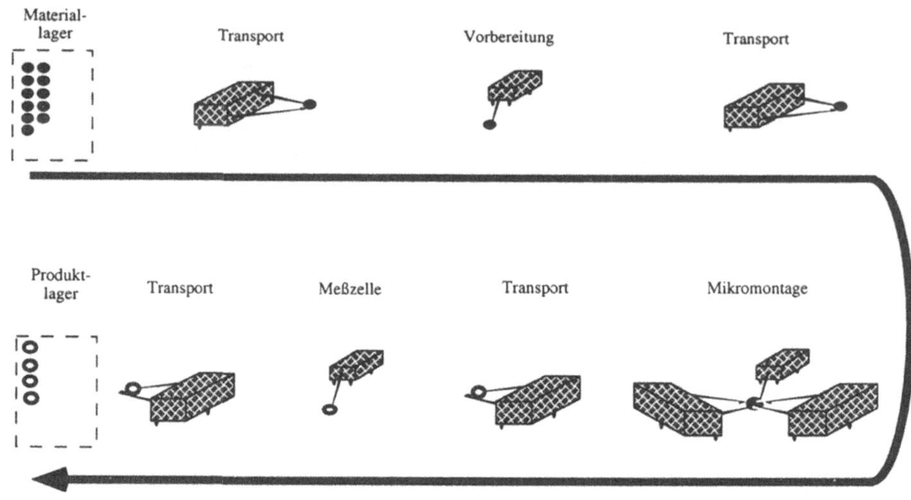

Abb. 13: Montagestraße mit autonomen Mikromanipulationsrobotern

Bei diesem Schritt kann z.B. Klebstoff bzw. Lot aufgetragen oder eine Justiermarke angebracht werden. Danach wird das Bauteil vom Roboter gegriffen und zu einer Mikromontagezelle gebracht. Die gleichen Operationen müssen in der Regel mehrmals wiederholt werden, um auch die anderen zu montierenden Bauteile aus Vorratsbehältern zu holen und zur Montage vorbereiten. In der Mikromontagezelle müssen alle Bauteile montagegerecht positioniert, zueinander justiert und anschließend durch eine bzw. mehrere Aufbau- und Verbindungstechniken (z.B. Laserpunktschweißen, Kleben, Fügen, Drahtbonden, usw.) verbunden werden. Die fertige Baugruppe muß nach der Montage vom Roboter entweder zu einer anderen Bearbeitungs- bzw. Mikromontagezelle für weitere Prozeßschritte oder zu einer Meßzelle, in der ein Test aller Funktionen des kompletten Mikrosystems stattfindet, gebracht werden. Anschließend wird das fertige System zu einem Produktlager abtransportiert.

7 Zusammenfassung und Ausblick

In diesem Beitrag wurden die am Institut für Prozeßrechentechnik entwickelten autonomen Mikromanipulationsroboter und als ihre Arbeitsumgebung die Mikromanipulationsstation vorgestellt. Es wurden verschiedene regelungstechnische Ansätze für die Ansteuerung von verschiedenen Mikromanipulationsroboter in einer Mikromanipulationsstation vorgestellt. An einem Montagebeispiel wurde die Einsatzmöglichkeit der Roboter erläutert. Dank der großen Flexibilität der Mikroroboter kann die Mikromanipulationsstation neben der Mikromontage auch in anderen Aufgabenbereichen, wie

z.B. Handhabung von biologischen Zellen oder aktives Testen von mikroelektroni-
schen Chips mit einem Temperatur- oder Spannungsmeßfühler, eingesetzt werden. Po-
sitive Anwendungsergebnisse werden in einigen Jahren in der Medizin, Fertigung,
Biologie und Prüf- bzw. Meßtechnik erwartet.

Danksagung

Diese Arbeiten wurden am Institut für Prozeßrechentechnik und Robotik (IPR) an der
Fakultät für Informatik der Universität Karlsruhe unter der Leitung von Prof. Dr.-Ing.
U. Rembold, Prof. Dr.-Ing. H. Wörn und Prof. Dr.-Ing. R. Dillmann durchgeführt. Ein
Teil der vorgestellten Ergebnissen wurde durch ein Stipendium im Graduiertenkolleg
„Beherrschbarkeit komplexer Systeme" der Deutschen Forschungsgemeinschaft
(DFG) gefördert.

Literatur

1. S. Fatikow, B. Magnussen and U. Rembold (1995): A Piezoelectric Mobile Robot
    for Handling of Microobjects. Proc. of the Int. Symp. on Microsystems, Intelligent
    Materials and Robots (MIMR), Sendai, Japan.
2. K. Santa, B. Magnussen, S. Fatikow (1996): Miniroboter für Präzisionsarbeit.
    Feinwerktechnik, Mikrotechnik, Mikroelektronik - Heft 9/1996, Carl Hanser Vlg.
    München.
3. Th. Fischer, K. Santa, S. Fatikow (1996): Sensor system and powerful computer
    system for controlling a microrobot-based micromanipulation station. Proc. of
    Micromechanics Europe Workshop '96, Barcelona, Spain.
4. S. Fatikow (1996): A microrobot-based automatic desk-station for assembly of
    micromachines. Proc. of the 12. Int. Conf. on CAD/CAM Robotics and Factories
    of the Future, London, UK.
5. K. Santa (1996): Microsystems and Robotics. MICROSYSTEMS in manufactu-
    ring equipment and process. European Technological Transfer and Partnership
    Exchange, Berlin.
6. S. Fatikow, K. Santa, J. Zoellner, R. Zoellner, A. Haag (1997): Flexible piezo-
    electric robots for a microassembly desktop station. Proc. of 8th Int. Conf. on Ad-
    vanced Robotics (ICAR'97), Monterey/CA, USA.
7. F. Dumontier, K. Santa, S. Fatikow (1997): Positioning fault detection of a piezo-
    electric-driven microrobot. Proc. of the Int. Conf. IFAC-SAFEPROCESS'97, Hull,
    UK.
8. K. Santa, S. Fatikow, G. Felso (1997): Control of microassembly-robots by fuzzy-
    logic and neural networks. Proc. of Advanced Summer Institute 1997, Budapest,
    Hungary.

Simulationsgestützter Entwurf von Sensorsystemen für Serviceroboter

J. Dahlkemper, R. D. Schraft
Fraunhofer Institut für Produktionstechnik und Automatisierung (IPA)
Nobelstr. 12
D-70569 Stuttgart
e-mail: dahlkemper@ipa.fhg.de

1 Einleitung

Die Sensortechnik stellt eine Schlüsseltechnologie für mobile Roboter und insbesondere für Serviceroboter [Schraft93] dar, bei denen besondere Anforderungen an die sensorische Erfassung einer a-priori unbekannten und unstrukturierten Umgebung gestellt werden. Diesen Anforderungen wird durch eine Kombination mehrerer zum Teil unterschiedlicher Sensoren entsprochen. Der Entwurf dieser Multisensorsysteme zeichnet sich durch eine hohe Komplexität aus, einerseits aufgrund der hohen Anzahl von Kombinationsmöglichkeiten der Sensoren und andererseits aufgrund der Vielzahl von unterschiedlichen möglichen räumlichen Anordnungen.

Das Ziel des nachfolgend beschriebenen Forschungsansatzes ist ein Verfahren für die systematische Entwicklung des nach technisch-wirtschaftlichen Kriterien optimalen Sensorsystems.

Abb. 1 zeigt die wesentlichen Teildisziplinen des Gebiets der Sensortechnik für mobile Roboter.

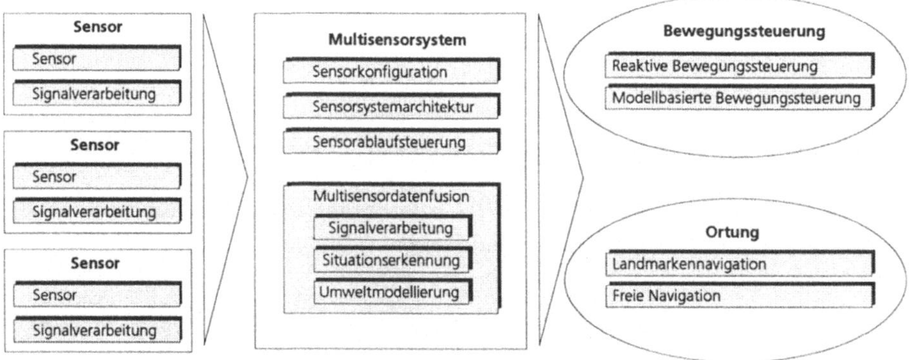

Abb. 1 - Forschungsgebiete im Themenbereich der Sensorik für mobile Roboter

Hierbei wird zwischen den Sensoren und deren Signalverarbeitung, deren Kombination zu einer Multisensorik und den Hauptanwendungen Bewegungssteuerung und Ortung unterschieden. Anhand dieser Gliederung soll zunächst der Stand der Forschung dargestellt werden.

Neben zahlreichen Veröffentlichungen zu Sensoren konzentrieren sich verschiedene Forschungsansätze auf die Verbesserung der Leistungseigenschaften der Sensoren durch eine nachgeschaltete Signalverarbeitung mit dem Ziel einer Steigerung der Genauigkeit und der Robustheit gegenüber Störungen. Beispiele für Lösungsansätze bei Ultraschallsensoren sind Korrelationsverfahren [Audenaert92] oder die Optimierung des Ansteuersignals [Grimaldi95].

Da die Information eines einzelnen Sensors in der Regel nicht ausreicht, um die notwendigen Umgebungsdaten zu erfassen, werden meist mehrere gleichartige oder unterschiedliche Sensoren kombiniert. Eine Vielzahl von Arbeiten konzentriert sich hierbei auf die Multisensordatenfusion. Ein klassisches Verfahren zur Verarbeitung der Sensorinformationen stellt das Vector Field Histogram [Borenstein91] dar, auf dessen Basis Sollvorgaben für die Bewegungssteuerung des Roboters generiert werden. Unter Nutzung von Multisensorinformationen läßt sich eine Situationserkennung durch Klassifizierung von Objekten mittels Ultraschallsensoren über ein Triangulationsverfahren durchführen [Peremans91]. Besondere Bedeutung kommt insbesondere der Umweltmodellierung zu. Ein klassisches Verfahren von [Moravec85] generiert ein hochauflösendes Umgebungsmodell auf der Basis von weitwinkligen Ultraschallsensoren unter Anwendung eines Wahrscheinlichkeitsansatzes. Auf dieser Multisensorsignalverarbeitung bauen weitergehende Verfahren zur reflexiven [Brooks86] und der modellgestützten Bewegungssteuerung [Wallner92] auf.

Die eigentliche Datenfusion abstrahiert in der Regel von dem physikalischen Aufbau des Multisensorsystems, so daß den ebenso auftretenden Fragestellungen der Sensorkonfiguration, Sensorsystemarchitektur und Sensorablaufsteuerung nur eine untergeordnete Bedeutung beigemessen wird. In [Schraft95] wird eine dezentrale Sensorsystemarchitektur beschrieben und in [Borenstein95] ein Verfahren einer Sensorablaufsteuerung zur Eliminierung der gegenseitigen Störungen von Ultraschallmessungen. Die Wahl einer bestimmten Sensorkonfiguration wird in der Regel in wissenschaftlichen Arbeiten nicht behandelt. Bei zahlreichen Forschungsansätzen im Bereich der mobilen Robotik wird beispielsweise regelmäßig eine ringförmige Anordnung von Ultraschallsensoren verwendet, obwohl diese den Anforderungen der Komplexität realer Umgebungen nur bedingt gerecht werden kann. Serviceroboter für den kommerziellen Einsatz zeichnen sich hingegen durch wesentlich komplexere Anordnungen aus.

Zunächst erfolgt eine Analyse der Umgebungssensorik am Beispiel von Servicerobotern für den industriellen Einsatz zur Bodenreinigung. Anschließend werden die Lösungsansätze für Teilbereiche des Entwurfsverfahrens für die Umgebungssensorik dargestellt.

2 Analyse der Umgebungssensorik von Reinigungsrobotern

Eine Sensoranordnung zeichnet sich neben der Art und der technischen Eigenschaften der verwendeten Sensoren durch deren Anzahl und der räumlichen Anordnung an dem Roboter aus.

Es werdeb bei mobilen Robotern für Forschungszwecke in der Regel Einschränkungen der Komplexität der Einsatzumgebung in Kauf genommen. Beispielsweise wird häufig eine ringförmige Anordnung von Ultraschallsensoren verwendet. Das Verfahren für den Entwurf komplexer Sensorsysteme von Servicerobotern darf sich nicht auf diese vereinfachten Einsatzumgebungen beschränken, sondern muß sich auf eine Analyse von Robotern mit industriellen Einsatzumgebungen stützen. Hierzu wird auf den fortgeschrittenen Bereich der Reinigungsroboter zurückgegriffen (s. Abb. 2).

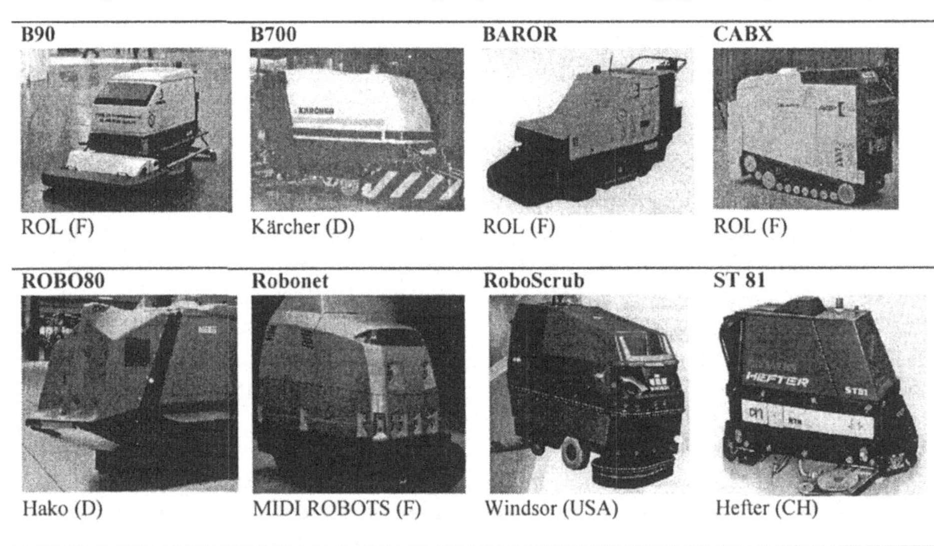

Abb. 2 - Übersicht über Reinigungsroboter für den industriellen Einsatz

Alle dargestellten Roboter sind vor dem Hintergrund eines industriellen Einsatzes zur automatischen Reinigung von großen Flächen entwickelt worden. Dies hat Auswirkungen auf die Art, Anzahl und Anordnung der verwendeten Sensoren, die in Abb. 3 analysiert werden.

Die Reinigungsroboter sind mit einem Bumper oder einer taktilen Sensorik ausgestattet, um eine Gefährung bei einer Kollision auszuschließen. Einzige Ausnahme bildet hierbei die ST81, die mit einem Laserscanner ausgestattet ist, der als berührungslose Schutzeinrichtung betrieben wird.

Roboter	Sensoren					Ultraschallsensorkonfiguration				Prinzip
	Bumper	Taktile Sensorik	Ultraschall	Infrarot Lichttaster	Laser Scanner	Anzahl in Höhe	Anzahl in Breite	Anzahl Front	Anzahl Seite	
AUROR	●	●	●	●		1	5	5	0	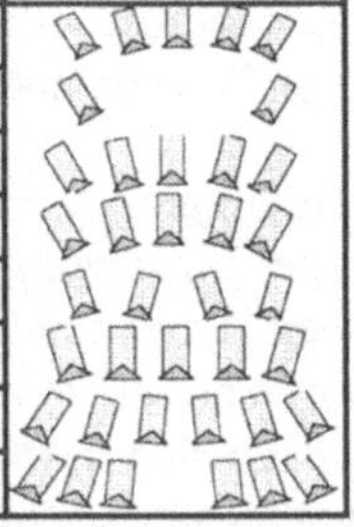
B700	●		●			1	2	2	2	
BAROR	●		●	●		1	5	5	0	
CABX		●	●	●		1	5	5	0	
ROBO80		●	●			4	4	12	4	
ROBONET		●	●	●		2	5	7	8	
RoboScrub		●	●	●		3	6	11	14	
ST81			●		●	3	6	13	20	

Abb. 3 - Analyse der Sensorkonfigurationen von Reinigungsrobotern

Alle Roboter sind mit Ultraschallsensoren ausgestattet. Ultraschallsensoren ermöglichen die Detektion eines Objektes auch in einem größeren Abstand zu dem Roboter, ohne daß eine Einschränkung der Mobilität in Kauf genommen werden muß, wie bei Verwendung eines entsprechend dimensionierten Bumpers. Alternativ zu Ultraschallsensoren werden optische Sensoren eingesetzt. Hierbei kann zwischen einfachen abstandsmessenden Sensoren, Laserscannern und Bildverarbeitungssystemen unterschieden werden. Einfache abstandsmessende Sensoren werden eingesetzt, um das Fahrzeug gegen einen Absturz bei nach unten führenden Kanten zu sichern. Laserscanner finden aufgrund des verbesserten Preis-Leistungsverhältnisses zunehmend Einsatz in mobilen Systemen wie beispielsweise bei dem ST81. Bildverarbeitungssysteme sind insbesondere aus Kostenaspekten momentan vorwiegend im Bereich der Forschung angesiedelt.

Aus dieser Analyse ergibt sich die besondere Bedeutung von Ultraschallsensoren, wobei in zunehmendem Maße auch Laserscanner für den Kollisionsschutz eingesetzt werden. Da sich mit den herkömmlichen Laserscannern jedoch nur Objekte in einer Ebene detektieren lassen, ist zusätzlich die Anwendung der kostenmäßig günstigeren Ultraschallsensoren für eine Abdeckung eines größeren Volumens erforderlich. Aufgrund der herausragenden Bedeutung für den Kollisionsschutz bei Servicerobotern konzentriert sich die nachfolgende Entwicklung des Entwurfsverfahrens für die Umgebungssensorik auf Ultraschallsensoren. Die prinzipielle Erweiterbarkeit auf andere Sensorprinzipien bleibt hierbei bestehen.

Die Ultraschallsensorkonfigurationen werden in dem rechten Teil der Abb. 3 dargestellt. Betrachtet man die Anzahl von Sensoren in der Höhe bzw. die Anzahl von Sensoren in der Horizontalen, so lassen sich keine besonderen Gemeinsamkeiten erkennen. Es lassen sich jedoch zwei Grundprinzipien, die zur Fahrzeugmitte gerichteten und die nach außen gerichteten Sensorkonfigurationen, unterscheiden.

Letztere Konfiguration entspricht der *Sensorringkonfiguration,* bei der die Sensoren ringförmig um den Roboter angeordnet sind. Dieser Ansatz findet sich bei einer Vielzahl von mobilen Robotern, die für Forschungszwecke konzipiert wurden.

2.1 Rahmenbedingugen und Entwurfsfaktoren für die Sensorkonfiguration

Das Verfahren für den simulationsgestützten Entwurf muß die verschiedenen Rand-bedingungen der Robotergeometrie, der Roboterkinematik, der Einsatzumgebung und der benötigten Sensorfunktion berücksichtigen (s. Abb. 4).

Als Rahmenbedingungen sind die Geometrie und die Kinematik des Roboters, die Besonderheiten der Einsatzumgebung und die jeweils zu realisierenden sensorba-sierten Funktionen zu nennen. Aus diesen Rahmenbedingungen leiten sich die we-sentlichen Faktoren ab, die bei dem Entwurf zu berücksichtigen sind. Diese Ent-wurfsfaktoren lassen sich in roboterspezifische und umgebungsspezifische Faktoren sowie die generellen technischen und wirtschaftlichen Anforderungen als Bewer-tungskriterien einteilen.

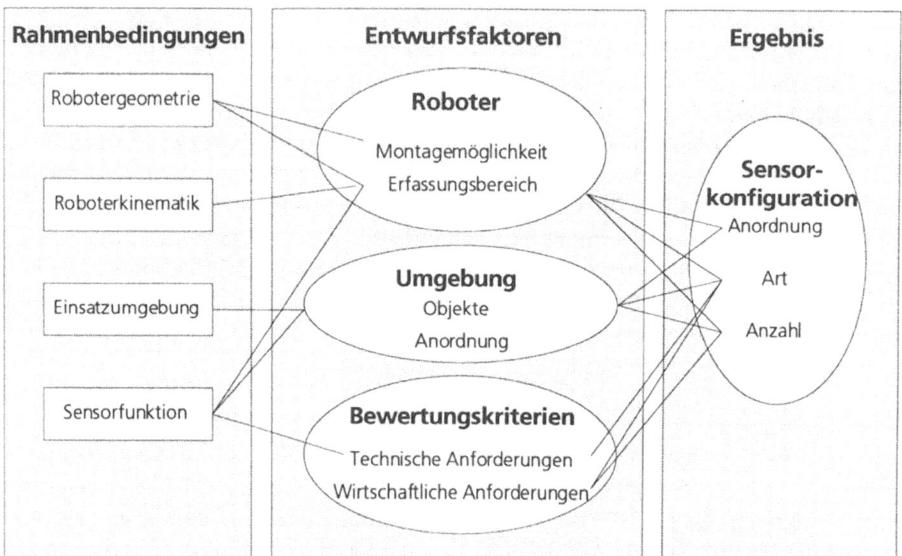

Abb. 4 - Wirkungskette zwischen Rahmenbedingungen und Sensorkonfiguration

3 Entwurfsverfahren

Unter Berücksichtigung dieser Wirkungskette läßt sich der Entwurf funktional in Form des in Abb. 5 gezeigten Datenflußdiagrammes darstellen. Die funktionale Auf-gliederung erlaubt eine Einteilung in zusammengehörige Teilsysteme.

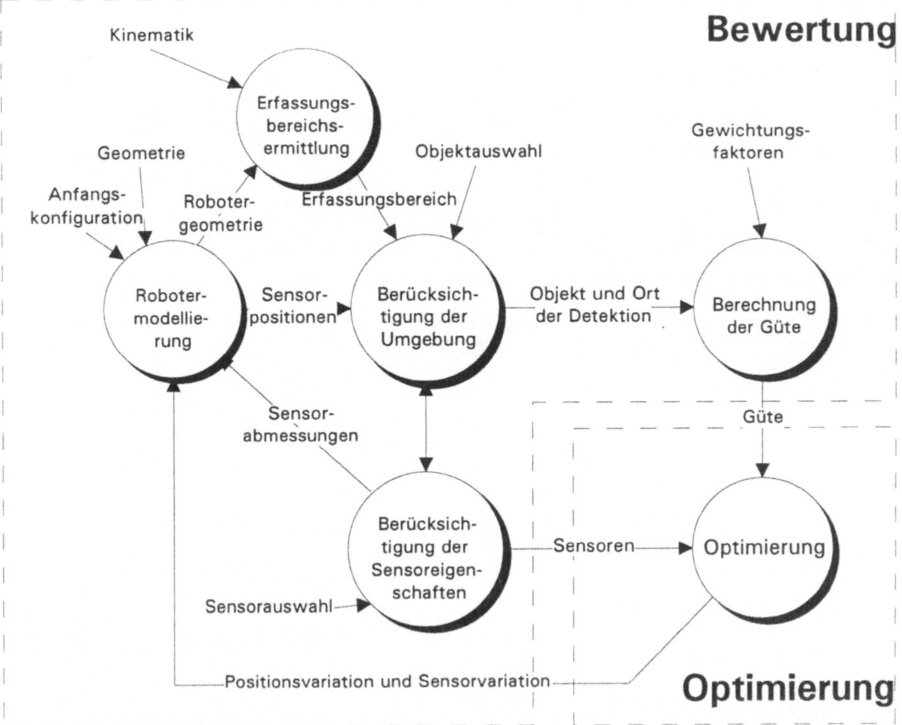

Abb. 5 - Datenflußdiagramm des simulationsgestützten Entwurfsverfahrens

Zu Beginn ist die von dem Sensorsystem zu erfüllende Funktion zu bestimmen, beispielsweise der Kollisionsschutz für einen mobilen Serviceroboter. Auf der Basis der Robotergeometrie und der Kinematik des Roboters läßt sich der notwendige Erfassungsbereich des Systems ermitteln. Aus der Einsatzumgebung des Roboters ergeben sich besondere Anforderungen an die zu detektierenden Objekte. Wird ein autonomer Reinigungsroboter überwiegend in Flughäfen oder Bahnhöfen eingesetzt, muß das Sensorsystem typische Objekte, wie Personen, Gepäckstücke, Gepäckwagen und Sitzgelegenheiten zuverlässig erkennen. Auf der Basis der Informationen der möglichen Montagepositionen der Sensoren und der zu verwendenden Sensorarten und ihrer Eigenschaften, der typischen Objekte und ihrer Eigenschaften sowie des Erfassungsbereiches kann eine Bewertung unterschiedlicher Sensoranordnungen hinsichtlich Ihrer Eignung zur zuverlässigen Detektion aller Objekte erfolgen.

Das Kernproblem stellt hierbei die Definition der Güte einer Sensorkonfiguration dar. Auf der Basis einer entsprechend geeigneten Gütefunktion lassen sich unterschiedliche Algorithmen für die Optimierung der Sensorkonfiguration einsetzen.

3.1 Bewertung

3.1.1 Simulation von Elementarobjekten

Das vorgestellte Verfahren basiert auf der vereinfachenden Annahme, daß sich ein
großer Teil der Objekte in der Einsatzumgebung eines Serviceroboters in einfache
Elementarobjekte wie Zylinder und Vierkant zerlegen lassen. Hierdurch läßt sich
bereits eine Vielzahl von komplexen Objekten durch einfache Modellrechnungen
beschreiben. Am Beispiel eines Zylinders (s. Abb. 6) und eines Vierkants (s. Abb. 7)
sind die zugrundegelegten Modelle nachfolgend dargestellt.

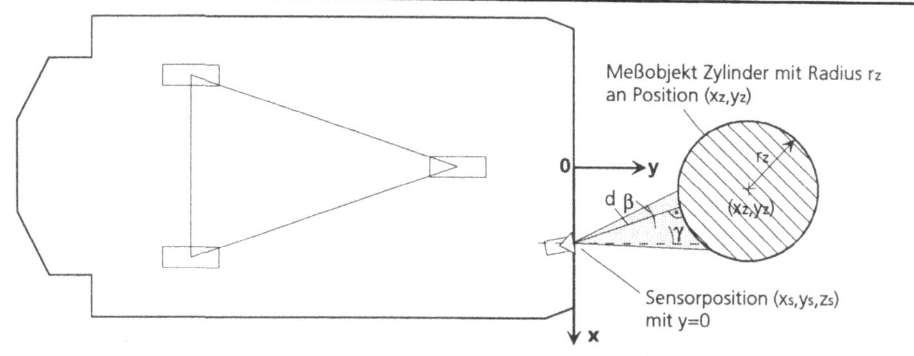

Die gemessene Entfernung d ergibt sich unter bei einem objektspezifischen Winkelerfassungsbereich b und einer in der horizontalen Ebene liegende Meßrichtung g zu:

$$d = \begin{cases} \sqrt{(x_s - x_z)^2 + y_z{}^2} - r_z & \text{für } \left| \arcsin\left(\dfrac{x_s - x_z}{y_z} \right) - \gamma \right| \leq \beta \\ 0 \text{ sonst} \end{cases}$$

Die entsprechend berechneten Meßergebnisse sind in nebenstehender Abbildung dargestellt.

Simulationsergebnis für b =15, g = 0° bei $x_z = 0$, $y_z = 1$ m mit $r_z = 0{,}1$ m

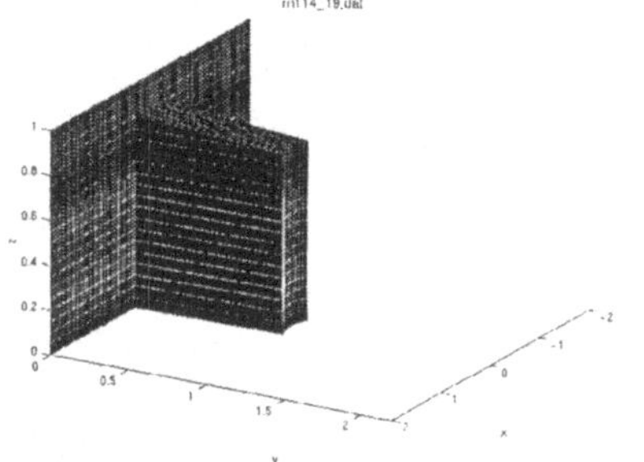

Abb. 6 - Abhängigkeit der Abstandsmessung in Abhängigkeit der Anbauposition am Beispiel der Ultraschalldetektion eines Zylinders

Während sich bei der zylindrischen Form stets eine Rückstreuung des Ultraschallsi-
gnals ergibt, muß bei quaderförmigen Objekten die Orientierung des Objektes mit in
die Betrachtungen einbezogen werden. Hierbei wird im folgenden lediglich die spie-
gelnde Reflexion an der dem Sensor zugewandten Fläche betrachtet. Die von einer
Ecke durch diffuse Reflexion zurückgestrahlte Schallenergie wird vernachlässigt.

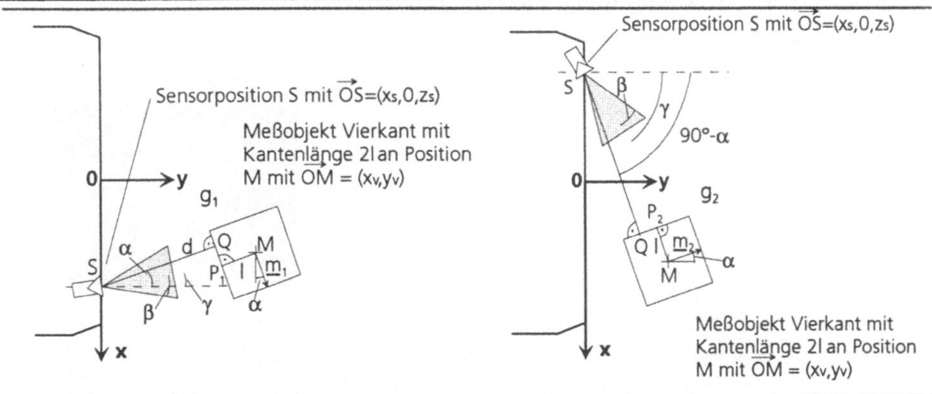

Betrachtung der durch die Kante g_2 hervorgerufene Reflexion:

Simulationsergebnis für a=75°, b=15°, g=-15° bei $x_v = 0$, $y_v = 0,5$ m und $l = 0,2$ m

Sei:

g_2 gegeben durch P_2 und $\underline{m_2} = l \cdot \begin{pmatrix} -\sin\alpha \\ \cos\alpha \end{pmatrix}$ als Richtungsvektor

$Q \in g_2$: $\overline{SQ} \perp \underline{m_2}$ der die Meßentfernung bestimmende Punkt

$$\Rightarrow d = \begin{cases} |SQ| & \text{falls } |P_2Q| \leq l \text{ und } |90°-\alpha-\gamma| \leq \beta \\ 0 & \text{sonst} \end{cases}$$

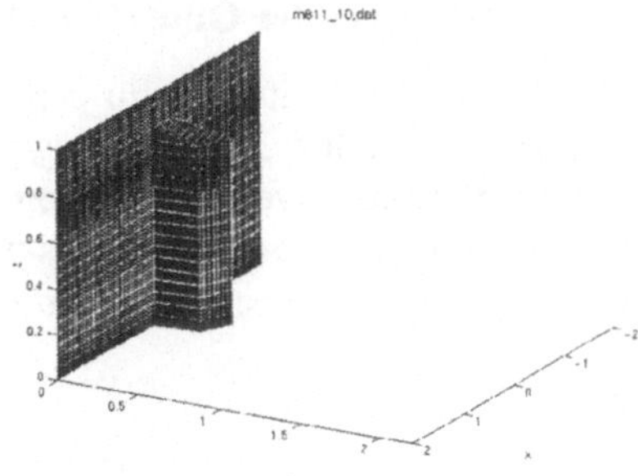

Abb. 7 - Abhängigkeit der Abstandsmessung in Abhängigkeit der Anbauposition am Beispiel der Ultraschalldetektion eines quadratischen Vierkants

3.1.2 Bewertung der realitätstreuen Detektion

Um die Güte einer Sensorkonfiguration darzustellen, reicht nicht allein die Prüfung aus, ob die unterschiedlichen Objekte in unterschiedlichen Positionen innerhalb des Erfassungsbereiches erkannt werden. Es ist darüber hinaus auch zu bewerten, in wieweit die Sensordaten eine realitätstreue Abbildung unter Berücksichtigung der komplexen dreidimensionalen Struktur von Objekten darstellen. Betrachtet man beispielsweise die Funktion des Kollsionsschutzes, so kann eine sichere Detektion eines Objektes, die jedoch den tatsächlichen Abstand unterschätzt, zu einer Gefährdung der Umgebung führen. Der Nutzen der Messung eines Sensors aus einer bestimmten Position ergibt sich aus der möglichst genauen Bestimmung des kollisionsgefährdeten kritischen Punktes der Objektkontur. Die Bewertung durch eine Gütefunktion muß diese Information abbilden. Da im Rahmen der Simulation sowohl die Meßdaten als auch die tatsächliche Objektkontur gegeben sind, kann eine Entscheidung hinsichtlich der Realitätstreue auf der Basis einer maximal zulässigen Abweichung zwischen gemessener Entfernung und dem tatsächlichen kritischen Abstand zwischen Fahrzeug und Objekt erfolgen.

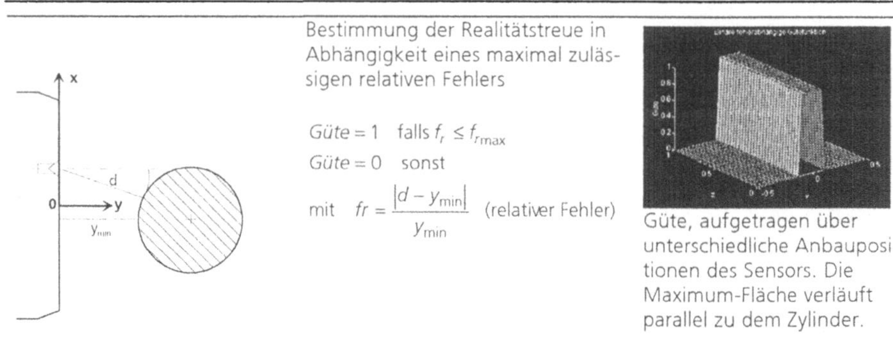

$$Güte = 1 \quad \text{falls } f_r \leq f_{r\,max}$$
$$Güte = 0 \quad \text{sonst}$$
$$\text{mit} \quad fr = \frac{|d - y_{min}|}{y_{min}} \quad \text{(relativer Fehler)}$$

Abb. 8 - Bewertung der Realitätstreue anhand eines maximal zulässigen Fehlers

3.1.3 Definition der Güte einer Sensorkonfiguration

Das wesentliche Kriterium für den Vergleich der Leistungsfähigkeit von Sensorkonfigurationen stellt der Detektionsgrad dar. Der Detektektionsgrad gibt das Verhältnis der realitätstreuen Detektionen von Objekten und der Gesamtzahl aller Meßsituationen an. Die Gesamtzahl der Meßsituationen ergibt sich aus der Anzahl der betrachteten Testobjekte, deren Orientierungen und Positionen.

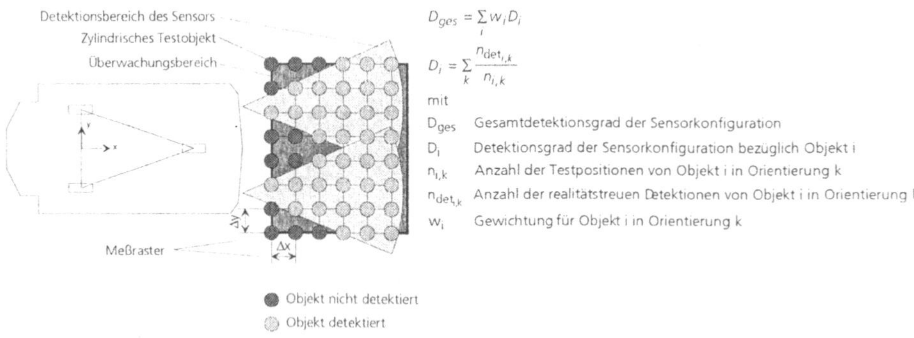

$$D_{ges} = \sum_i w_i D_i$$
$$D_i = \sum_k \frac{n_{det_{i,k}}}{n_{i,k}}$$

mit

D_{ges}	Gesamtdetektionsgrad der Sensorkonfiguration
D_i	Detektionsgrad der Sensorkonfiguration bezüglich Objekt i
$n_{i,k}$	Anzahl der Testpositionen von Objekt i in Orientierung k
$n_{det_{i,k}}$	Anzahl der realitätstreuen Detektionen von Objekt i in Orientierung k
w_i	Gewichtung für Objekt i in Orientierung k

Abb. 9 - Ermittlung des Detektionsgrades

Während sich eine hohe Anzahl von Sensoren auch in der Regel in einem hohen Detektionsgrad äußert, muß über eine Kostenfunktion eine Verringerung der Güte bei zunehmender Anzahl von Sensoren erfolgen. Die Kostenfunktion kann unmittelbar zur Bewertung der Sensoren herangezogen werden und stellt sich als Summe der variablen Sensorkosten $k_{s,v}$ aller Sensoren S aus der Menge der Sensorkonfiguration SK sowie der sprungfixen Kosten $K_{s,f}$ dar.

$$K = \sum_{S \in SK} k_{s,v} + K_{s,f}$$

Die Kostenfunktion und der Detektionsgrad werden additiv zu der Güte G verknüpft.

$$G = D_{ges} - w \cdot K$$

Durch die Wahl des geeigneten Gewichtungsfaktors w besteht die Möglichkeit, den gegebenen Präferenzen zwischen Kosten und Detektionsgrad Rechnung zu tragen.

3.2 Optimierung durch genetischen Algorithmus

Als Optimierungsverfahren wurde ein genetischer Algorithmus verwendet [Goldberg89]. Jedes Individuum einer Population entspricht hierbei in binär codierter Form einer Sensorkonfiguration. Die einzelnen Individuen der Anfangspopulation werden über eine Zufallsauswahl bestimmt. Es wurde eine Populationsgröße von 30 Individuen gewählt. In Abhängigkeit von der definierten Gütefunktion werden die Individuen nach dem Roulette-Verfahren ausgewählt. Als genetische Operationen werden die Ein-Punkt-Rekombination sowie die Mutation angewandt.

4 Optimierungsergebnisse

Das beschriebene Bewertungsverfahren wurde zunächst am Beispiel der Ultraschalldetektion von zwei Objekten, einem Zylinder und einem stehendem Vierkant realisiert, da diese Objekttypen eine Vielzahl von unterschiedlichen Objekten repräsentieren (u.a. Personen, Tisch- und Stuhlbeine).

Hierzu wurden der Zylinder und der Vierkant in 6 unterschiedlichen Winkeln per Simulation in 99 Positionen des Erfassungsbereiches positioniert. Auf der Basis dieser 693 Einzelsituationen wurden Ultraschallsensorkonfigurationen mit Einbauwinkeln von ±45°, ±30°, ±15° und 0° in der Horizontalebene gegenüber der Normalen auf der Roboterfrontfläche simuliert. Hierbei wurde die Sensorkonfiguration in einer definierten Höhe betrachtet.

Die Ergebnisse der Simulation werden in Abb. 10 dargestellt. Das Ergebnis dieses Optimierungslaufs stellt eine Sensorkonfiguration dar, deren Sensoren nicht wie bei der klassischen Sensorringkonfiguration nach außen gerichtet sind, sondern vielmehr nach innen zeigen und somit den gesamten Frontbereich aus unterschiedlichen Richtungen vermessen, so daß eine Überlappung der Erfassungsbereiche der einzelnen Sensoren auftritt.

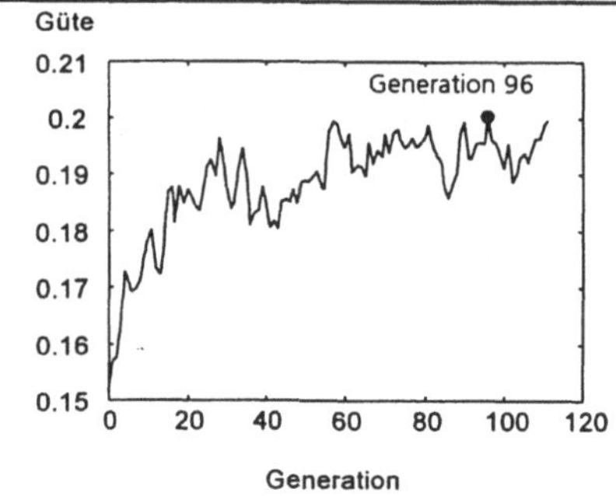

Veränderung der durchschnittlichen Güte im Optimierungslauf

Nach 96 Generationen entsprechend der Berechnung von 2880 Sensorkonfigurationen wird ein Maximum erreicht

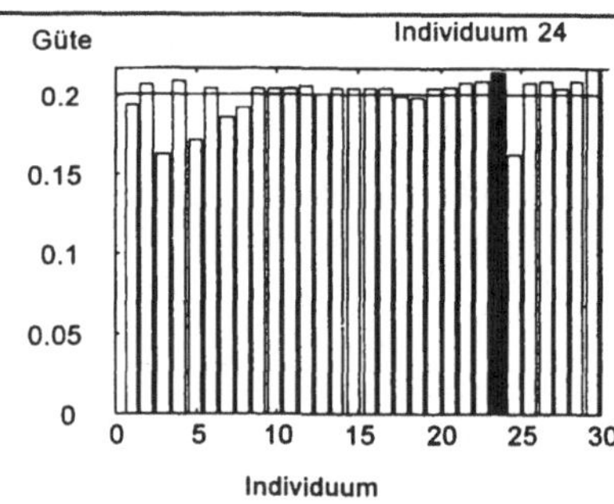

Güte der Individuen von Generation 96

Individuum 24 wird als bestes Individuum identifiziert

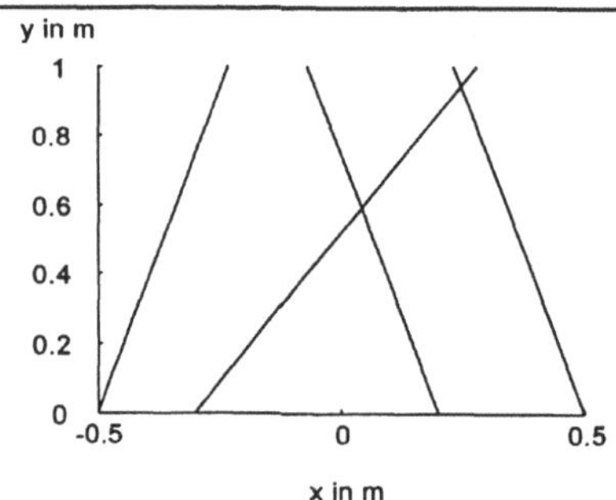

Dekodierung der Sensorkonfiguration von Individuum 24

Darstellung der akustischen Achse der Ultraschallsensoren in Aufsicht

x-Achsensabschnitt: Montageposition
Linie: Meßrichtung zur Horizontalen

Abb. 10 - Ergebnis eines Optimierungslaufes

Durch einen unmittelbaren Vergleich mit einer klassischen Sensorringkonfiguration aus ebenfalls 4 Sensoren wurde die Überlegenheit des Optimierungsergebnisses bestätigt. Die Ergebnisse dieses Verfahrens wurden im Rahmen der Entwicklung des Reinigungsroboters ACROmatic umgesetzt. Die besondere Leistungsfähigkeit des Sensorsystems erlaubt es, den Roboter exakt und sicher sensorgeführt um Hindernisse und nah entlang von Wänden im Automatikbetrieb zu steuern. Es konnte hierbei auf rechentechnisch aufwendige Algorithmen verzichtet werden.

5 Zusammenfassung und Ausblick

Es wurde ein leistungsfähiges Verfahren für den simulationsgestützten Entwurf von
Ultraschallsensorsystemen für Serviceroboter untr Einsatz von genetischen Algorithmen entwickelt. Weiterführende Arbeiten konzentrieren sich auf die Einbeziehung von Laserscannern. Darüber hinaus wird eine Möglichkeit geschaffen, auch
komplexe Umgebungssituationen, die sich simulationstechnisch nur schwer erfassen
lassen, in dem Verfahren effizient zu berücksichtigen.

6 Literatur

[Audenaert92]   Audenaert, K.; Peremans, H.; Van Campenhout, J.:
                 Accurate Ranging of Multiple Objects using Ultrasonic Sensors.
                 In: Proceedings of International Conference on Robotics and Automation, Nice,
                 France, May 92, S. 1733-1738.

[Borenstein91]   Borenstein, J.; Koren,Y.:
                 The Vector Field Histogram - Fast Obstacle Avoidance for Mobile Robots.
                 In: IEEE Transactions on Robotics and Automation, Vol. 7, Nr. 3, 1991.

[Borenstein95]   Borenstein, J.; Koren, Y.:
                 Error Eliminating Rapid Ultrasonic Firing for Mobile Robot Obstacle Avoidance.
                 In: IEEE Transactions on Robotics and Automation, Vol. 11. Nr. 1, 1995, S. 132-138.

[Brooks86]   Brooks, R. A.:
                 A Robust Layered Control System For A Mobile Robot.
                 In: IEEE Journal of Robotics an Automation, Vol. RA-2, No.1, März 1986, S. 14 - 23.

[Crowley92]   Crowley, J. L.:
                 World modeling and position estimation for a mobile robot.
                 In: IEEE International Conference on Robotics and Automation, 1989, S. 674 - 680.

[Goldberg89]   Goldberg, D.:
                 Genetic algorithms in search, optimization and machine learning.
                 Massachusetts (u.a.): Addison-Wesley, 1989.

[Grimaldi95]   Grimaldi, U.; Parvis, M.:
                 Enhancing ultrasonic sensor performance by optimization of the driving signal.
                 In: Measurement 14 (1995), S. 219-228.

[Moravec85]   Moravec, H.P.; Elfes, A.E.:
                 High Resolution Maps From Wide Angle Sonar.
                 In: Proceedings of the IEEE International Conference on Robotics and Automation,
                 1985, Washington D.C., USA.

[Peremans91]   Peremans, H.; Van Campenhout, J.; Levrouw, L.:
                 Steps towards tri-aural perception.
                 In: SPIE, Vol. 1611 Sensor Fusion IV, 1991, S.165-176.

[Schraft93]   Schraft, R. D.:
                 Serviceroboter - von der Vision zur Realisierung, Koordinierte Vorgehensweise bei der
                 Entwicklung von Servicerobotern.
                 In: Technica; (1993) 7

[Schraft95]   Schraft, R. D.; Hägele, M.; Dahlkemper, J.; Baum, W.:
                 Distributed Smart Sensor System for Autonomous Mobile Robots.
                 In: Autonome Mobile Systeme, 1995, Karlsruhe.

[Wallner92]   Wallner, F.; Lüth, T. C.; Langinieux, F.:
                 Fast local path planning for a mobile robot.
                 In: Proceedings of the 2nd International Conference on Automation, Robotics and Com-
                 puter Vision, 1992, Singapore.

Automatisierungstechniken und Roboter im Straßenbau

Torsten Rupp[1], Thomas Cord[1], Alfred Ulrich[2]

[1] Forschungszentrum Informatik (FZI)
Abteilung Technische Expertensysteme und Robotik
Haid-und-Neu-Str. 10-14
76131 Karlsruhe

[2] J. Vögele AG
Forschung und Entwicklung
Neckarauer Str. 168-228
68146 Mannheim

Zusammenfassung Im Straßenbau werden Roboter zur Automatisierung von Arbeitsabläufen bisher nur sehr begrenzt eingesetzt. Der Aufwand für den Straßenneubau, die Inspektion und die Wartung von Straßen steigt jedoch immer weiter an, so daß effektive Automatisierungstechniken notwendig werden. Der Einsatz von Robotern ist dabei von großer Bedeutung. Das im Rahmen des Road-Transport-Program der EU geförderte Projekt ART (Automated and Robotics-based Techniques) analysiert die im Straßenbau eingesetzten Techniken und ermittelt im gesamten Bauprozeß das Potential für Automatisierungsmöglichkeiten und besonders den Einsatz von Robotern. Auf Grundlage dieser Analyse werden Konzepte für eine neue Generation von Baumaschinen mit hohem Automatisierungsgrad erstellt.

1 Einführung

Durch das immer weiter steigende Verkehrsaufkommen in dicht besiedelten Regionen werden hohe Anforderungen an die Verfügbarkeit und die Qualität von Straßen, Brücken und Tunnel gestellt. Gleichzeitig müssen sich Bauunternehmen durch die Globalisierung der Märkte einem verstärkten Wettbewerb stellen. Um diesen Anforderungen besser gerecht werden zu können, sind im Straßen-, Brücken- und Tunnelbau neue Techniken zur

- Senkung der Kosten,
- Verkürzung der Bauzeit,
- Verbesserung der Qualität,
- Verringerung von Verkehrsbehinderungen,
- Senkung von Unfallgefahren und zur
- Verminderung von Umwelteinflüssen

erforderlich. Das ART-Projekt analysiert die z. Z. im Straßenbau eingesetzten Techniken und ermittelt im gesamten Bauprozeß das Potential der Automatisierung durch den Einsatz von Robotern. Die bei der Inspektion, Instandhaltung und Sanierung von Straßen anfallenden Arbeiten werden ermittelt und analysiert. Anschließend wird für die Arbeitsschritte bestimmt und beurteilt, welche Einflüsse diese Arbeiten auf den Verkehr haben, welche Kosten entstehen und wie effizient die Arbeiten durchgeführt werden können. Es werden die für eine Automatisierung am besten geeigneten Arbeiten bestimmt. Dabei steht im Vordergrund, welche Arbeiten für Menschen besonders gefährlich und ermüdend sind. Für diese Arbeiten werden Standardtechniken aus den Bereichen Robotik und Planung gesucht, die zur Automatisierung eingesetzt werden können. Auf Grundlage der erarbeiteten Analysen wird ein Konzept und eine Spezifikation für Straßenbaumaschinen mit hohem Automatisierungsgrad erstellt.

Im folgenden Abschnitt wird zunächst der Stand der Technik von Roboteranwendungen im Straßenbau beschrieben. Anschließend wird ein Konzept für neuartige automatisierte Straßenbaumaschinen am Beispiel eines Straßenfertigers präsentiert. Das Konzept deckt dabei folgende Problemstellungen ab:

- absolute Positionsbestimmung
- hochgenaue Navigation durch Fusion der Meßwerte mehrerer Positionsbestimmungssysteme. Die dabei erforderlichen Genauigkeiten sind in Fahrtrichtung $\pm$ *5 mm* und in der Höhe $\pm$ *2 mm*.
- Steuerungs- und Navigationssystem für die Baumaschine und die Materialzulieferfahrzeuge
- Steuerungssystem für die Bauwerkzeuge (z. B. Einbaubohle eines Fertigers)
- Schnittstelle zum direkten Einlesen der CAD-Daten vom Auftraggeber
- Planungsmodul für die Verarbeitung der CAD-Daten auf der Baumaschine
- Benutzungsschnittstelle für die manuelle Bedienung.

Eine Zusammenfassung und ein Ausblick auf die zukünftig zu erwartenden Entwicklungen schließen den Beitrag ab.

2 Stand der Technik

In der Vergangenheit wurden bereits Arbeiten zur Automatisierung von einzelnen Teilschritten, die bei Straßenbauarbeiten durchzuführen sind, veröffentlicht. Die Schwerpunkte lagen dabei in der Automatisierung von Baggern für Aushubarbeiten, von Fertigern und von Inspektions- und Sanierungsarbeiten.

2.1 Aushubarbeiten (Bagger)

Bei der Automatisierung eines Baggers für Erdarbeiten gilt es, zwei Aspekte zu betrachten: die Automatisierung des Aushubvorgangs (Baggerschaufel) und die Navigation.

In [2] und [3] wurden Systeme zur automatischen Bewegungssteuerung des Baggerarms und der Baggerschaufel vorgestellt. Mit Hilfe von Sensoren, die in den Gelenken des Baggerarms (Winkelgeber, Kraftmesser) und auf dem Bagger angebracht sind (Bumper, GPS[1]), und flexiblen Regeltechniken, wie Fuzzy-Steuerungen, konnten beispielweise Aushubarbeiten zur Verlegung von Rohrleitungen weitgehend automatisiert werden. [6] entwickelte eine geregelte Schaufelführung durch Schätzung des Schlupfes mit Hilfe von Winkelsensoren, Hydraulikdrucksensoren und Belastungssensoren.

Ein System zum automatischen Freilegen vergrabener Objekte wurde in [7] vorgestellt. Mit Hilfe eines Bodenradars und eines 3D-Laserscanners können im Boden verborgene Objekte, wie Rohrleitungen, detektiert und durch direkte Steuerung eines Baggers automatisch ausgegraben werden.

In [2] wird der automatisierte Kleinbagger LUCIE vorgestellt, der für das Ausheben von Rohrleitungsgräben konzipiert wurde. Die wichtigste Anforderung an dieses System ist eine hohe Qualität bezüglich der Bodenebenheit im Graben. Es werden Sensoren zur Winkel- und Kraftmeßung am Arm sowie optische und mechanische Bumper zur Hinderniserkennung eingesetzt. Ein GPS ermöglicht die absolute Positionierung. Darüber hinaus minimiert ein Sicherheitssystem Unfallrisiken. In die Steuerung wurde wegen der verschiedenen Einsatzumgebungen ein Regelsystem integriert, um ein flexibles und adaptives System zu realisieren.

2.2 Straßenbau (Fertiger)

Fertiger für den Straßenbau sind die bisher am weitesten entwickelten automatisierten Straßenbaumaschinen. Dies ist dadurch begründet, daß für diesen Bauprozeß viele Standardtechniken eingesetzt werden können. Die mit Fertigern ausgeführten Arbeiten sind technisch aufwendig und wiederholen sich ständig, so daß eine Automatisierung anzustreben ist.

[8] entwickelte einen automatisierten Fertiger, der mit Hilfe von Laserlicht und Bildverarbeitung die Einbaubohle steuert und Belagsdickenmessungen mit Ultraschallsensoren durchführt.

Im EU-Projekt RoadRobot [5] wurde ein generisches Konzept für Straßenbaumaschinen erstellt. Anhand eines Fertigers wurde dieses Konzept exemplarisch umgesetzt und ein automatisierter Straßenbauroboter entwickelt. Die Positionierung erfolgt dabei mit interner Sensorik (Odometrie) und einem externen Lasermeßsystem.

2.3 Inspektion, Instandhaltung und Sanierung

Die Inspektion, Instandhaltung und Sanierung von Straßen sind heute in hohem Maße zeit- und kostenaufwendig. Aus diesem Grund wird bei diesen Arbeiten ebenfalls eine möglichst umfassende Automatisierung angestrebt, um einerseits Kosten zu senken und die Bauzeit zu verkürzen sowie andererseits die Qualität zu verbessern.

---

[1] Global Positioning System

[10] und [11] beschreiben zwei Systeme zur automatischen Erkennung von Straßenschäden, die Bildverarbeitungstechniken zur Erkennung von Rissen und Löchern in der Straßenoberfläche einsetzen. Mit Hilfe von Algorithmen aus der graphischen Datenverarbeitung sind diese Systeme in der Lage, detaillierte Daten der vorhandenen Schäden zu sammeln.

In [9] wird ein System zur automatischen Detektion von Straßenbelagsschäden und zur halbautomatischen Sanierung vorgestellt. Die Schäden (Risse, Löcher) werden dabei ebenfalls durch Techniken der Bildverarbeitung erkannt und klassifiziert. Mit Hilfe einer interaktiven Benutzungsschnittstelle können die detektierten Schäden anschließend ferngesteuert behoben werden.

3 Konzeption

In den folgenden Abschnitten wird ein allgemeines Konzept zur Automatisierung von Straßenbaumaschinen vorgestellt. Am Beispiel eines Fertigers wird das Konzept anschließend verfeinert und konkretisiert.

Das Konzept ermöglicht es, durch neue Techniken Straßenbaumaschinen zu konstruieren, die umfassender automatisiert sind als bisher. Dazu gehört ein genaueres, robusteres Lokalisations- und Navigationssystem, das Vermessungsarbeit auf der Baustelle einspart, an die Automatisierung angepaßte Werkzeuge sowie die Integeration mehrerer Baumaschinen, um den Bauprozeß besser abzustimmen und bezüglich Zeit- und Kostenaufwand, Unfallrisiken und Umwelteinflüssen zu optimieren.

3.1 Übersicht Straßenbau

Der Straßenbau ist ein hochentwickelter Prozeß, an den umfassende Anforderungen gestellt werden. Diese Anforderung werden z. Z. durch den Einsatz von Spezialmaschinen wie beispielsweise Grader, Scrapper, Fertiger (Paver) und durch Arbeiten, die mit großer Erfahrung von Hand geleistet werden müssen, erfüllt. Die verschiedenen Arbeitsschritte beim Neubau von Straßen werden im folgenden kurz erläutert:

1. Vermessung der Achspunkte: Mit Hilfe der Achspunkte wird der Verlauf der zu bauenden Straße in der Landschaft festgelegt. Die Achspunkte werden in einem Abstand von *100 m* mit geodätischen Methoden eingemessen und durch Markierungspfosten gekennzeichnet.
2. Abtragen und Auffüllen des Bodens: durch Abtragen bzw. Auffüllen von Erdreich mit Hilfe von Baggern, Planierraupen, Gradern und Scrappern wird der Straßenuntergrund auf die an den Achspunkten festgelegten Höhen eingeebnet.
3. Abstecken und Einbau der Entwässerungseinrichtungen.
4. Einbringen, Vermessen und Verfestigung von Frostschutzkies mit Planierraupen und Gradern.

5. Erstellen des Planums: die Erstellung des Straßenplanums (Untergrund für die Tragschichten; Abbildung 1) erfolgt durch Verfestigen des Untergrunds. Mit Hilfe eines Rundumlasermeßgeräts wird die erforderliche Genauigkeit überwacht.

6. Setzen der Bordsteine.

7. Einmessen des Leitdrahts und Einbau der Asphalttragschicht: die Tragschicht der Straße wird durch einen Fertiger, der mit Hilfe eines gespannten Führungsdrahts gelenkt wird, eingebaut.

8. Einbau der Binder- und Deckschicht mit profilgerechter Lage und Verdichten: die Binder- und Deckschicht stellen die obersten Schichten der Straße dar. Diese Schichten werden mit dem Fertiger so geformt, daß sich das geforderte Querprofil (Dach oder Schräge) ergibt. Mit Walzen wird der noch heiße Asphalt verdichtet, bis die geforderte Tragfähigkeit und Festigkeit erreicht ist.

9. Ausstattungs- und Markierungsarbeiten: Abschließend werden Verkehrsschilder und Fahrbahnmarkierungen angebracht.

Arbeitsschritte wie das Aufbringen der verschiedenen Straßenbelagsschichten (Abbildung 1) erfordern eine hohe Genauigkeit. Moderne Baumaschinen wie Fertiger für den Einbau von Asphaltschichten besitzen Nivellier- und Lenkautomaten, die das Aufbringen der einzelnen Belagsschichten innerhalb der erforderlichen Toleranzen sicherstellen. Die Grundlagen für die Entwicklung von Automatisierungstechniken, die über diesen Stand hinausgehen, legt das im folgenden Abschnitt vorgestelle Automatisierungskonzept.

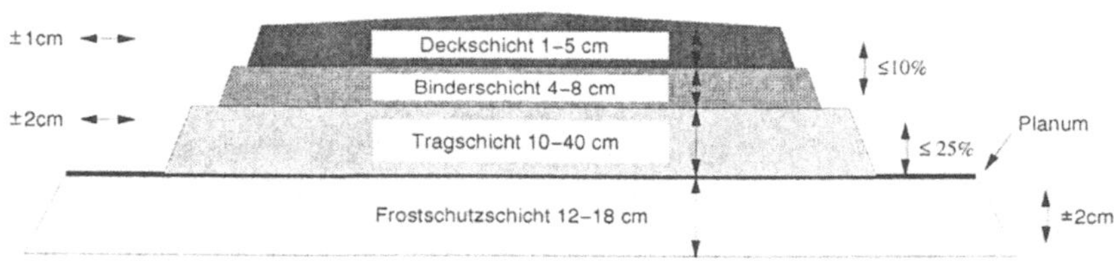

Abbildung1. Schichten und Toleranzmaße einer Straße (gültig für Deutschland)

3.2 Automatisierungskonzept

In diesem Abschnitt wird ein Konzept vorgestellt, das die zuvor genannten Anforderungen erfüllt. Das Konzept soll auf unterschiedliche Typen von Baumaschinen angewendet werden können, wie beispielsweise Bagger, Planierraupen, Grader, Fertiger oder Markierungsfahrzeuge. Dabei sollen die bei verschiedenen Maschinentypen in ähnlicher Weise auftretenden Anforderungen abgedeckt werden. Ein daraus abgeleitetes Detailkonzept geht auf die speziellen Eigenschaften einer Maschine ein. Abbildung 2 zeigt das Konzept einer Baumaschine schematisch. Die wesentliche Bestandteile dieses Konzepts sind:

- Bewegungs- und Motorsteuerung: diese beiden Teile umfassen die untersten Steuerungsschichten zur Navigation der Baumaschine.
- Werkzeug-Steuerung: neben der Bewegung müssen die Bearbeitungs- und Einbauwerkzeuge nach den vorgegebenen Baudaten gesteuert und mit den Fahrzeugbewegungen koordiniert werden. Dafür ist eine entsprechende Werkzeug-Steuereinrichtung notwendig.
- Lokalisationssystem: für eine hochgenaue Steuerung der Baumaschine ist eine exakte Positionsbestimmung erforderlich. An das Lokalisationssystem werden daher hohe Anforderungen bezüglich der Genauigkeit und der Zuverlässigkeit gestellt.
- Planer: der Planer stellt die höher gestellte Schicht in der Baumaschinensteuerung dar. Der Planer nimmt Befehle vom Bediener entgegen und setzt diese so um, daß sie von der Werkzeug- und der Bewegungs-Steuerung verarbeitet werden können. Der Planer ist verantwortlich für die Koordination der einzelnen Arbeitsschritte und sammelt gleichzeitig die laufenden Baudaten zur Qualitätskontrolle.
- Kommunikationssystem (Transmitter): für die koordinierte Steuerung mehrere Baumaschinen, beispielsweise Fertiger und Walzen, wird ein Kommunikationssystem zum Austausch von Bewegungs- und Baudaten benötigt. Darüberhinaus werden über das Kommunikationssystem Befehle vom Bediener an die Baumaschine und Meßdaten von der Baumaschine an den Bediener übermittelt.
- Manuelle Bedienung: da nicht alle Bauarbeiten sinnvoll automatisiert werden können, ist eine manuelle Bedienung der Baumaschine weiterhin erforderlich. Die für den automatisierten Betrieb notwendigen Einrichtungen, wie Lokalisations- und Kommunikationssystem, können den Bediener bei der manuellen Steuerung unterstützen.

3.3 Architektur eines automatisierten Straßenfertigers

Aus dem im vorigen Abschnitt vorgestellten Konzept läßt sich die Architektur eines automatisierten Straßenfertiges ableiten (Abbildung 3).

Eine Schlüsselkomponente bei der Realisierung eines solchen Fertigers stellt die Lokalisation und die Navigation dar. Diese muß hochgenau sein, um die vorgegebenen Toleranzen (Abbildung 1) einhalten zu können und gleichzeitig flexibel genug sein, um auf den meist wenig strukturierten Baustellen eingesetzt werden zu können. Bisher erfolgt die Navigation des Fertigers mit Hilfe eines am Rand der zu bauenden Straße gespannten Leitdrahts. Diese Technik ist jedoch sehr aufwendig, da zum Abspannen des Leitdrahts zusätzliche Vermessungen notwendig sind. Ziel ist es daher, Baumaschinen in natürlicher, d. h. meist unstrukturierter Umgebung ohne aufwendige und fehleranfällige Hilfsmittel, wie Leitdrähte, hochgenau zu positionieren. In der gezeigten Architektur wird dies durch die Kombination neuartiger GPS-Technologien und Laser-Meßsysteme erreicht. Es ist zu erwarten, daß die absolute Lokalisation und Navigation der

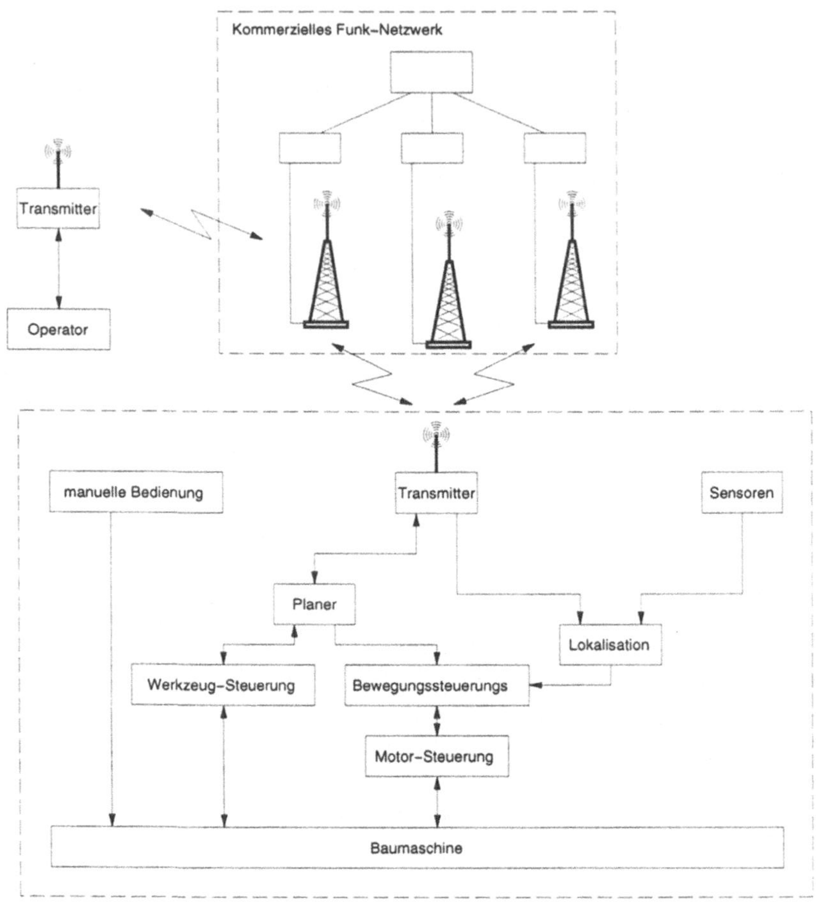

Abbildung2. Konzept für eine Baumaschine

Baumaschine dabei mit einer Genauigkeit von etwa *2 cm* möglich ist. Bei der durch Odometrie unterstützen relativen Navigation ist eine Genauigkeit im Millimeterbereich möglich, so daß die vorgeschriebenen Toleranzwerte eingehalten werden können.

Eine weitere Schlüsselkomponente ist das Kommunikationssystem. Für eine möglichst umfassende Integration des Bauprozesses und die vollständige Automatisierung der Baumaschine ist es erforderlich, die Maschinen und Leitinstanzen direkt miteinander zu koppeln. Dies kann durch ein Funknetzwerk wie GSM[2] erreicht werden. Dadurch wird es möglich, die digital vorliegenden Planungsdaten direkt auf die Baumaschinen zu übertragen.

In der konkreten Architektur des Fertigers werden mehrere Industrierechner

---

[2] Global System for Mobile communication

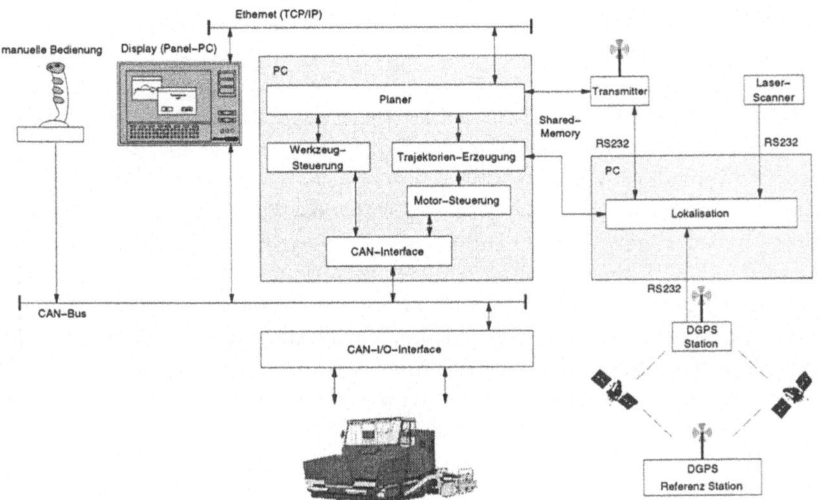

Abbildung 3. Architektur eines automatisierten Straßenfertigers

eingesetzt, auf denen die Steuer- und Bedienprogramme laufen (Abbildung 3). Zur Kommunikation und Synchronisations der Rechner sind Netzwerktechniken wie Ethernet oder Shared-Memory-Bereiche denkbar. Die Schnittstelle zur Motor- und Werkzeugsteuerung wird über einen Steuerbussystem wie CAN[3] realisiert.

4 Neue Techniken

Für die erfolgreiche Automatisierung von Baumaschinen werden kurz-, mittel- und langfristig neue Techniken erforderlich sein. Wesentliche Techniken sind dabei:

1. Hochgenaue Lokalisations- und Navigationssysteme: Eine Möglichkeit dies zu realisieren bieten Differential-GPS-Geräte, die eine Genauigkeiten von $2\,cm$ in einem bewegten Fahrzeug liefern können (Positionsbestimmung mit 2-$5\,Hz$). Eine noch höhere Genauigkeit und ein robusteres System, das auch dann noch funktioniert, wenn die Auswertung der GPS-Satelliten-Signale zeitweise nicht möglich ist (z. B. unter Brücken, in Tunnels oder dicht bebauten Gebieten) kann durch den zusätzlichen Einsatz anderer Lokalisationsverfahren wie beispielsweise ein Lasermeßsystem erreicht werden. Die rechnergestützte Sensordatenauswertung und -fusion wird dabei mit geeigneten Techniken, wie dem Kalman-Filter, erreicht.

2. Aktuatoreneinheiten auf der Baumaschine: Bisher manuell gesteuerte Werkzeuge (z. B. die Einbaubohle) der Baumaschine sind so zu modifizieren, daß

---

[3] Controller Area Network

eine Steuerung und Regelung durch einen Rechner möglich ist. Erste Voraussetzungen dafür sind bereits durch elektrisch betriebene Baumaschinen einiger Hersteller geschaffen.

3. Integrierter Datenfluß: Für eine effiziente Automatisierung ist es erforderlich, den Datenfluß von der Planung und Konstruktion über die Baustelle bis zur Baumaschine den Erfordernissen der Automatisierung anzupassen. Dazu erscheint es sinnvoll, die einzelnen am Bauprozeß beteiligten Instanzen über einen digital abgewickelten Datenfluß zu koppeln, um Informationsverluste zu vermeiden. Planungsdaten müssen somit nicht mehr auf der Baustelle manuell eingegeben werden. Darüber hinaus ist das logistische Problem zu berücksichtigen, das insbesondere bei Großbaustellen komplex ist. Für die Datenfluß-Kopplung und zur Lösung logistischer Aufgaben können Standardtechniken aus anderen Gebieten, wie beispielsweise dem Automobilbau, in angepaßter Form eingesetzt werden.

5 Zusammenfassung und Ausblick

In dieser Arbeit wurde ein Konzept für automatisierte Straßenbaumaschinen vorgestellt. Das Konzept umfaßt den Straßenneubau, die Inspektion, die Instandhaltung und die Sanierung. Anhand einer daraus abgeleiteten Architektur für einen automatisierten Straßenfertiger wurde das Konzept verfeinert und konkretisiert. Die für die Automatisierung von Straßenbaumaschinen neuen Techniken wurden genannt und Ansatzpunkte zur Realisierung aufgezeigt.

Mit dem vorgestellten Konzept und durch die Verwendung der genannten neuen Techniken können vollständig automatisierte Straßenbaumaschinen konstruiert werden, die die Kosten für den Straßenneubau, die Inspektion, Instandhaltung und Sanierung senken, die Bauzeiten verkürzen und gleichzeitig die Qualität erhöhen. Für Menschen gefährliche und ermüdende Arbeiten können maschinell ausgeführt werden. Zusätzlich bietet die Kopplung von der Planung, über die Baustelle bis zur Baumaschine die Möglichkeit den gesamten Bauprozeß zu optimieren.

Zukünftige Entwicklungen könnten eine Integretation mehrere Baumaschinen, beispielsweise Fertiger und Walzen, realisieren. Darüberhinaus ist eine Ausdehnung des Konzepts auf bisher noch nicht automatisierbare Arbeiten, wie den Brückenbau, denkbar. Bei den in Zukunft verstärkt zu erwartenden Sanierungsarbeiten bereits bestehender Straßen bietet sich ein weiteres Potential zur Automatisierung.

Schlußbemerkung

Die Arbeiten wurden am Forschungszentrum Informatik (FZI), Abteilung Technische Expertensysteme und Robotik (Direktor: Prof. Dr. P. Levi) bzw. bei der Joseph Vögele AG durchgeführt. Die Arbeit ist Teil des von der Europäischen

Union im Rahmen des Road-Transport-Program geförderten Projekts ART. Die Autoren danken Prof. Dr. P. Levi von der Universität Stuttgart für seine Ratschläge und die Unterstützung.

Literatur

1. Xiaobo Shi, Paul J. A. Lever, Fei-Yue Wang: Experimental Robotic Excavation with Fuzzy Logic and Neuronal Networks, Proceedings of the IEEE International Conference on Robotics and Automation, Minneapolis, Minnesota, USA, April 1996, pp. 957-962
2. Derek Seward, Frank Margrave: LUCIE the Robot Excavator - Design for System Safety, Proceedings of the IEEE International Conference on Robotics and Automation, Minneapolis, Minnesota, USA, April 1996, pp. 963-968
3. Paul J. A. Lever, Fei-Yue Wang, Deqian Chen: A Fuzzy Control System for an Automated Mining Excavator, Proceedings of the IEEE International Conference on Robotics and Automation, San Diego, California, USA, May 1994, pp. 3284-3289
4. Arif Osmani, Carl Haas, W. Ron Hudson: Evaluation of Road Maintenance Automation, Journal Of Transportation Engineering, Jan./Feb. 1996, Vol. 122, No.1, pp. 50-58
5. P. Drews: Operator Assisted Mobile Road Robot for Heavy Duty Civil Engineering Applications, ESPRIT 6660 Project, Final Report, APS GmbH, Aachen, Germany
6. S. Tafazoli, P. D. Lawrence, S. E. Salcudean, D. Chan, S. Bachmann, C. W. de Silva: Parameter Estimation and Actuator Friction Analysis for a Mini Excavator, Proceedings of the IEEE International Conference on Robotics and Automation, Minneapolis, Minnesota, April 1996, pp. 329-334
7. Herman Herman, Sanjiv Singh: First Results in the Autonomous Retrivial of Buried Objects, Proceedings of the IEEE International Conference on Robotics and Automation, San Diego, California, USA, May 1994, pp. 2584-2590
8. T. Hagiwara, S. Kinoshita, Y. Takagi, H. Minami: Rationalization of Asphal Paving Work Using Robot Asphalt Paver: Image-Processing, Fuzzy-Controlled Paver, Transportation Research Record No 1513, Transportation Research Board, Washington, D.C. 1995, U.S.A.
9. Richard Greer, Young-Suk Kim, Carl T. Haas: Telerobotic Control for Automated Pavement Crack and Joint Sealing, Transportation Research Board 76th Annual Meeting, Jan. 12.-16. 1997, Washington, D.C., Paper No. 97-0660
10. Stephen G. Ritchie: Digital Imaging Concepts and Applications in Pavement Management, Journal of Transporation Engineeering, May/June 1990, Vol. 116, No. 3
11. Toshihiko Fukuhara, Keiji Terada, Makoto Nagao, Atsushi Kasahara, Shigeki Ichihashi: Automatic Pavement-Distress-Survey System, Journal of Transporation Engineeering, May/June 1990, Vol. 116, No. 3

Nachbearbeitungsaspekte im Kontext der Automatisierung flächendeckender Bearbeitungsaufgaben

Christian Hofner und Günther Schmidt

Technische Universität München
Lehrstuhl für Steuerungs– und Regelungstechnik
Arcisstraße 21, D–80333 München
email: gs@lsr.e–technik.tu–muenchen.de

Kurzfassung. Dieser Beitrag beschreibt eine Strategie zur automatischen Nachbearbeitung von Restflächen, die aufgrund temporärer Hindernisse während der nominalen Inspektions– oder Reinigungsphase eines Serviceroboters nicht erreicht werden konnten. Die in dieser Phase ausgeführten Roboterfahrbefehle bilden die Grundlage zur geometrischen Rekonstruktion der in einem Topologiegedächtnis abgelegten Restflächen. Die Nachbearbeitung kann zu einem beliebigen Zeitpunkt gestartet werden und basiert auf einer in drei Stufen arbeitenden Steuerungsstrategie. Über den kürzesten Verbindungsweg erreicht der Serviceroboter die von seinem momentanen Standort nächstgelegene Restfläche und bearbeitet sie entlang automatisch geplanter und technologisch realisierbarer, flächendeckender Bewegungsmuster. Vollständig nachbearbeitete Flächen werden schließlich aus dem Topologiegedächtnis entfernt. Das Verfahren ist eingebettet in eine für flächendeckende Bearbeitungsaufgaben entwickelte Navigations– und Planungsstruktur des mobilen Serviceroboters MACROBE.

1 Motivation

Nur wenige Bahnplanungs– und Navigationsverfahren befaßten sich bislang mit der Automatisierung flächendeckender Bearbeitungsaufgaben, wie sie sich bei der großflächigen Bodenreinigung oder Inspektion stellen. Wohl existieren bereits Roboterprototypen [1] und Planungsverfahren u.a. [14], [10] zu dieser Problematik. Die meisten veröffentlichten Systeme und Verfahren behandeln jedoch ausschließlich einzelne Aspekte der Fahrzeugführung, z.B. [9], [11]. Die Integration von Navigation und Bewegungsplanung, welche sowohl technologische Randbedingungen und aktuelle Umgebungsinformation als auch das bekannte Layout der Arbeitsfläche berücksichtigen, erfolgte bislang bestenfalls ansatzweise [12], [2]. Die Intelligenz entsprechender Serviceroboter im Hinblick auf eine effiziente

---

1 Eine ausführliche Übersicht gibt [13].

Flächenbearbeitung ist daher nach wie vor sehr beschränkt und trägt nur in wenigen Fällen dazu bei, den Bediener tatsächlich von der Ausführung monotoner Arbeitsvorgänge in teilweise bekannten Arbeitsflächen zu entlasten.

So ist bislang auch kein Verfahren veröffentlicht, welches dem Bediener die händische Nachbearbeitung erleichtert. Diese Aufgabe stellt sich insbesondere dann, wenn während der nominalen Bearbeitungsphase unbekannte, temporäre Hindernisse die vollständige Bearbeitung einer bekannten Fläche beeinträchtigen. Dieser Beitrag stellt jene Funktionalitäten der in [6] eingeführten und in [5] weiterentwickelten Planungs– und Navigationsstruktur vor, die einen Serviceroboter im Rahmen flächendeckender Reinigungs– oder Inspektionsaufgaben zur autonomen Nachbearbeitung befähigen.

2 Planungs– und Navigationsstruktur zur flächendeckenden Fahrzeugführung

Ein typischer autonomer Bearbeitungsvorgang gliedert sich in drei Phasen :

- Während der *Vorbereitungsphase* initialisiert der Bediener über ein Interface die Bewegungsplanung durch Vorgabe einer Sollstartlage mit Auswahl des zu bearbeitenden Flächenbereiches im grafisch visualisierten Layout. Im Anschluß folgt die automatische Planung eines flächendeckenden Kurses und die Erzeugung des Kursprogramms zur Ausführung durch eine *kartesische Bewegungssteuerung* [7].

- Zu Beginn der *nominalen Bearbeitungsphase* positioniert der Anwender den Roboter in der näheren Umgebung der Sollstartlage. Nach Freigabe der Bearbeitung erfolgt die automatische Bestimmung des Iststandortes im Bezugssystem sowie die Planung und Ausführung eines Korrekturmanövers auf den Beginn des flächendeckenden Kurses. Während der Bearbeitung lokalisiert sich der Roboter an *natürlichen Landmarken* für automatisch geplante Referenzierungsorte [4], [5]. Der in Ausführung befindliche Fahrbefehl wird fortlaufend auf Kollisions– und Absturzgefahren (z.B. Wände, Säulen und Bahnsteigkanten) überwacht und die Fahrzeuggeschwindigkeit entsprechend der minimalen Kollisionsdistanzen angepaßt. Hindernisse haben eine automatische Umplanung des Kurses zur Folge. Diese Phase endet, wenn entweder ein (um)geplanter Kurs vollständig ausgeführt ist oder aufgrund der räumlichen Gegebenheiten keine technologisch sinnvollen Bewegungsmuster planbar sind.

- Zu Beginn der *Nachbearbeitungsphase* werden die aufgrund von Hindernissen nicht erreichten Restflächen topologisch rekonstruiert. Der Roboter versucht dann die jeweils nächstgelegene Restfläche anzufahren und den automatisch geplanten Nachbearbeitungskurs auszuführen. Die kurshaltende und überwachte Fahrt ist auch hier sicherzustellen. Diese Phase terminiert, sobald sämtliche Restflächen erfolgreich nachbearbeitet bzw. im Topologiegedächtnis als nicht bearbeitbar markiert wurden.

Das Zusammenwirken der zur Durchführung dieser drei Phasen erforderlichen Funktionalitäten ist in der Kaskadenstruktur zur Bewegungsplanung und Navigation (Bild 1) verdeutlicht.

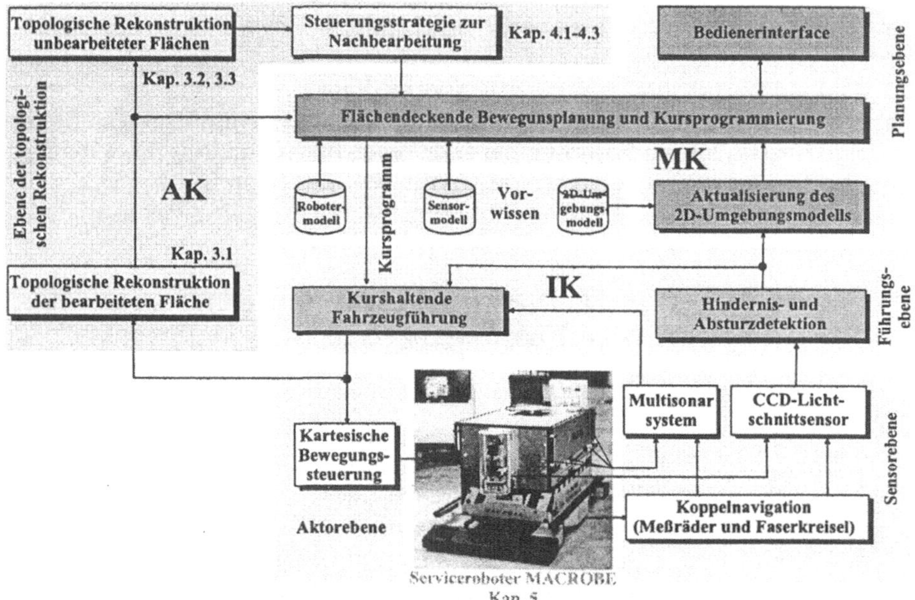

Bild 1: Planungs- und Navigationsstruktur zur flächendeckenden Fahrzeugführung

Die innere Kaskadenschleife (IK) stellt die kurshaltende Fahrt des Roboters entlang des geplanten flächendeckenden Kurses sicher. In der mittleren Kaskade (MK) erfolgt die Aktualisierung des Umgebungsmodelles bei Kursblockaden sowie eine an die sensorisch erfaßten Umgebungsverhältnisse angepaßte Kursplanung. In der äußeren Kaskade (AK) wird die vom Roboter befahrene Fläche rekonstruiert und bei Bedarf die Topologie der durch Hindernisse entstandenen Restflächen bestimmt. Eine Steuerungsstrategie koordiniert dabei die Funktionen der unterlagerten Kaskaden (IK + MK) zur Nachbearbeitung.

Systemkern ist der in [5] vorgestellte *flächendeckende Bewegungsplaner*, der anhand eines 2D–Umgebungsmodells unter Berücksichtigung eines geometrisch kinematischen Robotermodells ein *mäanderförmiges Bewegungsmuster* zur größtmöglichen Flächenabdeckung erzeugt. Dieser Planer wird in allen drei Phasen eines Bearbeitungsvorganges zur Generierung flächendeckender Kursprogramme eingesetzt.

Bild 2b zeigt die Simulation der Fahrzeugführung und Kursumplanung während einer nominalen Bearbeitungsphase für eine einfache Arbeitsfläche. Während der *Vorbereitungsphase* wird ein nominaler Kurs für die bekannte, rechteckige

Berandung geplant (Bild 2a). Die drei unbekannten Hindernisse H1..H3 in Bild 2b sind temporärer Natur und haben sich bis zum Ende der nominalen Bearbeitungsphase wieder aus der Arbeitsfläche entfernt.

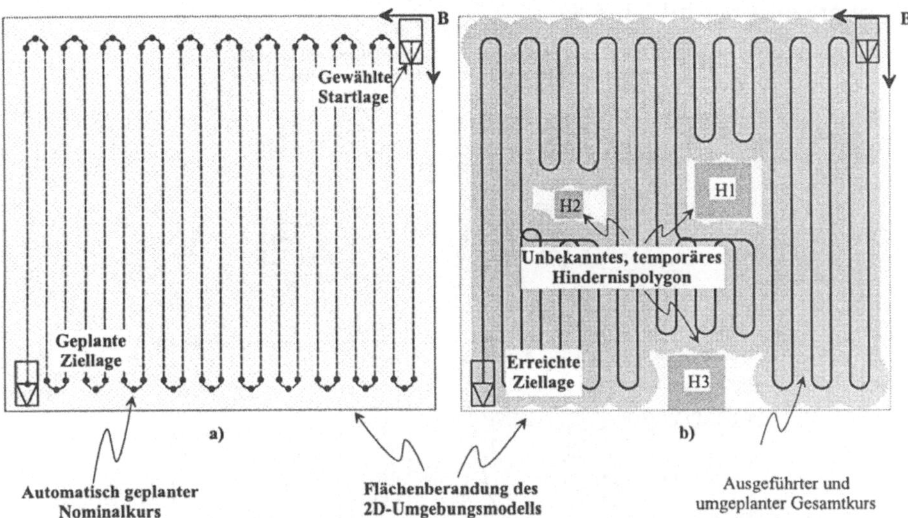

Bild 2: Nominale Kursplanung während Vorbereitungsphase a), Simulierte Fahrzeugführung und Kursumplanung mit unbekannten Hindernissen H1..H3 während nominaler Bearbeitungsphase b)

Das hier gezeigte Beispiel bildet im weiteren die Grundlage zur Formulierung des methodischen Vorgehens bei der automatischen Nachbearbeitung.

3 Bestimmung von Nachbearbeitungsflächen

3.1 Inkrementale Rekonstruktion der befahrenen Fläche

Voraussetzung für einen Eintritt in die Nachbearbeitung ist die Extraktion von Restflächen. Hierzu muß der Roboter über die Fähigkeit verfügen, die bereits befahrene Fläche aus dem Gedächtnis zu rekonstruieren. Besonders geeignet sind die während der nomialen Bearbeitungsphase protokollierten ausgeführten, kartesischen Fahrbefehle. Sie repräsentieren nämlich einfache Kreisbogen- und Geradensegmente, für die bei bekannter Robotergeometrie die zugehörige Berandung der abgedeckten Fläche *(Swept Region)* analytisch bekannt ist. Die Grundidee zur vollständigen Rekonstruktion der bearbeiteten Fläche besteht nun darin, die Berandungen der durch aufeinanderfolgende Fahrbefehle charakterisierten *Swept Regions* miteinander zu einer neuen Berandung zu verschmelzen. Als Ergebnis erhält man schließlich die Einhüllende der vom Roboter bereits erfaßten Fläche.

Die praktische Realisierung dieser Verschmelzung beruht auf Algorithmen, wie sie auch bei Kartographieraufgaben [8] eingesetzt werden. Dabei wird vorausgesetzt, daß die Berandung einer *Swept Region* durch einen geschlossenen Polygonzug beschrieben ist. Für einen rechteckförmigen Umriß des Roboters [2] gibt das durch vier Eckpunkte aufgespannte, gerichtete Hüllpolygon HP_g die *Swept Region* bei einer Geradeausfahrt exakt wieder, während diese bei einem Kreisbogenstück durch ein aus sechs Eckpunkten bestehendes, gerichtetes Hüllpolygon HP_k approximiert wird (Bild 3a).

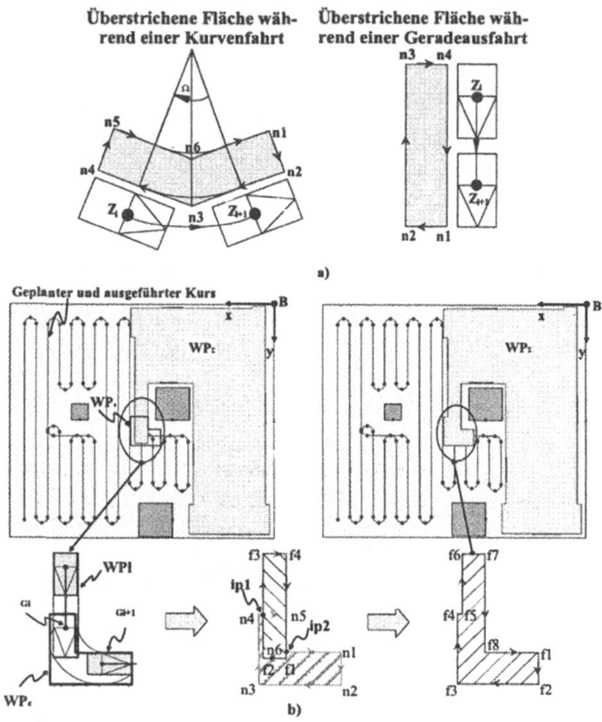

Bild 3: Approximierte Flächenabdeckung eines Fahrbefehls a) und inkrementale Rekonstruktion der bearbeiteten Fläche durch Hüllpolygonverschmelzung b)

Jedes Hüllpolygon ist dabei im Bezugssystem B der Arbeitsfläche definiert. Durch sukzessives Verschmelzen aufeinanderfolgender Hüllpolygone erfolgt die inkrementale Rekonstruktion der geschlossenen Berandung jener Fläche WP_Σ, die vom Roboter befahren wurde. Voraussetzung ist natürlich, daß der tatsächliche Fahrweg mit den kommandierten Fahrbefehlen bestmöglich übereinstimmt. Dies wird jedoch im Rahmen der kurshaltenden Fahrzeugführung sichergestellt. Der Verschmelzungsalgorithmus ist in Tabelle 1 definiert. Eine exakte Beschreibung der rekonstruierten Fläche wird dabei nicht erreicht. Dies ist auch nicht erforderlich, da für die Restflächen ohnehin einfache Nachbearbeitungsflächen zu dimensionieren sind, die mit dem flächendeckenden Bewegungsplaner und den technologischen Gegebenheiten des Serviceroboters beherrschbar sind.

---

2 Andere Umrisse lassen sich durch Umbeschreiben eines Rechtecks approximieren.

1. Gerichtetes Hüllpolygon $HP_\Sigma = HP_{g,k}$ aus erstem Fahrbefehl erzeugen.

   do

      2. Abfragen des nächsten Fahrbefehls und Erzeugen eines gerichteten Polygons $HP_{g,k}$.

      3. Bestimmen einer Ecke $n_1 \in HP_{g,k}$, die nicht von HP_Σ umschlossen ist.

      do

         4. Umlaufen auf $HP_{g,k}$, bis nächster Schnittpunkt s_1 mit HP_Σ erreicht ist. Wechseln auf HP_Σ.

         5. Umlaufen auf HP_Σ, bis nächster Schnittpunkt s_2 mit $HP_{g,k}$ erreicht ist. Wechseln auf $HP_{g,k}$.

      while NOT n_1 erreicht.

      6. Speichern aller beim Umlauf gefundenen Eck- und Schnittpunkte als neues Hüllpolygon HP_Σ

      7. Prüfen auf abgrenzbaren Einschluß

   while NOT Fahrbefehlsliste leer.

Tabelle 1: Verschmelzungsalgorithmus zur Flächenrekonstruktion

3.2 Abgrenzung von Restflächen

Die Erfassung von Restflächen ist unabhängig von ihrer Topologie in genau zwei Methoden klassifizierbar : *Abgrenzen von Einschlüssen* und *Abgrenzen von Schattenflächen*. Einschlüsse entstehen, wenn während der nominalen Bearbeitungsphase ein isoliertes Hindernis vollständig passiert wird (H1, H2 in Bild 2b). Schattenflächen verbleiben, wenn der Roboter ein Hindernis entlang paralleler Bearbeitungsbahnen passiert. Dies gilt insbesondere für Hindernisse in der Nähe der bekannten Arbeitsflächenberandung (H3 in Bild 2c).

Der Verschmelzungsalgorithmus ermöglicht die Abgrenzung von Flächeneinschlüssen während der Rekonstruktion der vom Serviceroboter bearbeiteten Fläche. Wie in Bild 4a dargestellt, überlappen sich dabei mindestens die das Fahrzeugheck und die Fahrzeugfront charakterisierenden Begrenzungen des Hüllpolygons $HP_{g,k}$ mit den Begrenzungen von HP_Σ. Ein Einschluß wird dabei durch jene Schnittpunkte und Polygoneckpunkte charakterisiert, die in den Schritten 4. und 5. des Verschmelzungsalgorithmus nicht erfaßt wurden. Ausgehend von einem solchen auf HP_Σ liegenden Eckpunkt werden in Anlehnung an die Schritte 4. und 5. alle Eckpunkte des Einschlusses ermittelt (Bild 4b,c). Wie Bild 4d verdeutlicht, werden während der Rekonstruktion der bearbeiteten Fläche A_{cov} alle Einschlüsse (UF_1, UF_2) erfaßt und in der Reihenfolge ihres Auftretens in die Liste aller Polygoneckpunkte des Topologiegedächtnisses (Bild 4g) aufgenommen.

Dagegen ist die Abgrenzung der im allgemeinen häufiger auftretenden Schattenflächen (Bild 4d) mit dem Verschmelzungsalgorithmus insofern nicht trivial, als A_{cov} in der Regel keine Überschneidung mit dem Umgebungsmodell aufweist. Abhilfe schafft hier die Verlängerung der die Schattenfläche kennzeichnenden Begrenzungen von A_{cov} bis zum Schnitt mit der Berandung des Umgebungsmodells (Bild 4f).

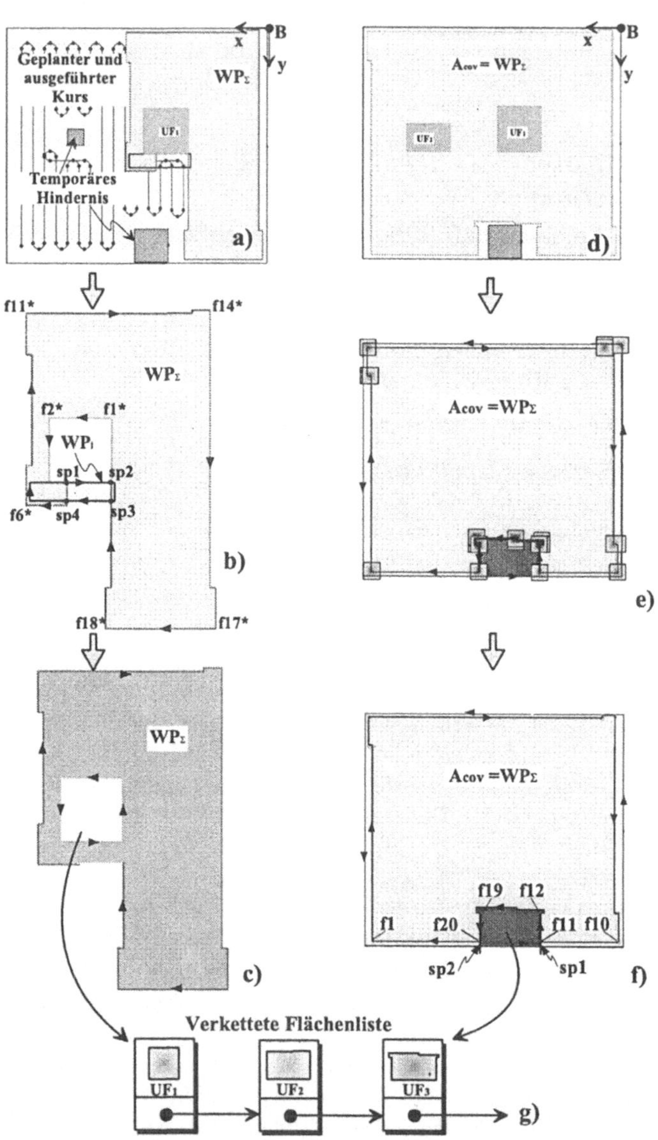

Bild 4: Abgrenzen von Einschlüssen a–c) sowie von Schattenflächen d–f) und ihre Repräsentation im Topologiegedächtnis g)

Hierzu werden quadratische Suchbereiche, deren Schwerpunkte mit den Eckpunkten von A_{cov} zusammenfallen definiert (Bild 4e) und in der Reihenfolge ihres Auftretens analysiert. Sobald ein Suchbereich keine Kante des Umgebungsmodells enthält, wird jene Gerade, die durch den zum Suchbereich korrespondierenden Eckpunkt und seinem Vorgängereckpunkt festgelegt ist, mit der Berandung des Umgebungsmodells geschnitten. Dies wird wiederholt, sobald sich wieder ein Suchbereich findet, der eine Gerade des Umgebungsmodells enthält. Nun werden ähnlich dem Abgrenzen von Einschlüssen alle Eck- und Schnittpunkte der Schattenfläche bestimmt und in die Liste des Topologiegedächtnis aufgenommen. Dieselbe Strategie wird übrigens auch auf Eckpunkte der Berandung des Umgebungsmodells angewendet, die während der Suchbereichsanalyse von A_{cov} unberücksichtigt geblieben sind.

3.3 Dimensionierung der Nachbearbeitungsflächen

Für die erfaßten Restflächen UF_i gilt es nun, die Nachbearbeitung mit den in der Planungs- und Navigationsstruktur (Bild 1) vorgestellten Funktionalitäten zu realisieren. Es wird zunächst vorausgesetzt, daß sich die Restflächen tatsächlich nachbearbeiten lassen. Die Frage, in welcher Reihenfolge die Bearbeitung erfolgt und wie der Roboter zu den Restflächen gelangt, wird im Abschnitt 4 behandelt. Wie in Bild 4d erkennbar, verursachen isolierte Hindernisse im ungünstigsten Fall schmale Schattenflächen und kleine Einschlüsse. Um ein flächendeckendes Kursprogramm zu generieren, müssen die Restflächen UF_i auf ihre Topologie hin untersucht und ggf. zu für den Bewegungsplaner beherrschbaren Nachbearbeitungsflächen NF_i vergrößert werden. Dies wird zunächst durch Umbeschreiben eines Rechtecks mit Länge l_{NB_i} und Breite b_{NB_i} um UF_i erreicht. Das Rechteck wird über die vier Eckpunkte hinaus symmetrisch erweitert, so daß sich folgende Grundabmessungen einer Nachbearbeitungsfläche NF_i ergeben:

$$l_{NB_i}^* = \begin{cases} l_{NB_i} & \text{für} \quad l_{NB_i} \geq \max\{r_h, r_f\} \\ l_{NB_i} + 2 \cdot \max\{r_h, r_f\} & \text{sonst} \end{cases} \tag{1}$$

$$b_{NB_i}^* = \begin{cases} b_{NB_i} & \text{für} \quad b_{NB_i} \geq \frac{d_b}{2} \\ b_{NB_i} + d_b & \text{sonst} \end{cases} \tag{2}$$

Hierin spiegelt $l_{NB_i} \geq \max\{r_h, r_f\}$ die Forderung wieder, daß bei Planung eines mäanderförmigen Bewegungsmusters in Vorzugsrichtung l_{NB}^* das Ausschwenken beim Bahnwechsel über eine 180°-Wende erst erfolgt, wenn der Roboter l_{NB_i} bis zum Fahrzeugschwerpunkt zurückgelegt hat. r_h und r_f bezeichnen dabei den Radius des Heck- und Frontaußenkollisionskreises. $b_{NB_i} \geq \frac{d_b}{2}$ bringt zum Ausdruck, daß eine vollständige Bearbeitung durch Überlappung der zur Breite b_{NB_i} gehörenden Begrenzungen um die halbe Bearbeitungsbreite d_b des Roboters sichergestellt wird.

Überlappt sich schließlich die durch $l_{NB_i}^*$ und $b_{NB_i}^*$ festgelegte Nachbearbeitungsfläche NB_i mit der Berandung des Umgebungsmodells, so müssen diese

Begrenzungen in die Berandung $\partial N B_i$ einbezogen werden. Hierzu kann auf das vorgestellte Verfahren der Polygonverschmelzung aus Abschnitt 3.1 zurückgegriffen werden. Während der Nachbearbeitung werden natürlich sämtliche bekannten Hindernisse zur Planung und Fahrzeugführung berücksichtigt, indem die zugehörigen Begrenzungen des Umgebungsmodells in das Modell von $N B_i$ übernommen werden, sofern $\partial N B_i$ diese umschließt. Die gefundenen Nachbearbeitungsflächen $N B_i$ ersetzen die Restflächen $U F_i$ im Topologiegedächtnis.

4 Steuerungsstrategie zur Nachbearbeitung

Die Steuerung des Serviceroboters zur Nachbearbeitung ist in zwei elementare Bewegungsabläufe zerlegbar : Zum einen ist die Führung auf kürzesten, kollisionsfreien Verbindungswegen zwischen den Nachbearbeitungsflächen notwendig (*Punkt-zu-Punkt Bewegungsaufgabe*). Zum anderen ist die bestmögliche Abdeckung von $N B_i$ zu erzielen (*Flächendeckendes Bewegungsaufgabe*). Hierzu wurde ein dreistufiger Steuerungsalgorithmus eingesetzt, der eine *inkrementale Bearbeitung* der $N B_i$ ermöglicht.

4.1 Ermittlung der nächstliegenden Bearbeitungsfläche

Von den verfügbaren Nachbearbeitungsflächen $N B_i$ wird diejenige zuerst bearbeitet, die dem momentanen Roboterstandort Z_j mit $\{j = f, 1...n\}$ [3] am nächsten liegt. Hierzu ist eine geeignete Startlage S_j anzufahren, von der ausgehend die flächendeckende Nachbearbeitung geplant und ausgeführt wird. Es liegt daher nahe, zunächst für alle Flächen $N B_i$ die Menge $\mathcal{S} = \{S_1...S_n\}$ aller zulässigen Startlagen zu bestimmen. Aus dem Pool wird dann jene Lage S_j ausgewählt, die dem Ziel Z_j am nächsten liegt. In der ersten Stufe der Steuerungsstrategie werden jene Startlagen fixiert, für welche die Vorzugsausrichtung der zu planenden Mäander der Orientierung der längsten Begrenzung von $N B_i$ entspricht. Für das Beispiel in Bild 5a existieren daher zwölf mögliche Lagen $S_1..S_{12}$. Die nächstgelegene Startlage S_j ergibt sich für den Verbindungsweg $Z_j S_j$, mit den geringsten Kosten. Hierzu wird vorausgesetzt, daß der Serviceroboter Start– und Ziellage im hindernisfreien Raum entlang eines Geradenstücks verbindet, wobei die Orientierungsänderung in der Umgebung von Z_j und S_j auf dem Kreisbogenstück mit dem minimalen Kurvenradius r_{min} erfolgt. Der Kostenwert wird für den Sonderfall $r_{min} = 0$ durch die euklidische Distanz zwischen Z_j und S_j ausgedrückt. In Bild 5a wird daher S_{12} ausgewählt und somit die Schattenfläche $N B_3$ zuerst nachbearbeitet.

4.2 Optimaler Verbindungsweg zur Nachbearbeitungsfläche

In der zweiten Stufe ist das wegoptimale Punkt–zu–Punkt Manöver zum Startpunkt zu planen. Hierzu wird ein Planer eingesetzt, der ein wegoptimales Manöver $Z_j S_j$ unter Berücksichtigung des geometrischen und kinematischen Robotermodells sowie der bekannten Begrenzungen des Umgebungsmodells generiert [1].

---

3 Der Index f bezeichnet die Ziellage des Roboters am Ende der nominalen Bearbeitungsphase

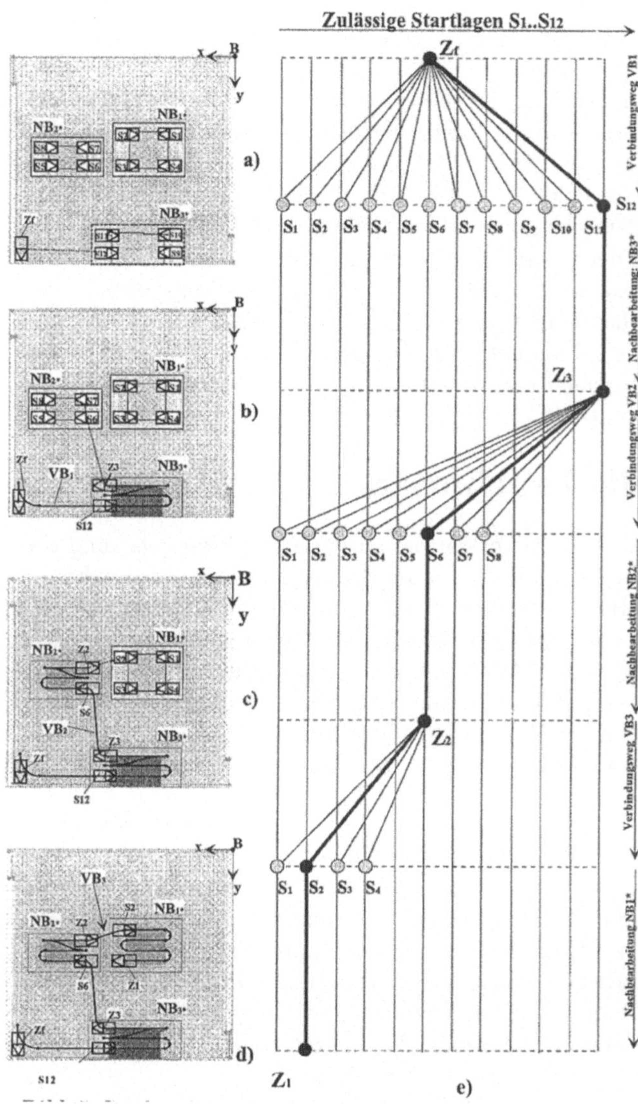

Existiert dabei keine Lösung, so wird S_j gelöscht und jene der verbleibenden Startlagen ausgewählt, die Z_j am nächsten liegt. Dieser Vorgang wird solange wiederholt, bis entweder alle Startlagen auf Erreichbarkeit geprüft sind oder ein Verbindungsweg geplant wurde (Bild 5b). Dieser Weg wird ebenfalls durch ein Kursprogramm repräsentiert, das von der kartesischen Bewegungssteuerung ausgeführt wird. Auch hier sind die Basisfunktionen zur kurshaltenden Fahrzeugführung und zur Überwachung von Kollisionen und Absturzgefahren aktiv. Erreicht der Roboter den Startpunkt S_j, so wird in der dritten Stufe der Kurs zur Nachbearbeitung für die zugehörige Fläche NB_j generiert (In Bild 5b für NB_3).

Bild 5: Stufen der inkrementalen Nachbearbeitung

4.3 Planung und Ausführung des Nachbearbeitungskurses

Der flächendeckende Kurs wird jetzt für das Umgebungsmodell der Nachbearbeitungsfläche von S_j ausgehend automatisch programmiert und in Analogie zur nominalen Bearbeitungsphase ausgeführt. Tritt während der Ausführung eine Hindernisblockade auf, stoppt der Roboter und bricht die Bearbeitung nach einer vorgebbaren Verweilzeit ab. Seine momentane Lage wird als neue Ziellage Z_j

interpretiert, wobei im Topologiegedächtnis NB_j einen automatischen Eintrag zur händischen Bearbeitung erhält. Ist ein Kursprogramm dagegen vollständig ausgeführt, wird NB_j aus dem Topologiegedächtnis entfernt.

Von Z_j aus wiederholt sich der Nachbearbeitungszyklus für die verbleibenden Flächen (Bild 5c,d). Die Steuerungsstrategie wird im Auswahlbaum von Bild 5e wiedergegeben. Jede Kante entspricht dabei den Kosten für das zugehörige Verbindungsmanöver bzw. für das flächendeckende Bewegungsmuster. Die Optimalität der Fahrwege wird ausgehend von jeder Ziellage Z_j des Roboters gewährleistet. Das Wegoptimum der gesamten Nachbearbeitung wird dagegen nicht erreicht, da unbekannte Hindernisse entlang der Verbindungswege und in den Nachbearbeitungsflächen eine Neuplanung der Fahrwege erfordern. Dieser Umstand spricht bereits für die inkrementale Kursplanung und –ausführung. Der Roboter beendet die Nachbearbeitungsaufgabe, sobald der Auswahlbaum keine zulässigen Startlagen mehr enthält.

5 Experimentelle Ergebnisse

Tragfähigkeit und praktische Anwendbarkeit der entwickelten Planungs– und Navigationsalgorithmen wurden in zahlreichen Langzeitexperimenten von mehreren 1000 m Fahrweg sowohl in Büro– als auch in Fabrikumgebung mit dem mobilen Serviceroboter MACROBE nachgewiesen. Das in Bild 6 gezeigte Bodeninspektionsexperiment demonstriert, daß MACROBE die aufgrund temporärer Hindernisse vorübergehend nicht erreichten Flächen zu einem späteren Zeitpunkt topologisch rekonstruiert und Verbindungswege sowie Bewegungsmuster zur Nachbearbeitung selbständig plant und ausführt. Die befahrbare Arbeitsfläche ist maximal 20 m lang und 7,4 m breit.

MACROBE verfügt zur kurshaltenden Fahrzeugführung über ein präzises Koppelnavigationssystem sowie über ein Multisonarsystem, das aus einer Minimalkonfiguration von acht in einer horizontalen Ebene angeordneten Ultraschallsensoren mit Sichtbereichen von 0.1 m bis 3 m je Sensor besteht und zur Referenzierung des Roboters an natürlichen Landmarken verwendet wird. Zur Detektion von Kursblockaden (Absenkungen und Kollisionsbegrenzungen) insbesondere in engen $180°$–Wendekurven werden die Freiflächenbegrenzungen der Sensorkarte eines Weitwinkel–CCD–Lichtschnittsensors [3] ausgewertet [5].

Bei einer Kollisionsgefahr, wie in Bild 6a gezeigt, stoppt MACROBE und plant die Bewegungsmuster unter Beibehaltung ihrer Vorzugsausrichtung neu. Hierzu wird die Sensorkarte in das a priori bekannte Umgebungsmodell der Arbeitsfläche eingetragen. Für die nicht einsehbaren Bereiche der Kursblockade wird im Experiment zunächst eine Ausdehnungshypothese zugrundegelegt [5], so daß das Umgebungsmodell stets ein geschlossenes Hindernisgebiet (Bild 6b) enthält. Die bislang bearbeitete Fläche wird ebenfalls von der Bewegungsplanung ausgeschlossen. Dies erfolgt durch topologische Rekonstruktion der vom Roboter bislang ausgeführten Fahrbefehle gemäß Abschnitt 3.1.

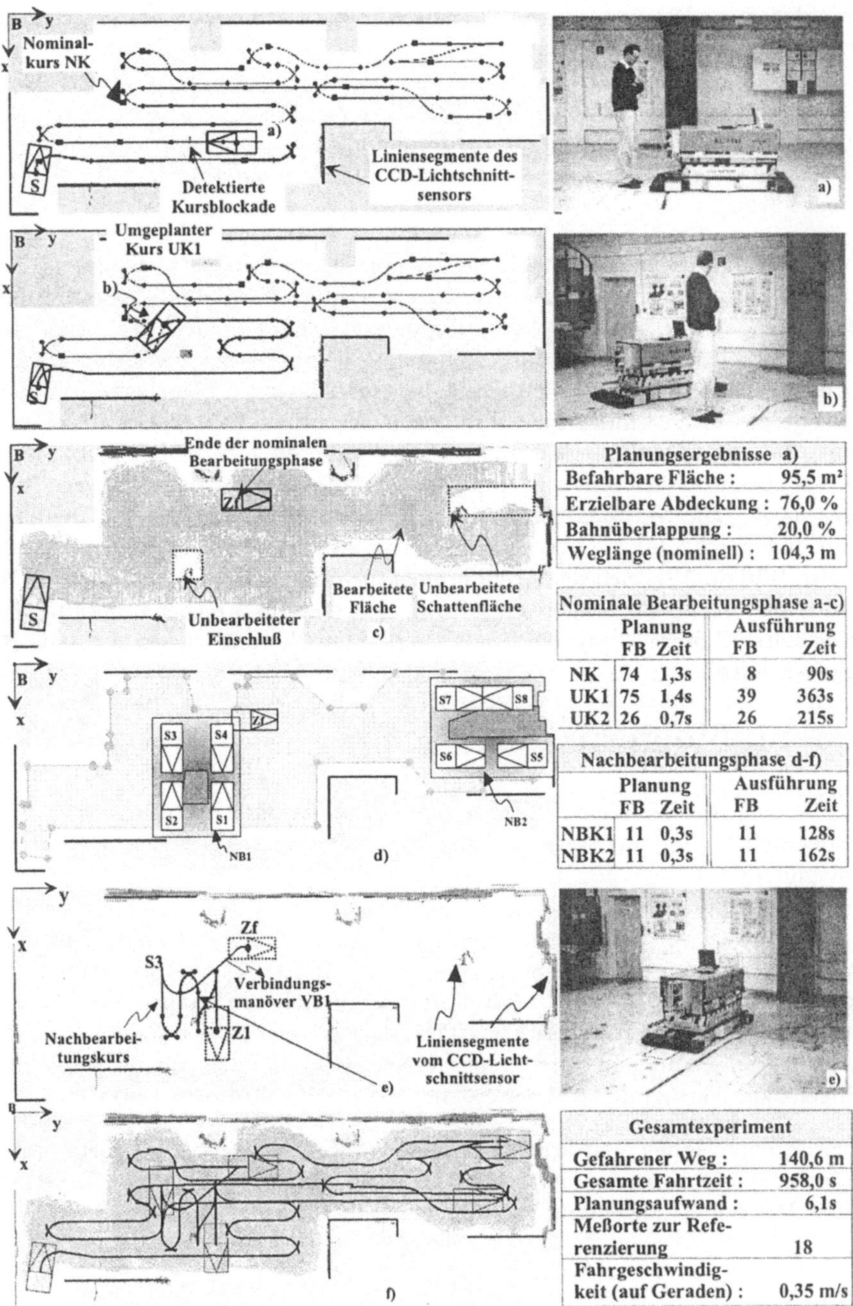

Planungsergebnisse a)	
Befahrbare Fläche :	95,5 m²
Erzielbare Abdeckung :	76,0 %
Bahnüberlappung :	20,0 %
Weglänge (nominell) :	104,3 m

Nominale Bearbeitungsphase a-c)	Planung		Ausführung	
	FB	Zeit	FB	Zeit
NK	74	1,3s	8	90s
UK1	75	1,4s	39	363s
UK2	26	0,7s	26	215s

Nachbearbeitungsphase d-f)	Planung		Ausführung	
	FB	Zeit	FB	Zeit
NBK1	11	0,3s	11	128s
NBK2	11	0,3s	11	162s

Gesamtexperiment	
Gefahrener Weg :	140,6 m
Gesamte Fahrtzeit :	958,0 s
Planungsaufwand :	6,1s
Meßorte zur Referenzierung	18
Fahrgeschwindigkeit (auf Geraden) :	0,35 m/s

Bild 6: Experiment zur automatischen Flächennachbearbeitung

Während der Ausführung des umgeplanten Kurses UK1 wird im Rahmen der überwachten Fahrt die Ausdehnungshypothese verifiziert. Tritt dabei erneut eine Kollisionsgefahr auf, wiederholt sich der Zyklus zur Umplanung und überwachten Ausführung. Dadurch paßt sich MACROBE sukzessive der tatsächlichen Umgebung an und erfüllt gleichzeitig die Forderung nach technologisch größtmöglicher Flächenabdeckung. Bild 6b zeigt das vollständige Passieren der Person während der Bearbeitung.

Bild 6c zeigt die Restflächen am Ende der nominalen Bearbeitungsphase. Es sei angemerkt, daß sich die Personen in diesem Experiment bereits aus der Bearbeitungsfläche entfernt haben. Das Hüllpolygon der topologisch rekonstruierten Fläche ist in Bild 6d hellgrau dargestellt. Die automatisch generierten Nachbearbeitungsflächen NB_1 und NB_2 sowie die acht zulässigen Startlagen bilden die Grundlage der in Abschnitt 4 beschriebenen Steuerungsstrategie zur Nachbearbeitung. Bild 6e zeigt die Ausführung des geplanten wegoptimalen Verbindungsmanövers zur nächstgelegenen Fläche NB_1 und die erfolgreiche Nachbearbeitung von S_3 bis Z_1. Die Nachbearbeitung von NB_2 wurde sodann von Z_1 ausgehend geplant und durchgeführt. Den gesamten, von MACROBE zurückgelegten Fahrweg zeigt Bild 6f. Wie sich der Abbildung entnehmen läßt, erreichte MACROBE am Ende der Nachbearbeitungsphase praktisch dieselbe Flächenabdeckung, wie sie sich beim Abfahren des ursprüngich geplanten Nominalkurses NK aus Bild 6a ergeben hätte.

6 Schlußfolgerungen

Dieser Beitrag beschreibt eine Planungs- und Navigationsstruktur sowie Schlüsselkomponenten für mobile Serviceroboter bei flächendeckenden Bearbeitungsaufgaben und ihre Integration in ein prototypisches, funktionsfähiges Gesamtsystem. Hierzu galt es, über den aktuellen Stand der Technik hinaus, Verfahren und Konzepte zu verwirklichen, die sich in Langzeitexperimenten und in realen Einsatzumgebungen mit dem Serviceroboter MACROBE bewährt haben. Die Autoren sind daher überzeugt, daß die realisierten Funktionalitäten wesentlich dazu beitragen, daß in Zukunft öffentlichen Dienstleistern Reinigungs- und Inspektionssysteme mit einer weiterentwickelten, der Serviceaufgabe angepaßten Intelligenz zur Verfügung stehen werden.

Die vorliegende Arbeit wurde im Rahmen des Sonderforschungsbereiches *Informationsverarbeitung in autonomen, mobilen Handhabungssystemen* (SFB 331) von der Deutschen Forschungsgemeinschaft (DFG), Bad Godesberg gefördert.

Literatur

[1] Bott, W.: *Automatische Planung und Ausführung lokaler Fahrmanöver für Roboterfahrzeuge*; Dissertationsschrift der Fakultät für Elektrotechnik und Informationstechnik, TU München, 1996

[2] Burhanpurkar, V.P.: *Real World Application of a Low Cost High Performance Sensor System for Autonomous Mobile Robots*; Proc. of the Int. Conference on Intelligent Robots and Systems (IROS 94), München, 1994, Vol. 3, S. 1840ff

[3] Gilg, A.: *Weitwinkel CCD-Lichtschnitt-Sensorsystem zur Führung eines mobilen Roboters mittels symbolischer Wegespezifikation*; Dissertationsschrift der Fakultät für Elektrotechnik und Informationstechnik, TU München, 1997

[4] Hanebeck, U.D.: *Kurzübersicht zur Lokalisierung mit Hilfe von Ultrschallsensorik*; Interner Bericht am Lehrstuhl für Steuerungs- und Regelungstechnik, TU München, 1993

[5] Hofner, C.: *Automatische Kursplanung und Fahrzeugführung für mobile Roboter bei flächendeckenden Bearbeitungsaufgaben*; Dissertationsschrift der Fakultät für Elektrotechnik und Informationstechnik, TU München, 1997

[6] Hofner, C., Schmidt, G.: *Automatische Kursplanung und Führung autonomer Reinigungsfahrzeuge*; 9. Fachgespräch Automome mobile Systeme, 1993, München, S. 27ff

[7] Horn, J.: *Cartesian Motion Control of a Mobile Robot*; Proc. of the Intelligent Vehicles 94 Symposium, Paris, 1994, S. 443ff

[8] Kampmann, P.: *Ein topologisch strukturiertes Weltmodell als Kern eines Verfahrens zur Lösung von Navigationsaufgaben bei mobilen Robotern*; Fortschritt Berichte, VDI Verlag, Düsseldorf, 1992, Reihe 8, Nr. 278

[9] KÄRCHER GmbH : *Informationsblätter zum Reinigungsroboter BR 700*; Winnenden, 1996

[10] Kurabayashi, D. et al: *Cooperative Sweeping by Multiple Mobile Robots with Relocating Portable Obstacles*; Proc. of the IEEE Int. Conference on Intelligent Robots and Systems (IROS 96), Osaka, 1996, S. 1472ff

[11] Mallet, P.; Aubry, P.: *A low cost localization system based on a map matching technique*; Proc. of the Int. Conference on Intelligent Autonomous Systems (IAS 95), Karlsruhe, IOS Press, 1995, S. 72ff

[12] Schofield, M. et al: *Cleaning robots from concept to product – the users point of view*; Proc. of the 25th Int. Symposium on Industrial Robots (ISIR 94), Hannover, 1994

[13] Villmer, F.-J.: *Einsatzfelder und Applikationen von Dienstleistungsautomaten in der Reinigung*; IPA-Technologie-Forum, Innovative Technologien für Dienstleistungen, Stuttgart, 1994, S. 81ff

[14] Zelinsky, A. et al: *Planning Paths of Complete Coverage of an Unstructured Environment by a Mobile Robot*; Proc. of the Int. Conference on Robotics and Automation (ICRA 93), Sacramento, 1993, S. 533ff

Konzept für einen praxisgerechten mobilen Bauroboter zum teilautomatisierten Verputzen von Innenwänden

G. Pritschow, J. Kurz, J. Zeiher, T. Fessele

Universität Stuttgart
Institut für Steuerungstechnik der Werkzeugmaschinen und
Fertigungseinrichtungen
Abteilung Roboter- und Maschinensysteme
Seidenstraße 36, 70174 Stuttgart
Telefon: 0711/121-2406
Telefax: 0711/121-2413

1 Einleitung und Problemstellung

Das Verputzen von Wänden und Decken aus Beton, Holz oder Mauerwerk ist im Hochbau eine der am häufigsten eingesetzten Technologien zum Schutz und zur Oberflächenveredelung. Bei Außenwänden dient der Putzauftrag vor allem zum Schutz gegen Witterungseinflüsse und Luftverschmutzung sowie als Brandschutzmaßnahme. Darüber hinaus verbessert das Putzmaterial die Wärmedämmung und den Schallschutz. Bei Innenwänden hat der Putzauftrag vor allem den Zweck Maßtoleranzen der Wände auszugleichen und für eine saubere, ebene und senkrechte Wand zu sorgen.

Derzeit wird das Verputzen von Wänden und Decken vor allem in der westlichen Welt angewendet, speziell in den USA und den meisten europäischen Ländern. Aber auch in Japan, Israel und in Australien kommt diese Technologie zum Einsatz. In Deutschland wird das Verputzen überwiegend von kleinen und mittelständischen Betrieben durchgeführt. Derzeit gibt es ca. 8000 Stukkateurbetriebe in Deutschland, die einen Umsatz von über 20 Mrd DM pro Jahr erwirtschaften. Diese Unternehmen geraten zunehmend unter wirtschaftlichen Druck aufgrund der seit Jahren stagnierenden Produktivität bei steigenden Lohnkosten.

Mit der Entwicklung eines Roboters zum teilautomatisieten Auftrag von Putzmörtel werden deshalb folgende Ziele angestrebt:

- Steigerung der Produktivität der Stukkateurarbeiten durch eine Automatisierung der Arbeitsschritte Auftragen und Grobglätten des Putzmörtels.
- Verbesserung der Arbeitsbedingungen der Stukkateure durch Reduzierung der körperlich anstrengenden und repetitiven Arbeiten.
- Erhöhung der Attraktivität des Stukkateurberufs durch den Einsatz innovativer Technologien.
- Verbesserung der Qualität des Putzauftrags.

2   Historische Entwicklung und Stand der Technik

Obwohl das Verputzen zu den besonders handarbeitsintensiven und gesundheitlich belastenden Arbeiten im Hochbau zählt [1], waren Maschinen im Putzbereich bis Ende der vierziger Jahre noch gänzlich unbekannt. Die händische Arbeit war das Maß aller Dinge. Erst Anfang der fünfziger Jahre wurden Maschinen entwickelt, die das manuelle Anrühren des Mörtels ersetzten [2, 3]. Mit der Einführung der Putzmaschinen, wie RUMA 1, Putzmeister KS 1 [4] und Putzmeister Gipsomat [5], in den sechziger Jahren wurde das Stukkateurhandwerk revolutioniert und es begann eine neue Ära in der Technologie der Materialförderung und des Putzauftrags.
Die Entwicklung der AMPA-Maschine [6] war der erste Versuch eine signifikante Erhöhung des Automatisierungsgrades beim Putzauftrag zu erreichen. Diese Maschine konnte sich aber aufgrund der fehlenden Flexibilität in der Praxis nicht durchsetzen. Auch der automatische Spritzauftrag von dünnflüssigem Mörtel oder Farbe, der mittels Prototypen aus Israel [7] und Schweden [8] demonstriert werden konnte, war von keiner praktischen Relevanz. Heutzutage sind die in den sechziger Jahren entwickelten Putzmaschinen wie [4, 5] immer noch Stand der Technik.

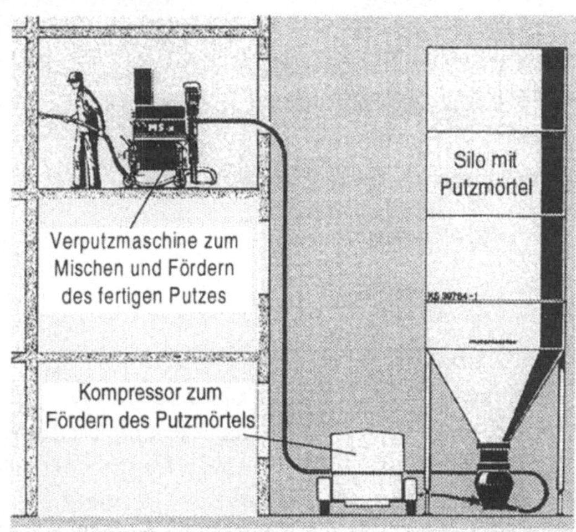

Bild 1:   Verputzmaschine zum Mischen und Fördern des Putzmörtels.

Der Ablauf des Verputzens gliedert sich in drei wesentliche Schritte, nachdem die vorbereitenden Arbeiten an den Wänden abgeschlossen sind:

1.Schritt: Auftrag des Putzmaterials auf die Wand.

2.Schritt: Grobglättung und Nivellierung des auf die Wand aufgetragenen Putzmaterials. Dies wird auch als Kartätschen bezeichnet.

3.Schritt: Feinbearbeitung und Oberflächenbearbeitung, so daß die Toleranzen eingehalten werden (laut DIN-Norm beträgt die zulässige Abweichung 8 mm auf 2,5 m [9]).

Während das Mischen und Fördern des Putzmaterials heutzutage maschinell unterstützt wird (siehe Bild 1), werden die beschriebenen folgenden Schritte noch ausschließlich von Hand durchgeführt (siehe Bild 2). Speziell die gleichmäßige Bewegung der schweren Mörteldüse mit Materialschlauch (1. Schritt) sowie die Grobglättung und Verteilung des Materials an der Wand (2. Schritt) sind mit großer physischer Belastung für den Stukkateur verbunden.

Bild 2: Arbeitsschritte beim manuellen Verputzen

3 Zielsetzung

Die Aufgabe des Verputzroboters besteht darin den Putzmörtel automatisch längs einer Wand aufzutragen, zu kartätschen und abzuziehen. Die Feinglättung erfolgt nach wie vor manuell, da dies viel handwerkliches Geschick erfordert, was mit einem Roboter kaum zu realisieren ist. Die Einbeziehung des Menschen in den Fertigungsablauf des automatisierten Verputzens ist aber auch aufgrund der komplexen Arbeitsumgebung auf der Baustelle und der notwendigen visuellen Qualitätskontrolle unverzichtbar.

Aufgabe des Maschinenführers ist es:

- den Verputzroboter zur Startposition an der Wand zu fahren, die Dicke der Putzschicht festzulegen,

- den automatisierten Verputzvorgang zu starten, zu überwachen, auftretende Störfälle zu beheben und

- größere Positionswechsel (Wand-, Zimmer-, Geschoßwechsel) mit dem Roboter durchzuführen.

Nach dem Anstarten des Verputzvorgangs werden vom Roboter folgende Abläufe ausgeführt:

- Einmessen des Abstands zur Wand mittels einer parallel zur Wand verlegten Schiene,

- Bewegung des Putzwerkzeugs auf die eingestellte Schichtdicke zur Wand,

- Ansteuerung der Putzmaschine, die den Putzmörtel anmischt und über einen Schlauch zum Roboter fördert,

- mäanderförmiger Auftrag des Putzmörtels innerhalb des Roboterarbeitsraums,

- automatischer Wechsel der Arbeitsposition längs der Wand bis das Wandende oder eine Wandecke erreicht ist.

Während der Roboter an einer Wand arbeitet, kann der Maschinenführer die folgenden zusätzlichen Aufgaben erledigen:

- vorbereitende Arbeiten an nachfolgenden Decken und Wänden, wie z. B. das Anbringen von Eckschienen und Putzprofilen,

- visuelle Qualitätskontrolle der verputzten Wände,

- manuelle Nacharbeit an Rändern und Nischen bereits verputzter Wände und

- Feinglättung der Wände.

4 Anforderungen an ein automatisiertes Verputzen

Ein höherer Automatisierungsgrad beim Verputzen stellt einerseits hohe Anforderungen an den verwendeten Baustoff und die benötigte Maschinen-, Sensor- und Steuerungstechnologie. Darüber hinaus sind neue prozessangepaßte Verputzwerkzeuge erforderlich, mit denen eine automatisierungsgerechte Gestaltung der Fertigungsabläufe erst ermöglicht wird. Folgende Anforderungen ergeben sich:

an den Putzmörtel

- *Gute Haftung:* Eine vollflächige Haftung an der Wand auch ohne große Anpresskraft ist notwendig.

- *Lange Verarbeitungszeit:* Um die Reinigungszyklen zu minimieren, sollte der Putzmörtel nach dem Anmischen möglichst lange verarbeitbar bleiben.

- *Große Eigensteifigkeit:* Um ein Nachfließen des Putzmörtels nach der Grobglättung zu verhindern.

an die Maschinen- und Steuerungstechnik

- *Mobilität:* Der Arbeitsraum eines stationären Roboters ist begrenzt durch die realisierbaren Armlängen. Um alle Räume verputzen zu können, ist es notwendig Positionswechsel innerhalb eines Geschoßes und über das Treppenhaus zum nächsten Geschoß zu ermöglichen.

- *Navigation:* Innerhalb eines Raumes bewegt sich der Roboter selbständig entlang der Wände, indem er seinen Abstand zur Wand bzgl. einer an der Wand befestigten Referenzschiene mit Hilfe von Sensoren mißt. Das Werkzeug muß auf einer vertikalen Bahn mit einem bestimmten Abstand senkrecht zur

Wandoberfläche bewegt werden. Damit das erreicht wird, muß die Neigung des Roboters mit Hilfe von Neigungssensoren ermittelt werden. Zusätzlich müssen Wandöffnungen, Kanten, usw. detektiert werden, um die Förderung des Putzmörtels in diesen Bereichen zu unterbrechen bzw. damit diese Bereiche umgangen werden können.

- *Arbeitsraum und Flexibilität:* Im Wohnungsbau sind Decken, Dachschrägen und Wände bis zu einer Höhe von 3 m zu verputzen. Um auch Bürogebäude verputzen zu können, sollte der Arbeitsraum des Roboters auf 4 m Höhe erweiterbar sein.

- *Kompakter Aufbau:* Der Roboter muß Türöffnungen passieren und in kleinflächigen Innenräumen arbeiten können. Die Roboter-Abmessungen sind deshalb auf eine Breite von 0,7 m, eine Länge von 1,1 m und eine Höhe unter 1,9 m zu begrenzen.

- *Modularität und geringes Gewicht:* Ein Kran steht für den Transport des Roboters zum Einsatzort in der Regel nicht zur Verfügung. Daher ist ein Zerlegen des Roboters in tragbare Einzelkomponenten unter 30 kg notwendig, die einfach und schnell montiert und demontiert werden können.

- *Robustheit:* Eine robuste Auslegung des Roboters hinsichtlich der baustellentypischen Randbedingungen (Hitze, Kälte, Staub, Schmutz, Erschütterungen) ist zwingend erforderlich.

- *Leistungsfähige Steuerung:* Die Ausführung der notwendigen Bewegungen und die Verarbeitung der Sensorsignale erfordert den Einsatz einer äußerst leistungsfähigen Steuerung.

- *Einfache Bedienung:* Der Roboter soll von einem qualifizierten Stukkateur mit einer Zusatzausbildung als Maschinenführer bedient werden können.

an das Werkzeug und die Fertigungstechnologie

- *Multifunktionales Werkzeug:* Der Auftrag und die Grobglättung des Putzmörtels sollten mit einem Werkzeug erfolgen.

- *Variable Putzschichtdicke:* Das Werkzeug muß je nach Toleranz der zu verputzenden Wand oder Decke Unebenheiten von 5-30 mm bei Normalputz oder 3-6 mm bei Dünnputz ausgleichen können.

- *Hohe Genauigkeit:* Mit dem automatisierten Putzvorgang wird eine Ebenheit und Winkligkeit der verputzten Flächen angestrebt, die 4 mm bei einem Meßabstand von 2,5 m nicht überschreiten sollte. Mindestens müssen jedoch die DIN-Toleranzen von 8 mm bei einem Meßabstand von 2,5 m erreicht werden [9].

- *Schneller Werkzeugwechsel:* Das häufig wechselnde Verputzen kleiner und großer Flächen in einem Gebäude erfordert einen einfachen und schnellen Werkzeugwechsel.

an den Fertigungsablauf

- *Einfache Integration:* Der Roboter muß sich schnell und einfach in den Bauablauf integrieren lassen. Dies bedingt, daß die Rüst- und Reinigungszeiten für den Roboter so gering wie möglich sind.

- *Vielseitigkeit:* Das Verputzen von Decken, Wänden und Dachschrägen ist erforderlich. Ein Einsatz sowohl für Neubauten wie für Renovierungsarbeiten ist anzustreben.

- *Sicherheit:* Das Baustellenpersonal und der Roboter muß durch geeignete Sicherheitseinrichtungen ausreichend geschützt werden.

- *Wirtschaftlichkeit:* Die Leistungsfähigkeit des Mensch-Maschine-Systems muß über der Leistungsfähigkeit heutiger Verputzkolonnen bestehend aus 3 Männern mit einer Putzmaschine liegen.

5   Automatisiertes Verputzen - ein allgemeines Konzept

Aufbauend auf den genannten Anforderungen werden im folgenden prinzipielle Möglichkeiten des Mörtelauftrags und der kinematischen Struktur eines Verputzroboters diskutiert.

5.1   Alternative Werkzeuge für das automatisierte Verputzen

Die Aufgabe des Verputzwerkzeugs besteht darin das Putzmaterial zu fördern, gleichmäßig auf die Wand aufzutragen und eine erste Grobglättung vorzunehmen.

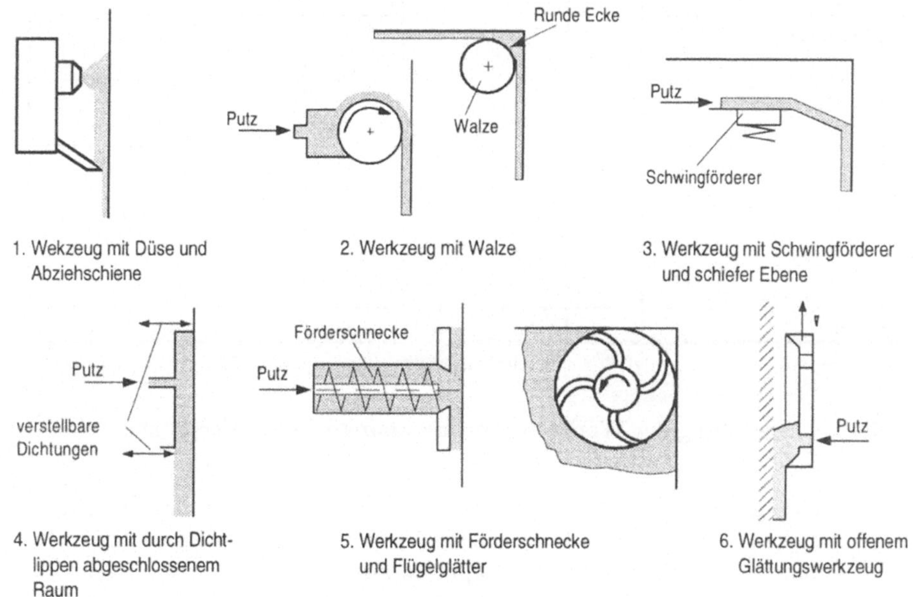

Bild 3:   Methoden zum Aufbringen und Glätten des Mörtels.

Das Fördern des Putzmaterials zur Wand übernimmt die Putzmaschine, die auch das Anmischen des Trockenmaterials mit Wasser durchführt. Unterstützt werden kann dieser Fördervorgang durch eine zusätzliche Rotationsbewegung des Werkzeugs oder ein weiteres Medium wie Druckluft.

Der automatische Putzauftrag auf die Wand kann prinzipiell durch undefiniertes aufspritzen und anwerfen geschehen oder indem das Material auf die Wand aufgewalzt wird. Eine weitere Möglichkeit ist das Auffüllen ganz oder teilweise abgeschlossener Räume, die durch ein Werkzeug gebildet werden. Die anschließende Grobglättung ist durch abstreifen, abschneiden oder abscheren des Putzmaterials möglich.

Bild 3 zeigt Prinzipskizzen von Werkzeugvarianten, in denen die oben genannten Mechanismen zum automatisierten Auftrag des Putzmörtels integriert sind.

Anforderungen	Verputzwerkzeug					
	Walze	Flügel-glätter	Düse mit Abzieh-schiene	Schwing-förderer	Füllen einer geschlossenen Kammer	Füllen einer offenen Kammer
Eignung zum Ausgleich von Mauerwerkstoleranzen	o	+	o	+	+	+
Gleichmäßigkeit des Putzauftrags	-	+	-	o	+	+
Vermeidung von Materialüberschuß	--	-	--	-	++	+
Verputzbarkeit von kritischen Bereichen (Ecken, Nischen, etc.)	o	o	++	+	+	+
Eignung für Wände, Dachschrägen und Decken	+	+	+	-	+	+
Robustheit	+	o	o	+	-	+

++ ideal erfüllt   + gut erfüllt   o teilweise erfüllt   - schlecht erfüllt   -- nicht erfüllt

Tabelle 1: Bewertung der Werkzeuge beim automatisierten Verputzen.

Eine Bewertung der skizzierten Werkzeugvarianten hinsichtlich den wichtigsten Anforderungen an den automatisierten Putzauftrag ist in Tabelle 1 dargestellt.

Die Bewertung zeigt, daß sich für das Verputzen kritischer Bereiche wie Ecken oder Nischen ein Aufspritzen mittels Düse am besten eignet. Es muß jedoch mit ständigem Materialüberschuß gearbeitet werden, um Lücken im Putz zu vermeiden. Beim Auffüllen einer Kammer wird hingegen ein Materialüberschuß vermieden und trotzdem ein guter Ausgleich der Wandtoleranzen ermöglicht. Die Verwendung einer offenen Kammer ohne bewegte Teilkomponenten stellt hierbei die robustere Variante dar.

Zum Putzauftrag muß das Werkzeug von einem Roboter geführt werden, der eine geeignete kinematische Struktur aufweist, um die erforderlichen Bewegungen im Wand- und Deckenbereich zu ermöglichen. Das folgende Unterkapitel behandelt diese kinematische Struktur.

5.2 Kinematische Struktur für einen Verputzroboter

Um der Anforderung hinsichtlich Mobilität zu genügen wird ein baustellentaugliches Fahrwerk benötigt, das in der Lage ist Treppenaufgänge zu befahren. Die praktikabelste Lösung hierfür sind sogenannte Raupenfahrwerke, die einerseits robust sind und andererseits Steigfähigkeiten bis zu 40° aufweisen.

Folgende Freiheitsgrade des Roboterarms werden benötigt, um den Putzauftrag zu ermöglichen:

- Für einen flächigen Putzauftrag in einer Arbeitsposition des Roboters sind mindestens 2 Freiheitsgrade erforderlich, um das Werkzeug längs beider Wandrichtungen zu bewegen.

- Ein weiterer Freiheitsgrad wird benötigt um Neigungen des mobilen Roboters zu kompensieren und damit eine senkrechte Bewegung des Werkzeugs zu ermöglichen.

- Für die Feineinstellung des Werkzeugabstands und der Werkzeugorientierung zur Wand sind weitere 2 Freiheitsgrade erforderlich, wenn die geforderte Genauigkeit mit dem Fahrwerk nicht zu realisieren ist.

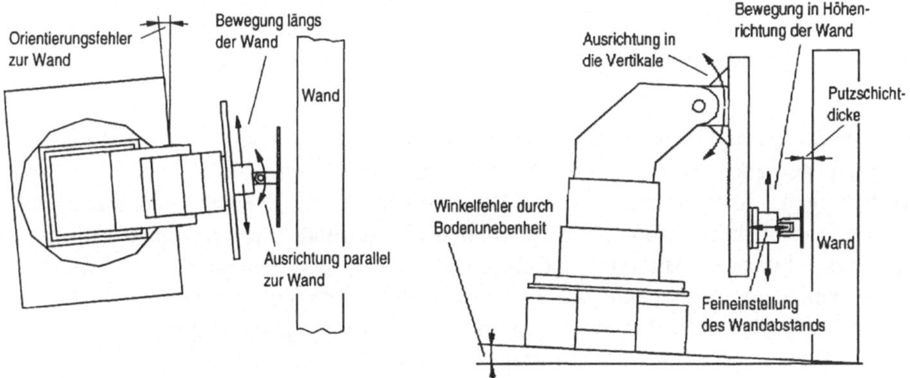

Bild 4: Benötigte Freiheitsgrade beim automatisierten Verputzen.

Bild 4 zeigt beispielhaft die benötigten Freiheitsgrade zum Auftrag von Putzmörtel an einem kartesischen Roboter.

Im wesentlichen unterscheidet man bei der kinematischen Ausführung eines Roboters translatorische und rotatorische Grundbewegungen. Eine Kombination dieser

Bewegungsarten zu einer kinematischen Kette bestimmen den Typ und die Eigenschaften des Roboters. Bei Industrierobotern sind hauptsächlich vier verschiedene Kinematikprinzipien gebräuchlich [10]: Polare Kinematiken mit sphärischen Arbeitsräumen, Kinematiken mit zylindrischen Arbeitsräumen (z. B. Scara-Auslegerarm), Kinematiken mit linearen Achsen (quaderförmige Arbeitsräume) und Knickarmkinematiken (torusähnliche Arbeitsräume). Die Größe des Arbeitsraums wird hauptsächlich durch die einzelnen Achslängen festgelegt. Eine Bewertung dieser Kinematikprinzipien hinsichtlich der relevanten Anforderungen für das Verputzen wird in Tabelle 2 vorgenommen.

	Kinematische Anordnung			
Bewertungskriterien	**linear**	**zylindr.**	**polar**	**Knickarm**
erforderliche Freiheitsgrade	**3-5**	**4-5**	**4-5**	**4-5**
angepaßter Arbeitsraum	+	o	--	-
Kompaktheit	-	o	+	++
hohe Genauigkeit	++	+	o	o
geringer steuerungstechn. Aufwand	++	+	-	-
einfache Sensorintegration	+	o	-	-
Flexibilität	o	o	+	++
einfache Kollisionsüberwachung	o	o	-	-
niedrige Kosten	o	o	-	-

++ ideall erfüllt   + gut erfüllt   o teilweise erfüllt   - schlecht erfüllt   -- nicht erfüllt

Tabelle 2: Bewertung der verschiedenen Kinematiken für das automatische Verputzen.

Die Bewertung zeigt, daß polare Kinematiken trotz deren kompaktem Aufbau am wenigsten geeignet sind für die Aufgabe des Verputzens, was vor allem am kugelförmigen Arbeitsraum dieser Kinematiken liegt. Besser geeignet sind Knickarmkoordinaten aufgrund ihrer hohen Flexibilität und Kompaktheit. Der steuerungstechnische Aufwand ist hier allerdings von Nachteil. Zylindrische Kinematiken sind ebenso wie die linearen Kinematiken gut geeignet, jedoch mit leichten Nachteilen was den Arbeitsraum und die Genauigkeit angeht. Am besten eignen sich jedoch die linearen Kinematiken für das Verputzen, was im wesentlichen an der hohen Genauigkeit durch Ausrichtung der Achsen längs der geforderten Bewegungsbahnen liegt. Der steuerungstechnische Aufwand ist aufgrund dieser Ausrichtung ebenfalls äußerst gering. Von Nachteil ist jedoch der größere Bauraum dieser Kinematiken.
Um mit der Linearkinematik die Bewegungsbahnen und die geforderten Toleranzen für den Putzauftrag einhalten zu können, sind Antriebe erforderlich, die eine langsame, gleichmäßige und exakte Bewegung ermöglichen. Geeignete Antriebssysteme hierzu werden im folgenden Abschnitt vorgestellt.

5.3 Antriebstechnik

Sowohl die elektromechanischen als auch die elektrohydraulischen Antriebe erfüllen die Bewegungsanforderungen des Verputzroboters. Tabelle 3 zeigt eine Gegenüberstellung dieser Antriebstechnologien bezüglich den Hauptanforderungen eines Verputzroboters.

Anforderungen	elektro- mechanisch	elektro- hydraulisch
geringes Gewicht	o	o
geringe Baugröße	o	o
Energiedichte	+	++
Spitzenbelastung	++	o
Regelbarkeit	++	-
geringe Steuergeräteabmessungen	o	+
Wirkungsgrad	++	-
Lebensdauer	+	o
Zuverlässigkeit	+	+
Kosten	o	o
Hohe Steifigkeit	+	-
Hohe Dynamik	++	+
Hohe Positioniergenauigkeit	++	+
Umweltfreundlichkeit	++	--

++ ideal erfüllt   + gut erfüllt   o teilweise erfüllt   - schlecht erfüllt   -- nicht erfüllt

Tabelle 3:   Bewertung der Antriebsprinzipien für einen Verputzroboter.

Die Bewertung entsprechend Tabelle 3 zeigt, daß hydraulische Antriebe nur überlegen in bezug auf Leistungsdichte und Robustheit der Steuerungskomponenten (normalerweise Servoventile) sind. Die Hauptnachteile der hydraulischen Antriebe sind die schlechteren Steuerungsmöglichkeiten, der geringe Wirkungsgrad, die niedrige Steifigkeit und die schlechte Umweltverträglichkeit aufgrund der möglichen Ölleckage.
Moderne elektromechanische Antriebe sind zweifellos komfortabler, um den Anforderungen einer automatisierungsgerechten Anwendung im Bauwesen wie dem Verputzen gerecht zu werden.

5.4 Benötigte Sensorik für einen Verputzroboter

Der Verputzroboter soll einzelne Wände eines Raums selbständig ohne Eingriffe des Maschinenführers verputzen. Vom Maschinenführer wird der Roboter lediglich zu den einzelnen Startpositionen an den Wänden gefahren. Damit bei dem Verputzvorgang eine ebene und lotrechte Wandoberfläche entsteht, müssen bestimmte Anforderungen von dem Roboter erfüllt werden. Diese sind nur mit Hilfe der Sensorik zu erreichen, die Umgebungsmerkmale wie z. B. Wandöffnungen, Ecken, Wandenden, Installationsrohre usw. erkennt um Kollisionen und das Aufbringen von Putz auf dafür nicht vorgesehene Flächen zu verhindern. Die Anforderungen an den Roboter sowie die Aufgaben die damit an die Sensorik gestellt werden sind in Tabelle 4 aufgeführt.

Anforderung	Sensoraufgabe	geforderte Genauigkeit
Parallele Ausrichtung des Verputzwerkzeugs zur Wand und zur Decke	Abstandsmessung zur Referenzschiene oder Decke	< 1 mm
Lotrechte Ausrichtung des Verputzwerkzeugs zur Wand	Neigungsmessung am Werkzeug	< 0,15°
Erkennung von Störkonturen wie z. B. Installationsrohre	Detektion eines Metallstreifens	< 5 - 10 mm
Erkennung von Decke, Boden, und Wandenden	Detektion einer Fläche	< 2 - 5 mm
Erkennung von Öffnungskanten zu Türen, Fenstern etc.	Detektion einer Kante	< 2 - 5 mm
Bestimmung der aufzutragenden Schichtdicke anhand der Nachbarschicht oder der Zarge	Abstandsmessung zur Nachbarschicht oder Zarge	< 1 mm

Tabelle 4: Anforderungen der Sensorik zur Navigation.

In Bild 6 ist prinzipiell der Einmessvorgang zum parallelen und lotrechten Ausrichten des Werkzeuges dargestellt. Mit Hilfe des Abstandssensors wird der Abstand zu der Referenzschiene, die mit verputzt wird, an zwei verschiedenen Punkten gemessen. Unter Berücksichtigung der zuvor vom Maschinenführer vorgegebenen Putzmörteldicke wird das Werkzeug exakt positioniert und mittels Neigungssensor lotrecht ausgerichtet. Die Bestimmung der aufzutragenden Schichtdicke anhand der bereits aufgetragenen Nachbarschicht muß immer nach einem Standortwechsel des Roboters erfolgen.

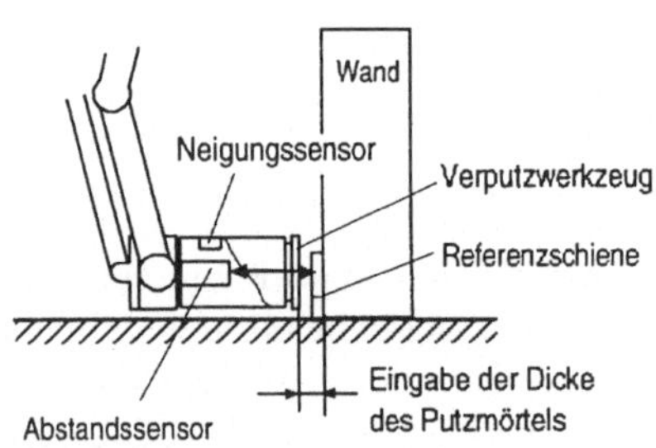

Bild 6: Sensorik zur Ausrichtung des Werkzeugs.

6   Zusammenfassung

Nach einer Darstellung der wirtschaftlichen Bedeutung des Verputzens wurden die Anforderungen an den Putzprozeß und die dafür erforderliche Maschinentechnologie definiert. Lösungsansätze für wichtige Schlüsselkomponenten, wie automatisierungsgerechte Putzwerkzeuge, benötigte Sensorik, geeignete kinematische Strukturen und Antriebe wurden vorgestellt.

Die nächsten Schritte bestehen darin, die Putzwerkzeuge konstruktiv auszulegen und zu testen sowie einen ersten Prototypen des Roboters aufzubauen, mit dem die vorgestellten Lösungsansätze des automatisierten Verputzens praxisnah getestet werden können. Ein weiterer wichtiger Punkt stellt die Auswahl und die Integration der Sensoren zur Bestimmung der Putzschichtdicke, der Wandtoleranzen sowie zur Erkennung von Störkonturen wie Installationsrohre, Fenster und Türen etc. dar.

Eine Analyse der Arbeiten im Wohnungsbau zeigt, daß eine kinematische Grundstruktur für das Verputzen auch für das Fliesen, das Streichen von Wänden und Decken sowie für Handhabungsaufgaben beim Innenausbau geeignet ist. Aufgabenspezifisch zu adaptieren sind jedoch immer die Werkzeuge und die benötigte Sensorik.

Literatur

[1]   N.N.   *Gesundheit im Stukkateurhandwerk.* Abschlußbericht eines gemeinsamen Forschungsvorhabens der Innungs-krankenkasse Heilbronn mit Forschungsinstituten und Stukkateurbetrieben.

[2]   Leixner, Raddsatz   *Der Stukkateur.* 2. Auflage, 1990.

[3]   N.N.   *Das Stuckgewerbe.* Maurer Druck und Verlag, Geislingen, 1951-1962.

[4]   N.N.   *Putzmeister KS1.* Produktinformation der Firma Putzmeister, Aichtal, 1994.

[5]   N.N.   *Putzmeister Gipsomat.* Produktinformation der Firma Putzmeister, Aichtal, 1994.

[6]   N.N.   *Die AMPA-Putzmaschine.* Produktinformation der Firma AMPA, München, 1961.

[7]   Rosenfeld, Y.;   *Full-Scale Building with Interior Finishing Robot.*
      Warszawski, A.;   Automation in Construction 2 (1993), pp. 229 - 240,
      Zajicek, U.:   Elsevier Science B.V.

[8]   Forsberg, J;   *An Autonomous Plastering Robot for Walls and Ceilings.*
      Graff, D.;   International Conference on Intelligent Autonomous
      Wernersson, A.:   Vehicles, Helsinki 1995.

[9]   DIN 18550 Teil1   *Putz Begriffe und Anforderungen,* January 1985.

[10] Schopen, M.   *Die Auswahl von Handhabungsgeräten aufgrund der charakteristischen Merkmale ihrer kinematischen Stukturen.* Fortschrittberichte VDI, Reihe2: Fertigungs-technik, Nr 127, VDI-Verlag.

Springer und Umwelt

Als internationaler wissenschaftlicher Verlag sind wir uns unserer besonderen Verpflichtung der Umwelt gegenüber bewußt und beziehen umweltorientierte Grundsätze in Unternehmensentscheidungen mit ein. Von unseren Geschäftspartnern (Druckereien, Papierfabriken, Verpackungsherstellern usw.) verlangen wir, daß sie sowohl beim Herstellungsprozess selbst als auch beim Einsatz der zur Verwendung kommenden Materialien ökologische Gesichtspunkte berücksichtigen.
Das für dieses Buch verwendete Papier ist aus chlorfrei bzw. chlorarm hergestelltem Zellstoff gefertigt und im pH-Wert neutral.

Springer